核の誘惑

――戦前日本の科学文化と「原子力ユートピア」の出現

中尾麻伊香

勁草書房

核の誘惑

目次

凡例

・外国の人物名などの固有名詞については、基本的にカタカナ表記にするが、あまり国内で普及していないと思われる固有名詞については、原語による表記を括弧（ ）内に記す。

・一次資料を引用する際に、旧字体はなるべく旧字体のまま引用する。ただし、利用不可能な旧字体については新字体を用いる。

・引用中の括弧（ ）は、もとの文をそのまま引用したものである。引用中の括弧［ ］は、筆者による注記である。引用中の行替えは、スラッシュ／であらわす。

・新聞記事については、引用数が多いため注をつけず文中にその発行日を記す。

序章　核の誘い

本書の問い

一九四六年一月五日号の『アサヒグラフ』は、「はつわらひしんぱんいろはかるた」と題した記事で、キノコ雲の写真に「嘘から出た誠　原子爆弾」という文句をつけて掲載した（図0-1）。この「嘘」という言葉は何を意味しており、一体誰に向けられているのだろうか。どのようにして「嘘」が現実のものとなったのだろうか。

図0-1　嘘から出た誠

出典：「はつわらひしんぱんいろはかるた」『アサヒグラフ』第1139号、1946年、12頁。

本書はこの問いに関わる、被爆国となる以前の日本における核のイメージを検討する。じつは原爆投下を受ける前から、日本の人々はその存在を知っていた。たとえばSF作家の小松左京は一九四一年の『少國民新聞』の連載で原爆を知ったということを幾度も語っており[1]、ジャーナリストの高橋隆治は一九四一年に原爆の記事を読んだと述べている[2]。さらに、広島で被爆した物理学者の沢田昭二は一九四三年に子供向け科学雑誌の記事で原爆を知ったと証言している[3]。彼らが聞き知っていた原爆とは果たしてどのようなものだったのだろうか。それは、「嘘」だったのだろうか。

広島・長崎に未曾有の惨禍をもたらした核のエネルギーは、二〇世紀最大、あるいは人類史上最大の科学技術の成果として大きな期待を担いながら、広く民間に普及していった。そして二〇一一年、制御を失った東京電力福島第一原子力発電所の原子炉は、私たちを放射能の恐怖に直面させることとなった。幾度もの被爆／被曝を経験したこの国の人々は、核の恩恵と被害を、どのように想像し、経験してきたのだろうか。本書は、この問いに対し、核エネルギーが解放される以前の原子核や放射能に関する言説を検討することで、核と私たちの関係を、その源流から辿りなおそうとするものである。

科学とメディアと総力戦体制

核の時代は、X線の発見に端を発する、放射能の探求によって幕を開けた。原子内に巨大なエネルギーが閉じ込められているという考えは、放射能や原子核をめぐる研究の進展と共に、科学者らによって語られるようになり、一般の人々にも知られるようになった。また、ラジウムなどの放射性物質は、人口に膾炙する存在となっていた。そして戦時中には原爆開発の試みがなされ、国内のメディアにおいてはその成功を待ち望む「原爆待望論」があらわれていた。しかし、日本は原爆開発に成功しなかった。

放射能や原子核をめぐる研究の進展をみた二〇世紀前半は、ある種の希望に満ちた時代であった。現代においてそれは、華やかな大衆文化と総力戦の時代として記憶されている。この時期、拡大したメディアを通じて大衆文化が生み出された。列強各国は軍備拡張を進め、世界は二度の大戦を経験した。核科学は、この時代とともに歩みを進めてきた。核に関する科学知識はどのように流通し、その応用はどのように想像されてきたのだろうか。それらは、大衆文化の形成と帝国の拡大、そして総力戦という同時代の事象とどのように関わるものであったのだろうか。

原爆投下を受けて敗戦を迎えた後、日本の歴史研究が共有してきた大きな関心の一つは、日本がどのようにして帝国主義国家となり総力戦体制へと向かったのか、なぜ戦争をして負けたのか、その要因を探ることであろう。そのような関心を持った研究は、歴史研究をはじめ、文学研究、文化研究、メディア研究といった幅広いジャンルにわたる研究者によって蓄積されてきた。本研究はこれら先行研究が切り開いてきたメディアと総力戦体制の関係をめぐる研究に示唆を得て、それを科学史研究と接続しようとするものである。

日本において大衆社会が出現したのは出版ブームを迎える一九二〇年代のことといわれるが、この大衆社会の出現はファシズムや総動員体制とも結びついていく。出版ブームと同時期にいくつもの雑誌が創刊されたが、これらの雑誌は異質な社会集団が同一の情報を受け取ることを可能とし、国民の統一の下地を形成していった(4)。たとえば、普通選挙法と治安維持法が制定されたのと同年の一九二五年に創刊された『キング』は初の国民的雑誌となり、雑誌購読者層を拡大したが、三〇年代には雑誌の大衆化の旗手と総力戦への先導者という二つの側面を持つようになる(5)。したがってこの二〇年代から三〇年代にかけてのメディアを注意深く観察することは、総力戦体制が如何にして形成されていたのかを探る第一歩だといえる(6)。日露戦争後から昭和初期の軍国主義期までは、日本史の重要な転換点として関心を集めてきたが、近年の歴史研究においては、それまで矛盾すると捉えられてきたいくつもの位相、とりわけ民主主義と帝国主義が密接な関係を持っていたことが論じられている。成田龍一は、デモクラシー運動が帝国と相性のよい「国民」を作り出したと指摘する(7)。

ここで浮上する問いは、メディアにおける科学の言説がこの時代において、より具体的には戦争動員において、どのような役割を担っていたのかということである。山本珠美は戦前日本の「生活の科学化」運動において科学がどのように用いられていたかを検討し、日本全体が「科学によるユートピア」を一致団結して目指していたことを指摘している(8)。昭和初期にはじめられた「生活の科学化」運動は、一九四〇年に第二次近衛内閣が科学振興を国策として打ち出すと、全国的に展開されていった。(9) このような変容を見た時期に、人々は科学にどのような願望を託し、科学は公共的な言説空間においてどのように語られていたのだろうか。

このような関心と深く関わるいくつかの研究がなされている。水野宏美は一九二〇年代から四〇年代にかけての日本の科学をめぐるイデオロギーとナショナリズムとの関係を検討し、科学が国家の最重要課題となり科学をめぐる言説もまた動員されていく状況を、「科学ナショナリズム（Scientific Nationalism）」と名づけた。(10) 水野は、技術官僚、マルクス主義者、科学の普及啓蒙者がさまざまに「科学」を語り、結果として戦時動員に加担したことを論じている。水野はまた、戦時中の一般向けの科学雑誌を検討し、通俗科学文化における驚異の世界が帝国の科学や兵器と戦争への興奮を喚起し、理想的な帝国の主体を生み出すために動員されたことを指摘している。井上晴樹は、戦前日本のメディアにおけるロボットを中心とした科学技術をめぐる言説を丹念に調査し、戦時中に科学技術が兵器として描写され、国民がロボット化させられたことを論じている。(11)

本研究はこれらの先行研究に示唆を得て、明治後期・大正期・昭和前期という帝国の希望と破壊――あるいはユートピアとディストピア――をみた時期における、放射能や原子核に関する言説を通時的に検討することで、メディアにおける科学の言説がどのようにして総力戦体制を支えたかを探っていきたい。それとともに、核の言説をめぐる変わらない構造、すなわち戦前から戦後への連続性についても探っていくこととする。

大衆メディアにおける科学

日本の大衆的なメディアにおける科学の扱いに関しては、これまで主に理科教育や科学啓蒙、科学ジャーナリズムの枠組みにおいて検討されてきた。(12) 明治の幕開けとともに起こったのが、科学が大衆との関係を切り結んだ第一歩として知られる窮理学の流行であった。明治中期には科学的事項を取り扱った少年雑誌の発刊や科学啓蒙書などの出版が続き、科学ジャーナリズムが形成されはじめる[13]。明治後期には、多数の科学関係の教科書が出版され、石井研堂のようなジャーナリストの科学読物も多く出版された[14]。大正期になると、ますます多くの科学解説書や科学読物が出版され、そうした書物がより多くの読者を獲得するという状況が生じていった。原田三夫は一九一七年に創刊した『子供と科學』をはじめ、『科學知識』『科學画報』などいくつもの科学雑誌を創刊した。一九二二年のアインシュタインの来日に際しては、相対性理論の解説書などの科学啓蒙書が多く出版された。昭和期に入ると、メディアは徐々に軍事色を帯びてくることになる。日米開戦とほぼ時期を同じくして、科学振興を打ち出した国策と結びつくかたちで科学雑誌が続々と創刊された[15]。戦後直後に科学雑誌は空前の出版ブームを迎えた[16]。

これらの取り組みが基本的に志向している科学の大衆化は、明治期からの富国強兵、そして帝国日本拡大のために必要とされていたことであった。この取り組みが盛んになされる時期は、日露戦争後、第一次世界大戦後、そして日中戦争開始以降と、戦争という出来事と連動している。いずれも国の軍事力を高めるために国民の科学力を向上させる必要性が痛感された時期である。他方で、科学の大衆化はデモクラシーとも相性のよい概念であった。数学者で教育にも力を入れていた小倉金之助は、一九二〇年前後のパリ滞在時の経験から、デモクラシーのために人々が科学を学ぶことにより科学の水準を高めること、科学の大衆化を図ることの大切さを痛感したという[17]。ファシズムに抗した戸坂潤は、大衆みずからが科学を手にすることを科学の大衆化として、その問題を論じた[18]。帝国の拡大とデモクラシーの発達という一見相反する目標のいずれもが、科学の大衆化を志向していたことは、注目に値する。人々は科学の大衆化によって、どのように各々の目的を達成しようとしたのだろうか。それはどのように成功したのだろうか。科学の大衆化の実態を解明することは、科学とメディアと総力戦体制の関係——科学言説の動員のメカニズム——を解明することにもつながるだろう。

ところで、大衆メディアにおける科学の言説は、科学の大衆化を目的としたものに限らないことには注意を払う必要がある。西洋から非西洋への科学知識の拡散モデルを提示したことで知られているジョージ・バサラは、大衆文化における科学のイメージを検討し、人々の科学に関する認識に影響を与えるのは、科学者やサイエンスライターではなく大衆文化の担い手であることを論じている(19)。大衆文化の担い手は、時代の空気を感じとり、人々の望むような売れる作品を作り出すという傾向がある(20)。そのような意味で、大衆文化における科学のイメージは、人々の科学観を反映したものといえる(21)。たとえばＳＦなどの空想の世界は、科学技術の進展による社会の変化を占うものであり、科学と社会との関係を探る実験的考察ともいえる。そこには当然、科学への否定的な見解も含まれている。大衆文化においてはしばしば科学の〝歪曲〟や〝曲解〟が行われるが、それは科学の誤解というよりも、人々による科学の解釈として理解されるべきであろう(22)。

このように、メディアにおける科学言説は、異なる指向性を有したさまざまなアクターの関係性のなかにあらわれている。メディアの送り手の意図、そこでの語り手の意図、さらには読者の受け取り方は必ずしも一致しない。科学言説という点からいくつもの位相の重なりを検討してこそ、科学とメディアと総力戦体制の混沌をひもとくことができるだろう。

以上を踏まえ本書は、メディアにおける核をめぐる言説を追うことにより、戦前日本の核イメージを明らかにすると共に、科学言説の動員のメカニズムを明らかにしようとする。近代日本のメディアは科学の話題をどのように生成したのか、いつどのような語り手が何を語ったのか、そして科学者たちは一般に向けて科学を語ることをどのように意識してきたのか。それらは、総力戦体制とどのように関わるものであったのだろうか。このような関心から、本書では科学の普及啓蒙を目的としたものにとどまらないさまざまなメディアを分析対象とし、そこにおける科学の描写を検討していく(23)。

主な分析対象となるのは、明治後期から昭和前期までの新聞・雑誌・書籍を中心とした活字メディアである。講演録の残っているラジオや講演会などのメディアも分析対象となる。また、必要に応じて、専門誌に掲載された科学論文や未公刊資料も扱う。資料の探索においてはできる限り多くの資料に直接目を通していくほか、各種文献目録やデータベースを用いる。なかでも『讀賣新聞』（一八七四年創刊）と『朝日新聞』（一八七九年創刊）のデータベースを利用することで、分析に一定の信憑性を与えたい。両紙は明治期からのデータベースを整備しており、通時的な分析が可能となる[24]。

ヒロシマ以前の核をめぐるイメージ

ここで原爆が出現する以前の核のイメージを扱った先行研究に触れておきたい。戦前日本の原爆観、原子力観についてはいくつかの断片的な研究がなされてきた。なかでも調査、言及がなされてきたのは、一九四四年を中心にした戦時中の原爆待望論というべき現象についてである。国立国会図書館司書の山崎元は、一九四四年に立川賢によって書かれた「桑港けし飛ぶ」を発掘、紹介している[25]。また、元原子力技術者の深井佑造は「マッチ箱一つ」という噂がどのように形成されたかを、関係者への取材などを通して探っている[26]。ジャーナリストの保阪正康は深井の研究をもとに、『日本の原爆』で「大量殺戮兵器待望の国民心理」を検討し、軍部の意向と国民感情の結びつきを指摘している[27]。歴史学者の明田川融は保阪や著者らの研究に言及しながら、国民感情としての核兵器の検討を行っている[28]。これらの研究は、原爆待望論をそれ以前とは切り離された戦時下の特殊なものとして扱っている。

文学研究者の畑中佳恵は、大正元年から昭和後期までの『朝日新聞』にあらわれた「原子」に関する記事を検討し、戦前日本の「原子」をめぐる言説の変遷を辿っている[29]。畑中は、大正期には主に丸沢の万有還銀事件を中心とした錬金術の報道があったこと[30]、一九四一年頃の人工ラジウム関連の話題のなかで「原子」の構造が人口に膾炙したこと、科学戦の文脈で一九四四年三月二九日に「ウラニウム爆弾」という言葉が登場したことなどを明らかにしている。

ＳＦ評論家の横田順彌や長山靖生は、戦前日本のＳＦにあらわれた原子力に相当する兵器の描写を紹介してきた。[31]著者は、明治期からの大衆的なメディアにあらわれた「原爆」に関する言説を検討し、大正期にはＳＦ作家などが海外の言説を参照して原爆や放射性変換を扱った作品を描いていたこと、戦時期に国内で原爆が待望されていく背景に、物理学者の積極的な発言があったことなどを指摘した。[32]二〇一一年の東京電力福島第一原子力発電所の事故以降は、原子力平和利用の歴史を辿るという観点から戦前も含めた検討がなされている。[33]

これらの先行研究にない視点は、原子力と切り離すことのできない存在である放射線や放射能をめぐる言説への目配りであろう。[34]戦前日本のメディアの通時的な検討によってこれらの断片的な研究をまとめ、原子力だけではなく放射能も含めた「核」に関する言説を明らかにすること、また、それ以前の言説が戦時中の原爆待望論とどのように結びついたかを明らかにすることが課題として残されている。

欧米圏においては、ＳＦ研究、文化研究、科学史研究などの学際的なアプローチで核エネルギーが解放される前の核をめぐるイメージ研究がなされてきた。先行研究においてしばしば言及されるのは、Ｈ・Ｇ・ウェルズが一九一三年から一四年にかけて執筆した小説『解放された世界』がそれを読んだ物理学者のレオ・シラードに核分裂連鎖反応の可能性に思い至らせ、核分裂発見後はルーズヴェルト大統領に原爆研究を進言する手紙を出すことにつながったというエピソード――空想世界の現実世界への先行、または貢献――である。現実の世界と想像上の世界を接続するイマジネーションは、核のイメージを考える上で重要である。ジョン・キャナディは、物理学者が用いた文学的なメタファーを分析し、それが物理学的事実となる以前に、原爆は文学的作品として存在していたと論じる。[35]キャナディは、科学者が核科学をめぐる新しい体験をより親しみのあるものと体系づけようとして幾度も文学に向き合ったことを指摘している。

核をめぐるイマジネーションは、しばしば神話や魔術的な世界と結びつくこととなった。膨大な資料調査から人々が核にどのような恐怖や希望を抱いたかを浮かび上がらせたスペンサー・R・ウィアートは、初期の放射能や原子核をめぐるイメージが神話や魔術的な「変容」の物語と結びついていたことを指摘している[36]。原子核を破壊することによって元素の変換がなされるようになった一九二〇年代以降、原子核物理学はしばしば「現代の錬金術」などと称された。マーク・モリソンは、原子核物理学における錬金術やオカルトのルーツを詳らかにしている[37]。この錬金術物語こそが核の物語の本質であると論じているのはロバート・ジェイコブズである[38]。ジェイコブズによれば、核科学と錬金術、魔術的世界観が重なったために、自然を超越した深遠な意味が「核のイコノグラフィ」に付与された。そしてこの「核のイコノグラフィ」こそ、戦後の核イメージの根幹となっているというのである。

日本を対象とした本研究では、このような核をめぐる空想世界と現実世界の相互作用の日本的展開、そして核をめぐる神話や魔術的イメージの日本的展開が描き出されるであろう。西洋世界にあらわれた核の魔術的イメージは、果たして錬金術やキリスト教の歴史を持たない非西洋世界においてはどのようにあらわれたのか、それともあらわれなかったのか。結論からいえば、日本においても核の魔術的イメージはあらわれた。しかしそれは、西洋世界とは異なる文脈においてであった。核の魔術的イメージがいかにして生み出され、総力戦体制を支えていくかを本書は論じることになる。

本書の構成

本書は二部構成となっており、主に海外からの言説を輸入していた段階の第Ⅰ部と、国産の言説が生み出されていく段階の第Ⅱ部とに分かれている。第Ⅰ部は「原子力ユートピア」の出現に対する前史的な位置づけであり、欧米圏の核イメージをめぐる研究と本研究を接続させる役割や、第Ⅱ部における議論を浮き立たせるための役割も担っている。

第Ⅰ部では、一九世紀末にはじまった放射能の探求から「放射能文化」が創生される大戦間期までの模様を描き出す。放射能文化とは、放射能をエネルギーの源泉として捉えたり放射能の効能を称揚したりする文化のことである。放射能文化は、放射能に関する科学知識が生成され、流布されていくなかで作り出されていった。その過程を辿っていく。

第一章では、初期の放射能をめぐる研究から原子エネルギーの可能性が語り出されるまでの西洋と日本のメディアを扱う。ここでは、放射線やラジウムについて語った科学者とその言葉を伝えたメディアの関係性に注目し、両者の利害がどのように一致、不一致を見たかを検討していく。次章以降に検討していく科学の語り手とメディアの関係を論じる上でのいくつかの論点を提示することになる。

第二章では、大正期に起こったラジウムブームを扱う。ラジウムは希少な物質であったが、ラジウム温泉が全国に登場したことでラジウムは人々の身近な存在となっていた。この章では、ラジウムブームを日本の近代化の一局面として捉え、その特徴を描いていく。そしてこのとき、ラジウムの効能に与るべき存在としての「大衆」が見出されたことを論じる。

第三章では、ＳＦなどの大衆文化において想像された放射能兵器や原子爆弾の描写を検討する。放射能は、発見されてからすぐに動力源として、そして兵器として描かれるようになる。この章では科学をめぐるイマジネーションの多様性が描き出され、なかでも帝国主義国家における兵器観、第一次世界大戦を経験した西欧と関東大震災を経験した日本における原子爆弾の受容の相違が検討される。

第Ⅱ部では、原子核の破壊が行われるようになり、戦時期に「原子力ユートピア」が出現していく過程を描き出す。原子力ユートピアとは、原子力を利用することによってもたらされる夢のような未来像のことである。原子核の破壊が人工的に可能となると、メディアを通じて原子核破壊の応用――人工ラジウムの生産、そして原子力の利用――への期待が生成されていった。ここではメディアを通じて科学者と国民が接近し、原子力ユートピアを生み出していく模様が詳らかにされる。

第四章では、大正期から昭和期にかけての原子核研究に関する言説と表象を検討し、科学の専門家と大衆によって原子破壊の応用への期待が生み出されたことを論じる。このとき科学研究をめぐって人々の利害関心が一致し、原子力ユートピアが出現する土台が形成されたことが示される。

第五章では、原子核分裂の発見とともにこのエネルギーの実用可能性が注目を集め、関心が兵器利用の可能性へと向けられていく過程を扱う。ここでは、日米の科学界とメディアが対比的に検討される。アメリカでは関連情報が秘匿されていくが、日本では科学者のメディアでの積極的な発言があった。彼らの発言を科学技術新体制とそれ以前からの連続性という観点から検討していく。

第六章では、戦争と科学が結びつき、超強力兵器が待望されていく過程を扱う。メディアにおける言説とともに、戦時体制に科学者や文学者がどのように対応したのかが検討される。ここで描き出されるのは、戦時下にあらわれたイマジネーションの画一性である。原爆を待望する世論を生み出した動員の諸相、あるいは理想と現実との乖離が浮き彫りとなる。

第七章では、原子爆弾が出現した後の原子爆弾と原子力をめぐる言説が検討される。戦後、肯定的な原爆／原子力観があったことが知られている。戦前日本の原爆／原子力観がどのように変容したのか、戦前から戦後への連続性が論じられることとなる。戦前から戦時中の原爆イメージの形成において主要な役割を担った科学者と文学者の戦後の言動を精査することで、彼らが何故原爆の出現以降も肯定的な原爆／原子力観を語ったかが検討される。

終章では、戦前日本の核のイメージをあらためて辿り、原子力ユートピアが出現するに至った構造を分析する。核の誘惑とそれを抱擁した日本人という視点から、戦前から戦後、そして今日に通ずる構造を論じていく。

本書はこれから、核をめぐる言説を辿りながら戦前日本の科学とメディアと総力戦体制の混沌をひもといていく。戦前日本の人々は、核をどのように受け入れ、どんな未来を夢見たのか。そしてその受容と期待はどのように戦後に引き継がれたか。日本人の核に対する意識をその源流から辿り直す試みであり、未だ全容の知られていない戦前日本の核イメージを描き出す初の試みとなるだろう。

I　放射能の探求と放射能文化の創生

第一章　放射能と科学者、メディア

物質をかえることができる人種は、砂漠の大陸を変形したり、極地の氷をとかしたり、世界全体を一つのほほ笑みのエデンにすることができる。
フレデリック・ソディ『ラジウムの解釈』一九〇九年

原子爆弾や原子力は原子核分裂によるエネルギーを利用したものである。このエネルギーの存在は、これ以上分割できない物質の最小構成単位と考えられていた原子が不変の存在ではないと考えられるようになった頃から、原子内に秘められたエネルギーとしてさまざまに予測され語られてきた。ここではこれらを総称して「原子エネルギー」と記す。原子エネルギーの可能性は、一体どのように想像され、語られてきたのだろうか。

本章では、放射能の探究から原子エネルギーの可能性が語り出されるまでの、科学者とメディアの関係を検討する。舞台となるのは一九世紀末から二〇世紀初頭にかけての欧米と日本の科学界とメディアである。放射線やラジウムに関して科学者がメディアで語った内容を検討し、科学者が一体どのような動機や背景でメディアに登場したかを考えていきたい。

第一節　X線、ラジウムの魅惑

はじめに、放射能現象の探究から原子エネルギーの可能性が科学界で予測されていく過程を見ていく。原子エネルギーの可能性は、一九世紀末から急速に進んだ放射能現象の科学的探求から推測されるようになるが、それはレントゲンによるX線の発見に触発される形で幕を開いた。

X線の発見から放射能現象の探究まで

一八九五年一一月八日、ヴュルツブルク大学の物理学教授であったコンラート・レントゲンは、陰極線の研究を行っている際に、黒いボール紙で覆ったヒットルフ管から光が発せられていることに気づいた(1)。ボール紙で覆ったヒットルフ管からは光も陰極線も出てくるはずがなかった。レントゲンは七週間にわたってこの不思議な線についての研究を行い、この線がいろいろな物体を通り抜けること、写真乾板を感光させること、反射や屈折をしないことを突き止めた。そして、これがまだ知られていない新種の線であることを確信し、X線と名づけた。彼は実験の結果をまとめた論文を一二月二八日にヴュルツブルクの物理・医学協会の秘書に渡し、この論文は翌年一八九六年一月一日、数人の研究者たちに発送された。

X線発見のニュースは科学者たちに衝撃を与え、科学界に大変な熱狂を呼び起こすこととなった。一八九六年の間に関連する一〇〇〇以上もの論文が発表されたことは、この熱狂を物語っている。X線の発見を受け、多くの研究者たちが追試実験を行い、X線の正体をつかむため更なる探求に向かっていった。フランスでは一八九六年の前半のうちに、パリ科学アカデミーの『コント・ランデュ（*Comptes Rendus*）』だけでも一三五編のX線に関する通信や小報告が出された。なかでもX線に深い関心を寄せたのはアンリ・ポアンカレであった。ポアンカレは一八九六年一月二〇日の科学アカデミー例会でX線写真を見せながら報告した。科学アカデミーでポアンカレの報告を聞いていたエコール・ポリテクニクの物理学教授アンリ・ベクレルは、燐光体として知られるウラン化合物（硝酸ウラニルカルシウム）が写真乾板を感光させることを確認した。ベクレルは、一八九六年二月二四日の科学アカデミー例会で「燐光によって発せられる放射について」、三月二日の例会で「燐光体によって発せられる不可視放射について」と題して発表した。ベクレル線と名づけられた放射線の発見である。とはいえ放射線とはどのようなものなのか、その性質は謎に包まれていた。

放射線の性質をめぐる研究を一気にすすめたのはピエール・キュリーとマリー・キュリーである。彼らは一八九八年に、ピッチブレンドというウランを含む鉱石から、ウランよりはるかに強力な放射能を持つポロニウムとラジウムという二つの新放射性物質を分離抽出した。これは鉱物のなかにウランやトリウムの含有量から予測されるよりもずっと強い放射能を示すものがあることから、ウランやトリウムよりも放射能の強い、化学的に新しい新物質が含まれているのではないかという仮説を受けたものであった。この発見は、ウランとトリウムの放射能はこれらの放射性物質によるものなのか、ポロニウムやラジウムのほかにもこのような放射性物質はないか、といった関心を研究者たちの間に喚起した。

放射性物質の自然放射の源泉（放射能の原因）についてさまざまな推測がなされた。キュリー夫妻は一八九八年から一九〇〇年にかけて一三編の放射能に関する論文を発表し、一九〇〇年にはパリ国際物理学会で「放射性新物質とその放射線」と題した総合報告を行った。彼らは放射性物質が放射線を出す作用を「放射能」と名づけ、「放射性物質の放射するベクレル線は通常のウランの放射線よりかなり強い。すなわち、少くとも一〇万倍以上の強さである」として、そのエネルギー源について、いくつかの仮説を示した(2)。

放射能の変換という新たな理論的推測を提示したのは、マギル大学で共同研究をしていたアーネスト・ラザフォードとフレデリック・ソディであった。ラザフォードとソディが共同研究を始めたのは一九〇一年のことである。[3] 放射性物質から放射される気体（エマネーション）の性質を解明するための共同実験者を探していたラザフォードと化学学科の助手のポストを得たばかりのソディは協力して、さまざまな放射能現象の解明にとりかかった。一年後の一九〇二年一月には、エマネーションの高濃度化に成功し、それがアルゴン族の気体の一種であることを突き止めた。[4] また一九〇二年にトリウム化合物がエマネーションを発生させる能力の調査から、放射能が放射性物質の変化に伴うものであるということ、さらにその放射能は時間とともに一定の割合で減衰していくことを突き止め、これを定式化して発表した。[5] 彼らはこれらの実験に基づき、放射性元素の内部では絶え間ない原子の崩壊が行われており、それによってある化学元素から別の化学元素へと変換しているという理論を発表した。

一九〇三年五月に当時もっとも有力な物理学雑誌であった『フィロソフィカル・マガジン』に掲載された論文「放射性変化」で、彼らは「放射性変化のエネルギーは分子変化のエネルギーの少なくとも二万倍であるに違いない。またあるいは百万倍であるかもしれない」と記した。[6] ここで彼らが、放射性変化のエネルギーを分子変化の二万倍から一〇〇万倍と幅のある見積もりをしているのは、同じ頃キュリーとラボルドによって、ラザフォードとソディが観測した熱量の五〇倍に匹敵する熱量がラジウムから観測されていたからである。

ラザフォードとソディが論文を準備していた一九〇三年三月、ピエール・キュリーとアルベール・ラボルドによって、ラジウムから自然に発散されるエネルギーがそれまで化学反応で知られていたどの値よりも大きいことが突き止められた。キュリーとラボルドは、「一グラムのラジウムは、一時間に一〇〇小カロリー程度の熱量を発散する」として、次のように説明している。

このような熱量の連続的な発散は、通常の化学変化によっては説明されない。もしこの熱の発生の起源をある内部的な変化に求めるならば、この変化はもっと根底的な性質のものでなければならず、ラジウム原子そのものの変化によるものでなければならない。［略］従って、前の仮説が正しいならば、原子の変化に関わり合うエネルギーは莫大なものであろう。(7)

ラザフォードとソディもまた、「原子内に潜んでいるエネルギーは普通の化学変化の際遊離するエネルギーに比較して、莫大なものであるに違いない」として、この莫大なエネルギーが放射性元素だけにあるのではないという見解を示した。

この莫大なエネルギーの蓄積が放射性元素だけにあると仮定する理由は何もない。おそらく一般に原子エネルギーは、変化が起らないとその存在が明らかにされないとはいえ、同じように大きなものであろう。［略］例えば太陽エネルギーの持続については、もし成分元素の内部エネルギーが利用されていると考えれば、すなわち原子以下の（sub-atomic）変化過程が進行しているとすれば、もはや基礎的な困難は何もない。(8)

放射性元素にとどまらないあらゆる原子の内部に莫大なエネルギーが潜んでいるという彼らの推測は、それまでの物理学や化学の常識を変えるものであった。

一九〇三年には放射能現象はまだ十分には解明されていなかったが、ラジウムが従来の化学反応では説明できないエネルギーを放出しているということは明らかとなった。ラザフォードとソディの放射性崩壊理論は妥当性のある説として科学者たちの注目を集めることになる。(9)

アンリ・ポアンカレもまた、放射能現象に大いに注目していた。彼は一九〇五年に『科学の価値（*La Valeur de la Science*）』を出版したが、この本においてエネルギー保存則をはじめとしたさまざまな科学的な原理の危機を論じている。[10] ポアンカレは、第八章「数学的物理学現今の危機」において、「大革命者たるラジウム」に言及し、エネルギー保存則までが崩壊の危機にあると説く。ポアンカレはラジウムという存在を物理学の重大な危機の前兆と捉えはしたものの、ラジウムが変化するには千年以上もかかるため、ラジウムに閉じ込められているエネルギーはすぐに解放されることはないと考えた。[11]

ポアンカレが『科学の価値』で物理学の危機を説いた同年、アルバート・アインシュタインは特殊相対性理論からの帰結としてエネルギーと質量が $E=mc^2$ という式で換算できることを示した。それまで別のものとして総和が保存されていると考えられていたエネルギーと質量が交換可能なものであるというこの理論は、ポアンカレのいう物理学の危機を救うものであった。アインシュタインは九月に書き上げた論文の補遺で、「エネルギーの量が大きく変化する物質を調べれば、この理論を検証することは不可能ではない」と結んだ。[12]

これまで、放射能現象の探究から原子エネルギーの可能性が理論的に予測されるまでの科学界の様子を概観してきた。次に、これらの探究がメディアでどのように報道されたのかを検討したい。

X線の科学と魔術

X線の発見によって幕を開いた放射能の科学的探究は、大衆メディアにおいても注目され、人々の関心を呼んでいた。一九世紀末には、無線放送や電話、映画技術、内燃機関、自動車、X線、放射能といった二〇世紀を特徴づける科学技術への転換を招いた発見が相次いだ。この時代の雑誌は「驚嘆が至るところにあった時代」を見せてくれるが、[13] なかでもX線の発見は一九世紀末最大の驚嘆を大衆メディアにもたらした。

郵便はがき

恐縮ですが切手をお貼りください

112-0005

東京都文京区水道二丁目一番一号

勁草書房

愛読者カード係行

(弊社へのご意見・ご要望などお知らせください)

・本カードをお送りいただいた方に「総合図書目録」をお送りいたします。
・HP を開いております。ご利用ください。http://www.keisoshobo.co.jp
・裏面の「書籍注文書」を弊社刊行図書のご注文にご利用ください。ご指定の書店様に至急お送り致します。書店様から入荷のご連絡を差し上げますので、連絡先(ご住所・お電話番号)を明記してください。
・代金引換えの宅配便でお届けする方法もございます。代金は現品と引換えにお支払いください。送料は全国一律100円(ただし書籍代金の合計額(税込)が1,000円以上で無料)になります。別途手数料が一回のご注文につき一律200円かかります(2013年7月改訂)。

愛読者カード

60280-3　C3036

本書名　核の誘惑

お名前《ふりがな》　（　　歳）

ご職業

ご住所　〒　　お電話（　　）　－

本書を何でお知りになりましたか
書店店頭（　　書店）／新聞広告（　　新聞）
目録、書評、チラシ、HP、その他（　　）

本書についてご意見・ご感想をお聞かせください。なお、一部をHPをはじめ広告媒体に掲載させていただくことがございます。ご了承ください。

◇書籍注文書◇

最寄りご指定書店

市　町（区）

書店

（書名）	¥	（　）	部
（書名）	¥	（　）	部
（書名）	¥	（　）	部
（書名）	¥	（　）	部

※ご記入いただいた個人情報につきましては、弊社からお客様へのご案内以外には使用いたしません。詳しくは弊社HPのプライバシーポリシーをご覧ください。

Ｘ線の発見は、すぐに世界中に広まった。レントゲンは、一八九五年一月一日にＸ線写真を添付した論文を科学者仲間に送付した（図1-1）が、その科学者仲間たちがＸ線の発見をさまざまな場所でこの驚くべき発見について語っていった。ウィーンで論文を受け取ったフランツ・エクスナーからＸ線発見の情報を得たエルンスト・レッヘルは、彼の父親が編集長を務めていた『ディー・プレッセ（*Die Presse*）』にレントゲンの論文と写真を持ち込んだ[14]。かくして、Ｘ線の発見を最初に報道したのは、ウィーンの新聞『ディー・プレッセ』となった。一月五日の『ディー・プレッセ』は、「センセーショナルな発見」として一面でＸ線の発見を伝え、ロンドンの新聞『デイリー・クロニクル（*Daily Chronicle*）』は、この翌日に「注目すべき科学上の発見」として、報道した。そして、熱狂的ともいえる報道が始まった。

レントゲンの自宅には多くの報道関係者や見物客が押し寄せ、嫌気のさしたレントゲンは、メディアと距離をとるようになった[15]。レントゲンが二月八日に親友ツェンダーに書いた手紙からは、彼がメディアの加熱ぶりをどう捉えていたかを読み取ることができる。

『ウィーン新聞』が先頭を切って「宣伝ラッパ」を吹き鳴らしました。それから、あれやこれや続々とです。二、三日で、私は何もかもすっかりうんざりしました。いろいろな記事の中に、私自身の研究は、もはや見る影もなくなってしまいました。写真は、私には、ただ目的のための手段にすぎなかったのに、これがいちばん大事なことにされてしまっています[16]。

レントゲン自身も述べているように、Ｘ線発見の報道において最も重要な要素となったのはＸ線写真であった[17]。図像は科学知識の伝達・普及において重要な役割を担っている。一九世紀を通して写真などの機械的な表象生成装

図1－1　レントゲンが論文に添付したベルタ夫人の手のX線写真

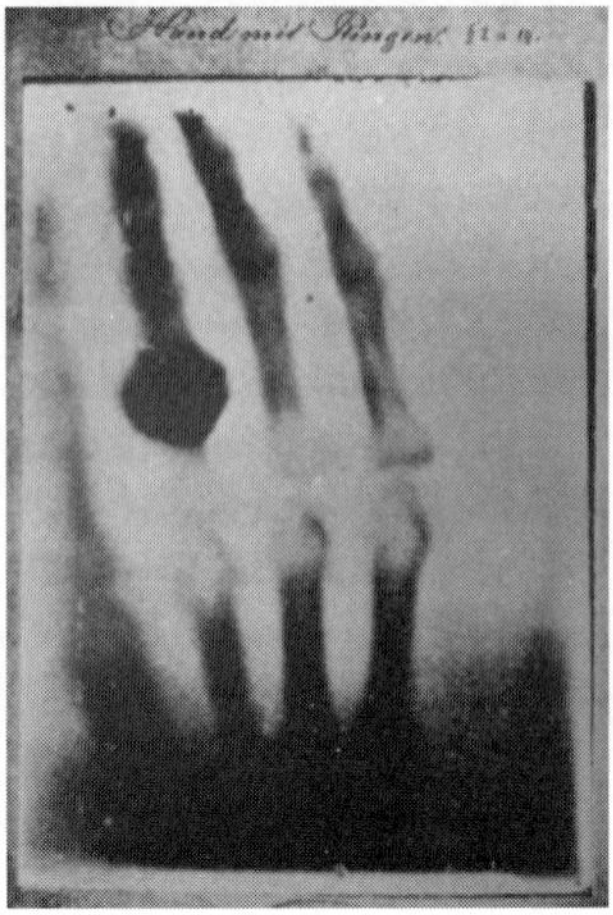

出典：パラリディ他『図説　放射線医学史』講談社、1994年、38頁。

置によって作られる図像が科学技術の客観性を担保するものとなっていったことを論じているロレーヌ・ダストンとピーター・ギャリソンは、X線写真が人体の可視図像において顕微鏡にも成しえなかった新たな視覚的現実性をもたらしたことを指摘している[18]。それは、従来の人々が抱いていた、写真は嘘をつかないという信念に基づいたものであった[19]。写真という動かぬ証拠によって客観性を付与されたX線は、発見が世に伝えられると同時に発見者の手を離れてさまざまに消費されていった。

X線は人々の価値観を大きく変えるものであった。このとき子供で後に物理学者となったA・N・ダ・コスタ・アンドレードは「かねて神様には、どんな所のどんな物でもお見えになる、と教えられていたが、X線の話を耳にしてから、それまで疑っていたこのことを信じる気になった」と述べている[20]。ここでアンドレードが科学を信じたのではなく神の能力を信じたと述べていることは、X線が単に科学の発見として受容されたわけではないことを示している。それではX線は一体どのような存在として受容されたのであろうか。

『ニューヨーク・タイムズ』では、一月末にX線の発見を伝える記事が掲載されたのを皮切りに、翌月、翌々月には毎日のようにX線関連の記事が掲載されることになる。一八九六年二月五日の記事では、X線が未知の放射線のエネルギーであるといった説明などをレントゲンの言葉として伝えている。しかし二月中に多く見られたのは、レントゲン以外の科学者たちによるX線写真の追実験を伝える記事である。[21] 二月二〇日には、エジソンがレントゲン写真で骨を撮影することに成功したこと、次は頭蓋骨の撮影を目指していることを伝えている。[22]

三月に入るとX線の説明は神秘的様相を帯びたものになってくる。一八九六年三月一一日の『ニューヨーク・タイムズ』には、「X線の発見は新しいものではない」というタイトルで、関連する二つの記事が掲載されている。[23] ここでは二人の科学者が登場する。はじめに登場するのはインドの科学者だと紹介されているディンシャー・ペストンジー・ガンディアリー（Dinsher Pestonjee Ghandially）なる人物である。彼は前日の一〇日、『ニューヨーク・タイムズ』のレポーターに、レントゲンのX線の原理は東洋では新しいものではないと語ったという。曰く、「物質の第四次元、あるいは超磁気状態としても知られる超気体状態、あるいは放射状の媒介はどこにでも存在している。東洋において私たちはずっとそれを信じてきた」、「東洋はそれが物理学的にいうとレントゲンのX線であることは全く知らなかったが、それを導く原則そのものは知っていた。東洋の神秘の力を操る者たちは根本的な隠された、神秘的な線の原則を知っていた」云々。ガンディアリーは東洋のいくつかの事例を説明したのち、次のように伝えている。

電気と磁気について学んでいる人々は、電気のいくつかの物理的効果についてすら今日まで依然として解明できないことを納得せざるを得ないように見える。これらの知られざるものが実際の力として認識され、承認されるときが恐らく訪れるだろう。それは、西洋の科学者が公平な心によって彼らのいくつかの偏見を放棄し、これまでもこれからも神秘の土地である東洋の宗教的および精神的側面を学んだときだろう。

これに続く記事では、『エレクトリカル・ニュース』誌に掲載される予定だというニコラ・テスラのいくつかのX線写真実験について紹介している。この記事によれば、テスラは四〇分間自身の頭部にX線を照射した結果、X線を受けた人間は眠くなるということや時間の経過を早く感じるということを確認し、頭脳を突き抜ける物質的な流れを一層深く確信した、と述べた。

X線は発見当初から、人間には見えないものの媒介者として、超人（神）的あるいは魔術的なイメージを伴っていた。新聞記事もまた、X線のイメージが帯びていた魔術的・神秘的側面を伝えている。科学コミュニケーションの観点からは、人々のX線への尽きない興味と、そもそも科学界においても十分に解明されていなかったX線という新現象への科学的説明の不十分さが魔術的説明へとつながったという側面を指摘できる。しかしそれだけではX線の神秘的・魔術的イメージを十分に説明することはできない。ここでX線の魔術的イメージの背景をもう少し探っていきたい。

一九世紀は科学が中立的で客観的だという認識が人々の間に広まった時代であった。一方で、心霊主義の流行に見るように、オカルトや魔術的なものが人々の心を捉えていた。一見正反対に位置するように思われる科学技術と魔術は、ときに互いに補強し合うこともあった。一九世紀の魔術は主に電気技術の進展によってもたらされた。電灯、電信、電話、ラジオといった電気技術の進展は、メディアで華々しく伝えられ一大スペクタクルを形成した。その模様を詳しく検討したキャロリン・マーヴィンは、大衆の支持をめぐる電気の専門家と電気を用いた見世物を行う魔術師との競争関係を指摘している。マーヴィンによると、一九世紀の電気の専門家たちは、大衆の注目や忠誠心を科学の名において勝ち取ろうとしていた魔術師や見世物師に疑惑の目を向けており、彼ら以上に印象的な魔法を作り出すことさえあったという[24]。また電気の専門家同士の競争関係のなかでも魔法が作り出された。

一八八〇年代後半にトーマス・エジソンとニコラ・テスラが電気の送電システムの直流と交流をめぐって激しく対

立したことはよく知られているが、このとき彼らはどちらも電気技術を用いた華々しいデモンストレーションを繰り広げた。直流を提案したエジソンは、それまで以上の精力と時間を注ぎ込み、ウェスティングハウスとテスラの提案する交流の欠点をあげつらう宣伝活動を執拗に繰り返した。彼のウェストオレンジ研究所の中庭では、新聞や雑誌の記者向けに交流発電によって動物を殺す実験が行われた(25)。対するテスラは人体に交流を流す見せ物によって、交流の安全性あるいは電気が体内を流れることを印象的に示した。こうした過激なデモンストレーションに対して、「テスラは科学を、知性よりも感覚に訴えるものにしてしまっている」という非難がしばしば寄せられたという(26)。華々しいデモンストレーションを行っていた彼らはメディアにおいてまるで魔術師のように描写され、エジソンは「メンロパークの魔術師」、テスラは「西洋の新しい魔術師」と称された。

X線の魔術的イメージは、このような一九世紀の電気技術と大衆メディアとの関係を継承していた。X線が発見されると、それはしばしば新オカルト主義の催しや、マジック・ショーに用いられるようになる(27)。

技術者もまた、X線を用いたショーを行った。一八九七年五月の『ポピュラー・サイエンス・ニュース』誌にはパリで行われた電気技術者の実演が紹介されている(28)。この記事によると、舞台となる暗い部屋のなかには、顔面蒼白の女性がおり、その髪は燐光を放っていた。着ていたヴェールの合わせ目からは燐光が放たれ、手のひらからは炎が出された。この出し物に続いて、光り輝く大きな花束と「X線」と書かれた青い帯が出現し、この出し物は魔術ではなくX線によるものであったという説明がなされた。キャロリン・マーヴィンは次のように指摘している。

全体として、その説明の力点は、われわれの眼に実際にどのように見えたかではなく、「私たちの目には見えないX線の知識に置かれていた。［略］この実演は、いくつかの異なるメッセージを内包していた。まず明らかだったのは、科学は魔術師より上手に魔法を扱えるというメッセージであった(29)。

一九世紀の科学技術の専門家たちは、かつて魔術が生み出した以上の効果を電気技術によって生み出していった。そのようななか発見されたX線は、人々をまたとないほど魅惑できる魔術だったのである。

これまで見てきたように、X線は発見されるとすぐにレントゲンの手を離れてさまざまに受容されたが、それはしばしば魔術的なイメージを伴っていた。その背景には、X線という現象の不可思議さと、その現象を説明しようとする専門家との関係があった。発見者であるレントゲン自身はメディアに背を向けていたが、代わりにメディアに登場したのは、レントゲンの技術を利用する医師や電気技術者たちであった。彼らはX線の発見を、さらにインパクトを与えるような印象的で効果的な手法を用いて紹介していった。

X線をめぐる科学と魔術との境界を曖昧なものとしたのは、一義的にはX線現象の不可思議さに由来するものであった。しかしそれに劣らず重要なのは、X線の報道をエジソンとテスラのデモンストレーション競争に代表されるような一九世紀の科学技術の専門家と大衆との歴史の延長上に見るならば、専門家が科学技術を扱うものとしての優位性を主張する行為が、逆に魔法としての印象を強化するという逆説的な関係があらわれてくるということである。こうした構図はラジウムの大衆化においてもあらわれることになる。

ラジウムの報道

ラジウムは一八九八年に発見されていたが、大衆メディアに大々的に登場するのは、ラジウムが莫大なエネルギーを秘めている可能性が示された一九〇三年のことである。二月に『ニューヨーク・タイムズ』がラジウムの記事をのせたのを皮切りに、ラジウムのニュースは世界中に伝えられ、この年のうちにラジウムがエネルギー源となる可能性は多くの識者の知るところとなった(30)。

ラジウムエネルギーの可能性を伝えた最初期のものである一九〇三年二月二二日の『ニューヨーク・タイムズ』の記事「ラジウム」は、ラジウムが「力の相関関係の法則を転覆させかねない脅威をもっている」というウィリアム・トムソン（ケルヴィン卿）の発言を紹介する。(31) 高価なラジウムの値段に言及した後に、ウィリアム・クルックスの「おそらくテーブルのボトルに入った二分の一キログラムのラジウムは私達全員を殺傷せしめるだろう。それはほぼ確実に、私たちが生き残れないほどに私達の視力を奪い、肌を焼くだろう」という言葉を紹介し、ラジウムが光だけでなく熱と化学エネルギーを放射しており、それが放射エネルギーの大部分を構成していると説明する。さらにラジウムが速度を持った電子を放射していることから、「たった一グラムでイギリスのすべての艦隊をベンネビス山［イギリスで一番標高の高い山］に持ち上げることができる。フランスの艦隊をも同時に持ち上げることができるかもしれない」と再びクルックスの言葉を紹介する。クルックスによる一グラムのラジウムが英国艦隊を吹き飛ばすであろうという言葉は、人々の心を捉え、その後新聞の見出しなどで幾度も繰り返される決まり文句となった。

キュリーとラボルドの報告の後、三月二五日に『タイムズ』に掲載された記事「ラジウムのミステリー」はラジウムの有する不思議な力について伝えた。(32) この記事は四段落で構成されており、はじめの段落では「評判の高いフランス人物理学者M・キュリー」の研究が紹介される。第二段落では、ウィリアム・クルックスがこのテーマに関して最も輝かしい成果を出していると記されており、彼が前の週に王立協会で行ったというデモンストレーションが紹介される。それは、スクリーンに向かって不可視な極小物質を照射してスクリーンを光らせるという現象をレンズを通して観察するというものである。第三段落ではこれらの観測された事実と、ラジウムの熱がどこから来るのかという問いを展開し、「キュリー夫妻の計算によるとラジウムはウラニウムに比べ五〇万倍も強力である」などとラジウム内部のエネルギーについて紹介する。ラジウムが生体に及ぼす影響について説明している第四段落では、ラジウムを含んだ管は、数時間接触した人間の表皮とその下の真皮を破壊し創傷を生み出すが、その影響は下部組織には及ばず表面的なものであると記されている。一方で神経組織に強く働き、神経中枢が十分にその影響から保護されるほど深くに位置していない生物を死に至らしめる、と説明する。

「ラジウムのミステリー」は、大きな反響を呼んだ。この記事を受けて、『タイムズ』には三月から四月にかけて一二通もの「編者への手紙」が掲載されている。「編者への手紙」は、読者からの質問やクルックスらによる応答などで構成されているが、「ラジウムのミステリー」がいかに読者の興味を引く記事であったかを物語るものである。

ウィリアム・クルックス

これまで見てきたようにラジウムをめぐる最初期の報道において重要な役割を担っていたのはウィリアム・クルックスであった。クルックスは二〇世紀初頭までにウィリアム・トムソンとともにイギリスを代表する科学者としての名声を獲得していた。放射能に関するクルックスの研究はしばしば後追い的なものであったといわれるが[33]、彼は大衆メディアにおいて、ラジウムの放射能研究の第一人者として捉えられていた。ここでしばしクルックスの人物像を追ってみたい。

一八三二年にロンドンの裕福な仕立て屋の息子として生まれたクルックスは、一八四八年に王立化学学校（Royal College of Chemistry）に入学し、分光器、写真技術および真空技術に関連した研究に従事した。高い実験技術を有していたクルックスは、いくつもの科学的発見を行った[34]。科学者として華々しい業績を残したクルックスであるが、彼は大学などの機関には所属せず、科学雑誌の編集や政府のアドバイザーといった科学と社会をつなぐ仕事によって生計を立てていた。一八五九年に『ケミカル・ニューズ』誌を創刊し、一九〇六年まで編集を続けた[35]。王立研究所主催のマイケル・ファラデーのクリスマス講演を『ケミカル・ニューズ』誌に連載し、その後『ロウソクの科学』として出版したのもクルックスの仕事である。クルックスは『タイムズ』の「編者への手紙」コーナーにもしばしば登場し、掲載された科学記事の補足をしたり、誤りを正したりしていた。ウィリアム・ハドソン・ブロックによれば、クルックスは専門家向けの科学雑誌への寄稿と大衆向け（科学）雑誌への寄稿のどちらも行っていたユニークな存在であった。実験の美しさを高く評価されていたクルックスは、科学のデモンストレーターとしての才能を開化させ、科学の大衆化の一翼を担った。彼はこれらの活動を通して、科学界での影響力を高め、社会的名声を得ていったのである。

クルックスはまた、当時流行っていた心霊主義に傾倒し、心霊現象に科学的なお墨付きを与えるという役割も果たしていた(36)。クルックスが心霊現象に最初に関心を寄せるようになったのは一八六七年に弟のフィリップが黄熱病で亡くなったときであったとされている。そのとき折しもイギリスでは死者と交流ができるという心霊主義が流行を見せていた。クルックスが最も心霊現象の研究に力を入れたのは一八七〇年代のことで、一八七四年から五年にかけて行われた霊媒者フローレンス・クックとの交霊会では、〝ケイティー・キング〟という霊と交流し、写真まで撮ったという。

クルックスは心霊現象の研究をまとめた著書を一八七四年に出版しているが、そのなかで次のように述べている。

疑似科学的心霊主義者は何でも知っていると公言するが、そこには彼の平静を乱す計算も、厳しい実験も、骨の折れる読書もなく、心を喜ばせ精神を高める言葉を明確にするためのうんざりするほどの試みもない。彼らは「電気的生物化」、「心理学化」、「動物磁気」、といった用語を用いた圧倒的な審問によって、流暢にすべての科学と芸術について語る。それはただの言葉遊びであって理解というより無知を示しているにすぎない。このような通俗科学は、未知の未来への動きを加速する発見を僅かしか導くことができない(37)。

この文章からは、クルックスが当時心霊主義に関して蔓延していた擬似科学を大衆科学として否定的に捉えていたこと、科学者としての自負を強く持ち、よくある疑似科学と一線を画さんとしていたことがわかる。科学技術の専門家と魔術師との対立構造がここでもまた見られるのである。

クルックスがX線や放射能の研究に関心を寄せた一因には、彼の心霊主義への傾倒もあったと考えられる。X線が写真看板を感光させ像を出現させることから、心霊現象を説明するものになるかもしれないという期待も生まれたのである。

クルックスは一九〇三年までに、放射能現象の解明に関していくつかの先駆的な研究を行っていた。クルックスの発見として有名なものは、硫化亜鉛スクリーンにラジウムの放射線（アルファ線）をあてるとシンチレーションと呼ばれる蛍光を発する現象を、レンズを通して観察できることを発見したこと、そしてこの蛍光の検出器を考案したことである。先の『タイムズ』の「ラジウムのミステリー」は、この現象を伝えているものである。クルックスの考案した検出器はスピンサリスコープ（Spinthariscope）と名づけられた。

クルックスは、六月五日にベルリンで開催された第五回応用化学国際会議で、自身の研究を包括した講演「物質への現代の見解――夢の実現」を行った。この講演は大きな反響を呼ぶものとなり、六月六日の『ニューヨーク・タイムズ』には、前日の講演内容を紹介する記事が掲載された。講演原稿は翌週の『ケミカル・ニューズ』に掲載されたほか、六月二六日の『サイエンス』にも掲載され、翌年には単行本として出版された。

クルックスは、放射能に関してキュリー夫妻やラザフォードとソディのように科学界に衝撃を与える研究成果を出したわけではなかったが、レントゲンの発見に用いられたクルックス管の考案者であり、またアルファ線による蛍光を観察するスピサリスコープの考案者であった。この事実は、世間における彼の放射能研究の主導者としての評判を揺るぎないものにした。ここで確認しておくべきは、視覚イメージの重要性である。クルックスはスピンサリスコープによる実演で放射能現象の一部を可視化し、さらにはスピンサリスコープを商業的に売り出すことで、人々がそれを実際に観察することを可能にした。レントゲン写真に見られたように、視覚イメージは科学の用語に慣れ親しんでいない人々にとってもその発見を信じさせるに十分な効力を持っていた。一九〇三年の段階で放射能の理論は確立されたものなっておらず、解釈の余地があった。そのようななか、クルックスは印象的な講演や実験によって人々の心を捉え、大衆社会においてキュリー夫妻らとともに放射能研究の第一人者としての地位を獲得していた。

ここではクルックスが、自身の研究の宣伝に長けた人物であったことを指摘したい。前節ではエジソンとテスラの宣伝活動の一貫としてのデモンストレーションに言及したが、そこには大衆の支持を集めるためのイメージ戦略が働いていた。そのような大衆を支持者として動員する一九世紀の電気の専門家の文化にクルックスもまた親しんでいた。その後幾度と繰り返されることになるイギリス艦隊を吹き飛ばすという兵器としてのラジウムエネルギーのイメージは、このような人物――科学者コミュニティーに属しながら科学と社会との架け橋として活躍し、デモンストレーションに長けていたクルックス――によってもたらされたのであった。

第二節　「原子エネルギー」の解放をめぐる予言

ここまでX線が魔術として、ラジウムが不思議なエネルギーを秘めている存在として大衆メディアで報道されはじめた段階を検討してきた。ラザフォードとソディも、論文「放射性変化」を出版した後、一般講演や執筆活動のなかでラジウムがエネルギーを放出する力について言及していった。本節では彼らがラジウムエネルギーについてさまざまな場所で語った内容とその背景を検討していきたい。

ラザフォードとソディの予言

後世においてしばしば言及されるのは、一九〇三年一〇月のラザフォードの発言である。ラザフォードは一九〇三年一〇月にセントルイスで「ラジウムについて」という講演を行い、放射能の過程には信じられないほどのエネルギーの量が関わっていること、一ポンドのラジウム・エマネーションを得ることができると仮定すると、それは約一万馬力を持続的に生み出すエネルギー源となる、この値はたとえば石炭の燃焼といった化学反応によって得られるものの百万倍であると解説した。ラザフォードの講演は、一〇月四日付の『セントルイス・ポスト・ディスパッチ』誌に、ラジウムが地球全体を吹き飛ばすというかもしれないというセンセーショナルな記事となってあらわれた。

ラジウムの力は想像を絶するものがあり、世界中の兵器工場という兵器工場は、この金属によって一つ残らずこっぱみじんに破壊できるほど強力である。世界各所に蓄積された爆発物も、ラジウムにかかってはひとたまりもなく消し去られ、戦争そのものが不可能になることすら考えられる。戦争どころか、ボタン一つでこの地球全体を吹き飛ばし、この世の終わりを招くような装置が発明されるかもしれない[38]。

この記事がラザフォード自身の言葉通りに伝えているかは定かではないが、ラザフォードがこのようなラジウムのエネルギーによる終末的な考えを持っていたことは確かなようである。一九〇三年暮れの一二月三〇日、アメリカ科学振興協会において、「もし適当な起爆剤が見つかれば、原子崩壊の波が物質の中で起こり、この古い世界を灰燼に帰せしめる可能性は大いにある」と述べている。また、友人に「実験室の誰かばかなやつが、自分ではわけも分からずにこの宇宙を吹き飛ばしてしまう可能性だってある」という懸念を語っている[39]。

この時すでに、ボタン一つでこの地球全体を吹き飛ばし、この世の終わりを招く、という後の核兵器の表象と類似するような描写がなされていることは注目に値する。このような考えもまた、一九世紀の電気技術の進展によって生じたものであった。電気式の押しボタンは、電気技術の最先端の可能性を象徴するものであったが、それは同時に技術が人々の手に届く範囲を超えてしまった世界を意味していた[40]。一八九二年にはトーマス・エジソンが電気装置によって遠隔からボタン一つで都市を破壊するという噂が広まり、素晴らしい発明者が「人類を滅亡させる機械（doomsday machine）」によってイギリスをボタン一つで破壊するという風刺的な新聞記事まで登場した[41]。

このように、ラザフォードはラジウムエネルギーの解放に関して終末的な考えを持ち、警句を発していた。しかし彼の発信は必ずしも積極的なものではなかった。ラザフォードより積極的にラジウムエネルギーの可能性について一般の人々に伝えていたのはソディであった。ソディは一般の人々に彼の知識を可能な限り伝えることを専門科学者としての義務だと考えており、ラザフォードよりも一般講演を重視していた[42]。ソディはまた、ラザフォードよりも楽観的なエネルギー観を有していた。

ソディは『フィロソフィカル・マガジン』に「放射能変化」が掲載された直後の一九〇三年五月から七月にかけて、『コンテンポラリー・レビュー』、『タイムズ・リテラリー・サプリメント』、『英国医学会会報（BMJ）』で、原子エネルギーに関する言及を行っている。

一九〇三年五月二二日の『コンテンポラリー・レビュー』誌に掲載された「放射能に関するいくつかの最近の発展」という記事は、ソディが原子エネルギーに関して最初に書いたものと思われる[43]。放射能研究の最新情報を伝えるこの記事で彼は、原子内部のエネルギーを意味して「原子エネルギー（atomic energy）」という言葉を用いている。この新しい力はこれまでまったく予期しなかったほどの量のエネルギーを表すに違いないとして、キュリー夫人が手にしたのは十分の数グラムのラジウムであったが、夜には実験室の壁を目に見えて輝かせたという噂を伝える。

一九〇三年七月一七日の『タイムズ・リテラリー・サプリメント』に掲載された「ラジウムの将来応用の可能性」

では、ラジウムがどのような用途に応用しうるかについて述べている。[44] ここでソディはラジウムの研究がいかに実益を伴うものかを伝えた。ソディは、イギリスの製造業者たちは有用な事実を見つけることが科学の本分であると考えているように見えるが、科学は長期にわたって事実を集めることで、必要となったときに使える武器を武器庫に揃えることができる。すなわち、基礎科学を充実させることで、長い目で見れば応用面も充実するということを説いている。ソディは、希少なラジウムの供給体制がイギリスで整っていないことや、現時点で最も進んでいるラジウムの応用例として医療利用に言及する。そしてラジウムの応用可能性において最も興味深いものとして、ラジウム内部に蓄えられている巨大なエネルギーをコントロールして自由に使用することができる可能性を伝える。[45]

一九〇四年一月一四日に王立工学アカデミーで行った講演「ラジウム」では、ラジウムだけではないすべての重い物質にエネルギーが含まれているという大胆な考えを発表した。

おそらくすべての重い物質には、潜在的に、原子の構造と結びつき、ラジウムの有するようなエネルギーが含まれているだろう。もしこの力を引き出して制御できるなら、それを成し遂げた者は世界の運命を左右することになるだろう！　この手段を最初に手に入れた者は、これまで用心深くこの蓄えられたエネルギーを放出することを規制してきたけちな自然に代わって、望むなら地球を破壊することのできる兵器を所有するのである。[46]

ソディはラジウムの兵器利用について明言し、原子エネルギーをその力を手に入れた者による支配を実現するものとして語った。スペンサー・ウィアートによれば、この講演は原子エネルギーの兵器利用について科学者が初めて明確に語ったもので、人々の興奮を巻き起こすものとなった。このとき欧米の市民の頭上で兵器が使用されるという現実感はなく、兵器は植民地の戦場で用いられるものと見られていた。[47] そうした中、ソディの言葉は恐ろしいものというより刺激的なものとして捉えられたのであった。

原子エネルギーの可能性をさまざまな場所で語り広めていったフレデリック・ソディは、これまでの彼の言葉に見てきたように、原子エネルギーの未来について楽観的な考えを有していた。ソディの科学技術観はユートピア的なものであったが、それは彼の生まれ育った時代を反映している。一九世紀末から二〇世紀初頭にかけては技術的ユートピア主義と進歩主義が支配的であり、それを象徴するのが「ホワイト・シティ」をテーマに、技術の進歩によるユートピア未来像を示した一八九三年のシカゴ万博であった。ソディの語ったラジウムによる未来像はこうした時代における科学技術の進歩的未来イメージを端的に示している。新聞や雑誌にはユートピアSFが溢れており、ソディ自身もそうしたSFを読んでいたと考えられる。

フレデリック・ソディ

フレデリック・ソディは「同位体（アイソトープ）」という言葉の名づけ親であり、一九二一年にはノーベル化学賞を受賞している。この分野の第一人者であるが、原子核や放射能をめぐる歴史ではラザフォードと比べるとあまり知られていない。ここでソディの生い立ちからその人物像を見ていきたい(48)。

ソディは一八七七年にイングランド東南部に位置するサセックス州イーストボーンで生まれた(49)。生みの母親は彼が生後一八か月の時に亡くなったが、このことはソディの人格形成に大きな影響を与えたとされる。一族はキリスト教の伝道師であったが、彼自身は厳格なカルヴァン主義の説教を嫌悪していた。青年期にトマス・ヘンリー・ハックスレーによるダーウィンの進化論に関する著作に影響を受け、家系のキリスト教を受け継ぐことを拒否する。一五歳のときにイーストボーン・カレッジに入学し、翌年にはクルックスの編集していた『ケミカル・ニューズ』誌に指導者のR・E・ヒューズと共著で論文を発表している。一八九六年にオックスフォード大学マートンカレッジに入り、一八九八年にを主席で卒業した後、一九〇〇年五月にマギル大学の化学科の研究室デモンストレーターの職を獲得した。その後一九〇一年からラザフォードとの共同研究をはじめ、さまざまな放射能現象を解明していく。

ソディは大学卒業後の二年間を含め四年ほどオックスフォードで過ごしたが、その間に後の研究姿勢を特徴づけるいくつかの経験をしている。オックスフォードではジュニア科学クラブに所属し、個人の論文を出版する機会や人前で話す機会に恵まれた。また大学卒業後二年間オックスフォードの学部生に化学を教えるチューターをしていた関係で、化学史のエッセイの執筆をはじめた[50]。このことは彼が錬金術の歴史に関心を寄せるきっかけとなった。

ソディにとって錬金術は自身の放射能研究と深く関わるものとなった。一九〇一年三月に行われたマギル物理学会主催のラザフォードとの公開討議で彼は、原子の変成は不可能であるとして「錬金術の時代を化学の時代の発展の一時期と見なすことは不可能」であると述べたが、その数か月後に一八〇度考えを転換する[51]。トリウムが壊変してアルゴンガスに変わったことを確認した同年一〇月頃マギル大学で開催された公開講義では、錬金術は化学の真の始まりであるとしたのである。この間ソディはマギル大学で、化学研究室の通常業務以外に化学史とガス分析の講義を担当しており、化学史の講義「最初期からの化学の歴史」は、古代エジプトのケミ（Chemi）、並びにアラビアのアルキミア（Al-Kimiya）の説明に始まった[52]。この講義をもとにしてソディは『錬金術と化学』という草稿を執筆した。これはフランスの化学者マルスラン・ベルトロ（Marcelin Berthelot）の『錬金術の起源（*Les Origins de l' Alchimie*）』に依拠したもので、錬金術を化学の産みの親としてみているものだ[53]。この時期にソディはラザフォードとの共同研究をはじめ、トリウムのエマネーションを発見する。リチャード・スクロブによればソディはこのとき、錬金術の発想によってトリウムが自発的に変換しているという考えを思いつくのである[54]。

放射能研究と錬金術との関係については、いくつかの歴史研究がある。マーク・モリソンは、放射能の探求における錬金術をはじめとしたオカルティズムの影響を検討した著書で、ソディとウィリアム・ラムゼーを重要な物と見なしている[55]。ソディは一九〇三年からロンドンでウィリアム・ラムゼーと共同研究をはじめ、スペクトル分析を用いてラジウムからヘリウムを生じさせる実験に成功している[56]。これは一つの化学元素がほかの元素へと変わったことを実験的に証明するものであった。すなわち、錬金術師の目指した物質の変換を成し遂げたのである。

中世ヨーロッパにおいて盛んに行われた卑金属を貴金属に変えようとする錬金術の試みは近代化学のもととなったが、錬金術師は古くより科学者イメージの代表的なものの一つであった[57]。錬金術は西洋文明においてかつては終末論と結びついたこともあった。錬金術の思想は、巨大な力、宇宙の変容、そして終末論的な危機意識とも結びついていた[58]。そもそも終末（apocalypse）という言葉は、ものごとの本質を明らかにする、あるいは暴くという意味を有していたともされる[59]。しかしソディはこのとき錬金術の持つ終末論的な側面には目を向けていなかった。前述したような楽観的な科学技術観のなかで、それまで錬金術に込められていた様々な意味合いは顧みられなくなっていった。そして「新しい錬金術」が生まれるのである。

ソディの啓蒙本と「新しい錬金術」

ソディは一般講演を多く行っていたが、それは一般向けの啓蒙書の出版につながった。一九〇四年に出版した『放射能』と一九〇九年に出版した『ラジウムの解釈』である。ソディはこれらの啓蒙書でどのようなことを伝えたのだろうか。

『放射能』は、一九〇三年一〇月から一九〇四年二月までに彼がロンドン大学で行った講演に基づいたものであった[60]。前書きには、同書執筆にあたっての基本的な姿勢が記されており、同書が学生やこの主題に関心のある人々のための入門書となることを目指していることとあわかる。同書の特徴は最終章となる第一二章にある。いくつかの予測が述べられているこの章では、ソディの進化論および地質学への深い関心が認められる。ソディはラジウムに蓄積されたエネルギーを、地球の年齢と進化と結びつけて解説している。たとえば、「地球の年齢：ある原子構造に秘められている利用可能なエネルギーの膨大な蓄えとこのエネルギーの存在の可能性の発見は、すべての原子で利用可能かはまだわからないが、宇宙の進化の問題、そして生物学と地質学と密接な関係にある」と記し、終盤では、「この本が扱っている進展の本質は、宇宙の過去と未来の歴史に関する限界をとてつもなく拡大したことである」と記している。

地球の年齢は、この頃の科学界で持たれていた大きな関心の一つであった。ウィリアム・トムソン（後のケルヴィン卿）は、地球の温度をもとにした地球の年齢の見積もりが、ダーウィンが想定するものよりはるかに短いものであったということを報告した。一八七二年に刊行された『種の起原』第六版（第一版は一八五九年刊行）で、ダーウィンはトムソンの説に不満を示している。地球が熱を発する放射性物質を含んでいるという考えは、地球が冷えゆく存在であるというトムソンの説に対抗するものであった。そしてソディは、放射能の研究が宇宙すべての謎の解明につながることを印象的に伝えたのであった。

『放射能』の五年後に出版され、より大きな反響を呼んだのは、一九〇九年に出版された『ラジウムの解釈』である。[61]一九〇八年のはじめにグラスゴー大学で六回にわたって行われたソディの連続講演の内容をまとめる形で出版されたこの書は、一九〇九年一一月、[62]一九一二年一〇月、一九二〇年八月と四版まで増訂修正された。ソディによるラジウムの大衆化の集大成ともいえる同書は、ラジウムに関する人々の知識を養う上で重要な役割を果たした一冊である。

一九〇八年一一月という日付が記されたはしがきでソディは、同書を一般読者にもわかるように専門用語を用いないで記した一方で、初歩的な説明もしていないため、科学の他の分野の研究者にも役立つものとなるであろうと述べている。また前書きでは、科学と市民の関係の重要性について記しており、科学的探求の遂行には市民や公共心のある者からの継続した多大な支援が必要であることを説いている。ソディは、科学は一般市民や文化に何の関係も持たないという見方に対して闘ってきた王立研究所の活動を先人として、その系譜に自身の活動を位置づけており、彼の科学啓蒙への強い思い入れを示している。

同書は全一一章で構成されている(63)。第一章では放射能という新しい科学、第二章ではラジウムの発見、第三章では放射性物質の放射、第四章ではベータ線やアルファ粒子、第五章ではラジウムのエネルギー源、第六章ではラジウムの放射性変化、第七章では原子の崩壊、第八章ではラジウムの経時変化、第九章ではラジウムのその後の変化、第一〇章ではラジウムに限らない物質の変化、第一一章ではラジウムと物質のエネルギー、といった具合に解説している。同書には全体を通して、数式はほとんど登場せず、文章によってラジウムの性質が説明されている。また、図像がふんだんに登場し、合計三一の図像が掲載されている。これらの図像は一般読者の興味関心を引きたて、理解を助けたと思われる。

ソディは第一章で、古い物理学や化学に対して、放射能が「新しい科学」であることを打ち出す。それは彼らの探求が古い科学に対して新しい科学であることを印象づけ、読み手に新しい科学の時代への期待を抱かせるものである。第二章から第一〇章までは、概ね当時の一般的な放射能の教科書と同様に執筆されている。この書を特にユニークなものとしているのは、最終章となる第一一章である。冒頭には次のような言葉が記されている。

なぜラジウムは元素のなかで特別なのか？／その変化率は非凡である／ウラニウムはラジウムより素晴らしい／一ポンドのウラニウムの中に貯蔵されているエネルギー／変換は物質の中のエネルギーへの鍵を握る／古代の錬金術のむだな試み／変換が可能であった際の結果／古代人の火を起こす技術／現代人と変容の問題／宇宙の進化と軍事力［略］古代の神話と放射能／ウロボロスの蛇／〝賢者の石〟と〝不老不死〟／堕落する人間と進歩する人間／過去の見込まれる時間の大幅な拡大／忘れられた人種の可能性の推測／ラジウムと存在のための戦い／物理的エネル

ギーの戦いとしての存在／新しい見通し

ソディはこのように錬金術を引き合いに出し、神秘のヴェールに包まれた探求の歴史に自らの科学的探求を位置づけ、自らの研究を「新しい錬金術」として打ち出した。この章は五年前に出版した『放射能』の最終章と同じ位置づけにあるが、『放射能』と比べると、地球の年齢あるいは宇宙の進化の問題にも言及しながら、錬金術が重要な要素として登場している。ソディが錬金術に関心を寄せていたのは一〇年ほど前からであったが、これまでの彼による放射能の説明に錬金術は持ち出されてこなかった。この章でようやく、放射能の探求は錬金術の歴史の上に位置づけられ、彼の放射能研究と歴史研究は融合したのである（しかしそれ故に、伝記執筆者からは、ソディはこの章で突如筆が狂ったようだなどと評されている）。

ソディは「新しい元素であるラジウムは、アラジンのランプのように光と熱を放出する」として、錬金術だけではなく魔法も持ち出した。彼は、どのようにしたら物質からエネルギーへの変換が可能になるのかというエネルギーの可能性の実現に疑念を抱くものからの問いに対して、しばしば放射性崩壊原子の例を持ち出し、エネルギーの放出を「千一夜物語」のアラジンの魔法のランプに喩えたのだった。

ソディはまた、ラジウムやウラニウムのエネルギーについて従来の燃料と比べて説明している。たとえば、「ラジウムが変化するすべての過程において発生するエネルギーは同じ重量の石炭の燃焼に比べて二〇〇万倍にもなる」、「ウラニウムから発生するエネルギーは同じ重量のラジウムより一四パーセントほど多い」、「一トンのウラニウムがロンドンを一年間明るくする」等としている。さらに、「物質をかえることができる人種は、砂漠の大陸を変形したり、極地の氷をとかしたり、世界全体を一つのほほ笑みのエデンにすることができる」と、物質の変換によってもたらされる大きな力に言及している。

すでに見たようにソディは、一九〇四年一月一四日に王立工学アカデミーで行った講演で、支配者としての自然に人間を対置して語っていた。ここでは「人種」というより具体的な征服者の単位が出てくる。彼はエネルギーを手に入れる人間を「人種（race）」と述べたり「国民（nation）」と述べたりした。ここで想定されている世界の支配者は、彼の属性である白人、あるいはイギリス国民であっただろう。このような発言の背景には、彼が宗教を捨てる要因となった進化論をはじめとする、彼の育った一九世紀末の思想があったことが考えられる。

錬金術の歴史やメタファーを用いたソディの文章は、科学界だけでなく一般の人々に広く届けられ、初期のラジウムエネルギーに関する主要なイメージを形成していた。ソディのこのような啓蒙手法――なかでも『ラジウムの解釈』第一章や第一一章――には、彼の育った家庭環境や大学卒業後のオックスフォード時代の関心が影響していた。

彼の啓蒙活動を支えた動機はどのようなものであったのだろうか。リチャード・スクロブは、ソディの社会における原子力の予言的な発言から、彼がテクノロジー・アセスメントを行っていた科学者の先駆例としている(64)。ここで検討してきた内容を踏まえるならば、ソディの未来予測や社会的な発信を支えたものは、科学者の社会的責任やテクノロジー・アセスメントといった道徳的な義務感というよりは、メディアを利用して自身の知名度や発言力を高めるという利己的な動機であったと考えられる。当初ソディは無名でラザフォードの実験助手として見られがちであったが、そう見られることを嫌っていた。実際二人の研究には、ソディのアイデアが多く生かされていた。幸いなことに彼は放射能研究を魅力的に伝える才能に恵まれていた。メディアからの需要も大きかっただろう。そのようななか、彼は積極的に講演活動を行い、新聞や雑誌に登場し、著書を執筆することで、自らの知名度を高めていった。そのような過程において彼は、人々を惹きつけ納得させる錬金術や魔法の言葉を習得していったのである。これはX線を発見した後、X線がまるで魔法であるかのように報道されることを嫌い、メディアを遠ざけたレントゲンとは正反対の姿といえる。

ソディはマギル大学でデモンストレーターという職についていたが、これは実験や標本で実演（デモンストレート）しながら講義をすすめたヨーロッパの科学・医学教育の伝統に由来する職業で、教授を助け実験を実演する役割を担っていたデモンストレーターが一九世紀以降も実験室助手の職名としてイギリスや英連邦の一部の大学で残ったものであった。本節で検討したソディの二冊の本は、いずれも大学での彼の講演を元にしていた。ソディが講演でどれほど実験の実演を行ったかは定かではないが、クルックスと同様に科学をデモンストレーションする能力に長けていたことが推測できる。

『ラジウムの解釈』の出版からおよそ四年後、同書に科学知識を依拠して書かれたH・G・ウェルズの小説『解放された世界』には、エジンバラ大学で開催されたルーファス教授のラジウムと放射能についての連続講座が描かれている。教授はラジウムの瓶を手に熱弁をふるう。

［一パイント［約〇・五七リットル弱］のウラン酸化物が入っている］このビンには、みなさん、このビンの原子には少なくとも一六〇トンの石炭を燃やしてえられるのとまったく同じ量のエネルギーが眠っているのです。もしひと声で、一瞬のうちに、わたくしがそのエネルギーを解放できたら、それはわたくしたちを、それから周囲にあるすべてのものを木端微塵に吹き飛ばしてしまうでしょう」。「わたくしたちが一年間も都市を明るくしたり、艦隊を戦わせたり、あるいは大西洋を横断する巨船を動かしたりするエネルギーを、片手で持ち運べるほど強力な力の供給源を獲得するだけではありません［略］この世界のすべての物質のかけらが凝縮されたエネルギーの貯蔵庫として役立てられるのです」。「砂漠の大陸は変えられ、北極と南極は荒涼たる氷原ではなくなるでしょう。全世界はもう一度エデンの園となり、人間の力は星空の彼方へ向かうでしょう……」

いずれもソディが語った原子エネルギーをめぐる明るい未来像であった。ウェルズは『解放された世界』の前書きに「フレデリック・ソディの『ラジウムの解釈』に、この物語を献呈して感謝のしるしとする。これは長い何節かについて、あの本の第一一章に恩恵をこうむっている」と記している。ルーファス教授の講演は、グラスゴー大学でのソディの連続講演を彷彿とさせるものである。ソディの原稿には残っていないが、彼がラジウムの瓶を手に聴衆を魅了する講演をしていたことは想像に難くない。ソディの言葉は、人々のイマジネーションを喚起し、その後の大衆文化のなかで繰り返されていくこととなる。

第三節　日本のX線、ラジウムをめぐる報道

これまで欧米における放射能の探求から原子エネルギーの可能性が語られていく様子を見てきたが、これらの情報は日本の人々にどのように届けられていたのだろうか。本節では明治期の日本のメディアを検討する。

X線、ラジウムの登場

西洋でX線や放射線の研究が進められていたとき、日本では学術体制がようやく整備され、西洋の科学知識を導入する段階にあった。日本の科学者たちは欧米に留学し、そこで得た科学知識を国内に還元しようとしていた。このことを念頭において、X線が発見された明治三〇年代のメディアを覗いていきたい。

明治期に成立し社会で大きな影響力を持つようになったメディアは新聞である。新聞メディアは明治後期に入ってから、戦争報道やスキャンダル報道で売上を伸ばしていった。中でも新聞メディアが拡大したのは明治三〇年代でちょうど放射能の研究が進むのと時期を同じくしている（明治三〇年は放射能が発見された一八九七年）。新聞でそれらはど

のように伝えられたのだろうか。

X線発見のニュースは一八九六年二月二〇日頃に日本に到達したと推測されている[65]。医学専門誌では二月二九日の『東京医事新報』第九三五号に掲載されたのが最も早く、新聞では『時事新報』の三月七日が最も早いものとされる[66]。『日本放射線医学史考』には、X線の発見を報じた掲載紙と見出しが掲載されているが、これによると、三月七日『時事新報』「写真術の発見」、三月九日『大阪毎日新聞』「写真術の新発見」、三月一三日『時事新報』「新発明写真術の試験」、三月一四日『京都日出新聞』「顕秘写真術の発見」、三月一五日『大阪朝日新聞』「顕秘写真」と続く。X線の発見が写真術の発明として伝えられたことがわかる[67]。

『讀賣新聞』の三月一五日の「雑報」は、「驚くべき電氣學上の大發明」として、「電氣學者獨逸國レントゲン氏ハ多年研究の結果として今回電氣に就いて不思議なる現象を發明せりといふが其要旨ハ動物金属等と電氣の作用に依りて透明となし其組織骨格等を明瞭に透見し得べしと云ふ」などと伝えている。三月一八日の「雑報」には、「新寫眞術」というイラストが掲載されている。「横濱　一寫眞技師投」と署名のあるこのイラストは、五人の人間の頭の部分にそれぞれ異なる物品が描かれており、まるでその人が考えていることがわかるような印象を与えるものである。イラストの各人物には、「隅」「藤」「品」「後」「斎」という、当時の政治家の人名の頭文字が記されており、このイラストが政治風刺画としての性格も有していることがわかる。また、五月一六日の『讀賣新聞』には「X光線物体透明寫眞術の發明者」としてレントゲンの肖像が掲載され、X線の発見をめぐる世界的な熱狂が伝えられている（図1-3）。

このようにX線の発見は、写真術の発明として伝えられた。頭部にイラストが描かれた図像が示すように、可視化されるかのように描かれたもののなかには、人間の思考も含まれていた（図1-2）。X線写真は、人間の考えていることすら可視化させるという印象を伴っていた。

『東京朝日新聞』では四月一日に「寫眞術の大發明」という見出しで、「近時の物理學界ハ非常の進歩を致し種々な

図1－2　「新寫眞術」

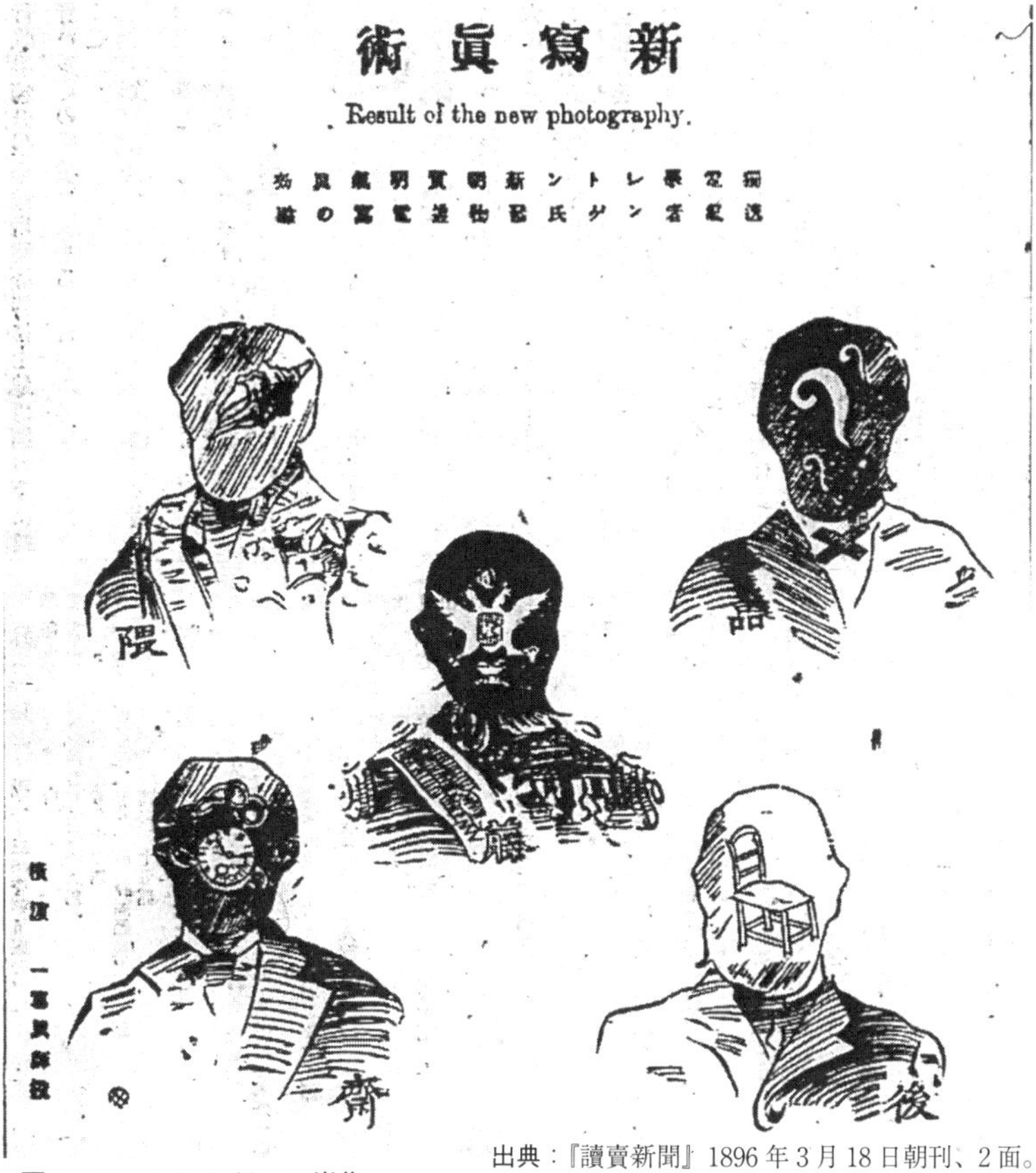
新寫眞術
Result of the new photography.

出典：『讀賣新聞』1896年3月18日朝刊、2面。

図1－3　レントゲンの肖像

出典：『讀賣新聞』1896年5月16日朝刊、1面。

る事の理學者に於て発明せらるゝ中に就き最も不思議奇怪ともいふべきハ獨逸のレントゲン博士の寫眞術發明にして此發明ハ入光線の利用を以て或物体中に含有せる異種の物品を撮影するに在り昨年の末此事の發明世に伝はるや四方の學者争ふて之が實驗を試み〔略〕我國に於ても帝國大学の山川教授第一高等學校の山口教授等之も實驗したるに皆能く好成績を奏したり」と伝えた。

X線発見のニュースを受け、世界中の科学者たちがその追試実験を行ったが、日本においても同様の試みがなされた。東京帝国大学理科大学教授の山川健次郎は、鶴田賢次、水木友次郎らとともに製作したX線発生装置で結晶にX線を当てる実験を行った(68)。山川らと同じ一八九六年四月には、第一高等学校教授の水野敏之丞が山口鋭之助らとともに手、魚、刀などの撮影を行った(69)。シュトラスブルク大学で博士号を取得し旧制第三高等学校の教授となっていた村岡範為馳は、島津製作所の島津源蔵らとともにX線装置を開発し、一〇月一〇日にX線写真の撮影に成功した。物理学者たちに加え、医師たちもまたX線実験を行った。日本医科大学の前身である済生学舎の外科の講師をしていた丸茂文良は、五月に日本人医師として初めてX線実験を行っている(70)。『讀賣新聞』および『朝日新聞』を見た限りでは、これらの追試実験のうち紙面で伝えられたのは、山川と山口による実験だけである。科学者による追実験がしばしば報道されていた欧米圏のメディアと比較すると、日本の科学者たちによる追実験は、ジャーナリズムの関心を引くものではなかったといえる。

ラジウムはX線のように一面を飾る記事とはならず、ラジウムが欧米圏のメディアで話題となった一九〇三年以降、西洋事情を伝える記事のなかで報道されはじめた。一九〇三年八月六日の『東京朝日新聞』には、「癌腫の療法」という見出しで、ラジウムが癌の治療に用いられていることを伝える短い記事が掲載された。一九〇四年から一九〇五年にかけては、ラジウムに関する記事はほとんど見つけられない。この時期には日露戦争が起こっており、各誌は日露戦争の状況を日々報道し、読者層を拡大していった。

日露戦争と学者、ジャーナリズム

日露戦争は、大学知識人とジャーナリズムの距離を縮めていった。たとえば日露戦争開戦直前に対露強硬路線を訴えた七博士意見書は一九〇三年六月一〇日付で当時の総理大臣等に提出されたが、この内容は『東京日日新聞』や『東京朝日新聞』などの新聞に掲載され、世論に大きな影響を与えた。この「七博士事件」は、大学教授によるジャーナリズムの利用というだけでなく、ジャーナリズムによる大学教授の娯楽としての消費という側面も有していた。宮武実知子はこれを大学とメディアの共生関係の始まりであったと指摘している[71]。

アカデミズムからジャーナリズムの世界へと移動する学者もあらわれた。日露戦争が新聞報道を独占していた頃、夏目漱石が『吾輩は猫である』を俳句雑誌の『ホトヽギス』に発表する。この小説はベストセラーとなったが、漱石の小説に付加価値を与えていたのは、漱石が東京帝国大学の講師夏目金之助という知的エリートであったという事実である[72]。漱石に目をつけた朝日新聞社の誘いを受け、彼は帝国大学講師を辞職し、朝日新聞に入社するのである。漱石はこの職業を、帝国大学教授と同等とものと見なしていたという。小森陽一の指摘するように、この時期には「博士」という称号をステイタスとしてそれぞれの学問領域から発言する学者が増え、「アカデミズムとジャーナリズムの相互乗り入れ」が進んでいった[73]。

このとき自然科学分野の博士も、ジャーナリズムの世界に登場するようになった。宮坂広作は、明治中期以降に特定の新聞社と特定の分科大学との間につながりができるようになること、「この頃から自然科学部門で、日本人学者の独創的な研究業績がしだいに出はじめ、報道価値のある研究がふえたこと、日清・日露の両戦役を経て国民のあいだに高揚しつつあったナショナリズムにアッピールしようとして、欧米の学問研究に比肩しうる創造的業績がわが国の研究者によってなしとげられたことを喧伝しようとする欲求とで、ジャーナリズムはアカデミズムに接近をはかった」ことを指摘している[74]。ではこの時期のジャーナリズムは科学者をどのように扱い、科学者はジャーナリズムをどのように捉えていたのだろうか。

「サイエンチフイツク、ポツシビリテイ」

『讀賣新聞』は日露戦争が終結した直後の九月一五日から一二月三日まで、「サイエンチフイツク、ポツシビリテイ」という連載記事を掲載した。二か月以上にわたってほぼ毎日、朝刊一面に科学の話題が登場したのである。この連載は「近代科學の専門諸大家に就て、現在及び将来に於ける科學の勢力の可能範囲を究はめたるものにして、行文ハ通俗を旨としたれバ、有益且つ趣味ある読みものなり」という社告に見られるように、三〇のテーマにつきそれぞれの分野の専門家――そのうちの多くは博士――が現状と今後の見通しを語ったものである。連載の執筆者とタイトルを挙げていくと、理学博士三好学の「花の変色法」「菌燈とバクテリア燈」、農学博士麻生慶次郎の「金属化合物の応用」、理学博士長岡半太郎の「ラヂウムの発きたる原子の秘密」、農学博士澤村眞の「納豆の話」、農科大学助教授白井光太郎の「植物治病の八要」、理学博士丘浅次郎の「動物学の可能範囲」、高島平三郎の「心理学今後の発展」、と続いている。

一九〇五年九月一八日と一九日の朝刊一面に掲載された長岡半太郎による「ラヂウムの發きたる原子の秘密／理學博士長岡半太郎談」という記事を見てみたい。長岡は当時、東京帝国大学教授であったが、この記事はラジウムについて帝国大学教授がはじめて新聞紙面で解説したものであったと考えられる。長岡はX線やラジウムをどのように説明したのだろうか。「ラヂウムの發きたる原子の秘密」は次のように始まる。

最近十年來の物理學上著名なる発見を問へバ、其の放射能做であることハ、異口同音の返答である。此現象が珍奇なるため、一時ラヂウムの評判ハ、高くなつて、誰も新元素のことハ、多少知つて居る。然し世人ハ、只現象の珍奇なるに驚かされて、其の科學に及ぼす影響の、如何ばかり大なるかを詳かにしたる者少きハ、残念である。

長岡はこのように述べ、X線の性質を、写真作用を生じ、螢火を発し、また気体を電離するものであると説明し、X線と同様の能力を持つものとしてウラニウムとラジウムが発見されたこと、「ラヂウムの作用ハ、ウラニウムに比して、数萬倍である」ことを伝えている。ラジウムが螢のような光を発することについては、硫化亜鉛を塗った遮蔽に近づけると、「流星の群至するが如く、又遠く煙火を望むが如く、燦爛たる光景を呈する」と、クルックスの発見した現象を紹介している。これは「原子の砕けた破片の一部分である」としてこの日の記事は終了する。

翌日一九日の記事は原子の砕けた破片としての陰電子の説明から始まる。長岡は電子のエネルギーについて言及した上で、この物質の惰性（慣性）が電気作用によるものであるとする。続いて放射作用について言及し、最終的には次のような文章で締めている。

若し原子に蓄積せらるる莫大なエネルギーを人為で支配する方法を發見したならバ、今日数千トンの石炭を消耗する汽船を走らすに、僅かに一塊の物体を原子ぐるみ打壊して其のエネルギーを用ゐれば事足りるであらうと思はれる。然し之がポッシビリチーであるか将たイムポッシビリチーであるかに就ては誰も断案を下さぬ。而も此社会経済に大関係を有する問題は早晩必ず確答に接するであらう。其の暁には世界の面目も一新するであらうし、蒸気電気の世界ハ一變して電子の世界にあるであらうと豫想される。

長岡はこの記事のなかで、ラジウムが莫大なエネルギーを有することに幾度か言及している。そしてこれが、エネルギー事情を一変させるかもしれないものとしているのである。この記事は日本の新聞ではじめて原子内に蓄積されているエネルギーを人為的に用いる可能性に具体的に言及したものと考えられる。

興味深いことに、長岡は掲載された記事のなかにいくつもの誤りを見つけ、それを指摘していいる。連載の終わった翌日の九月二〇日の『讀賣新聞』には、「理學博士長岡半太郎氏より左の正誤文を寄せられたり」として正誤文が掲載された。

拝啓十八日御掲載の迂生談話中第二段八行にストリウムとあるハトーリウムの誤植に候。／十九日分第二段第十三行「ラヂウムハ」此ハハ誤解を来すかと存候後節原子ハ云々ハ単にラヂウム原子に限る様に相見え候得共實ハあらゆる諸元素の原子に共通の事項に候故「ハ」を削らざれバ意義通ぜざる様に存候五面談叢中「物理學卒業生がタッタ一名」とハ誤傳にて数學科卒業生のことに候

この記事からは、いくつかのことがわかる。まず、掲載された記事には誤りが多くあったことである。このことからは、記事が長岡自身の執筆したものではなく長岡の話したことの新聞記者による聞き書きであったこと、また、長岡が正しい知識を伝えることを重視していたことがわかる。長岡はこのとき、新聞メディアを科学啓蒙の場として意識していたといえる。

「サイエンチフイック、ポッシビリテイ」は、『讀賣新聞』が科学の話題を初めて大々的に扱った連載であり、科学報道に向けた読売新聞の意気込みを示したものであった。この連載は、科学欄のはしりとなった(75)。日露戦争後、ジャーナリズムは科学の話題を貪欲に求め、紙面に掲載するようになる。そのようななか、科学者たちも見解を求められ、新聞紙面にコメントを寄せる機会を増やしていった。原子エネルギーの実用可能性に言及した長岡の談は、このような文脈で登場したのであった。

『読売新聞八十年史』によれば、このときの事情は次のようなものである。新聞界は日露戦争中に購読者層を倍増させたが、読売新聞は「紙面の体裁を低下して大衆にこびるというような態度」をとらなかったため、そのような増加を見ることはなかった。読者層は依然として学生、知識人に限定されていた。あせった主筆の足立が企画したのが、「サイエンチフイック、ポツシビリテイ」であった。

まず足立主筆がとらえた企画は、「サイエンティフィック・ポッシビリティー」と題する欄を一面の上段から二段にわけて堂々と取り、科学評論を連載したことである。有名な長岡半太郎の「ラヂウムの發きたる原子の秘密」とか、三好學の「花の變色法」などの科学知識的評論を載せたが、一般読者は一顧も与えなかった。[76]

この記述からは、読者からの反響がほとんどなかったことがうかがえる。[77] つまり、この連載は、読売新聞の購読者の拡大につながらなかっただけでなく、読売新聞の既存の読者にも大きなインパクトを与えなかったのであった。その理由として考えられることは、科学の話題に寄せた読売新聞社の期待と読者の期待は一致していなかったということである。

読者が求めていたのは、科学の知識そのものではなかった。それは熱狂の対象となるものであり、科学研究における日本人の快挙であった。このことをあらわす一例として、新聞小説「新元素」を紹介したい。

新聞小説「新元素」

日露戦争後、ラジウムは新聞小説にも登場した。一九〇〇年代、新聞小説は新聞全体の通俗路線の中核を担うようになっていた。[78]『大阪朝日新聞』は日露戦争のなかで、新聞小説の生み出すセンセーションとその価値を学んでいた。[79]

『大阪朝日新聞』が一九〇四年に賞金三〇〇円で募集した懸賞小説に当選した『琵琶湖』は、新聞紙面上での作者探しから作者が日露戦争に従軍していることが判明した。戦場から作者の情報が届けられる過程は、読者の熱狂を呼び、一つのメディア・イベントとなった[80]。そのようななか、ラジウムを扱った小説も新聞に登場するようになる。それは、科学の語りもまた、新聞の通俗化の営みに組み込まれていたことを示唆するものである。

ラジウムを扱った小説とは、一九〇七年二月三日と二月一〇日の『大阪朝日新聞』日曜附録に掲載された、ＫＫ子なる匿名の人物によって書かれた「新元素」である[81]。この小説は、ラジウムを発見したが自殺してしまったという不遇な日本人科学者のエピソードをその友人が語るという内容となっている。以下内容を見ていきたい。

小説は、語り手が雑誌でラジウムに関する研究成果を読んでいたときに友人が訪ねてくるところから始まる。この友人は、「ラジユームと云へば、此の頃随分學術界の評判だが、あれは実は十年許り以前に僕の朋友が発見したんだ。今少し生きて居ると世間に發表して、ラジユームの發見は日本人の功に帰するのであつたのに。惜しい事であった」と嗟嘆して、語りはじめる。不運な朋友というのは、豊野賛次という中学教師（物理学校出の物理化学の教師）で、すこぶる変人で寝食を忘れて物理化学の実験をしていた。彼は薬物を用いた実験で毎晩のように爆発を起こし、妻に離縁されても動じず実験に没頭していたという。

ある日のこと豊野の実験室に呼ばれた友人は、新元素――それは鉛の箱の中で、石綿の上に豌豆大の非常に強烈な蛍光を放っていた――を見せられる。豊野は興奮した様子でこのように説明する。

僕の発見した新元素は永久に燃焼して、絶えず他に熱と光と勢力（エナージー）とを與へ、其の元素自体は絶えず自己を補成して、重量に於ても形態に於ても少しも変ずる事がないのだ。して見ると此の発見といふ者は即ち、現代の物理学の組織を全然改造する者といはねばならぬ。

ここでは、「絶えず自己を補成し」「少しも変ずる事がない」という、実際知られていたラジウムの性質とは異なる、より強力で堅固であるかのような元素が描かれている。豊野は新元素の応用について、次にように語る。

併し我が新元素は、永久の動力と同様に、到底現世に於ては不可能と思はれたる尚其の他の事をなし遂げ得るのだ。君は中世の錬金術家が不老不死の薬を得んとして、苦心惨憺した事を聞いた事があるだろう。［略］我が新元素の溶液を薬品として摂取すれば、人体に永劫無窮の勢力（エナージー）を與へて、其の人は即ち不老不死となるのだ。

友人はこの説明を聞き、「身體を害しはしないか」と尋ねてみたが、豊野は兎に試してみたところピチピチしていると述べ、今日から毎日自分に試すつもりだと述べた。友人は半信半疑ながらも、大変な発見であると祝辞を述べ、一週間後に再訪する約束をしてその場を去る。

一週間後に豊野を再訪した友人は、身体が煌々と光明を放つ様に輝くようになった豊野を発見する。見れば豊野の着物は破れちぎれて、乞食の着物が地面を引摺るような有様になっていた。豊野はラジウムの服用によって、身体そのものが、光源、熱源となってしまったのである。部屋の温度は七〇度に達していた。豊野は、「君に此の間話した通り新元素の溶液を作つて服用した時には其の活動力を回復する勢力許りを考へて、光輝力ある事を打算しなかつたのだ。僕が服用してから三日目に身が輝き出して、急にこんなに光るやうになつてしまつた」と絶望し、その夜、実験室で爆発を起して自殺する。家は半壊し、死体はずたずたになっていた。友人は涙を流し、沈痛な調子で、「で君の新元素といふのはラヂユームに相違なからうぢやないか。ラジユームの第二の発見者は誰であらうとも構はぬが、第一の発見者は我が友豊野賛次君であるのだ」と語り終って愁然とする。

この作品には、当時ラジウムに対して持たれていたイメージがあらわれている。ラジウムが光り、人体に勢力（エナージー）を与え、その人物は不老不死になるというものである。ここにはソディが語ったような錬金術のイメージもあらわれており、西洋におけるラジウムのイメージを踏襲している。そもそもこの作品は、西洋の小説を下敷きにしていた(82)。海外作品の筋書きに従いながらも、そこには日本人の科学的発見への期待も込められていた。このとき日本の科学研究への期待が、醸成され高まりつつあった。

ラジウム療法をめぐって

これまで見たように、日露戦争後に科学の話題が新聞紙面に掲載されるようになったが、アカデミズムとジャーナリズムの関係は、必ずしも良好なものではなかった。その一端は、ラジウム療法をめぐる報道に見ることができる。

ラジウム療法については、明治三〇年代後半から新聞メディアで断片的に伝えられていた。国内でのラジウム療法の進展が伝えられるようになった一九〇七年、これを伝えた朝日新聞の記事が、読売新聞紙面において批判されるという事件が起きた。発端となったのは、一九〇七年八月一〇日の『東京朝日新聞』に掲載された「ラジユーム療法（一段の進歩）」という記事である。この記事は、「薬物療法萬能時代は夙に過ぎ去り電氣及びX光線を治療の上に應用し至大の効果を収むるも既に久しき以前よりのことなるが今は又ラジユームを疾病の治療に應用に従来世人が不治と信じたる難症をも容易に之を全癒せしめ得るに至りしこそ學術進歩の効果なれ」と始まる。ラジウムは従来のX線と比べて効果に雲泥の差があるとして、次のように書かれている。

ラジユームは一種の無機物にして之を治療の上に應用するには身體の外部より其光線を透写せしむるに止まれば如何に疲勞せる病者と雖も適度に失せざる以上更に苦痛を感ぜず尤も其強大なる光線の作用にて皮膚に火傷を生ずる

ことあるが田中館〔ママ〕教授はアルミニユームを用ひて之を防ぐの方法を創見し愈安全を得るに至れり

この記事について、一九〇七年八月一五日の『讀賣新聞』に掲載された「お恥しき科學的智識（朝日の「ラジウム新療法」に就て）」という記事は、その科学知識の不確かさを指摘している。一〇日の『東京朝日新聞』に掲載された「ラジユーム療法（一段の進歩）」に苦言を呈したこの記事は、「△△博士　▲▲▲▲▲」と匿名になっているが、長岡半太郎によるものと考えられる[83]。

この記事は「本邦人が科學の觀念に乏しきことは、識者の最も憂ふるところであるが、中にも日刊新聞にあらはるゝ科學上の發見に就ては、間々抱腹に堪えぬものがある」とはじまり、大発見があったかのような報道に対し、以下のように述べている。

讀むで見れば誠につまらぬ事である、元來アルミニウムでラヂウム塩を蔽へば、其最も有効なる線即ちアルファ線は、大概防止されるに依て、火傷の出來ぬのは勿論であらふ、又少くアルミニウムを厚くすれば、ベタ線も透らなくなるから、畢竟殘りの線はX線と同一なるガムマ線計りであるから、厚きアルミニウム板を當てゝラヂウム療法を施せば、X線療法と同一である、此位の事は、ラヂウム發見の曉から既に知られてゐることなれば、別に創見抔仰山なる形容詞を弄するは、如何はしい譯である。西洋ではもつと都合よき、ゴム板で防止する方法が発見されてある、此体裁であるから、日本では、剽竊的のつまらぬ事項が、誇大されて困る、素人に科學の話をするには、餘程注意せねば、途方も無い誤謬に陥ることが往々ある。

匿名博士（長岡）はさらに、ラジウムの単位に粍（ミリメートル）を用いたことに、薬品の数量を長さで測ることは滑稽千萬であるとして、「此の如きつまらぬ事を、仰々しく書き立てるのを見れば、日本人の科學智識が、如何に淺薄であるかを一讀して看破される」と記事を終えている。

この記事からは、匿名博士が新聞紙面にあらわれる科学知識の正確さ――それは新聞記者の科学知識ともいいかえられる――に疑問を抱いており、誤った科学知識が流布せぬよう神経を尖らせていたということができる。また、博士が新聞報道に注意を払い、誤った内容が伝えられているときには訂正をしていたことからは、新聞メディアが科学界においても無視できないほどの大きな存在となっていたことも推測できる。

匿名博士の批判に『東京朝日新聞』は、二日後の八月一七日に「ラジウムに就て」という記事を掲載して反論している。この記事は、「それ程に思ふのならば公明正大に名乗りを揚げて正々堂々と論駁するのが専門の學者の社會に對する任務ではあるまいか」と、匿名で批判がなされたことを批判し、「然るに匿名を用て徒に滑稽、抱腹等の悪口的形容詞を並べ啻に本紙を誹謗する許でなく我國人の科學上の智識が淺薄であると嘲笑するに至りては學者（實際博士の肩書きある人の投書とすれば）にも似合しからぬ行爲と思ふ、否、兎にも角にも社會から尊敬を拂はれて居る博士の中に斯る淺劣な行爲に出づるものありとは信ずることが出來ない」と、日本人の科学知識の浅さを嘲笑した態度を学者にあるまじき態度だとしている。また、「ラジウム療法一段の進歩」という記事のタイトルを間違えて「ラジウムの新療法」と伝えていることに言及し、以下のように続ける。

それから本紙にアルミニユームを用ひラジウムを蔽ひて治療に使ふと火傷が出來ない旨を書いたのを、左も大缺點を捕へ得たかの如き筆法で解說的批評を下し『その最も有効なる線卽ちアルフア線は大概防止されるに依つて火傷の出來ぬのは勿論云々』と述べたのは善いとしやうが、其實アルフア線が最も有効なるや否やに就ては實驗を遂げて明確なる断定を下した學者が未だ一人もないのだ、又火傷の出來るのは單にアルフア線許りでなく外の線とても強く當れば矢張り火傷となるのだ、啻にラジウムのビーター線、ガムマー線許りではなく、此ガムマー線と略同様なるX光線を用ひてすら現に火傷の出来た例が擇山にあるではないか、／『此位の事はラジウム發見の暁から既に知られて居る』とて左も自分が博識なるが如くに吹聴してゐるけれど世の中には未だラジウムなるもの、有無を知らぬものすら尠からぬが事實で、況て其療法に就ては何も知らぬものが擇山ある

記事は続いて、ラジウム療法の進歩について報道したのは、この療法を受ければ全快するであろう多くの患者のために注意を促すためであって、学術論議のためではないとしている。この記事を読むと、『東京朝日新聞』の記者が、ラジウム療法についてそれなりの知識を持っていたことがわかる。記者自身、さまざまな記事を読んで学んでいたのだろう。そのような記者にとって、学者からの頭ごなしともいえる批判は、納得のいかないものであった。

『讀賣新聞』は「ラジウム療法」をめぐる問題に対して八月一八日に「「朝日」の一記者君へ」という記事を掲載して、朝日新聞の記者を諫めている。この記事では朝日新聞の前日の記事が迷惑であると述べたうえで、「我讀賣は社外に社友多き新聞に御座候、殊に學者仲間に社友多き新聞に御座候、從て常に専門的の寄稿も夥き次第に候處、中には何故か小生共には譯の分らぬ程に匿名を好む人有之、今度のラジユウムの如き又其一例に御座候」とし、自然科学の知識において専門家に拮抗する自信がないため、専門家の投書をそのまま載せたまでであるとして、「但し事の同業者に關する者は道義上何事も御互に遠慮すべき筈に御座候間、當方にても彼の投書の紙上に出でしを見て、甚だ面白からずといひし社員も少なからざりし位に候。ことの經過は右様に過ぎず候間」としている。この記事からは、『讀賣新聞』内部も、匿名博士の投書に不満を覚えた記者が少なからず存在していたことがわかる。八月二一日の『讀賣新聞』に掲載された前日の「編輯日誌」には、「讀賣記者学術講演會を開かうぢやないかと云ふ説が出ると、大分賛成者があつて中々賑やかであつた」と記されている。以上見てきたラジウム療法をめぐる一件を踏まえれば、学術講

演を学者だけに任せてはおけないという意識が新聞記者のなかに芽生えていたという推測もできる。読売記者による学術講演会がその後開催されたという事実は確認できていないが、この短い日誌からは新聞記者たちの学者に対するささやかな対抗心が見えてくるようである。

新聞記者たちは、彼らの職業が学者に劣らぬものだという自負を持っていたと考えられる。このときの朝日新聞社は、四月に夏目漱石を記者として迎え入れ、三月から一〇月までは欧州に派遣されていた杉村楚人冠による「欧州通信」が断続的に連載されるなど、順調に規模を拡大し、社内が活気づいていた時期であった。夏目漱石の「入社の辞」は五月はじめに朝日新聞紙面に掲載されたが、それは、新聞記者という職業が大学教授に劣るものではないことを訴え、新聞社での仕事を「嬉しき義務」としたものであった。入社の辞において漱石は、「大学を辞して朝日新聞に這入ったら逢う人が皆驚いた顔をして居る」と始め、「[大学を]休めた即日から急に背中が軽くなって、肺臓に未曾有の大量な空気が這入ってきた」と記している[84]。漱石は「新聞屋」が「大学屋」に決して劣る仕事ではないことを説いたのであった。このようななか、ジャーナリズムにおけるアカデミズムへの対抗心は、科学をめぐる報道において、表面化するようになっていた。

本節では、X線やラジウムに関する報道を検討してきた。まず確認されることは、科学報道の拡充における日露戦争の影響である。科学報道は、日露戦争後に充実したものとなっていった。しかしラジウム療法をめぐる報道からうかがえるように、ジャーナリズムとアカデミズムの間には対抗関係ともいえるような関係が醸成されていた。

第四節　メディアに登場する科学者

これまでメディアにおける報道を検討してきた。そして、科学者が科学啓蒙に乗り出したことを確認した。ここでは、日露戦争後のメディアに登場した科学者の動機と言動を検討したい。

学術講演会

アカデミズムによる科学啓蒙の試みは、学術講演会という形態で始められた。一般大衆に向けた学術講演会の取り組みは、明治初期からなされていた(85)。なかでも特筆すべきものは、一八八五年に東京大学で開催された「理医学講演会」や一八九〇年に開始された学士会の「通俗学術講談会」である。明治二〇年代には「大学通俗講談会」も開催された。これらの講演会は定期的に開催され、多くの聴衆を集めており、学術の普及に貢献したという一定の評価がなされている(86)。日露戦争開戦時には「時局学術講演会」が開催され、対露強硬策を訴えた戸水寛人の講演などがなされたが、この内容は新聞紙面にかいつまんで報告されている。

日露戦争後には、多くの学術講演会が開催された。これから検討する読売新聞社の「通俗学術講演会」、東京数学物学会の「学術通俗講談会」をはじめとして、仙台高等工業学校の「通俗工学講話会」、熊本高等工業学校の「通俗工業講話」、京都帝国大学の「夏期講演会」、東北帝国大学の「夏期学術講演会」など、各地で整備されていた帝国大学や専門学校の主催によるものも多く見られた。多くの学術講演会が開催された背景としては、明治三〇年代後半から、国民の知的水準が高まり、知的読み物への関心が高まっていたことも挙げられる。学術講演会はこのような需要に応えるという役割も担っていた。

「サイエンチフイック、ポツシビリテイ」を連載した読売新聞社は、翌年から「通俗学術講演会」を開催し、その模様を紙面で伝えるようになった。通俗学術講演会の速記録は、二月五日から三月三一日まで、ほぼ毎日のように紙面に連載された。その内容は詳細で手の込んだものとなっており、読売新聞社と講演者が相当の準備をして作り上げたものと考えられる。朝日新聞社も一九〇七年八月一日から一七日まで「叡山講演会」という学術講演会を主催し帝大教授らが講演しているが、紙面では詳細に伝えられていない。また、読売新聞社は一九〇八年一月一一日から「通俗大学講座」を掲載している。第一回は「通俗学術講演会」と同じく坪井正五郎の「人種の話」であった。大阪毎日新聞社は一九〇八年七月に主に京都大学の教授を講師とした北陸巡回講演会を行っている。[87]これらの動きは、市井の人々がアカデミズムの知識を欲求していたこと、新聞社がそうした人々の知識欲に応える場を創り出していたことを示している。

学術界からの一般向け講演の試みも活発化した。東京数学物理学会は一九〇七年から「学術通俗講談会」を四年間開催した。講演会の開催は一九〇七年一月の数物総会において長岡半太郎が提案したもので、その目的は世間に学術に関する知識を還元することと、会の会計を豊かにすることであった。[88]学術通俗講談会は東京帝国大学法科大学第三二番教室で開催され、聴講料は一等から三等まで、一円、五〇銭、二〇銭と高額なものであったが、それにもかかわらず多くの聴講者が訪れた。聴講者数は、初年度は、一日目七四四人、二日目七三九人であったことが五月の常会で報告されている。講演会収入は、初年度は歳入の四二パーセントを占めるほどであった。学会の会計を豊かにするという目的は果たされたといえる。学術通俗講演会は四年間にわたって年二日間各二講座開催され、一五人（田中舘愛橘は二回講演した）の博士が登壇した。[89]

講演会の内容はどのようなものだったのだろうか。第一回目講演会の一日目は、山川健次郎による「開会の辞」の後に、友田鎮三による「磁石力の話及其実験」、長岡半太郎による「ラヂウム及眞空放電」、二日目は、中村清二による「見ゆる光と見えぬ光」、田中舘愛橘による「液體空氣」、という演題であった。一日目の講演は四時間にわたったと報告されており、各講演は詳細で長いものであったと推測できる。

後に出版された速記録『學術通俗講演集』から、講演会の模様をうかがうことができる。[90]開会の辞の冒頭で山川健次郎は、次のように述べている。

聞く所によれば、近頃或新聞記者が理科大學を参觀に行き蚯蚓の寄生虫を研究して居るのを見て、『學者と云ふものは斯う云ふ愚にも就かぬ事を研究して居るものだ』と書いてあつたさうであります。其事實の眞僞は能くは知りませぬが、苟も社會の耳目となつて居る新聞記者とも云はるゝものが、學術の何物なるをも辨へずして輿論を云々し、社會を指導するとあつては以ての他の事である。

新聞記者が、学者が「愚にも就かぬ事を研究している」と書いているという山川の言葉からは、彼の新聞報道への不信感が見てとれる。山川は、ガルヴァーニのカエルの研究の例を挙げ、「今御互の目の前に此室を照らして居る電燈でも、今日諸君が乗て此處まで來られた電車でも、日露戰爭で偉効を奏した無線電信でも、皆此蛙の研究の結果である」と続けるのである。すなわち、数物学会が講演会を開催したことの背景には、新聞メディアを通じて広まる誤った学術への見方を正さなければならないという学者側の意思も働いていた。

このような認識は、講演会関係者に共有されていたようである。一日目に講演を行った友田と長岡は、講演の最後に学問がどのように有用なものを産出できるかを説いている。「磁石力の話」という題の講演を行った友田鎮三は、金が最も価値あるものではないことを伝え、最も高価な物質として「ラヂウム」を持ち出す[91]。友田はさらに、無線電信が国家の命を取り留めたと語っている。無線電信が国家を救ったというメッセージは、先の山川の言葉に対応している。つまり、愚にもつかないように思われる研究が国家を助けるというメッセージであった。

次の演者である長岡は、「ラヂウム及眞空放電」という講演の最後に、ラジウムに蓄えられているエネルギーを取り出して利用できる可能性を伝える。長岡は、分子エネルギーと原子エネルギーとの差異は非常なものとして、「水素酸素の化合に依つて水を生ずる熱は、莫大なものでありますが、同質量のラヂウムが、発散し得る熱は之に約百萬倍します」と述べている。しかし、ラジウムは熱を一時に放出するのではなく、二千年という時間をかけて放散することを伝える。長岡はここで、ラジウムの原子エネルギーの量を、水素酸素の化合によって水を生ずる化学エネルギーと比較しているが、この比較は第一章でみたように、ソディがしばしば用いていたものである。長岡は以下のように続ける。

此熱を利用して役に立てることが出來るかは疑問に屬します。然し其が出來るとすれば、其効能は著しいもので、同じ時間に燃るならば、石炭百萬噸の代りに、ラヂウム一噸足らずで同じ仕事をすることになりますから、社會経濟上原子エネルギーが人為で左右することが出來るか出來ないかは、研究の好題目であります。若し此問題が積極的の解釋を得ましたならば、石炭が堀盡されるなど杞憂を懷くは愚の極であります、其暁には一噸の物質内に包蔵される原子エネルギーを消費して、艦隊運動を試みることは容易であります(92)。

この内容は、『讀賣新聞』の「サイエンチフイツク、ポツシビリテイ」に掲載された長岡の言葉とほぼ同じものである。長岡はここで、ラジウムの熱を利用できるか否かは疑問としながらも、もしこの問題が解決すれば、石炭の枯渇を心配することは「愚の極」であると、強い調子で述べている。当時の新聞メディアは石炭の枯渇を心配し、見方によっては不安を煽るような記事を掲載していた。長岡の言葉は、学問を「愚にも就かぬ事」と述べたという新聞メディアに対抗しているものとも読める。

ここで確認したように、友田と長岡の講演では、ともに現実社会への応用可能性が伝えられていた。これは山川が開会の辞で述べた、学者は役に立たないことをしているという世間の誤解を説くという開会目的に沿ったものであった。すなわち、東京数物学会による講演会の開催は、金銭的な理由もあったが、新聞メディアを通して蔓延していた学者たちが役に立たないことを研究しているという世間のイメージに対し、学者自身が学問の意義を伝えていかないとならないという必要性にも支えられていた。

ジャーナリズムは講演会をどのように受け止めたのだろうか。一九〇七年四月八日の『東京朝日新聞』では、「學術講談會（第一日）」として、前日の講演会の様子を伝えている。この記事によると、講演会は七日の午後六時から一〇時まで法科大学教室で行われ、「朝野の紳士及内外の學生等約八百名」の聴衆が集まったとある。山川による開会の辞、友田と長岡の講演の骨子が伝えられている。また、第一回学術講演会の内容を伝えた『讀賣新聞』四月一二日別冊にも、「某新聞が帝國大學を參觀し、或る理科學生が蚯蚓の生殖器の寄生蟲研究に三年の歳月を費したるを、嘲りたるを咎めて說を起し」たとある。読売新聞と朝日新聞がともに伝えていることから、山川の言葉は新聞記者にとって相当インパクトのあるものであったのだろう。

学士会が明治半ばに通俗学術講演会を開催した経緯や意義について考察した山本珠美は、学者たちが学術講演会を行った理由を、「学問研究の有用さが社会で十分認知されていなかったがゆえに、学問を世間に訴えることが「学者の使命」だったというのが実情ではなかろうか」と推測している(93)。東京数物学会の学術講演会もこの山本の推測を補強するものである。東京数物学会による学問の「通俗化」は、研究活動資金を得るためのものであり、彼らの研究を正当化するものであった。学者たちはジャーナリズムによって喧伝されるアカデミズムのイメージに危惧を抱き、学者たちは学問の有用性を訴えた。学問研究の有用さが十分認知されていないことを痛感した。すなわち、学者が自らの存在意義を社会に発信する行為は、アカデミズムとジャーナリズムとの接近によって促されたということができる。

長岡半太郎の啓蒙活動

これまで見てきたように、日露戦争後にしばしば新聞ジャーナリズムに登場しX線やラジウムに関する言及を行なった科学者は長岡半太郎であった。長岡は、一八六五年に肥前国大村藩（いまの長崎県大村市）の藩士長岡治三郎忠利と幾久との間に一人息子として生まれ、明治初期に欧米の文明に開眼した父親のもとで欧米型の教育を受けた。一八九三年に理学博士となったが、それは日本で二七人目の理学博士で、物理学では七人目であった。一八九三年からドイツに留学していた長岡は、X線発見のニュースを知り、すぐに日本に報告した[94]。西洋の動向に通じた長岡の紹介活動はアカデミズムの世界だけでなく、ジャーナリズムの世界にもわたった。長岡はいかにして国内のジャーナリズムの世界に登場し、科学啓蒙に力を入れるようになったのか。そしてその啓蒙はどのようなものであったのか。

長岡は、一九〇三年に土星型原子模型を提唱したことで原子研究の歴史に名を残している。『ネイチャー』に長岡の土星型原子模型についての論文が載ったのは、日本がロシアに宣戦布告した一九〇四年二月であり、この一致が、ヨーロッパの人々に長岡の仕事に注目させる一因となった可能性が指摘されている[95]。長岡の理論はイギリスのオリバー・ロッジやフランスのアンリ・ポアンカレらに言及されて世界に知られることとなった[96]。しかし長岡の模型には不備があり、その不備がイギリスのG・A・ショットによって鋭く指摘された。長岡の科学研究は西洋人への挑戦という側面を持っていた。しかし結果としては、苦しい退却戦を強いられたのであった[97]。

日露戦争は長岡の原子模型を欧米の科学界で注目させる一因になっただけではなく、長岡が国内の大衆ジャーナリズムの世界にあらわれる要因ともなった[98]。日露戦争を機に科学技術の重要性が社会において認識されるなか、長岡も軍事のために科学を奨励することの重要性を語りはじめるのである。このとき日本の大衆メディアにおいては、長岡の原子模型は全くといっていいほど注目されておらず、彼は最新の科学知識を伝える語り手として大衆メディアに登場する。長岡が原子エネルギーの可能性に言及した記事が新聞にあらわれたのはこの時期である。

長岡が新聞記者を嫌悪していたことはよく語られている[99]。長岡と新聞記者とは相容れないものがあった。そこには科学記事の正確性をめぐる齟齬に加え、ここで見たような現状認識をめぐる齟齬もあった。長岡の啓蒙活動は、彼が不満に思っていた日本の科学の水準を底上げしたいという欲求に支えられていた。それは、日本の科学を称揚する、現状肯定型の新聞ジャーナリズムとは相容れないものであった。読者への訴求力やエンターテインメント性を求めていた新聞と、正しい科学知識を伝えることを目的としていた長岡とは、方向性があわなかったのである。

そのような理由からか、日露戦争の後、長岡は新聞に登場しただけではなく、科学啓蒙書の執筆も行った。長岡は一九〇六年四月に『ラヂウムと電氣物質觀』という啓蒙書を著しているが、これは彼が書き下ろした最初で最後の物理学の啓蒙書であった[100]。それまでには物理学の啓蒙書として木村駿吉『科學之原理』(一八九〇年)、『物理學現今之進歩』(一八九一年)、メンデンホール(木村駿吉、重見経誠訳)『電氣學術之進歩』(一八九三年)があったが、長岡のこの著作は、X線や放射能の発見以来の物理学の発展をはじめてまとめたものであった[101]。

同書には、電気や放射能をめぐる科学的理解を助けるための三五の図版が用いられているが、扉には三頁に渡ってラジウムのスペクトルなどを映したX線写真が掲載されており、ラジウムと透視の関係性の強さがうかがえる。

長岡はこの書においても、原子内に蓄積されているエネルギーが莫大であるということを伝えている。第一章(緒言)の最後には、「原子内に貯ふるエネルギーは莫大なるものなること判明せり。此エネルギーは果して經濟上價値あるものなりや否、未だ詳にする能はずと雖、若し之を仕事に變ずることを得ば、其効果の遂に世界の面目を一新するに至るべきは、放射能倣の一班を窺ふて瞭然たるべし」と記している[102]。また、第一二章の「原子壊散論」では、「一グラムのラヂウムは百グラム、カロリーの熱を毎時送出しつゝ有る」として、「ラヂウム一グラムよりも収得し得る熱は、分子的發熱に比すれば、殆ど百萬倍大なり、畢竟原子エネルギーは、分子エネルギーに對し、雲泥の差有り」(強調原文ママ)と記している。

この書はどのような読者層を想定して書かれたものであったのだろうか。長岡はこの書の序において以下のように述べている。

本書を編したるは専門家にあらざる多少の物理學素養有る人の爲に、珍き現象と、之より推斷すべき事項を記述するを以て目的と爲したり、故に可成、數式に頼らず、反て難澁を來せり、其數式を以て演繹し得る事項は、専ら物質論に屬するを以て、其梗概を方式にて示せり

この文章からは長岡が想定していた読者層や、科学知識を伝えるために苦慮した点がうかがえる。長岡が読み手として想定していたのは専門家ではないが多少の物理学の素養の有る人であった。同書において彼は数式を用いず説明することを試みているが、方程式は用いており、ある程度の物理学の素養を必要としている。一方で、一九〇六年四月一一日の『讀賣新聞』に掲載された同書の新聞広告には、「記述通俗文章平易何人も一讀して理學界の新情勢を知ることを得べし」と書かれている。この広告には「ラヂウムの奇性」「原子論の革新」などと、長岡自身は用いなかったような通俗的な言葉が付されている。長岡の文章と広告の文言からは、執筆者と販売者の想定した読者層の食い違いが見られる。

ここで長岡の『ラヂウムと電氣物質觀』を、ソディの『ラジウムの解釈』と比べてみたい。まず、長岡の想定していた読者層は、専門家ではないが物理学の素養のある人であった。一方でソディが想定していた読者層には、専門家も物理学の素養のない人も含まれていた。ここで想定されている読者数には、大きな開きがあることがわかる。想定読者層を反映するように、長岡の文章はソディと比べて抑制が効いており、教科書に近いものであった。たとえばソディが用いたような錬金術やアラジンのランプといった比喩やメタファーは用いていない。

長岡の啓蒙書がどのように読まれたかについては、現段階では判明していない。しかし、その後のラジウムに関する解説などには、同書に関する言及はまったく見当たらない。そのような理由から、同書の影響はあまり大きなもの

ではなかったと考えられる。同書が長岡の書き下ろした最初で最後の科学啓蒙書になったという事実からは、彼自身も同書による手応えを感じることができなかったのではないかという推測ができる。この時期、知識人は外国語で書かれた書物を直接読んでおり、一般大衆は長岡書よりもさらに読みやすい書物を手にしていた。長岡の解説書を読むような読者層はまだ十分には開拓されていなかったのである。

山川健次郎と千里眼事件

ここで日露戦争以降メディアに登場するようになったもう一人の物理学者、山川健次郎の例を検討したい。一八五四年、会津藩家老の三男として生まれた山川は、一五歳の時に白虎隊に入隊し研鑽を積んだ。その後明治維新を経て、官費留学生としてアメリカのエール大学のシェフィールド科学校で学士号（Ph. B）を取得した。帰国後は、一八七六年に東京開成学校で、一八七九年に東京大学で日本人初の物理学教師に就任し、一八八八年には日本初の理学博士号を授与された[103]。一九〇一年から一九〇五年に戸水事件で辞任するまで東京帝国大学第六代総長を務めた[104]。

「科学界の元老」というべき存在であった山川が、メディアに大々的に登場することとなったのは、世にいう千里眼事件が起こったからであった。ウィリアム・クルックスが心霊現象にお墨付きを与える役割を担ったのとは反対に、山川は結果的に日本のオカルトを駆逐する役割を担うこととなる。

千里眼事件についてはこれまでもさまざまな分野からの研究や言及がなされてきた[105]。それらは科学・物理学を擁護するものと心霊現象を擁護するものに大別できるが、両者に共通した見解は、千里眼事件をオカルト（非科学）が科学に駆逐された例と見ていることである。しかし千里眼事件は、メディアによる科学者への反発を可視化した事件でもあった。

千里眼事件の背景として重要となるのは明治末期から大正前期にかけて起こった催眠術および心霊術のブームであ

る。[106] X線やラジウムといった科学的発見は、心霊術の流行に追い風となった。前節で見たように新聞報道でX線写真が人の頭の中を可視化する、すなわち心を解明できるという期待とともに伝えられたことは、X線と心の関係の一端を示している。明治期の霊術家たちは科学知識を参照しており、科学者たちもまた心霊術に関心を寄せていた[107]。西欧における心霊主義はしばらくして沈静化するが、日本で脚光をあびるようになるのは明治四〇年代であり、それはラジウムの記事が登場し始めるのと同時期である。

ラジウムは精神作用と関わりの深いものとも考えられていた。たとえば『讀賣新聞』では一九〇八年一〇月から一一月にかけて「潜める意識の研究」という二二回にわたる連載記事を掲載しているが、最終回にあたる一九〇八年一一月一九日には、文学博士姉崎正治の談として、精神作用とラジウムの放射作用が一致するというカール・A・マイヤーの説が紹介される。姉崎は、「サイキカル、リサーチの結果は不思議にも、物理學のラヂウムの研究と一致して居るのであります」として、マイヤーが、人間個人を「アトム」に、個人の精神作用を「アトムの放射作用」に匹敵するものと指摘していることを伝えている。また、一九一〇年二月一〇日の『東京朝日新聞』には、鳥蛇生による「記者の識覺」という記事が載せられている。第六感について述べているこの記事には、「近頃人間心理學はウンと進んで動物磁氣説だのラヂユアム説だのエレクトロン説だのは古くなり一種神秘的な説明が與へられて此の識覺を潜在意識の活動だと解釋するやうに成つた」と記されている。ラジウム説が、第六感の説明において古くなったといわれるほどまでに、一定の支持を獲得していた状況がうかがえる。

心霊関係の文献を多く日本に紹介し翻訳者・評論家としても知られる高橋五郎が一九一〇年に出版した『心霊万能論』には、次のような一節が登場する。

X光線の發見は物質の薄弱なるを教へ、ラヂウムの發明は愈よ唯心的趨勢を促進し來れり。是を以て天下に於る宗

教的観念は一變し、前に半死の狀態に陥れる神學は蹶然として蘇生し(108)

高橋はX線やラジウムの発見を、宗教的観念を一変させるものとして捉えている。彼によって説明されている、ラジウムが放射能を有するということ、不透明体を透徹して写真版に感じること、また燐光を発することが、霊術家たちの興味をひいた(109)。このように、ラジウムの霊的能力への関心が高まっていたときに起こったのが、千里眼事件であった。

千里眼はこのころすでに流行現象となっていた。東京では芸妓の芳江が箱のなかに隠した文字を透視してみせるということでお座敷の人気をさらっており、大阪では霊術家の横井無隣が千里眼の実地講演会を開催しようとしたところ、治安妨害の疑いで警察による取り調べを受け、講演会が中止となったりしている(110)。千里眼が新聞メディアで大々的に登場し、世間を巻き込む大事件となったのは、一九一〇年から一九一一年にかけて御船千鶴子、長尾郁子の千里眼能力を、心理学者の福来友吉が「透視」「念写」と名づけて科学的に解明しようとしたことによる。

一八六九年に高山市に生まれた福来は、一八九九年に東京帝国大学哲学科を卒業後、同大学院に進学し、変態心理学、睡眠心理学の研究を行った(111)。一九〇六年に「催眠術の心理学的研究」によって東京帝大より文学博士の称号を受け、その二年後に東京帝大助教授に就任した。こうした彼の順調なキャリアの背景には、当時の催眠術ブームがあった。

千鶴子の評判を聞いた福来友吉は、京都帝国大学医科大学教授の今村新吉とともに、密封したカードの文字を透視するなどの共同実験を同年四月に行い、良好な結果を得た(112)。この実験結果は同年六月二七日から七月一五日にかけて「透視に就て」というタイトルで『大阪朝日新聞』一面に連載された。千鶴子の名は全国的に知られるようになり、彼女はさまざまな場所での実験に応じていくことになる。千里眼を科学的に解明するという福来たっての希望により、九月には東京帝国大学の教授を集めた実験が二度開催された。九月一八日の『東京朝日新聞』には、「十四博士の驚

嘆　千鶴子の千里眼　實驗見事に成功」という記事が掲載され、「天下の學者を集む」として実験が見事に成功したこと、学者博士たちがこの実験に対してどのような反応を示したかを詳細に伝えている。ここでは「元良博士は極めて眞面目な顔をして「レイが透るとすれば――」とか何とか言ひ出したら一時も黙つては居られないと言つたやうな田中館〔ママ〕博士は「レイとは霊か、ラヂエーシヨンか」と反問をして元良博士が光線と云ふレイだと返答すると……」などと記されており、心理学者と物理学者の千里眼への関心がそれぞれ霊と放射線への関心と重なっていることが示されていて興味深い。学者たちが千鶴子の透視について示した見解は多岐にわたるものであったが、千里眼は学者のお墨付きを得たかの如く報道されるようになった。

千鶴子が有名になってから、全国各地に千里眼の能力者があらわれた。そのなかで有名になったのが長尾郁子であった。郁子の千里眼は「透視」だけではなく、写真乾板に文字を転写する「念写」ができるというものであった。

この「念写」をめぐってさまざまな解釈がなされていった。「念写」は、写真版を感光させるX線やラジウムによっても可能なものであった。そこで念写が放射線によるものではないかという考えが学者たちに持たれるようになる。一九一〇年一二月、京都帝国大学文科大学心理学科教授の松本亦太郎の指示で郁子のもとに派遣された三浦恒助は、郁子の頭脳から特殊な放射線が放射されているという「京大光線」説を唱えた。三浦の「京大光線」説に対し福来は、「京大光線」ではなく「精神線」と名づけ、特別な精神作用から発生する力であるとした。

ここで千里眼実験に乗り出すのが、山川健次郎である。山川が千里眼に関心を寄せた背景には、X線にはじまる新しい発見が相次いでいた時代背景があった。彼は先述したように、一八九六年にX線発生装置を作り、結晶にX線を当てる実験を行ったが、これは世界的にみても初めてのことであった。山川がエール大学に留学中の一八七〇年代半ば、心霊現象はアメリカで流行を見せていた。根本順吉は「山川はむしろ、自ら積極的にこの問題に取り組んだ」として、山川が留学中に透視能力を持つ学生が壁を通して隣部屋にある物を間違いなく当てるのを見て驚いたというエピソードを紹介している[113]。

山川が千里眼実験に乗り出した動機には、新しい科学現象を解明できるかもしれないという期待もあったが、あまりにも大きな社会問題となった千里眼に対して、誤った科学観が世に広まってはいけないという教育的な配慮と責任感があった。『報知新聞』は、他紙が「京大光線」を報じた後の一二月二七日に「千里眼は国民教育上の大問題なり　山川健治郎博士の談　迷信流行の悪傾向」という記事を載せている[114]。この記事は「千里眼はようやくむずかしくなり來たれり。文字の透覚より進んでは放射線問題となり、氣早き京都大學は京大光線と命名するに至、福来博士はふたたび西下して實驗を行なう」と伝え、千里眼に対する山川の談話を載せている。山川は、透視は「未定なり」としたうえで、自然科学が変遷進歩することに触れ、自らに実験することへの抱負を語った。

一九一一年が明けてすぐ、山川健次郎による実験が開始された。この実験で山川らは、郁子らがトリックを使っていた場合それを見破ることができる実験方法を用いた。まず乾板には、乾板が開いた場合にそれがわかるよう銅鐵の細線を取り付けた[115]。そして行われた念写がうまくいったが、その際、実験用乾板に装着していた銅線がなくなっていた。つまり実験装置を誰かが開いたことを意味していた。次の実験では、実験用の乾板に手を触れたらわかるような仕掛けを行い、さらには放射線による感光であった場合それを見破るために、十字の鉛を入れる細工をした。この実験で郁子は乾板がなく、十字が二つあると透視した。実験装置を確かめると、誰かが開けた形跡があり、乾板は入っていなかった。実験は失敗に終わった。

この実験の結果から、郁子の念写は手品であると断言したのは、山川の助手を務めていた理学士の藤教篤と藤原咲平であった。彼らは一六日に新聞記者を招いた会見を開いて千里眼実験の顛末を報告し、さらにはラジウムを用いた実験で郁子の念写と同じ結果が出たことを報告した。また、二月に『千里眼実験録』という著書まで著し、長尾家の詐欺を世に伝えようとした。長尾家のトリックを暴くかのような構成になっているこの本には、山川に加え、中村清二と石原純による文章が掲載されているが、興味深いことに誰も千里眼の真偽については判断を下していない。度重なる実験の失敗から、彼らも千里眼を詐術だと疑っていただろう。しかし、自身の発言の社会的影響力の大きさを認識していた物理学者たちは、千里眼の真偽は実験によってのみ明らかになるという姿勢をとり続けたのであった。

看板紛失事件をめぐっては、メディアでは科学者陣に批判的な論調が多く見られた。たとえば一九一〇年一月五日の『讀賣新聞』朝刊一面に掲載された「編輯室より」では、「一にも實驗二にも實驗とは今日の學風也。故に事實は先立ち研究は後ろ、學者の事實を認識するの速度、到底實務家のそれに追求する能はざる」等と学者の実験偏重を批判した。とりわけ学者陣を鋭く批判したのは、朝日新聞であった。一月一一日の『東京朝日新聞』は「何人の奸策ぞいく子實驗の障害　東京大學連の失態」、「東京大學連の過失」などと伝え、翌一二日には「醜陋なる科學者　幾子夫人實驗の障害　卑劣手段をも透視す」として、郁子側に立って科学者の「卑劣行動」を批判した。一三日の『東京朝日新聞』は「學界の大耻辱　いく子實驗中止の怪事は　學者の陋劣なる根性より」とまで報じている。朝日新聞がここまで厳しく批判したことには、「ラジユーム療法」をめぐって長岡と激しく対立した過去も影響していたのかもしれない。『東京朝日新聞』では一月後半に八回にわたって「学界の奇観」という連載を掲載したが、連載の最終回となる一月三〇日には「千里眼事件は全く千里眼其のもの丶問題にあらずして尻の穴の小さき学者達の排他思想の紛乱なり、千里眼や念写の果してありやなしやは依然疑問なり」と学者を批判した。

メディアを騒がせた千里眼事件は、御船千鶴子と長尾郁子という二大千里眼能力者の相次ぐ死によって幕を閉じることになる。千鶴子は一月二八日に毒をあおって自ら生命を絶った。郁子は一月の終わりにインフルエンザにかかり、二月二六日に逝去した。長尾郁子の死亡を伝えた二月二八日の『東京朝日新聞』に載せられた記事には次のようにある。

今年一月山川理學博士一行の實驗に應じたる爲世間に誤解され昨日までは神佛の如く丸亀市民に敬せられしが一朝にして蛇蝎の如く取沙汰され遂に兒童らにより『ラヂウム』なる綽名を附せられ外出すれば石を投ずぜらるゝに至れりと云ふ、其末路は寧ろ氣の毒なりしなり斯くていく子の千里眼及び念寫は嫉妬深き一部學者の非科學的實驗により世に葬られんとすると共に其身は歿しぬ

長尾が山川らの「非科学的実験」によって葬られたとしているこの記事からは、メディアの科学者への憤りと千里眼能力者への同情が伝わってくる。同日の『讀賣新聞』にも、「千里眼夫人相繼いで、眼界遠く千里の天に去り。而して學界疑問の雲益深し」などと、学界を疑問視する言葉が並んだ。

千里眼能力者の死によってもはや千里眼実験が不可能になったとき、物理学者の中村清二は千里眼を否定する公開実験を行った。中村は三月二一日に東京帝国大学法科大学の大講堂で開催された学術講話会で、「一理學者の見たる千里眼問題」という講演を行い、「只今まで我国に出て来た千里眼と云ふものは、信ずべき理由なし」として、放射線を用いて透視や念写を実際に行って見せたのであった[116]。この講演には六〇〇人の聴衆が集まった。中村の実験はどのように受け止められたのだろうか。興味深いことに、中村の講演録を掲載した雑誌『太陽』には、「西洋の千里眼的研究熱」というコラムが掲載されている[117]。このコラムは、「今日文明國人を以て自任する歐米諸國人の中に於ても、奇蹟的、妖怪的の信仰が大に廣まつて居るやうだ」と欧米における心理現象研究の動向を紹介し、「科學萬能主義を以て凡てを解決せんとするは如何なものか知らぬが、大に研究すべきであらうと思ふ」と結論している。中村の公開実験によっても、千里眼に対する雑誌編集者と読者の期待は打ち消されなかったといえるだろう。

一方、千里眼を「発見」した福来は、透視や念写が事実であるという信念を持ち続け、一九一三年に『透視と念写』という著書を出版した。千里眼能力者の実験について詳細に綴ったこの本の序で福来は、自身の研究が時代の科学に

超越したものであるから受け入れられないのだという論を展開した。福来は、透視と念写が「物理的法則を超絶して」「空前の眞理を顕示するものである」ために、物質論者たちから多くの迫害を受けてきたと述べ、自説をまげずに幽閉されたガリレオに自らを重ねた。[118] 福来に同情する者も少なくなかったようである。福来はメディアで「千里眼博士」と称され続けた。

千里眼事件は、千里眼を科学的に解明しようとした科学者と、千里眼に魅せられたい国民との間の摩擦を可視化させた事件ともいえる。千里眼事件においてラジウムは、詐術を可能にするものとして登場した。それが詐術であったか否かという評価はさておき、郁子の写真乾板を感光させる能力は、ラジウムの放射線による感光と同様あるいは紙一重の能力であった。そもそも人々にとって千里眼は科学である必要はなかったのかもしれない。しかし山川ら物理学者は、千里眼を科学的に解明しようとして、それに失敗した。科学者たちのあくまで実験に拘るという態度は人々の反発を招き、メディアにおいては科学界への不満が噴出した。千里眼事件はメディアや一般の人々が学界に抱いていた不満や奇異の目を白日のものとし、世間と学界との緊張関係を表面化させた事件でもあった。

日露戦争に際して起こった七博士事件は、メディアや読者による大学教授の「消費」の始まりといわれる。[119] 千里眼事件は、まさにその消費の延長にあった。明治期は新聞ジャーナリズムと学界の成立を見たが、明治末に科学者たちはメディアによる観察の対象となっていたのである。

本章では、X線の発見から放射能の探究が進み、原子エネルギーの可能性が理論的に予測されるまでを、橋渡しをした科学者とメディアに焦点をあてて検討してきた。X線やラジウムの発見は、人々の物質観や宗教観を変容させるものであった。このとき欧米圏のメディアに登場しこれらの科学的現象についての解説を行った科学者は、発見者のレントゲンやキュリー夫妻ではなく、ウィリアム・クルックスやフレデリック・ソディであった。彼らは人々に訴える印象的な言葉を操り、視覚的にもインパクトを与えるデモンストレーションを行った。そのようなインパクトをメディアは好んで伝えた。彼らの手法は、一九世紀の電気技術の進展が可能にした、〝魅せる〟ことによって大衆を動員するという専門家同士の競争的関係を踏襲したものでもあった。

日本においては、日露戦争以降、科学の話題がジャーナリズムにおいて重宝されるようになり、科学者たちも科学啓蒙に乗り出していった。ただし科学者とメディアの関係は必ずしも良好なものではなかった。明治期のメディアは、科学者たちの人々に正しい知識を伝えるという動機と、人々（新聞記者と読者）との興味関心とのずれを可視化している。科学者は、科学の秩序を守り、体現する存在であったが、それは人々の好奇心や、神秘的で摩訶不思議なものに惹かれる心性とは合致しなかった。このずれが最大限にあらわれたのは、千里眼事件をめぐる報道であった。

欧米圏のメディアでは、科学者がX線やラジウムについて印象的な言葉を用いて説明していたのに対し、日本の科学者は主として正しい科学知識を伝えることを最重視していた。このときはまだ、彼らは大衆に届く言葉を習得していなかった。彼らにとっての大衆は、科学知識を啓蒙する対象であった。一方新聞メディアにとっての大衆は、記事の面白さをアピールする対象、すなわち顧客であった。そこで想定されていた大衆はそれぞれ異なるものであった。しかしこの後、科学者とメディアの関係は変容していく。次章では大正期の幕開けとともに起こったラジウムブームからその模様を見ていきたい。

第二章　放射能を愉しむ：大正期のラジウムブーム

ラヂウム！　此の名は極めて普く行き渡つて了つた。其の語呂のよいのも一の原因をなして居るには違ひないが、白髪の老婆之を稱し、白面の少年之を唱ふ。正にこれラヂウム中心時代換言すれば放射線中心時代を示して居るのではあるまいか。

小酒井光次「放射線中心時代」『洪水以後』一九一六年

前章までに確認したように、最初期の「原子エネルギー」のイメージはラジウムと不可分なものであった。ラジウムはエネルギー源として最初期の「原子エネルギー」のイメージを形成することになっただけではなく、さまざまな効能を持つ特殊な物質として人々の関心を呼んでいた。ラジウムは大変希少で、当時世界で最も高価といわれた物質であった。このような稀少さにもかかわらず、あるいはそれ故にこそ、ラジウムは新聞や雑誌にしばしば登場し一大ブームを巻き起こすこととなる。

ラジウムブームが生じた背景には、ラジウムが生体に及ぼす摩訶不思議な力――それは「奇効」と呼ばれた――があった。一体全体ラジウムの奇効は、医学的にどのように説明され、人々にどのように受け入れられたのだろうか。本章ではラジウムブームを日本の近代化の一局面として捉え、ラジウムを商機として捉えた諸アクターによって、ラジウムの効能に与るべき大衆が見出されたことを論じたい。

第一節　ラジウム療法

明治後期までに、ラジウムは大衆雑誌や新聞でしばしば言及され、期待を集めるようになっていた。ラジウムはどのようなものとして捉えられていたのだろうか。はじめに、ラジウムを用いた治療法の進展と、その報道を検討していきたい。

ラジウム療法の展開

ラジウムが生体に強い影響を及ぼすことは発見のすぐ後から知られていた。一九〇〇年にはドイツの学者ヴァルクホッフとギーゼルが、ラジウムに生理学的な効果があることを発表している(1)。ピエール・キュリーや医師たちによるラジウムの生物に対する影響の研究の結果、ラジウムが病気の細胞を破壊し、皮膚疾患や腫瘍、その他の癌を治す作用があることが明らかとなった。第一章で見たように、フレデリック・ソディもまた、一九〇三年の段階で、ラジウムの医療利用について言及している。

ラジウムの効能は明らかであったが、ラジウムは精製するのに困難を伴う、大変希少な物質であった。キュリー夫妻はウランのピッチブレンドを繰り返し分別蒸留するという努力の末に、ようやく〇・一二グラムという微量のラジウム化合物を得ることができたのであった。そこで登場するのがラジウムを精製する産業である。最初に商品として売り出されたのは一九〇一年、ドイツの医師ギーゼルによるものであった。キュリー夫妻の弟子でアクチニウムの発見者であるアンドレ・ドゥビエルヌが率いる中央化学製品会社でもラジウムのピッチブレンドの精製を始め、フランスの科学アカデミーは放射性物質の精製のためキュリー夫妻に二万フランの予算を提供した。一九〇四年一月には、精製して純度を高めた放射性物質を専門に扱う雑誌『ル・ラジウム』が創刊された。同年フランス人実業家のアルメ・ド・リールはラジウムを精製する工場を建て、キュリー夫妻らの研究も支援した。[2] このようにして「ラジウム産業」は始動し、拡大していく。当時のラジウムの値段は一グラムあたり一六万ドルであった。このような高額にもかかわらず医療畑の需要が絶えることはなく、ラジウムはよく売れた。

ラジウムの供給体制が整った一九〇四年頃から、ラジウムの治療への応用も広まっていった。放射線医学の歴史については、舘野之男による詳細な研究がある。[3] 舘野を参照しながらラジウム治療の概要を眺めておきたい。一九〇四年には医師たちによる、白板症、ケロイド、湿疹、肬、色素性母斑、乳癌への治療が発表されている。一九〇六年にはパリに「ラジウム生物学研究所（Laboratoire Biologique du Radium）」が設立され、ラジウム治療の組織的な研究が始められた。

ラジウム生物学研究所で最初に取り組まれたものが、ラジウム治療で問題となっていたラジウムに接触した部分が火傷をおこすことを防ぐフィルターの考案であった。アンリ・ドミニチ（Henri Dominici）はラジウムが出す放射線のうち、アルファ線、ベータ線が火傷の原因であると考え、ラジウムに〇・一㎜の厚さの鉛のフィルターをつけることでこれらの線の洩出を防いだ。「超透過性放射線療法」と呼ばれたこの方法が一九〇七年に出現したことにより、「それまで新奇ではあったが危険の多かったラジウム治療が真に治療の名に値するに生れ変った」と宣言された。第二章で見た長岡と朝日新聞社との間におきたラジウム療法をめぐる対立は、この「超透過性放射線療法」を伝えた朝日新聞と、その医療における革新性を知らなかった長岡との間に生じたものであろうことがここで明らかになる。

ラジウムからのγ線は、当時入手できたX線よりも放射線自体の透過性においてはるかに優っていた。[4] そのため、X線照射に代えてラジウムのガンマ線で照射することで、深部の癌の治療により優れた効果が発揮できるのではないかと期待された。一九一〇年代になると少量のラジウムを用いた腔内照射・組織刺入照射だけでなく、大量のラジウムを用いた外部からの遠隔照射が魅力あるテーマとして登場するようになった。この一九一〇年代にラジウム治療は大きな進展をみせ、その評判も広まっていくことになる。

次に、国内でのラジウムを用いた治療法の展開を見ていきたい。日本の放射線医学の進展をまとめた『日本放射線医学史考』によると、ラジウムを用いた治療法に関心が向けられたのは、一九〇三年頃である(5)。この年、陸軍軍医学会雑誌や岡山医学会雑誌に、ラジウム治療に関する海外の文献が初めて紹介された(6)。さらに、物理学者の田中舘愛橘が欧州からラジウム一〇ミリグラム（五ミリグラム二個）を購入して帰国し、国内でのラジウムを用いた治療研究が開始された(7)。田中舘の購入したラジウムは、東大と京大に一つずつ分けられた。ラジウムは医療の場で試験的に使用され始め、その結果が国内の学術雑誌に掲載されるようになる。

最初にラジウムを用いた治療に着手したのは、東京帝国大学三浦内科教室を率いていた三浦謹之助である。三浦は一九〇四年に内科学会総会および東京医学会例会でラジウムを参加者に披露し、これを用いた治療の取り組みについて伝えた。三浦がラジウムについて東京医学会例会で行った講演が『神経學雑誌』三巻一号に収められているが、これは日本で初めて出されたラジウムに関する研究論文とされる(8)。この論文において三浦は患者にラジウムを照射した結果判明したこととして、ラジウムに鎮痛作用があること、内種や癌腫については数年後にならなければ効果がわからないこと、リウマチには効かず皮膚潰瘍を起こすことがあることを伝えている。一九〇五年には『神経學雑誌』に岡田栄吉による「筋肉と抹消神経とに及ぼすラヂウム照射の影響に就て」という論文が発表された(9)。一九〇六年には京都帝国大学の教授で形成外科学者であった松岡道治が故・中井元吉の業績を『東京醫事新誌』に掲載し(10)、一九〇八年にはラジウムに関する総説を連載している。一九〇九年には日本皮膚学会で平林俊吾と小林和三郎がそれぞれ講演を行っている。

このようにして、ラジウムを用いた治療法の研究は日本の医学界で徐々に広まっていった。一九一〇年には『東京醫學会雑誌』および『東京醫事新誌』に眞鍋嘉一郎と石谷傳市郎による温泉におけるラジウムの研究が発表され、『皮膚科及泌尿器科雑誌』および『日新雑誌』に土肥慶蔵による外科的療法についての研究結果が発表されている。一九一一年には東大皮膚科でラジウム治療が始められたが、これら東大関係者による研究は、国内のラジウム療法に関する研究において重要な位置を占めることになる。

ラジウムを用いた治療法に関して発表された論文数は一九一一年を皮切りに増え、一九一三年から一九一五年にかけては劇的に増えている。一九一四年はラジウム療法への関心が最も高まった年であった。日本医学会総会では長岡半太郎が「菫外線、X線及びラヂウム放射線」という特別講演を行っており、医学会が全体としてラジウムへの関心を深めていたことがうかがえる。

各大学や病院はラジウム購入のために高額な予算を計上した。一九一三年には陸軍軍医学校がラジウム一七〇〇円分を購入、肥田七郎による治療が始められた。東大ではラジウム購入費に一万八〇〇〇円を計上し、内科、外科、皮膚科、産婦人科に配分されることとなった。ラジウムの開業医への貸与をはじめる三井慈善病院などもあった。一九一四年にはさらに各地の大学や病院でラジウムの購入が増え、京大ではラジウム一万円分を購入、県立金沢病院では八〇〇〇円相当を、九大では実業家の貝島太助からラジウム購入費二万円の寄付を受けている[11]。各機関が凌ぎを削ってラジウムの獲得に動いたことがうかがえる。ラジウムブームが最も熱した時期である。

この間、ラジウムに限らないX線も含めた放射線医学に関する研究が進み、いくつかの団体が設立されている。一九一三年には、医師らによって放射線医学に関する研究団体「レントゲン研究会」と「大阪ＰＲ会」がそれぞれ東京と大阪に設立された。両団体は数年間の活動で消滅するが、一九二三年のレントゲン学会創立の基礎となった、放射線医学の歴史において特記されるべき一段階とされている[12]。一九一四年には、放射線医学の専門雑誌である『醫理學療法雑誌』が刊行された[13]。

このようにして医学者たちはラジウムという新しい物質を用いた治療法の研究に着手していった。彼らは学術団体を形成し、研究を本格化させていった。その効果の全容はわかっていなかったが、ラジウムは新しく可能性を秘めた物質として注目を集めていくのである。

放射線のさまざまな医療利用が研究されていくなかで、患者は医師の実験台ともなっていた。学術誌には、ラジウムを患者に試用した結果が掲載されていたが、患者への説明は十分に行われていなかった可能性が高い。たとえば医学関係の専門誌を調査した真野京子は、一九一〇年代から五〇年代にかけて、放射線照射による不妊化の研究が強制的に行われていたという事実を示している(14)。真野は医師と患者の間に情報量や権力の差があったことを指摘しているが、ここで生じる疑問は、一体患者たちはこのような実験への関与をどのように捉えていたかということである。

ここでは、患者側もまた積極的にラジウムを用いた治療法の治験者となった可能性を示したい。ラジウム療法は誰でも受けられるものではなかったこともあり、特権的なイメージを獲得していた。そのため、患者たちは積極的にラジウムを用いた治療を受けたと考えられるのである。次に、ラジウム療法の報道から、人々がこの新たな療法をどのように捉えていたかを検討していきたい。

ラジウム療法の報道

ラジウム療法の進展は、新聞紙面においても伝えられていた。前章で見たように『東京朝日新聞』では、一九〇七年にラジウム療法の進展が伝えられ、コラム「話の種」には放射線治療に関する記述がしばしば見られた。X線やラジウムは治療に用いられるものとして登場し、X線は癌などを治療する効果もあるが原因不明の疾患をもたらすものとしても伝えられた。これらの記事は、海外におけるX線やラジウム療法の動向を伝えるものであるが、一九一〇年代になると、国内でのラジウム療法を伝える記事が登場するようになる。

たとえば『讀賣新聞』一九一〇年二月二四日の「隣の噂」という記事には、「後藤遞相の女婿にして木ノ謙君の甥なる某といふが此頃獨逸から歸つてラジウム療法の精神病院を開いた。スルト右の兩人が早速或秘密の目的でラジウム治療に出かけたので爾來某は此舅と此伯父が來れば精神病院として先ず立派なものだらうと逢ふ人毎に吹聽しているさうだ」とある。この記事からはラジウムが精神病院での治療に用いられるものとしても登場していたことがわかる。

記事にある後藤遞相とはこのとき逓信大臣を務めていた後藤新平、木ノ謙とは一九〇六年から衆議院議員を務めていた政治家の木下謙次郎、後藤の娘婿の某とはしづ（静・静子）の婿で医学博士であった佐野彪太のことと考えられる[15]。佐野彪太は、豊後杵築藩（いまの大分県杵築市）の御典医であった佐野家出身の医師で、一九〇六年一二月からドイツ留学の途についており、帰国後に佐野神経医院を開院した。ここでいわれているラジウム療法の精神病院とは、この医院であると考えられる。佐野は一九一一年の『最近之臨床醫學』第六号に「『ラヂユーム』ト其療法ニ就テ」という論文を寄せており、一九一四年に刊行された放射線医学の専門雑誌『医理学療法雑誌』の発行者にも名を連ねている。この記事は、佐野がドイツから帰国して精神病院を開業する際の、名門一族の模様を茶化して伝えているものだが、その背景にはマスメディアにおける精神病院批判の風潮があった[16]。

一九一〇年の夏には、韓国統監を務めていた曽祢荒助の危篤と治療の様子がしばしばメディアで伝えられたが、その際にラジウム治療を行ったことが伝えられている。七月三〇日の『讀賣新聞』は、曽弥の危篤に際してラジウムを借用して摩擦療法を行ったところ「大に疼痛を去り氣分も幾分快く」なったが、「細胞の新陳代謝を行ふ働きを有し病的細胞を分解して其疼痛を去れども病氣そのものに対しては然したる結果を認め難き者なり」としている。八月二日の『東京朝日新聞』には、「曾禰氏の病状　昨今稍輕快」とあり、「曾禰子爵は一時重態に陥りしも女婿林養三氏が勸銀副總裁志村氏の紹介にて岩崎家より「ラヂユーム」を借用し來り主治醫菊地博士の承諾を得て看護婦をして施術せしめたる効驗現れ」と記されている。この記事にある岩崎家とは、三菱財閥の創業者一族である岩崎家であると考えられる。岩崎家は、莫大な財力でもってラジウムを個人的に購入していた。曽祢の主治医の菊池博士とは、大韓病院長を務めていた菊池常三郎である。記事によれば、主治医はラジウム治療を許可しただけで、曽祢の家族が主導してラジウム治療を行ったようである。曽祢がその特権性ゆえにラジウム治療を受けられたこと、豊富な財力を持った曽祢家が最後に頼ったのが、ラジウムであったことがわかる。このときまでにラジウムは、最先端の治療法に用いられる物質として世間の評判を呼んでいたのである。

東大皮膚科でラジウム治療が始められると、その模様がメディアの関心をひくようになる。一九一二年六月二日の『讀賣新聞』は、「ラジウム療法の効果」として、一日に東大法医学教室で開催された日本皮膚科学会東京支会第四七回通常会における研究報告の内容を伝えている。土肥医学博士が「既往三ヶ月間に於るラヂウム療法の治驗」と題して講演を行い、「ラジウムの使用に就いては未だ効果の有無を論ずる者が多いが私は確かに効果のあるものだと確信してゐる」と説いたことが記されている。さらに、土肥がラジウムの使用法について説明し、「十数名の患者を供覧して治驗の實際を示せり」と伝えている。翌月一二日と一三日の『讀賣新聞』には、「ラジウムは何の病に効くか　土肥三浦両博士の異説　發散瓦斯は有効か有害か」という記事が掲載されている。この記事では人気のラジウムの研究に従事している土肥三浦両博士の忙しさは「却々町屋のお盆どころのものではない」とした上で、「學界を蹂躙したラジウムの性質について説明する。医学博士らの話を伝えるこの記事は、「要するに二大家の説を綜合吟味するに純ラヂウムは腫癌其他に既に〳〵奇効を奏しつゝあれど發散瓦斯のエマナチオン含有の薬剤とエマナチオンの吸入、服用等の奏効には未だ多少疑點があると言ひ得る」として、現在、大学青山内科で「ラヂウム吸入器」が、青山脳病院でラジウム治療所が新設中であると伝え、ラジウムの「奇効」があるかどうかはこれからの問題としている(17)。

これらの記事からは、記者がラジウム療法の動向に高い関心を寄せており、土肥や三浦という大家の言動を注視していたことがわかる。すでに確認したように彼らは早くからラジウム治療に着手していた第一人者であった。土肥はドイツ、オーストリア、フランスに皮膚科と泌尿器科を学び日本に持ち帰った医学者として、三浦はドイツとフランスに留学し、後には宮内省御用掛として大正天皇の診断にもあたった医学者として、どちらも医学の権威であった。彼らが語ったラジウムの「奇効」は、熱心な記者の手によってメディアを通じて伝えられていった。

以上見たように、このときまでにラジウムは、精神病院での治療や危篤病者の治療などに用いられるようになった。ラジウムの「奇効」を用いたラジウム療法は、医学者が着手すると同時にメディアの関心を呼ぶようになった。日本のラジウム療法の草分けたちはメディアに登場し、その効果を宣伝した。しかし希少で高価なラジウムを用いた治療は、誰もが受けられるものではなかった。しかしこのときメディアで伝えられていたラジウム治療は、限られた特権的な人が受けることのできるものであった。これを人々の手に届く存在とし、ラジウムブームをもたらすきっかけとなったのは、ラジウムから発散される気体——ラジウム・エマナチオン——であった(18)。

ラジウム・エマナチオンは、現在ではラドンと呼ばれる気体である。キュリー夫妻はラジウムの周囲の空気が放射性を帯びることに気づいていたが、一九〇〇年にE・ドルン（E. Dorn）によってラジウムから気体が放出される現象が確認され、エマナチオンと名づけられた。このラジウム・エマナチオンをラジウムの代用としてラジウム療法に利用することが提唱されるようになったことで、ラジウム療法はより大衆的なものとなっていった。このラヂウム・エマナチオンが温泉に含まれていることが確認されると、ラジウム温泉ブームが到来することになる。

第二節　ラジウム温泉ブーム

全国的なラジウムブームの火付け役となったのは、明治末から大正期にかけて全国各地に登場したラジウム温泉であった。本節では、ラジウム温泉がどのようにして全国に見出され、ブームとなっていったのかを検討する。

温泉とラジウム

明治末期から大正期にかけて日本の領土で発見されたラジウム温泉は、それまで神仏の霊験によるものとされていた温泉の効能に近代科学の説明を与えるものであった。はじめに、温泉と科学がどのように結びついてきたのかを確認しておきたい。温泉は日本文化が古来親しんできたもので、その存在は古事記にも登場する。中世日本の湯治文化は、温泉の持つ効能と神仏への信仰とが一体化して、展開していた(19)。温泉地は特別な力を持った場所だと考えられてきた。温泉は死と再生をもたらす場であり、異界への入り口であった(20)。温泉信仰に医学的説明が流入するのは江戸時代に入ってからである。一七世紀末頃になると、温泉案内書には神仏の霊験のみならず、医学や本草学に依拠した説明も登場し、一八世紀には医師による統治案内書の先駆けとなる貝原益軒の『有馬山温泉記（有馬湯山記）』が登場した(21)。医学が温泉による治療を積極的に人々に説きはじめるが、その背景には一八世紀前半の本草学の流行と、養生・医療に対する関心の高まりがあった。鈴木則子によれば、この頃に、「時代は温泉地にたいしても他の温泉との効能の差を科学的に説明し、それにもとづく適応症を明確に示すことを要求しはじめた」のである(22)。

明治期に入ると科学的手法による鉱泉の測定・分類が進んだ。たとえばオランダから来日して文部省医務局に所属していたアントン・ヨハネス・ゲールツは、薬品取締の検査とともに温泉調査に従事し、一八七九年に『日本温泉独案内』を出版した(23)。一八八〇年には桑田知明がゲールツの『ド・ラ・ナチュール』から日本の鉱泉の部分を抄訳し、他書の内容も加えて『日本温泉考』を編纂している(24)。ドイツ人医師エルヴィン・フォン・ベルツも温泉の医学的効能に関心をよせた一人であった。一八四九年にドイツに生まれ、一八七六年お雇い外国人として東京医学校で教えていたベルツは、草津温泉を訪れた際にその医学的効能に驚きを受け、一八八〇年に『日本鉱泉論』を上梓している。ベルツは草津に一万二千坪の土地を購入し、温泉保養地の建設を計画するが、その計画は草津村議会の温泉湧口分与の拒否によって頓挫してしまう(25)。

行政として鉱泉調査にあたったのは内務省衛生局であった。内務省衛生局は衛生行政が文部省医務局から移管された一八七五年以降、温泉分析の促進を図っており、一八八五年には全国九二〇か所の温泉をリストアップした全三巻からなる『日本鉱泉誌』を編纂している(26)。

このような鉱泉調査の流れに位置づけられるのが、東京帝国大学の眞鍋嘉一郎と石谷傳市郎が行った温泉におけるラジウム含有率の調査である。一九〇三年頃、J・J・トムソンやH・S・アレンによって温泉から発散される瓦斯がラジウムから発散されるエマナチオンと同じ性質を持っていることが確認され、同時にアレンやノイセルによって温泉のエマナチオン療法が唱えられるようになった(27)。当時急速な展開を見せていた放射能研究は、医学、物理学、化学といったさまざまな分野の学者たちの関心をさらっていた。多くの温泉を有する日本の科学者が温泉の放射能調査に着手したのは当然ともいえることであった。

眞鍋嘉一郎は一八七八年愛媛県に生まれ、一九〇四年東京帝国大学医科大学を卒業し、その後医科大学で助手を務めた。一九〇八年に大学院に進学し、この頃医学界の一大関心となっていた放射線の研究を始めた(28)。石谷傳市郎は眞鍋より一年早い一八七七年に鳥取県に生まれ、理学部を卒業した後、大学院で地質学の研究をしていた(29)。彼らは第一段階として、青山胤通及び長岡半太郎の後援のもと、温泉におけるラジウムの含有量の調査に着手したのであった(30)。

眞鍋と石谷は一九〇九年から温泉におけるラヂウム・エマナチオンの測定を行い、翌年には効能が多いと知られている温泉がこれを多く含んでいるという測定結果を発表した。眞鍋らは、湯河原、伊豆、熱海、有馬、伊香保といった従来効能が多いことで知られている温泉地を調査対象とし、そこにラヂウム・エマナチオンを見出した。日本の温泉とラジウムの関係について初めて活字化され専門誌に掲載されたのは、一九一〇年に刊行された『東京醫事新誌』一六五六号に掲載された「温泉に於けるラヂウムの研究」という記事である(31)。また、一九一〇年四月の『東京数物學会記事』に掲載された論文は、日本で最初に温泉の放射能測定の数値を記した報告となった(32)。ここには彼らがエングラー・シーブキング泉効計（fontactoscope）を用いて湯河原、伊豆山、熱海で行った測定値が記されている(33)。国内の温泉でラヂウム・エマナチオンを確認したその成果が発表されると、温泉のラジウムは大きな注目を集めることとなった。

眞鍋らが測定結果を発表してほどなく、国家機関が温泉の放射能測定に乗り出した。眞鍋らは温泉においてラジウムそのものは発見していないが、その崩壊生成物が温泉で確認されたことは、その本体であるラジウムが含まれているはずだという期待を生み出した。当時世界の鉱物の中で最も高額で取引されていたラジウムは、発見できれば大きな経済効果を見込めるものであった。このようにして、急速な進展を見せていた放射能の探求は、鉱泉調査と結びついた。

内務省衛生局では石津利作が中心となって、シュミット検電器を使用して温泉の放射能測定を進めた(34)。この調査の重要な点は、全国の温泉地をくまなく網羅した点にある。そこには台湾や朝鮮といった植民地の温泉も含まれていた。このとき、全国的に無名であったといってよい鳥取県の三朝温泉は、ラジウム含有量が温泉において日本一であることが確認され、一躍脚光を浴びることとなった。内務省の調査結果は一九一五年に『*The Mineral Springs of Japan*（日本の鉱泉）』として英語でまとめられ、この年サンフランシスコで開催されたパナマ太平洋万国博覧会およびドレスデンとセントルイスで開催された万国博覧会に出展された。近代特有のスペクタクル空間であった万博における日本のパビリオンは、日本が欧米の帝国主義的なまなざしを模倣していたことを示すものであった[35]。日清・日露戦争後、日本は万博で台湾や樺太などの獲得した領土を紹介するパビリオンを多数設置するようになった。万博に出展された『*The Mineral Springs of Japan*』は日本領土の広大さと多様性を伝える記載にはじまり、鉱泉調査が国家の有する自然（鉱泉）の豊かさを示す、帝国日本のアイデンティティを補強するものであったことをうかがわせる。そしてこのとき温泉場は、中央によって順位づけられる存在となっていたのである。

陸軍軍医団も全国の主要温泉のラドン含有量を調査し、一九一五年に『日本鉱泉ラヂウムエマナチオン含有量表』という冊子を発行した。この冊子は陸軍軍医団長の森林太郎（森鷗外）が編集したもので、序文には以下の文章が添えられている[36]。

近時鉱泉療價の要素中に、新にラヂウムエマナチオン含有量を加ふ。／ラヂウムエマナチオンの有効なることは、今やまた疑ふ容からず。然れども鉱泉中常に有する所の微量能く其の功を奏せんや否、未だ輙ち信を寘き難き者あり。姑く諸泉の含有量を列記して、以て軍醫の参考に資す／大正四年十一月　　陸軍軍医団長　森林太郎

鉱泉調査の結果明らかとなったことは、温泉地の多くは期待されたほどの放射能を含有していないことである。森の文章からは、彼がラジウム・エマナチオンの有効であることは信じていたが、鉱泉がそれを含むかについては疑問を抱いていたことがわかる。森がこのような記載を行った背景には、当時ラジウムを標榜する温泉が氾濫しており、そのラヂウム・エマナチオン含有量が誇大に喧伝されていたということがあった。

すなわち、眞鍋らが調査結果を発表してからわずかな年月で、温泉におけるラジウムの含有は国家政策における重

要な関心事となり、内務省と軍医団がそれぞれ独自に鉱泉調査を行いその結果をまとめるに至った。このような急速な調査の遂行の背景には、ラジウムの有する経済価値のみならず、後述するように当時の社会におけるラジウムの爆発的な流行があった。ラジウムは取締の対象となるほど流行した。内務省は一九一五年、「ラヂウム泉販売取締」をだし、ラジウムの含有を標榜する商品の取締にも乗り出した。一九一六年には日本薬学会が鉱泉分析法を定めるなど、鉱泉の分析法も進められた。しかし分析法が進展しても、多くの温泉はラジウムの看板を降ろさず、ラジウムの効能を謳い続けた[37]。

科学者たちが火付け役となって生じたラジウムブームであるが、その火は彼らにも消すことができないほど大きくなっていた。石谷傳市郎は一九一四年、『中央公論』に掲載された「ラヂウムの効能と我國の鑛泉」という記事の冒頭において、次のように記している[38]。

世人のラヂウム熱は、近來餘程高潮に達して居る様に見取ける。六七年前、自分が、鑛泉のエマナチオンを調査する爲に、豫備旅行を始めた頃には、到る所で、實に齒痒い思をしたのであつたが、此一兩年の傾向を見ては、誠に隔世の感がある。［略］ラヂウムは種々の病氣に特効があるといふので、薬種屋の巧妙なる廣告もあり、溫泉屋の如才なき吹聴もあり、果ては、發疹窒扶斯［発疹チフス］にも、ペストにも、一々ラヂウムがお引合に出るといふ趨勢、遂に何も知らない人をして、神様か何かの様に思はしむるに至つたものらしい。

この文章は、ラジウムをめぐる世間の目が数年間で一変したことを伝えている。石谷らがラジウムの調査を始めた当初は至る所で歯痒い思いをしたという記述からは、温泉地で彼らの調査が快く受け入れられなかったことも多々あったことが推測できる。しかしその状況は数年で一変した。全国規模の調査が遂行され、偽物も多くあらわれるほどになった。一体どのようにして、ラジウムは流行現象となったのだろうか。次に、ラジウムの効能が世間に受け入れられていく過程を検討していきたい。

ラジウムの効能をめぐる医学言説

ラジウムブームの発信地の一つが、熱海であった。日本で温泉とラジウムの関係について最も早く活字化され専門誌に掲載された記事は、眞鍋が温泉調査中に熱海の「有志者」の為に行った講演の筆記である[39]。眞鍋らの研究報告が学会より温泉地において先に報告されていたという事実は、温泉におけるラジウムの研究において温泉地というフィールドが重要視されていたことを示している。温泉地熱海において、眞鍋はどのような講演を行ったのだろうか。ここで眞鍋の講演から、彼がラジウムの効能をどのように捉え、伝えたのかを見ていきたい。

眞鍋は講演のはじめにさまざまな温泉の効能を伝え、その原因がラジウムにあるとする。続いてラジウムの説明を行い、「ラヂウムは輻射線を放出するのみならず、「エマナチオン」と稱する氣體を出すの性あり」としてエマナチオンの説明に入る[40]。このエマナチオンが医療上人体に効能有ることは種々の実験により証明を得たとして、ヨアヒムスタール鉱山の鉱夫に神経痛および僂麻質斯（リュウマチ）がないこと、ウィーン大学のノイセルがエマナチオンを溶解した温水に患者を浴びせることで温泉同様の効果を得たこと等を挙げている[41]。さらに、エマナチオンの「効力」には諸説あるとしながらも、「兎に角空気と共に吸入せられ肺にて血中に入り、身體を循環し以て一種の電氣作用を身體内に起すもの」として、温泉の瓦斯（エマナチオン）を吸入し、温泉を直接飲用することによって温泉の効力を得られると述べる。

講演で述べているように眞鍋は、温泉の効能の原因がエマナチオンにあると考えた。この時期にはすでに確認したように欧米の医学者によって温泉のエマナチオン療法が提唱されており、温泉のエマナチオンが生体に何かしらの効果を及ぼすことは多くの医師の認めるところとなっていた。ラジウムが身体に及ぼす「奇効」は、それまで人々が体験していた温泉の効能と似通ったもので、ラジウムこそが温泉の効能の原因と考えられたのである。

この温泉地での講演において特筆すべきは、眞鍋がエマナチオンの量により温泉の「生死」が決まるという考えを伝えていることである。

以上を綜合すれば温泉には生きたる温泉と死したる温泉とも云ふべき區別あるべし、新しき猶ほ「エマナチオン」に富める温泉は所謂生きたるものにして、時日を經て既に「エマナチオン」の亡失したる温泉は死したるものなり、而して一端死したる温泉もこれに更に「エマナチオン」を加ふるときは再生しむることを得べし[42]

眞鍋は何故、温泉の「生死」という表現を用いたのだろうか。眞鍋はエマナチオンの説明を行う際にしばしば生命の比喩を用いていた。たとえば一九一〇年に『東京医學会雑誌』に掲載された石谷との共著論文においては、時とともに滅ずるエマナチオンの残存率を、病院にかかれない重病患者の生存率に喩えて説明している[43]。眞鍋はエマナチオンを、生命体であるかのように捉えていたのかもしれない。エマナチオンが常に減じていくものであるなら、エマナチオンの豊富な温泉は、より多くの生命を有していることになる。

そもそもラジウムは生命観と密接に結びついた存在であった。長い時間をかけて放射能を発散しながら変化していくラジウムは、物質が生きているという考えを呼び起こした。たとえばフランス人医師のギュスターヴ・ル・ボンは、一九〇三年に「全ての自然は今や生きている！（All Nature Now Alive!）」と『ロンドン・レビュー』で告げている。第一章で記した通り、フレデリック・ソディはベストセラーとなった科学啓蒙書『ラジウムの解釈』においてラジウムを錬金術及び生命の延長と結びつけた[44]。放射性生成物を発散し続ける放射性鉱物は、生命の神秘の鍵を握るものとされたのである。眞鍋もこのような思想に触れていた可能性が考えられる。

このようにして、眞鍋によってラヂウム・エマナチオンを見出された温泉は、生きた温泉としてその質を保証された。逆にいえば、ラヂウム・エマナチオンが見出されなければ、死んだ温泉と宣告されるに等しいものとなった。眞鍋らによって最初期にそれを確認された湯河原、伊豆、熱海、有馬、伊香保などの温泉は、人々にその効能を高く評価されていた温泉であった。このことは、眞鍋らの説明を人々に信じさせるに充分であった。そして、ラジウムは温泉の効能の正体として受け入れられていくのである(45)。

エマナチオンが温泉の生死を決めているという考えは、日本人の温泉信仰とも合致した。エマナチオンがそれまで精霊によるものとされていた温泉の効能の正体であったという考えは、人々に受け入れられていく。かくして、温泉とエマナチオンは切っても切れない関係となった。全国各地の温泉はその鉱泉がエマナチオンを含有していることを望み、エマナチオンを含有するラジウム温泉であることを標榜するようになっていくのである。次にその模様を、エマナチオンが見出された飯坂温泉に見ていきたい。

「ラヂウム」の飯坂温泉

眞鍋によってラジウムが温泉の生死を決めるもの——精霊の正体——とされたのち、すぐにラジウムを温泉の看板に掲げたのが福島県の飯坂温泉であった。

飯坂温泉の歴史は古く、口承によると約二〇〇〇年前、日本武尊が東征した際にその湯に入ったという(46)。平安時代全期に編纂された古今和歌集には、「あかずして別れし人のすむ里は／佐波子の見ゆる山のあなたか」と飯坂温泉で最も古くから親しまれていた「鯖湖」を詠んだ歌がある。江戸時代から松尾芭蕉など多くの旅人を受け入れていた飯坂温泉は、近代になると鉄道網の整備とともにいよいよ浴客を増やしていった。一九〇〇年に作られた鉄道唱歌の奥州磐城編には、「長岡おりて飯坂の　湯治にまはる人もあり　越河　こして白石は　はや陸前の国と聞く」という一節がある。この歌にある長岡は現JR伊達駅のことで、一八九五年に開業されてから飯坂温泉の表玄関となっていた(47)。一九〇八年には長岡と温泉のある湯野地区とを結ぶ鉄道が開通し、この年飯坂温泉を訪れた入浴客は、七万を越した(48)。この頃から飯坂温泉は東北一の温泉場として、紹介されはじめるようになっていた。

交通網の整備とともに飯坂が多くの客を呼びこむようになったこの時期、飯坂温泉はラジウムを広告に積極的に取り込むようになる。その端緒となったのは、眞鍋嘉一郎によって飯坂の鉱泉に「ラヂウム、エマナチオン」が含まれることを見出されたことである(49)。この直後に、温泉街には「ラヂウム餅」や「ラヂウム煎餅」が登場する。その模様は新聞紙面からうかがうことができる。一九一一年二月一日の『東京朝日新聞』には、「岩代飯坂温泉――東北に於ける一清境」という記事が掲載されている。素晴らしいがそれほど都会人に知られていない温泉として飯坂温泉を紹介しているこの記事は、鉄道院が眞鍋に鉱泉調査を委嘱したということ、その後すぐにラジウムを銘打った菓子類が登場していたことを伝えている。

泉質は硫黄泉に屬し無色透明にして極めて心地宜し近時鐵道院が大學の眞鍋學士に囑して検定したる結果は新元素ラジウムを多量に含有すること同學士の試驗したる我國温泉中第一位にあることを確證せらりたりと云ふこと楚人冠の所報の如し故に土産としてラジウム餅ラジウム煎餅の珍菓あり

また、一九一一年六月五日の『讀賣新聞』には「「ラヂウム」の飯坂温泉　遊覧臨時汽車」という新聞広告が掲載されている（図2-1）。これは鉄道院東部鉄道管理局による広告で、三円五九銭で上野から温泉の玄関口である長岡まで遊覧できることを伝えている。

これらの新聞紙面からわかるように、「ラヂウム温泉」として飯坂温泉の宣伝を行う上で重要な役割を担っていたのが鉄道院東部鉄道管理局であった。一九〇六年に公布された鉄道国有法によって官設鉄道と私設鉄道が鉄道院の管轄下に置かれた後、鉄道院は営業収入の増加、旅客利用の促進のために、観光旅行の創出を行なっていくようになる[50]。一九一〇年の『鉄道院沿線遊覧地案内』を皮切りに、鉄道院はいくつもの観光案内を刊行するようになるが、その先駆けとして見ることができるのが鉄道員東部鉄道管理局営業課によって一九一一年六月に出版された『飯坂温泉案内』である[51]。同書の「はしがき」には以下のようにあり、東部鉄道管理局がラジウムの名を宣伝文句として用いていたことがわかる。

図２-１　飯坂温泉遊覧臨時汽車の広告

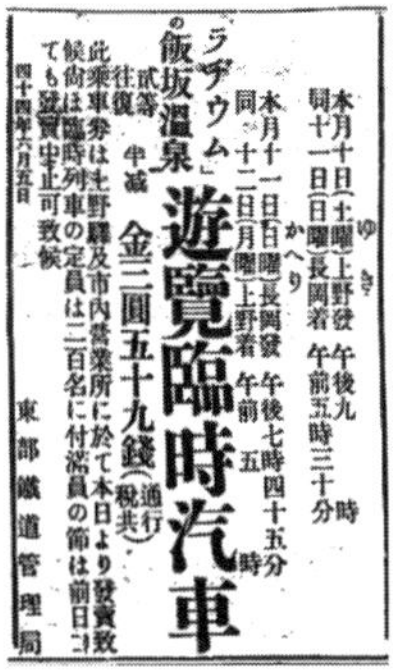

出典：『讀賣新聞』1911年6月5日朝刊、1面。

本邦温泉の数尠しとせず、然れども飯坂温泉の如く夙に「ラヂウム」の存在を證明せられたるものは稀なり、「ラヂウム」の温泉有效成分の一なることは今更絮説するを要せず、唯之が有無を證明するには特別の知識を要するが爲め未だ善く各温泉に就き研究せられざるは世の遺憾とする所なり、然るに昨年初秋東京帝國大學の眞鍋醫學士等が飯坂温泉に於て検察の結果、該温泉が明らかに「ラヂウム、エマナチオン」を含む事及び附近の清水等にも亦同瓦斯を含むことを證明せられたるは同地方の一大福音と謂ふべく、其の天恵は宜しく社會に紹介し、公衆一般をして其利に均霑せしむべきものなりと信ずるを以て、本局は此案内書を編纂し、浴客の便利に供すること丶爲せり。

『飯坂温泉案内』には「ラヂウムに就て」という項目があり、ここではラジウムの科学的説明がなされている。「ラヂウムの所在」として、温泉にエマナチオンが多く含有されていることが発見され、「今日に於ては「エマナチオン」は温泉の主要成分の一とまで見做されるゝに至れり、斯の如く「ラヂウム」の輻射能作が医効あることを認められてより各温泉は其存在を標榜し、又一方人工的に此「ラヂウム」性の薬品を案出して之が応用を研究するに至れり」と記している。

このように冒頭から「ラヂウム」を連呼する同書は、「ラヂウムに就て」という項目で、温泉の「生理的医効」の正体がラジウムにあることが医学上の定見となっているなどと、医学界における動向を詳細に伝えている。この項目の最後に登場するのが、眞鍋らの研究成果である。曰く、「眞鍋學士等大學病院に於て臭化「ラヂウム」を十六名の患者に試用せし成績及び「ラヂウム」水を九名の患者に試みたるに成績左の如し」として、表を掲載している。この表は、患者の性別、年齢、病名、反応、結果を記したもので、表の下には〈東京醫学會雑誌第二十四巻第六號眞鍋醫學士石谷理學士演説参照〉とある。ここで引用されている眞鍋らの論文は、眞鍋らが行なった臭化ラジウムやラジウム水を患者に飲用させた実験の結果を伝えるものである。(52)眞鍋らが実験に使用していたのは「ラヂオゲンシュランム」と呼ばれる粉末状のもので、(53)ここではその結果が「無効」であった患者もありながら七割方「全快」から「軽快」であったことを伝えている。眞鍋らの論文が直接引用されていることは、彼ら医学者の言説がどれほど重要視されていたかをうかがわせる。

このラジウムの説明は、後の飯坂の温泉案内書において重要な位置をしめていく。たとえば同書の「ラヂウムに就て」は、一九二四年一〇月に発行された中野吉平の『飯坂湯野温泉史』にも抄録されている。この年、福島・飯坂軌道株式会社は飯坂電車株式会社と改め、福島花水坂間の電車が開通したが、その際に急遽上梓されたのが『飯坂湯野温泉史』であった。(54)「ラヂウムに就て」はラジウムに関するまとまった説明として、地元でも重宝されていたのである。

このようにして、医学者たちの言説に基づくラジウムの効能は温泉案内書において繰り返し用いられていった。

しかしそれらの案内書においてラジウムは、単なる医学言説としてあらわれたのではない。ラジウムは、伝承としての色彩を帯びていき、飯坂の伝承のなかに組み込まれていった。たとえば、一九一三年に出版された橋内文七による『温泉案内飯阪と湯野』は、その最も初期のものである。ここでは「ラヂウム」が地元に根付いた精霊の一種として紹介されている。同書は、夢界道人なる宗教者が飯坂碑を建設するにあたって、漢文を読む能力のない多くの人のために、飯坂の歴史文化を伝えることを目的として書かれたものであるという(55)。飯坂と湯野のさまざまな伝承を記す同書には、「ラヂウム」という項目が設けられ、その性質についての説明がなされているが、ここでラジウムは「精靈なる一種元素」して登場する(56)。ここでは、「滃滂たる良治霧《ラヂウム》　發明果して誰に属す　精靈萬病を醫す　何んぞ　名醫を聘するを用ひん」と、ラヂウムを詠んだ歌も紹介されている。この歌詞にあらわれたラジウムは、精霊であり、医師を不要のものとするのである。

ラジウムと精霊の結びつきは、一九一五年に東京俳諧書房から出版された『飯坂温泉』、一九二〇年に霊土社から出版された『ラヂウム靈泉郷土之栞』、一九二七年に飯坂湯野温泉案内所から出版された『飯坂湯野温泉遊覧案内』にも見てとれる(57)。『飯坂温泉』の著者である手塚魁三は、軍人（陸軍歩兵大尉正七位勲五等功五級）であった。手塚は日露戦争の戦記編纂にあたっていたが、その間幾度か飯坂温泉を訪れるうちにこの地を気に入り、同書を執筆したようである(58)。眞鍋がラジウムを発見してから飯坂温泉が脚光を浴びたという言及に始まる同書は、温泉の起源やラジウム発見の経緯を記し、同地住民にはリウマチや神経痛の患者が皆無であると言い伝えられることについて、「之は溫泉の靈氣であるラヂウム、エマナチオンの作用に外ならぬ」としている(59)。手塚は同書において幾度も、温泉の「靈氣」という言葉を用いている。手塚においては、「エマナチオン」は「靈気」であり、「靈気」は「エマナチオン」であった。宗教的説明と科学的説明は両立していたのである。手塚の温泉案内書においては実によく医学者たちの研究が参る。

照されている。彼らは、近代医学による説明を重んじながらも、それを土地の伝承のなかに組み入れていったのである。

一九二七年に『飯坂湯野温泉遊覧案内』が出版された時期、温泉はいよいよ大衆化され、温泉関連の著作が多く出版されていた。同書を執筆した石塚直太朗は、すでに『鳴子温泉遊覧案内』を出版し鳴子温泉を「天下に紹介した」という実績を持った温泉通であった(60)。飯坂湯野の数多くの遺跡や碑、「怪異傳説」まで紹介する同書において、ラジウムは飯坂の自然の一部に組み込まれている。たとえば景観を伝える箇所においては、「春は全体櫻花に包まれ、梨花に覆われ、桃花に飾られ」と四季折々の美しさを伝え、「斯の如きは海内は固より未だ全世界に多く其の比を見ざる所にして正さにラヂウユーム、エマナチオンの作用する所、實に我が飯坂温泉獨特固有の美装である」と、ラジウムが飯坂温泉の美的景観の理由として登場する。また温泉の効能を伝える箇所では、「頼りのない煩雑な分析表の掲載は之れを省略し我が湯野飯坂の温泉が他の諸温泉場のものに比し特異なる所はラヂユウム、エマナチオンの含有豊量饒多にしてその放散區域極めて濃厚廣大なるの一點に存する」と記されている。すなわちラジウムは、他の温泉地と比べた際の飯坂温泉の優位性を示すものとして用いられている。このときすでに医学者の説明は必要なくなっていた。ラジウムはすでに、土地に根付いた存在として温泉地に受け入れられていたのであった。

このように飯坂の温泉案内書においては、ラジウムが伝承として紹介されていったが、これを科学者と非科学者の対立と見ることはこの状態を適切に捉えたものではない。実は医学者である眞鍋もまた、伝統的な言葉を用いながら近代医学を説明していた。すなわち、「エマナチオン」を放出するラジウムの特性を、温泉の「精霊」に喩えて説明していた。たとえば一九一三年に刊行された一般向けの解説書に所収された眞鍋らの論文には、「温泉の精靈の本體發見」という見出しがつけられた節があり、「従来温泉の精靈てふ曖昧なる名目の下に理會されしそのもの丶本體の何たるや、忽ち瞭然たるべし。乃ち多數科学者間年来の一大疑問はこの温泉中に於いてラヂウム・エマナチオンを發見せると同時に氷解せられたり」と記されている[61]。ラジウムが精霊とされていたものの本体であったという眞鍋らの言葉遣いは、放射能の有無を温泉の生死と結びつけた温泉地熱海での講演とも共通するものがある。ここではラジウムを精霊とされていたものの正体であるとした医学者の眞鍋らの言説と、ラジウムという名の精霊として捉えた宗教者の橘内らの言説とが、パラレルに共存していたといえる。精霊という伝統的な言葉が科学者にも宗教者にも用いられていたという一致からは、ラジウムの特性をめぐる伝達や解釈の営みがラジウムを温泉の精霊の正体とする見方を助長したということができる。

ここまで飯坂温泉がどのように「ラヂウム」の看板を掲げたのかを見てきた。飯坂が東北一の温泉地として発展していったその背景には、飯坂温泉とラジウムを結びつけた鉄道院はもとより、ラヂウムを積極的に宣伝に活用した地方の姿があった[62]。すなわち、地方の温泉地である飯坂が都会人の観光地として眼ざされていくなかで、ライバルとなる他の温泉地との差異化を図るものとしてラジウムはこの土地に欠かせない存在となった[63]。そうした差異化の過程で、放射線医学による説明は、温泉地固有の伝承のなかにごく自然に組み込まれていったのである。飯坂温泉が歓楽地として発展していくなかで、「ラヂウム」は特別な存在ではなくなるが、伝承の一部として残り続けていく[64]。科学者にしかその存在を確認できない、無味無臭の「ラヂウム、エマナチオン」はこの土地に福音をもたらす「精霊」として機能したのであった。

ラジウム鉱泉商法

温泉でラジウムの放射線生成物が確認されたとなれば、その鉱石はラジウムを含んでいるはずであると考えられた。ラジウム発見への期待を反映して登場したのがラジウム鉱泉商法である。各地でラジウム鉱泉が「発見」されていたが、それはラジウムの名を冠した商品を常に伴っていた。

たとえば、一九一三年五月六日の『東京朝日新聞』には、石井商店による「天然湧出ラヂウム鉱泉」という広告が掲載されている。この広告は、「本邦に於てラヂウム含有の鑛泉を發見したるは醫學界の一大福音なり」として、内服用六〇〇グラム一瓶を五〇銭で売り出している。ここでは「醫學界」という文字が強調されており、「田波薬學博士、田原藥學博士、藥學士服部健三先生分析證明」と記されている。

一九一三年一〇月二九日の『東京朝日新聞』には、「天然ラヂウム鑛泉」という小さな記事が載せられており、「麻生竹谷町二の麻生ラヂウム神泉社にては同所に湧出する天然鑛泉分析の結果ラヂウム、エナマチオン瓦斯を含有せる事判明し今回浴舎を新設して入浴に便にし」とある。麻布のラヂウム神泉社は「ラヂウム開浴」という広告を、一九一三年一一月三〇日と同年一二月三日の『東京朝日新聞』に掲載している（図2-2）。この年の終わりの一二月三〇日には、大晦日と元旦に休業することを伝えており、浴客が多く訪れていたことがうかがえる（図2-3）。このラヂウム神泉社は翌一九一四年からラヂオールという溶剤や、ラヂウム化粧水の販売まで始めている。

類似の広告は後をたたない。一九一四年一一月二二日の『東京朝日新聞』には、「ラヂウム鑛物発見」として、「北海道志の山下に於て偶然にもラヂウム鑛物を發見し「ラヂウム浴素」として「京橋銀座二丁目十番地萬歳館より賣出せり右は浴場用として最も有効にして且つ保存貯蔵にも便利なりといふ」という小さい記事が載せられているが、その横には万歳館による「日本國産ラヂウム浴素」の広告が掲載されている（図2-4）。この記事は、広告の一貫として広告主の依頼で掲載された可能性が高い。一九一七年一二月二三日の『讀賣新聞』には、日本ラヂウム商会の広告として、「純正なるラヂウム鑛石の日本に於ける發見」、「本品は秋田縣仙北群田澤村澁黒温鹿温泉地帯に産するラヂウム鑛石にして帝大教授亘智部、神保両理學博士、藥劑師山田一良温泉場管理根市留次郎實地踏査の結果發見せられたるものにしてエマナチオン放射能作の著しきは本邦第一と公認せられたり」「温泉原料ラヂウム鉱物壹箱　正價金三圓　送料無料」などと記されている(65)（図2-5）。

図2-2　「ラヂウム開浴」

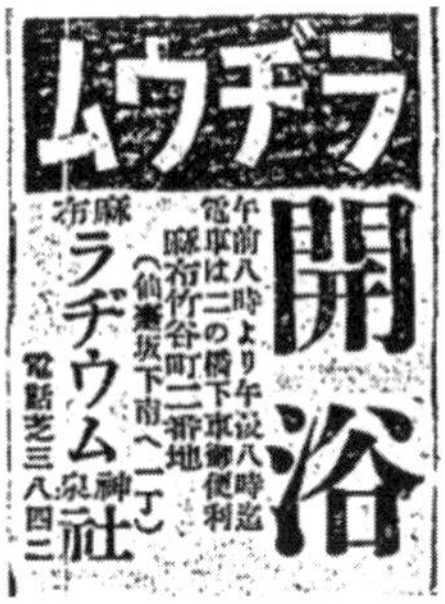

出典：『東京朝日新聞』1913 年 11 月 30 日朝刊、1 面。

図2-3　「麻布ラヂウム温浴」年末年始休業の広告

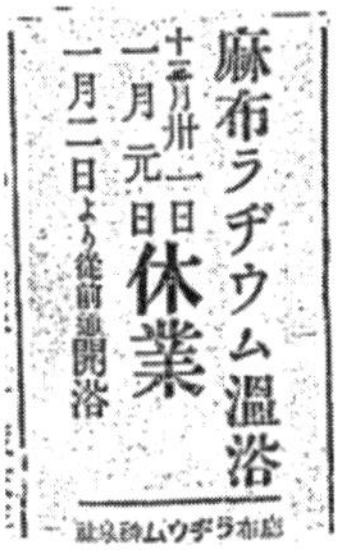

出典：『東京朝日新聞』1913 年 12 月 30 日朝刊、1 面。

図2-4　万歳館による「日本國産ラヂウム浴素」の広告

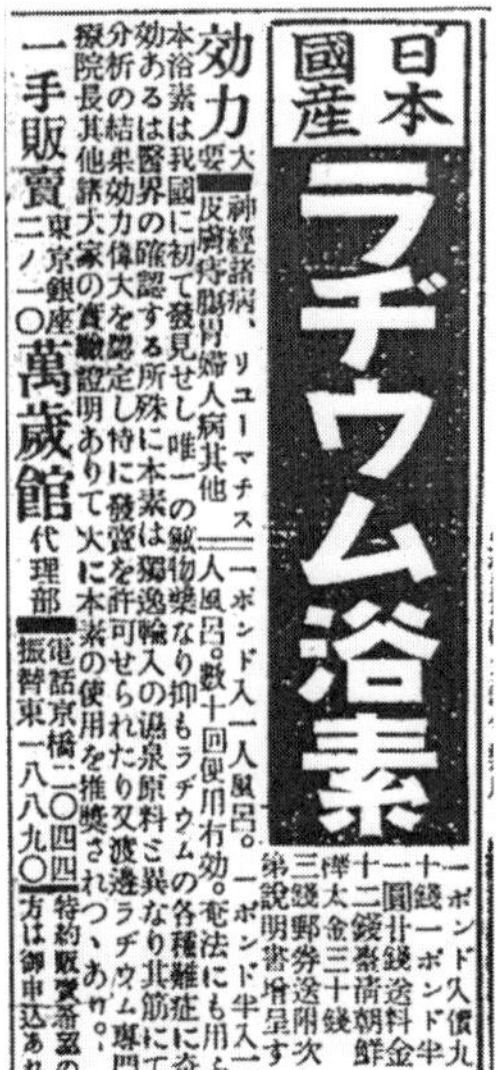

出典：『東京朝日新聞』1914 年 11 月 22 日朝刊、7 面。

図2-5　日本ラヂウム商会による「ラヂウム鑛物」の広告

出典：『讀賣新聞』1917 年 12 月 23 日朝刊、6 面。

エマナチオンが気体であり特殊な装置でしか測れないことは、全国の温泉地がラジウムを標榜することに味方した。なぜならエマナチオンを含有するか否かは素人には判断がつかなかったからである。そのようななか、各温泉地は競ってラジウムの存在を標榜し、ブームにあやかろうとした。

探偵小説の草分けとしても知られる医学者の小酒井不木（本名：小酒井光次）は、ラジウムがあまりにも時代の中心かのようにもてはやされている情況を批判的に捉えた随筆を残している。それは小酒井が一九一六年に、東京の保養地として栄えていた森ヶ崎の温泉旅館で執筆した「放射線中心時代」という随筆である。一八九〇年生まれの小酒井は、一九一一年に東京帝国大学医科大学に入学、一九一四年には大学院に進学し、血清学を学んでいた。一九一六年に肺炎を病み、療養で訪れていたのが森ヶ崎であった。

小酒井はこの随筆において、一九世紀の半ばから末にかけてを「科學に於ける顕微鏡中心時代」として、その後レントゲンの発見以降、放射線の研究が全盛を極める状況を、「科學界に於ける放射線中心時代」と命名している。自身が森ヶ崎の温泉旅館に滞在していることや、この地が素晴らしい環境であることを記し、「殊に此地の尊いのは鑛泉（冷泉）であつて、鹽化ナトリウム、鹽化マグネシウム、硫化鐵を初め幾多鑛物質を含み、ラヂウム、エマナチオンは其放射能三・一マツヘを示して居る」などとして、次のように続ける。

ラヂウム！　此の名は極めて普く行き渡つて了つた。其の語呂のよいのも一の原因をなして居るには違ひないが、白髪の老婆之を稱し、白面の少年之を唱ふ。正にこれラヂウム中心時代換言すれば放射線中心時代を示して居るのではあるまいか。／私は茲にラヂウム其他の放射線の生物に及ぼす影響を説くのでもなくまた其の治療的價値を論ずるのでもなく将た其の物理的性質を述べるのでもない。即ち時代の流行兒としそのラヂウムを説くのである。溫泉にはラヂウムがなくてはならなくなり、あらゆる疾病には兎に角ラヂウム療法が施されねばならなくなつた時代

の欲求、時代の趨勢につきて考へてみたくなつたのである。(66)

この随筆において彼は、自然主義に反対して起こった「生命派の哲学」に相当するのが、科学における放射線中心時代であると述べ、自然主義の時代にはその弊害として「肉慾中心の主義」を伴っていたとして、「放射線中心時代となりても、性慾中心主義は益其勢を逞しくするばかりで放射線中心は精液放射中心ではあるまいかと思はる、やうになつた」と述べる。さらには温泉旅館が「酒肉の歓楽を奏でしめつ、ある」として、「吁ラヂウムの存する所、やはり性慾が中心となる、放射線は放射を誘ふものか去れ放射線中心時代！」と唱える。

小酒井が森ヶ崎で執筆した随筆からは、ラジウムが温泉の歓楽的な雰囲気と合致し性的なイメージを伴っていたこと、彼がそれを一時の流行（時代の趨勢）として捉えようとしていたことがうかがえる。ラジウムは思想や哲学にも大きな影響を及ぼすものとして見られるまでになっていたのである。

本節で検討してきたように、ラジウム温泉のブームは、近代科学が可能とした鉱泉調査と鉄道網の発展と密に関係していた。ラジウム温泉がブームとなった背景には、精霊の本体がラジウムであったということを彼らの発見として報告した中央の学者、そうした科学的説明に飛びついた地方の温泉場、そして両者を結んだ国策との共存関係があった。さらにラジウムの効能を信じ温泉場へ向かった幾多の浴客——大衆——がいた。彼ら大衆の健康への欲求は、学者、温泉場、国策の共存関係によって、刺激され、生み出されていた。ラジウム温泉の歴史は、そのような日本の近代化の一局面として捉えることができる。しかしその近代化は、伝統的な要素を多分に含みながら、あるいは創造しながら進行していた。

第三節　モダン文化の中のラジウム

ラジウムは、伝統的な世界と結びついただけでなく、モダン文化や商業主義と相まって流行し、民間療法にも取り入れられていった。本節では、このブームの諸相を見ていきたい。

ラヂウム協会

ラジウムブームに際していくつかの団体が設立されたが、そのうちの一つとして特筆すべきが東洋ラヂウム協会である。この会の設立を伝えた一九一三年二月二六日の『東京朝日新聞』に掲載されている「ラヂウム協會なる」という記事には、「醫學上の研究、ラヂウム礦泉及礦石の検定調査、講演開催、會報發刊、著書出版を初め更に之を實地に應用して其趣味を親しく公衆に試愛せしめんが爲め欧米最新式を參酌して「ラヂウム倶楽部」を設け診療室、ラヂウム浴室、吸入室（エマナトリウム）其他斬新なる設備を整へて静養娯楽の機關に供す可く其新設所京橋區尾張町（舊日報社跡）新築四層洋館に決し四月上旬開館すべく［略］斯道の熱心家三澤素竹、藤澤玄吉、同静象氏等専ら經營の任に當り左の諸博士また是が顧問となれり」と記し、顧問として五人の医学博士（土肥慶蔵、遠山椿吉、山田鐵蔵、吉光寺錫、佐野彪太）の名が挙げられている。

この協会の代表を務めた三澤素竹の来歴は判明していないが、多岐に活動していた人物のようで、それまでにも『東京朝日新聞』には詩の投稿や紀行文などで幾度も登場している。「斯道の熱心家」という紹介にあるように、学者ではないが熱心に学んでいた人物が、その熱意ゆえ、学者たちを巻き込んで発足させた会であったといえるだろう。

一九一三年のはじめに発足した東洋ラヂウム協会はその年の五月に、『通俗ラヂウム實驗談』という書物を編纂している。この書は近藤平三郎、眞鍋嘉一郎、石谷傳市郎、山田鐵蔵、服部建造、長岡半太郎、池田菊苗、土肥慶蔵、峯正意、吉光寺錫、佐野彪太、渡邊鼎、マルクワルド、グッツエンド、石津薬学博士、三島通良、といったラジウム研究において先駆的な役割を果たしていた学者の論考を収録しており、ラジウムブームにおける学者の役割を考える上で重要な一冊である[67]。同書によると、同協会は、「ラヂウムに關する諸般の事項を調査研究し各科学界及び一般社會に貢献する」ことを目的としていた。つまり、研究者のラジウム研究を支援し、それを社会に普及しようとしていた。同書の編纂もそのような目的を反映しているものと考えられる。三澤によって書かれている「ハシガキ」によると、彼が『東京朝日新聞』に連載した「ラヂウム物語」が読者の好評を博し、出版を促されたものとある。同書はその際に「東西専門大家の實験講和」を集めて出版されたものだという。

一九一三年一二月一〇日の『讀賣新聞』朝刊一面には、この協会によって運営されているものと思われる施設の広告が掲載されている（図2-6）。ここには、「京橋区尾張町　元日報社跡」とあるが、東洋ラヂウム協会の設立を伝

図2-6　ラヂウム楽養館の広告

出典：『讀賣新聞』1913年12月10日朝刊、4面。

図2-7　エマナトリウム（エマナチオン吸入室）

出典：水津嘉之一郎『ラヂウム講話』隆文館、1914年、177頁。

えた新聞に記されていた住所と同じである。ちなみに日報社は尾張町一丁目一番地（現在の銀座五丁目一番地）にあり、東洋ラヂウム協会は京橋区一丁目四番地（現在の銀座五丁目五番地）にも住所を構えていた。この広告は、「RADIUM PARLOR」「ラヂウム樂養舘」と称して、「東洋唯一の衛生的娯楽場」を謳っている。この広告に依れば、レストランやバー、図書室や音楽室も備えていたようである。

三澤はラジウムを「平民的療法」にしたいと意気込んでいたが、この広告には、ワイングラスを片手にシルクハットをかぶりタキシードを着用した男性が描かれており、モダンな紳士像を打ち出して顧客を呼び込んでいたことがわかる。また広告には、「西洋御料理」という言葉も並んでいる。『日本放射線医学史考』には、この協会が「ラヂウム鉱泉、鉱石の検定調査をなすと共に、ラヂウムエマナチオン吸入（図2-7）、ラヂウム浴、飲用、美顔室を設け、マダムキュリーキャバレットなるカフェーを設く」と記されている。(68)「マダムキュリーキャバレット」の詳細については判明していないが、このとき銀座は「カフェー文化」の発祥地となっていた。(69)カフェーは、単に珈琲を提供する場所ではなく、「都市の片隅にヨーロッパの雰囲気をもった一画をつくりだし、自由に会話ができるサロンのようなカフェー」として機能していた。(70)カフェーやバー、西洋料理を提供するレストランまで兼ね備えていた東洋ラヂウム協会の「ラヂウム樂養舘」は、カフェーに代表されるモダンな都市文化のなかに位置づけることができる。大正初期は、モダンな西洋化した生活が人々に享受されるようになってきた時期であるが、それを享受できたのは上層の人々に限られていた。[71]芸術家やインテリ、学生といった特定の人のサロンではなく、普通の人が楽しめるものとしてカフェーが大衆化するのは、関東大震災以降のことである。

実際のところ、ラジウムは一部の「西洋かぶれ」に受容されていたという見方もできるかもしれない。ラジウムブームの最中にあっても、そのブームに乗る人とそれを静観している人がいた。たとえば一九一三年一二月三日の『朝日新聞』「東人西人」では、「麻布龍土町の山田藤吉郎と云ふ人はラヂウムに熱中して、何でも蚊でもラヂウムを用ふ［略］友人等曰く、山田君のラヂウム狂ばかりはラヂウムでも癒るまい」としている。山田藤吉郎は、黒岩涙香と共に日刊紙『萬朝報』を発行していた朝報社の共同経営者として実務を担当していた人物のことと考えられる。彼は一八八四年に明教社から『洋學独案内誌』を出版しており、西洋事情に通じていた。西洋の事情に通じ、新聞の経営を行うような流行に敏感な人物が、取り憑かれたようにラジウムに熱中していた。そのことが、別の新聞社の新聞紙面で茶化されているのである。この記事は、ラジウムの流行に冷ややかな視線を向ける人々がいたことも伝えている。

ラヂウム商会

ラジウムブームに際し、多くの起業家たちはこのブームをビジネスチャンスとして捉えた。ラジウムブームとともにラジウムの名を冠したいくつもの会社が設立され、商品が発売された。それらの多くが成功し、繁盛した。ここではそうしたラジウムという名称を冠した商品（以下ラジウム商品と表記）を新聞広告から眺めていきたい。

明治期から大正期の新聞には売薬広告があふれており、売薬広告は新聞の主要な収入源の一つであった。新聞の登場は、それ以前に招牌（看板）や引札（ちらし）が主となっていた広告の形態を変化させた。新聞広告の有用性が商人たちに認識されるようになり、新聞広告はそののち新聞業界の安定した収入源となるまでに成長した。明治期の新聞広告は、当初は売薬と出版がほとんどを占めていたが、ついで化粧品広告が急成長を遂げ、一九世紀末には売薬・出版・化粧品が新聞の三大広告となっていた(72)。新聞紙面には、健康や美容、さまざまな効能を謳う多くの売薬広告が登場していた。ラジウムの広告のそのような売薬広告の系譜に位置づけられる。

明治政府は発足当初から売薬取締規制（一八七〇年に制定）など、売薬に関するさまざまな規制にあたった。一八七五年に衛生行政が文部省医務局から移管され、内務省衛生局が売薬の取り締まりにあたった。当初は有害な薬を取り締まることを優先し、人体に害を及ぼすものでなければ積極的に規制しないという方針をとっていたが、一九一〇年には無害かつ薬効が確認できるものでなければならないという方針に転換した。一九一四年にはこの方針に沿って「売薬法」が施行され、多くの薬種商は打撃を受けた。しかしラジウムブームの最中に起こった売薬法の施行は、ラジウム商品の販売に影響を及ぼさなかったように考えられる。何故なら、ラジウムは医師たちによってその効能が充分に説明されており、薬効の科学的裏付けがあったからである。

ラジウム商品は、健康や美容を謳ったものであった。その模様は、新聞に掲載された広告からうかがうことができる。ラジウムという名称を冠した薬の広告は大正期の新聞にしばしば見られたが、なかでも多くの新聞広告を出していたのがラヂウム商会である(73)。ラヂウム商会は、守田保太郎が創立したラジウム製薬株式会社のことである(74)。創業者の守田保太郎は一八八二年に宝丹本舗守田治兵衛の分家守田重次郎の長男として生まれ、一八歳のときに武田長兵衛商店に入り、二二歳で退店して日本橋で薬種問屋を営む父を手伝っていた。その後一九一〇年にラヂウム製剤の輸入、販売を行うラヂウム輸入商会を創立し、一九一二年九月に株式会社ラヂウム商会と改称した。ラヂウム商会は一九一四年には医薬品の製造を開始し、一九一七年には、中国製薬、星製薬、大日本製薬と共に、内務省からモルヒネの生産を許可されている(75)。すなわち、短期間で大規模な製薬会社へと成長したのである。なお、ラヂウム商会の関西代理店を努

図2-8　ラヂオゲンシュラム

出典：水津嘉之一郎『ラヂウム講話』隆文館、1914年、193頁。

図2-9　ラヂウム商会の広告

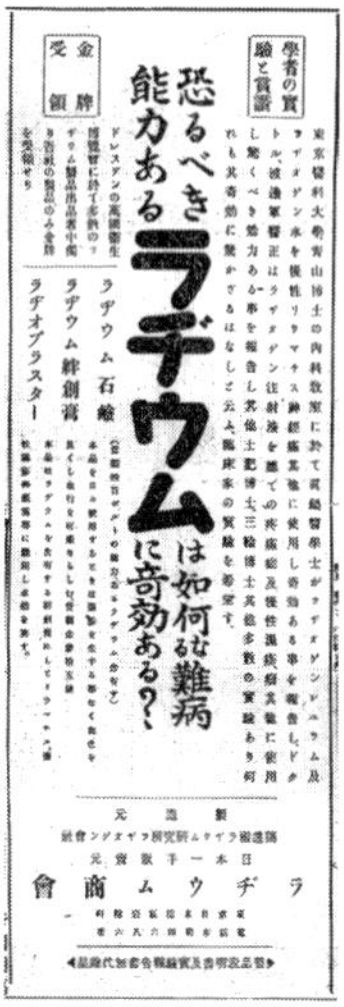

出典：『讀賣新聞』1912年7月18日朝刊、4面。

めていたのは武田長兵衛商店であるが、武田長兵衛商店は創業一六〇周年にあたる一九四三年に武田薬品工業と改称し、翌一九四四年にはラヂウム商会を合併している。

ラヂウム商会は、ラヂウム石鹸や、ラヂウムの素としてラヂオゲンワッセル、ラジオゲンシュラムなどさまざまな商品を販売していた。看板商品は、「ラヂウム温泉原料」と紹介された「ラジオゲンシュラム」であろう。これは、ドイツの「ノイセル博士」の処方したもので、「ラヂウム含有の残渣」を袋に入れたまま浴槽に入れ、微量のラジウムからエマナチオンを発生させる浴用粉末であるとされている(76)（図2-8）。

ラヂウム商会は『讀賣新聞』には一九一二年に少なくとも四回広告を出しているが、一九一二年七月一八日に掲載した広告「恐るべき能力あるラヂウムは如何なる難病に奇効ある？」は、「恐るべき能力あるラヂウムは如何なる難病に奇効ある？」というコピーをつけ、「學者の實驗と賞讃」「東京醫科大學青山博士の内科教室に於て眞鍋醫學士がラヂオゲンシユラム及ラヂオゲン水を慢性リウマチス神經痛其他に使用し奇効ある事を報告し、渡邊軍醫正はラヂオゲン注射器を總ての疼痛及慢性湿疹、癌其他に使用し驚くべき効力ある事を報告し其他土肥博士、三輪博士其他多數の實驗あり何れも其奇効に驚かざるはなしと云ふ、臨床家の實驗を希望す」と記している（図2-9）。

広告で学者のお墨付きを得た商品であることが記されているように、「ラヂオゲンシュラム」や「ラヂオゲン水」（ラヂオゲンアクアとも称された）は、ノイセルらドイツの医師の処方したもので、青山や眞鍋もこれらの商品の効能を論文や講演で伝えていた。ラヂウム商会は、これらの商品を輸入販売していたものと考えることができる。広告によると、製造元は「獨逸國ラヂウム研究所ラヂオゲン会社」であり、その製品は「ドレスデンの萬國衛生博覧會に於て多數のラヂウム製品出品者中獨り吾社の製品のみ金牌を受領せり」という代物である。その効能については、「（壹個四百ボルトの強力なるラヂウム含有す）／本品を日々使用するときは湿疹を生ずる事なく血色を良くし血行を旺盛ならしむ、壹個金参拾五銭／本品はラヂウムを含有する絆創膏にしてリウマチス、慢性湿疹神經痛等に應用し卓効を奏す」などと伝えている。

一九一二年一二月一九日の『東京朝日新聞』に掲載された、「一般皮膚病に特効あるラヂウム石鹸」の広告では、「驚くべき奇効あるラヂウムは強力の電氣と光線を発射す故に色素班及總ての皮膚病に奇効を奏する事は土肥博士を始め多くの學者の報告に依り明瞭となりたり」と伝えている（図2-10）。

金凡性は、人工的に紫外線を発生させる装置が一九一〇年代から三〇年代の日本において開発、利用されていく過程を検討しているが、ラジウムの強力な「電氣と光線」が皮膚病に功を奏するという説明は、紫外線とラジウムとが近しいイメージにあった可能性を示唆するものである[77]。ラジウムブームが形を変えて紫外線ブームに移行した可能性、両者が密接に関わっていた可能性が考えられる。

一九一三年三月一一日の『東京朝日新聞』に掲載された広告では、「リウマチス神經痛に奇効あるラヂウム製品」として、「本日までの実験報告に依れば／ラヂウムはモルヒネの如き鎮痛作用を有す然かも人體には全く無害にして

図2-10　ラヂウム商会の広告

出典：『東京朝日新聞』1912年12月19日朝刊、7面。

図2-11　ラヂウム商会の広告

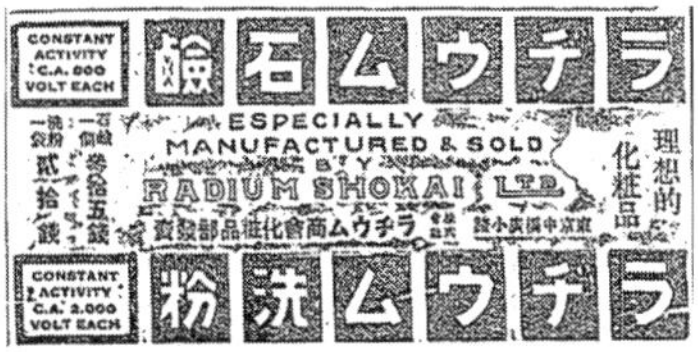

出典：『東京朝日新聞』1915年11月26日朝刊、1面。

図2-12　ラヂウム商会の広告

出典：『東京朝日新聞』1917年9月11日朝刊、7面。

副作用等更になし」「内外大家の実験報告に依れば手術不能の總ての癌腫もラヂゥム療法にて容易く治癒すべしと」などと伝えている。一九一三年一〇月二五日の『東京朝日新聞』に掲載された広告では、「ラヂオゲンワッセル」を売りにしている。「ラヂウムの元素が胃癌其他の悪性腫瘍に対し奇効を奏することは東京醫科大學を始め各大學及縣立病院等に於て盛んに使用し報告せられつゝあるが價格如何にも高くして一般に普及せざるを頗る遺憾としたり」として、ドイツのラジウム研究所からラジウムを水に溶解した「ラヂオゲンワッセル」が安価に発売されたことを伝え、「本品は不變効力十一萬六千ボルトの強力なるラヂウムを含有する」などとしている。

ラヂウム商会の広告においては、医学者による「実験」や「証明」という文言が、幾度も用いられていた。その背景には、科学的裏付けのない表示を禁止した内務省の売薬法があったことが推測できる。政府の政策と相まって医師たちによるラジウムの科学的効能の裏付けがなされ、ラジウムの「奇効」はいよいよ確かなものであると喧伝された。この薬事法と薬種商と医師たちの共存関係において、ラジウムの効能は強固な医学知識として流布していったのである。

ラヂウム商会は、石鹸や洗顔料や絆創膏など、人々が日常生活で用いるさまざまな製品を売り出していった（図2-11、12）。ラジウムの貸出も行ったようである。一九一五年には化粧部や製薬部も登場している。このとき、生活者としての女性をターゲットにした製品が多く登場していたことは注目に値する。ラジウムは、大正期に広まったモダンなライフスタイルのなかに取り入れられていった。

ラジウムの啓蒙本

ラジウムブームが熟すると、世間の関心に応える形で学者による講演会が開催されるようになった。そのような講演会で、なかでもラジウムの大衆化に貢献した学者がいた。東京高等工業学校（現在の東京工業大学）教授で理学士であった水津嘉之一郎である。

一九一三年一二月八日の『東京朝日新聞』には、「ラヂウムの話――水津理學士講演」という記事が掲載されている。この記事によれば七日に大学で開催された講演会は「實物、實験、幻燈を使つて通俗に講演をやる」もので、二〇銭という決して安くない金額であったが、千人あまりもの聴衆が集った。なかでも女性の聴衆が多かったという。記者は、「不思議に昨夜は婦人の聽衆が多かつたが是れはラヂウムの發見者はキユリー夫人であるからでもあらう」と推測している。水津の講演に女性が多く集まったことは、ラジウムの発見者が女性であったことに加え、ラジウムが美容や健康に関わるものとして喧伝されていたからであろう。

水津はラジウムの講演で評判を得て、翌年には本を出版することとなる。一九一四年に隆文館から出版された『ラヂウム講話』である。同書のはしがきによると、水津は自身の専門とは異なるという躊躇もあったが、世間の高い関心に応えるために、ラジウムの学術講話会という形でラジウムの講話を繰り返し行った。それでも人々のラジウムへの関心は尽きることなく、その尽きない要求に応えるため、出版社からの切望もあり、同書を執筆したという[78]。ここで興味深いのは、ラジウムの専門家ではない水津が、ラジウムの知識を普及啓蒙する役割を担っていることである。メディアに必要とされたのは、放射能やラジウムの専門家ではなく、聴衆に、わかりやすく、魅力的に伝えることのできる語り手であった。

『ラヂウム講話』の「緒論」には、ラジウムをめぐる熱狂がどれほどであったかを記す文章がある。

今や世を擧げてラヂウムを語らざる者なきの有様、斯道の學者が之に對する深い興味と熱心なる研究とは固よりの事、従来科學の問題に比較的冷淡であつた日本の新聞や雑誌迄が、之に關する新しい報告、委しい記事を掲ぐるに互に先を争ふといふ様になりました。斯うなると、ラヂウムを知らないと何だか肩幅が狭かつたり、時世遅れになりはしないかと懸念したりする様になる、すると又茲に一つの社会事象が生れて來ます。何所の温泉にはラヂウムがある、彼所の井の水にはエマナチオンを含んでいる、いや臺灣にも出る、甲州にも産する、今度は六甲山だと色々な事が傳へられます。一方には又、ラヂウム温泉、ラヂウム煎餅、ラヂウム湯タンポなどいふものが發賣され、洗粉、石鹸、クリーム、サイダーの類までが、ラヂウムの名を冠したが為に賣行が非常に好いといふ有様で……[79]

水津の文章からは、当時のラジウム熱ともいえる社会の状況をうかがうことができる。水津自身、あまりにラジウム熱が高まって扇動的な欺瞞商法が出まわることを心配している。しかし水津は、ラジウムをめぐる熱狂を心配しながらも、その熱狂的ともいえる書き方をしている。

『ラヂウム講話』は五月一五日に発行されたが、五月一六日と六月八日の『東京朝日新聞』朝刊一面に広告が載せられている他、七月二日の『東京朝日新聞』では、新刊本を紹介するコーナーで紹介されている。同書は発売の約一か月後の六月一三日には早くも再版、一四年一一月にも再販されていることから、よく売れたことがわかる。同書は『讀賣新聞』一九一四年七月三一日に掲載された「新刊批評」で、「最も手頃で面白い講話」であり「ラヂウム發見の由来からその価値効用等に科學上の理論及び應用方面をこれほど興味深く説明した著者の才分は眞に尊重すべきもの」と評されている。この書評からも、水津のラジウムの性質についての説明が高く評価されたことがわかる。実際、水津の科学啓蒙書はよく売れた。水津はこの頃いくつかの一般向けの科学啓蒙本を著しており、一九一一年に寶文館から『理科遊戯書』を発行、一四年に文永館から『国民教育理科精義』、隆文館から『ラヂウム講話』、『最新化学集成上巻』、一五年に春秋社から『内外輓近化学工業大勢講話』、一七年に隆文館から『最新化学集成下巻』を出版している。

ここで思い出したいのは、フレデリック・ソディの『ラジウムの解釈』である。水津の、神秘的な表現を用いた大げさな書き方は、ソディと通じるものがある。また、水津の啓蒙本は、ソディと同じく一般向けの講演を土台にしたものであった。二人の共通点は、一般向けに語った経験を多く有しており、著述においても一般読者を強く意識していたということである。そしてその著書はベストセラーとなった。

水津の啓蒙本は、霊術家にも参照された。霊術家として知られる松本道別は、その教えを著した『霊學講座』の一章を割いてラジウム療法を唱え、霊学の基礎を人体放射能に求めている(80)。松本は著書のなかで依拠した書物について言及しており、彼がどのような書物から放射能に関する科学知識を得ていたかがわかる(81)。

故愛知敬一博士『放射能概論』、水野敏之丞博士『電子論』『原子論』、ラムゼー氏『元素と電子』、竹内潔『原子の構造』、水津嘉之一郎『ラヂウム講話』、山口與平『ラヂウム』、高田徳平『ラヂウムとエッキス線』、フレデリック・ソディ『インタープレテーション・オブ・ラジウム』／西洋のものは枚挙に暇ないが、専らソディを参考にしている。

ここで名前が挙げられている愛知敬一は一八八〇年生まれの物理学者で、東京帝国大学を卒業した後、一九一一年に東北帝国大学教授に就任し、アインシュタインの来日時には通訳を務めた。しかし若くして一九二三年に食中毒で亡くなった。『放射能概論』は一九二〇年に丸善から出版されている。水野敏之丞は、一八六二年生まれの物理学者で、日本で初めて本格的な電波の研究を行った。一八九〇年に東京帝国大学理科大学物理学科を卒業後、第三高等中学校に勤務し、京都帝国大学が一八九七年に設立されるとその理工科大学助教授として赴任、一九一四年に理工科大学が理科大学と工科大学に分離すると理科大学長となった。水野はレントゲンのX線発見の際、いち早く『東洋學芸雑誌』に報告を寄せており、この分野の先駆的な専門家といえる。(82)『電子論』は一九一二年一一月に、『原子論』は一九一四年四月に、いずれも丸善から出版されている。松本の例に見られるように、ラジウムブームを背景にこれらの啓蒙書が出版され、一般読者に読まれていったと考えられる。

本節ではラジウムブームの諸相を眺めてきた。ラジウムは、モダン文化や商業主義と相まって流行し、民間療法にも取り入れられていった。ラジウムの流行においては、学者たちが大きな役割を担っていた。医学者はラジウムの「奇効」にお墨付きを与え、物理学者や化学者はラジウムの性質について解説する啓蒙書を著した。松本道別が水津らの啓蒙本を参考にしていたように、それらが典拠となって、ラジウム療法は民間に広まっていったのである。

第四節　ラジウムの光と影

ラジウムブームにおいて、人々はその効能を説いていたが、ラジウムが人体に及ぼす影響は有益なものばかりではなかった。ラジウムブームは放射線障害の犠牲者をも生み出した。ラジウムブームの最中において、その危険性はどのように認識されていたのか。本節では、ラジウムにより多様な意味を見出していた詩人によるラジウムの描写と実際にどのようなラジウムの犠牲が生じたかを検討する。

詩に描かれたラジウム

ラジウムブームに際し、ラジウムという存在は、詩人たちの心も捉えていた。北原白秋や萩原朔太郎、宮沢賢治といった近代日本を代表する詩人たちが、ラジウムに関心を寄せ、詩に描いていた。彼らの描いたラジウムは、ラジウムブームにおいて共有されていたような万能物質であるかの如くのラジウム観とはまた異なるものであった。

ラジウムという名は、ラテン語の「光線（radius）」に因んでつけれらたものだが、このラジウムの光が、物理学者をはじめとした人々の関心を寄せ集めた。物理学者の石原純は一九〇三年のニュートン祭の際に、「ラヂウムといふものこそ世に不思議なるものにはあらめ」という詞書のある三首の和歌を詠み、そのうちの一つで、「天のかぎり光ちらばる綺羅星が針のとがりに集るなすラヂウム」と歌っている[83]。石原純がラジウムを光る不思議な物体として捉えたように、詩人たちの心を捉えたものはラジウムの燐光性であった。

たとえば一八八五年生まれの詩人・北原白秋は、一九一四年に発表した『白金之獨樂』という詩集でラヂウムという言葉を幾度か用いている。たとえば「苦腦禮讃」という詩には、「苦腦ハ我ヲシテ光ラシム、／苦腦ハワガ靈魂ヲ光ラシム、／ワガ憎キ天上界を光ラシム、／ワガ一根ヲ光ラシム、／素肌白金、／内心、燦々ラヂウム、／苦脳ハワガ手ノ獨樂ヲ／靈妙音ノ雪ト成ス。」とラジウムが登場する。(84) この詩は、白秋が恋愛事件の苦悩の果てに執筆したものだが、苦悩によって光らしめられた内心をラジウムと喩えている。すなわち、光は苦悩によって召喚されるものであり、燐光物質であるラジウムは、苦悩によって光らしめられた内心の比喩である。ここではラジウムが光とともに苦悩する内心に置き換えられており、これまで本章で見てきたような楽観的なラジウム観とはまた異なる意味で用いられていることに注目しておきたい。

一八九六年生まれの詩人・宮沢賢治は一九二〇年に『ラジュウムの雁』という詩を書いている。(85) この作品は、帰省していた中学時代の親友阿部孝と二人で、昔温泉に通った道を星が瞬き始める夕刻に散策した時の情景が描かれているものだが、ラジウムはこのように登場している。「ふう、すばるがずうっと西に落ちた。ラジュウムの雁、化石させられた燐光の雁」。ここで彼は、「すばる」を「ラヂュウムの雁」と表現している。若い星々の集団であったすばるは彼のお気に入りの星団であったが、星団の光を反射した青白く光るガスに取り囲まれていた。つまり、「母体となったガス雲が星と共に青く輝くさまを、賢治は〝ラジュウムの雁〟と表現した」のであった。(86) 童話「イーハトーボ農学校の春」では「ラヂウムよりももっとはげしく、そしてやさしい光りの波が」という言葉で春の太陽を表現している。(87)

このように、大正期の詩人たちはラジウムの光に魅せられてその詩作に取り入れていた。彼らはラジウムを、蛍のように、発光する、光を秘めたものとして捉えた。なかでも、ラジウムの光により多様な意味を見出していたのは、近代詩の地平を開いたといわれる萩原朔太郎である。朔太郎は、ラジウムの光のもたらす危険性をも見抜いていた。続いて、朔太郎の詩におけるラジウムの描写から、彼がラジウムをどのように捉えていたのかを検討したい。

萩原朔太郎は一八八六年に群馬県東群馬郡（いまの群馬県前橋市）に生まれた。父萩原密蔵は東京大学医学部に学び群馬県立病院の医員として前橋に赴任し、その後開業した医師であった。病院が身近にあるという環境は朔太郎の詩人としての形成に大きく作用した。すなわち、病との日常的な接触を通じて、彼の詩にとって本質的に重要な、不気味なもの、おぞましいものに対する感覚を養ったとされる[88]。裕福な家庭の一男四女の長男として育てられた朔太郎は、家業を継ぐことへの親の切望とはうらはらに、文学に情熱を向けており、屈折した青年期を過ごした[89]。定職につかず居候同然の生活を送っていた朔太郎が詩人として姿をあらわすのは、二八歳になろうとしていた一九一三年——ちょうどラジウムがブームになる頃——のことであった。

朔太郎が一九一四年に発表した最初期の詩的散文「SENTIMENTALISM」には、ラジウムが次のように登場する。「センチメンタルの極地は、ゴーガンだ、ゴッホだ、ビアゼレだ、グリークだ、狂気だ、ラヂウムだ、蛍だ、太陽だ、奇蹟だ、耶蘇だ、死だ」[90]。また、「センチメンタリズムの黎明」というタイトルのつけられた未発表詩篇では、「私の母体がラジウムをうむ。／どんな太陽の前にも恐れない／ちひさな、するどい／おお、私はラジウムを生む。／光の光／霊の霊／動力の元子／科学の精髄」と記している。この詩篇には「八月十六日ノ日記ヨリ」と記されているのみで執筆年がわからないが、「SENTIMENTALISM」の執筆と近い時期と考えられる[91]。

これらの詩からは、朔太郎がラジウムを光のイメージで捉えていたことがわかる。「SENTIMENTALISM」のなかで「詩は、光である、リズムである、感傷である。生命そのものである」と記しているように、彼にとって光は決定的に重要な概念であった。朔太郎は従来の詩を「色」として自らの詩を「光」にたとえた。岸田俊子によれば朔太郎は、印象派の画風にならう詩作態度を否定し、静的な「色」と動的な「光」を対比させることで独自の「光」の定義をうちたてようとした[92]。ラジウムは朔太郎の重視した「光」と相性のよいものであったといえる。また朔太郎は、白秋の『白金之獨樂』を絶賛していた。彼のラジウムの描写は白秋の影響も受けたものと考えられる。

ただし朔太郎の詩においてラジウムはただ光と並列されたわけではない。それは危険な光でもあった。朔太郎は一九一五年二月、『詩歌』に「危険なる新光線」という短文を発表している。

疾患せる植物及び動物の脊髄より發光するところの螢光又はラジウム性放射線が、如何に我我の健康に有害なるかを想へ、斯くの如き光線は人身をして糜爛せしめ、侵蝕せしめずんば止まず。新らしき人類をして悲惨なる破滅より救助せしめんがため、科學者は新らたに發見を要す。(93)

ここで彼は、放射線が人体を糜爛させ、侵蝕するといった非常に危険なものだと捉えている。朔太郎は一九三〇年代後半にははっきりと科学文明批判の文章を書くようになるが、この短文では「科学者は新らたに発見を要す」と書いているように、有害な光線であっても、科学の発見によって乗り越えられるという、科学文明に対するある種の信頼を抱いていたと考えられる。

朔太郎にとってラジウムは病のイメージとも結びついていた。一九一五年六月『詩歌』に発表した「酒精中毒者の死」には、「らうまちすの爛れた手くび」と「すべてがらぢうむのやうに光つている」という表現がある。「らうまちす」とは今日でいうリュウマチであり、ラジウムはリュウマチの治療にも用いられていた。ここでは朔太郎が、ラジウムを用いたリュウマチの治療によって爛れを起こした手を連想していたのではないかと推測できる。二月に発表している「危険なる新光線」の内容を踏まえても、朔太郎にとって爛れる手がラジウムを連想させたことは想像に難くない。

朔太郎はラジウムと疾患のイメージを重ねあわせたが、それはこの時期において特殊なものであった。皮膚を損傷するなどといったラジウムの人体への有害性については、早くから医療関係者には知られていたものの、一般には浸透していなかった。ここでは、朔太郎が医者の息子であったことから、彼が一般の人々よりラジウムの人体影響についての知識や関心を持っていたという推測ができる。またこのとき、病院でのラジウム療法において、設備が十分ではなく患者が火傷を起こすような事態が頻発していたという可能性も多いに考えられる。

朔太郎は一九一七年に発表した詩集『月に吠える』で全国的に名を知れるようになったが、その頃書かれた草稿にもラジウムが登場している(94)。

天井の松に首を〈吊らんど〉縊ると／懺悔に果つる人ひとり／その〈ラジウムの↓長き〉丈高き肢体はしだれ／そのラジウムの瞳はめしひ／身内たちどころに〈感光した〻り〉宙に吊あげられ

ここにあるのは死のイメージである。ラジウムは死にゆく者の瞳、身体に喩えられている。肢体、すなわち死体にラジウムという言葉が重ねられたのは、身体の「感光」と関係していると考えられる。この草稿は『月に吠える』の中の一作品「磨かれたる金属の手」に発展したと考えられているが、「磨かれたる金属の手」では、「恐るべし恐るべし／手は白き疾患のらぢうむ／ゆびいたみ烈しくなり」と書かれており、ここでもラジウムが疾患のイメージを連想させるものとなっている。

以上、朔太郎の詩におけるラジウムの描写を見てきた。朔太郎にとってラジウムは、「光」であり、「科学の精髄」であった。それは同時に、危険な恐怖の対象でもあった。近代科学を敏感に作品に取り入れていた朔太郎のラジウムの描写には、その矛盾があらわれている。光であり、人体を糜爛するというラジウムへの相矛盾するイメージは、そのまま彼の近代への態度とつながる。日本資本主義が帝国主義へと移行する過渡期であった明治末から大正期、石原啄木が「時代閉塞」と読んだ文学者や芸術家たちの屈折した近代があった(95)。朔太郎は引き裂かれた近代を体現する詩人として評される。その朔太郎がラジウムという存在に惹かれ、詩に描いていたことは、ラジウムが近代の光と危険の双方を体現するに相応しい物質であったからではないだろうか。坪井秀人は朔太郎にとってのラジウムは賢者の石であるとして次のように記している。

ラジウムという「新光線」がイメージの基盤になっているところの、鉱物を腐食させ身体を腐食させるような特異な光の作用には、中世の〈錬金術〉の発想を想起させるものがある。［略］ありとある不可能を可能にし不可視のものを「感知」する特異な〈光〉こそ、朔太郎が手に入れた《賢者の石》に他なるまい。[96]

朔太郎のラジウムへの視線は、彼の近代観と連動していた。ラジウムから放出される光（放射線）の正体が、アルファ線、ベータ線、ガンマ線であることは、すでに知られていた。しかし朔太郎の詩においては、それら中身は意味をなしていない。ラジウムの光線は科学の真髄として、恐怖の対象として描かれていた。朔太郎の詩に描かれたラジウムは、明治期以降の啓蒙の光に照らされた近代日本において、その闇の部分を描き出していた。

ラジウムの犠牲

朔太郎がラジウムの効能の正負両面を捉えていたように、ラジウムは人体に有益な作用だけではなく、有害な作用も及ぼしていた。ラジウムがもたらした犠牲、その危険性がどのように認識されていたのだろうか。

放射線による犠牲者はX線の発見以前からあらわれていた。たとえばウラン鉱のシェーネベルクやヨアヒムスタールで働く鉱夫たちの間では肺の病が多く生じていたが、この病気は長いこと、山の精霊のたたりであると考えられていた。パラケルススは「高山病およびその地の鉱山労働者の病気について」で、シュネーベルクの鉱夫が肺の病で若死していることを報告し、その原因をヒ素などを含む鉱石粉塵の吸入によるものであると考えた[97]。この病がラドンに関係していると医療従事者たちに考えられるようになるのは、一九二〇年代に入ってからである[98]。

放射線による犠牲者は、X線が発見されると、医療従事者を中心に多く生み出された[99]。ドイツの放射線専門誌『放射線療法（*Strahlentherapie*）』は、放射線障害によって死亡した医学関係者の略歴を『顕彰書（*Ehrenbuch*）』という書にまとめ続けている。これによると、最初の犠牲者は、一八九六年二月に自分の手をX線透視で見せる店を開き、一〇〇〇人以上の客を集めたベルリンのフリードリッヒ・クラウセンなる人物である。彼はこれが原因で生じた皮膚癌により、一九〇〇年に死亡した。アメリカで最初の犠牲となったのは、エジソンの助手であったC・M・ダリーで、彼も皮膚癌で一九〇四年に死亡した[100]。

日本でも早くから放射線が医療に取り入れられたのは第二章で確認したとおりだが、やはり多くの犠牲が出されたようである。たとえば、「当時の新進科学の犠牲とも言うべきは、明治三三年の北清事変の時に、看護卒が指を二、三本落としましたし、顔は火傷で癩病患者の様になって、眉毛は抜けてしまいました。これには陸軍としては相当の手当もしましたが、そういう可哀相なことも当時はありました」という軍医の植木第三郎の回想がある[101]。また、「明治三十七八年戰役廣島豫備病院業務報告」の、第一二章「X放線室勤務」第三節「X放線ニ因スル被驗者及モ検者ノ病變」には、患者一名の疾患と、X線治療にあたっていた吉田軍医が被った、「皮膚ノ疾患」、「粘膜の疾患」、「全身症」に関する記述がある[102]。「全身症」については、栄養不良、記憶力の減退、発熱、頭痛、目眩などが挙げられている。また、「前記ノ症状ヲ發セシハ獨リ同軍醫ノミナラス」として、大阪予備病院の西郷軍医や金沢予備病院の藤井軍医も同様の症状を発症したことが記されている。これらの症状がX線によるものであることが明らかであるとして、予防のための設備が要望されており、同病院においては「衝立」と「透寫板ノ硝子張」を設置するとしている。このように、医療の現場においては放射線障害に関する情報が徐々に蓄積・共有され、対策がなされていった[103]。

X線による放射線障害の犠牲者は医療従事者と患者が主であったが、医療の場を離れて被害を拡大させたのが、商業利用されていたラジウムであった。ラジウムは、ラジウム産業に従事していた労働者をも蝕んだ。よく知られているのは、アメリカで一九〇〇年代から一九二〇年代に夜光塗料のラジウム二二六を時計の文字盤に筆で塗る作業をしていた女工たちが顎の癌を発症するという事件である[104]。ラジウム産業における労働衛生改正の歴史を検討したクラウディア・クラークは、ラジウムの危険性を認めさせることを阻害したいくつかの要因――実用的、経済的、個人的、心理的なもの――を指摘している[105]。アメリカでラジウムの危険性が世間に知れわたるようになったのは、「ラジトール(Radithor)」というラジウム溶液を飲用し、その広告塔となっていたピッツバーグの富豪エベン・バイヤーズ(Eben Byers)が一九三二年に放射線障害で死亡してからであった。ラジトールなどのラジウムを冠した商品は、今日「放射能いんちき療法(Radioactive quackery)」などと呼ばれているが、これらの商品は一九一〇年から二〇年代にかけて世界中に出まわっていたのである。

日本でもラジウムの放射線による被害があったことが想定されるが、その全容は明らかになっていない。ラジウムの危険性が新聞メディアで警告されるようになるのは一九二〇年代に入ってからのことである[106]。一九二一年四月九日の『讀賣新聞』には、「ラヂユームの警告　遊離したラヂユームの危険　巴里外科醫界の大恐慌」という記事が載せれている。この記事はパリの有名な外科医であるという「チユフイエール」がラジウムの影響に関して警告を発したことを伝えるもので、「ラヂウムの附着した硝子器具磨きに従事している婦人に執つてラヂユームは非常に有害な影響を與へ其の結果此等婦人は身體に劇烈な障害を受けるから永く其の職に就かせて置けない」ということや「生殖力の保存を必要とする手術にもラヂウムを使用せぬ様に」と警告している。これについて藤浪剛一は、「一般に目に見えぬもので受けて感じが無いので従事者が往々豫防を等閑にする結果火傷を起し卵巣を害し睾丸を刺激して生殖力を殺ぐ様になるのです」として、医学界ではこれまでに注意されていたものであると説明されている。ここでは医療従事者がラジウムによって火傷したり生殖能力を殺がれる事例が伝えられているが、藤浪によって「新しい警告ではない」と説明されている。

また、一九二二年七月二三日の『讀賣新聞』に掲載されている「ラヂウムに冒されて木下博士一眼を失ふ」という記事では、「ラヂウムは神經痛に好いとか癌にきくとかいはれて醫療方面で盛にもてはやされてゐるが之れと反對に一方では人間の身體に非常に有害なもので常に之を取り扱つてゐる人は何時が其の害毒をうけるといふ說が近頃段々唱へられて來た」として、「吾國唯一のラヂウム研究學者として名高い東大理學部教授木下季吉博士」が、原因がラジウムであるかは判然としないが、眼病（内障）を患い片目を失明、もう片方も危うい状況であることを伝えている。一九二四年三月二日の『東京朝日新聞』に掲載されている「サイエンス／科學小話」というコラム風の囲み記事の一角では、「米國公衆保険局の報告によると、毎日二三時間宛もラヂウム療法を行ふことは、健康上危険ださうである。その理由は、赤血球並に白血球の數が減じて、血壓が著るしく低下するためだと云ふ」と記されている。

このように、ラジウムが人体に悪影響を及ぼすことは、徐々に伝えられるようになっていた。これらの記事ではラジウムによって生殖能力が殺がれることや、血球の数が減少するといったラジウムの有害性が伝えられていた。とはいえそれらの危険がラジウムのどのような作用によるものかという説明はなされていない。

アカデミズムにおけるラジウムブームは一九一四年頃をピークに落ち着くが、世間のラジウムへの熱狂的なブームは徐々に沈静化しつつも一九二〇年代にも続いていた。あるいはラジウムが健康によいというイメージが、人々の感覚として定着し、浸透していったといえるかもしれない。一九二七年に河野義によって売り出された「ラヂウム温灸器」は一三円と当時にしては高額な商品であったが、新聞の一面広告を用いるなど宣伝に力を入れ、人々への健康への欲求を駆り立てることで、大ヒット商品となった(107)。同商品に医学的なお墨付きを与えていたのが、中村愛橘医学博士である。中村は、一九三一年に河野が設立した東京理学療院から『ラヂウム温灸治療器の医学的研究』という著書を出版している。一九三〇年に刊行された東京理学療院の『ラヂウム温灸器實驗文献及び使用法』には、中村の医学的説明に加え、ラジウム温灸器を用いて病気が治ったという使用者の証言が、いくつも掲載されている(108)。

一九二〇年代に入ると、長年放射線の研究や療法に関わっていた研究者や医師たちが、放射線障害を発祥して亡くなっていった。陸軍軍医として早くから放射線医学に取り組んでいた医学博士の肥田七郎は一九二三年に骨髄機能不全で死亡し、確認できる限り日本で最も早い放射線で生命を落とした犠牲者となった(109)。一九二三年からパリのラジウム研究所で研究をしていた山田延男は一九二六年に日本に帰国した直後に体調を崩し、翌年に死亡した(110)。三一歳の若さであった。しかし彼らの死因が放射線障害によるものであることがメディアで伝えられることはなかった。山田延男は自身の病の原因が放射線であることに感づいていたが、それが周囲にどこまで共有されていたかは定かではない。彼の死因については親族にも理解されていなかった。親族の間では、「延男は奇病で死んだ」と言い伝えられていた(111)。このとき、医学者たちは彼らの死因について薄々感づいていながらも、見過ごしていた可能性がある。あるいは医学者の間では彼らの死因が共有されていたのかもしれないが、それを世間に周知しなかった。日本では一九二三年にレントゲン学会が発足し、放射線医学が新しい学問としていよいよ根付こうとしていたときであった。黎明期の放射線医学の犠牲といえる彼らの死が、放射線医学関係者、そして一般大衆にどのように受け入れられたのかは、今後さらに検討されるべき課題である。

パリのラジウム研究所でも、放射線障害の犠牲者が出ていた。一九二五年にはドマニトローが悪性貧血で、ドマランデが骨髄性白血病で死亡した。マリー・キュリーは彼らの死について調査報告書を作成したが、これはラジウム研究所が放射線障害の可能性を公然と認めた初めての報告書であった(112)。ラジウムの発見者であるマリー・キュリーは一九三四年に六六歳の生涯を終えた。彼女の死因は放射線被曝による再生不良貧血であった(113)。ラジウム研究所ではその後も放射線障害の犠牲者が生まれ続けた。一九四〇年に渡仏し、ジョリオ・キュリーのもとで研究をしていた湯浅年子は、「戦後、陽気でやさしかったコットル夫人も、つつましさそのものだったシャミエ女史も放射線障害による病気でなくなられ、若々しかったペレ女史はストラスブールにできた研究所の所長となられたが、やはり放射線のため病を得て長い療養生活をしておられる」と記し、ラジウム研究所で働いていた人々がみな多かれ少なかれ放射線障害と無縁ではいられなかったことを回想している(114)。

本節で見てきたように、ラジウムの危険性は早い段階から、医療関係者の間では知られていた。そうした危険性を敏感に感じ取り、詩に描いていたのが、萩原朔太郎であった。ラジウムの危険性がメディアで伝えられはじめるのは、一九二〇年代に入ってからである。しかしそれは、それまで人々に広まっていたラジウムのイメージに大きな変更を迫ることはなかった。一九二〇年代後半にもラジウムを冠した商品が大ヒットを収めていたことはすでに指摘したとおりである。ラジウムが健康によい万能薬であるかのようなイメージは、消えることなく保ち続けられていた。

本章では、ラジウムブームがどのように起こり、進展したのかを検討してきた。ラジウムがブームとなった背景には、ラジウムが人体に及ぼすとされた「奇効」に加え、より安価で身近なラジウムの代替物であったエマナチオンによってラジウムが大衆化されたことにあった。なかでも、エマナチオンを含む温泉が日本各地で発見されたことはブームに拍車をかけた。

ラジウム温泉が各地に登場し温泉が近代化した過程には、温泉の効能の正体がラジウムであったということを報告した中央の学者、近代科学の説明に飛びついた地方の温泉地、そして両者をつないだ国策、これらの一見幸福な関係があった。学者たちの生み出した放射線医学の言説は地方の社会経済的背景のなかで必要とされ、繰り返し用いられていった。ラジウムブームは、そのような日本の近代化の一局面として捉えることができる。都市部では、スパ、カフェー、衛生用品といった、西洋的なライフスタイルと共鳴する形でラジウムが宣伝され、受容されていった。このとき、ラジウムブームを商機として捉えた諸アクターによって、ラジウムの効能に与るべき大衆が見出されたのであった。

このブームにおいて重要な役割を担ったのは、眞鍋ら医学者の言葉である。彼らは、温泉の生死、温泉の精霊といった言葉で、ラジウムの効能を説明した。人々に届いたのは前章で見たような正確な科学知識を伝えることを目指した物理学者の言葉ではなく、人々の健康に関わる摩訶不思議な物質として説明し、そして時には宣伝した医学者の言葉であった。このようにして生み出されたラジウムをめぐる言説は、伝統と近代という相矛盾すると思われる概念を結びつけるものであり、消費者としての大衆を魅了するものであった。

多くの人がラジウムを有益なものとして捉え、ラジウムの未来を明るく描いていた一方、その有害性についても、一部で想像されていた。ラジウムの持つ暗い側面にまで目を向けた数少ない中に、詩人の萩原朔太郎がいた。引き裂かれた近代を体現するといわれる朔太郎がラジウムの両義性に目を向けたことは偶然ではない。力強い放射線によって身体に「奇効」をもたらしながら同時に蝕みもするラジウムは、近代の光と影を体現する存在であった。

第三章　帝国の原子爆弾とカタストロフィーをめぐる想像力

すでに最後の戦争が勃発する以前から、ひとりの人間が都市の半分を破壊するのに十分な量の潜在的なエネルギーを手さげカバンに入れて持ち歩くことができるということは誰でも知っていた。町なかで遊ぶ子供たちでさえも知っていた。ところが、世界はいぜんとして、アメリカ人がいつも言うように、戦争の小道具と口実を携えて「ぶらぶら時を過ごしていたのである」。

H・G・ウェルズ『解放された世界』一九一四年

おお宇宙は滅亡する。大宇宙は悉く崩壊し去るのだ。

海野十三「遺言状放送」『無線通信』一九二七年

これまで、原子エネルギーの可能性が語り出され、ラジウムを中心とした放射能文化が生みだされた様子を検討してきた。ここで少し視点を変えて、ＳＦを中心とした大衆文化における原子エネルギーの描写を見ていきたい。大衆文化における科学の描写は、人々の科学観を反映したものといえる。一体人々は、放射能の社会における実用化をどのように想像したのだろうか。

本章では、一九世紀末から大戦間期までのSFや大衆雑誌にあらわれた放射線・放射能兵器・原子爆弾の描写から、科学をめぐるイマジネーションを検討していく。原子エネルギーの可能性が科学者によって語り出されると、放射能は国家の軍事力に直結するものとして捉えられ、SFに描かれるようになる。SFにおける放射能兵器への想像力は、帝国のイデオロギーと結びついたものであった。第一次世界大戦前に列強各国で共有されていたイメージは、戦後に姿を変えていく。その狭間に登場したのが、H・G・ウェルズの『解放された世界』であった。

第一節　最終兵器としての放射能

SFが根付いた時期に科学界で発見された放射能は、作家たちの取り上げるにうってつけの題材となった。本節では二〇世紀初頭の欧米圏と日本のSFに描かれた放射能の描写を検討していく(1)。

SFという文学形式

はじめに、SF（サイエンス・フィクション）というジャンルについて記しておきたい。SFについてはさまざまな定義があるが、一言でいうと科学技術と密に関係して進展してきた文学形式である。アイザック・アシモフは、「科学というテクノロジーのレベルの変化によって起きる社会的変化、という概念がまず生まれてくる時代になるまで、SFの分野は真の意味で存在するわけがなかった」と述べている(2)。原子爆弾や月旅行はSFの典型的な例である。

SFの多くは未来小説ともみなすことができる。広範に及ぶ未来小説の調査を行ったI・F・クラークによれば、未来を描いた小説やユートピア小説は古くからあらわれていたが、未来小説が文学形式として確立するのは、一八三〇年代のことである。この文学形式が根付き、大衆に受け入れられるのは一八六〇年代、ジュール・ヴェルヌの登場による。ヴェルヌは、執筆によって富を築いた最初のＳＦ作家といわれる。(3) 一八九〇年代になると、出版社の商業活動に促される形で専門化した職業作家が誕生し、大衆新聞や雑誌には科学未来像を描く小説が数多くあらわれるようになる。この頃登場したのが後に『解放された世界』で「原子爆弾」を描いたＨ・Ｇ・ウェルズである。ウェルズはヴェルヌとともに最初期のＳＦの二大巨頭となった。

ＳＦ作品の多くが新聞や雑誌の連載という形で世に出されたという事実は重要である。これらのメディアは時代の世相を敏感に捉えたものであった。一八九〇年代までに、新たに出現した大衆メディアを舞台に、新しいスタイルの戦争小説が登場した。(4) それらは従来に比べて暴力的で、エンターテインメント性の強い、国家主義的な長編作品であった。このような変革の時代に登場したＳＦもまた、戦争小説の色彩を帯びたものが多く、それらはある支配的なイデオロギーを強化していくことになる。それは、科学技術の力によって担保される帝国主義のイデオロギーである。ＳＦでは、科学技術によって生み出される超兵器の存在が世界支配につながるものとして描かれ、放射能もまた世界支配を実現するものとして描かれていく。

アメリカの兵器開発と文化との相互作用を分析したブルース・フランクリンは、広島と長崎の壊滅は究極の平和のための兵器というアメリカ帝国主義が成長していくなかで一般大衆に広がっていった夢の実現であったと指摘している。(5) 本節では、この文化が日本においても共有されていたことを指摘する。

欧米における最終兵器への想像力

原子を破壊する物語は、早くも一八九五年に登場した。(6) 一八九五年にイギリスのジャーナリスト兼作家のロバート・クローミーが発表した、『最後の審判の日』という小説である。この小説は、天才科学者（あるいはマッド・サイエンティスト）が、原子を破壊する実験で地球を破壊しそうになるが、すんでのところで阻止されるというストーリーである。

物語のなかで科学者は、「一般的な教科書に書かれているエーテル物理学を調べれば、一粒の物質でもエーテル化されれば十万トンの重さの物を二マイル近く持ち上げるのに十分なエネルギーを有していることが分かるだろう。このような可能性に直面したらある分子の原子を不注意に破壊するのは賢いとはいえない」と説明している。(7) エーテルとは古代ギリシアで物質の第五元素として考えられ、近代になって光の媒質として捉えられるようになったものである。ここでいうエーテル化（etherised）とは、エーテルが活性化することと考えられる。原子はエーテルを構成するものとして紹介され、エーテルは「生きている」とされる。この作品がX線の発見に始まる放射能の探求に先行していることは注目に値する。原子がどのような存在であるかをめぐっては、当時科学界でも論争の的となっていたが、科学界の論争はSF作家たちのイマジネーションをもかきたてていたといえる。

X線が発見された後、それはすぐに光線兵器の一種として描かれるようになる。光線兵器は一九世紀末から二〇世紀の前半まで、SFで最も多く描かれた未来兵器であった。光線は人体に介入するものとしてSF作家にさまざまなインスピレーションを与えていたが、そのもととなったのは、電気、X線、ラジウムという三つのエネルギー源である。(8) たとえばX線の発見がメディアを賑わせていた一八九六年三月二三日の『ニューヨーク・タイムズ』には、X線を兵器として描いた小説が登場した。(9) H・G・ウェルズが一八九八年に発表した『宇宙戦争』には火星人が使う熱線が登場するが、これもX線の発見にヒントを得たものであった。

ラジウムに秘められたエネルギーの存在が知られるようになると、放射能は主に動力源として描かれるようになる。天文学者でジャーナリストやSF作家としても活躍していたギャレット・P・サーヴィスは一九〇九年、「宇宙のコロンブス」を『オール・ストーリー・マガジン』に発表した。これは放射能を研究する科学者が、原子力宇宙船を作って金星への飛行へのりだすという明るい内容であった。日本の日露戦争での勝利を受け、アメリカでは日本を敵国として日米の未来戦争を描いた小説が数多く登場した。一九〇七年からアメリカの『アソシエイテッド・サンデー・マガジン』に連載されたロイ・ノートンの「消える艦隊」は、そのような作品の一つである。この作品では、放射能が巨大な「放射性飛行機」の動力源として用いられた。

このように放射能はSFにおける未来戦争の描写に用いられていくが、それらの筋書きは当時の世界情勢を敏感に反映させたものであった。一九〇〇年代後半になると放射能が巨大な力を持つ兵器として描かれるようになる。放射能を超強力兵器として描いた最初の小説として知られるのは、一九〇八年にホリス・ゴドフリーによって書かれた『戦争を終わらせた男』である。ゴドフリーは一人の科学者が、放射能の放出速度を高め、巨大な力を放出させることができる方法を見つけるというストーリーを描いた[10]。「戦争を終わらせた男」は、あらゆる金属を瞬時に原子以下の粒子に分解してしまう「放射能波」を開発する。彼は全世界に武装解除を呼びかけ、従わない国の艦隊には放射能波を浴びせ、戦艦を撃沈する。最終的に彼は、自らの作った兵器、機密情報、そして自分自身を破壊する[11]。それによって戦争はおわり、平和な世の中が訪れたのであった。

アメリカ人科学者が考案した超強力兵器が戦争を終わらせ、アメリカが全世界を支配することになるというシナリオは、第一次世界大戦前のアメリカにあらわれた典型的な描写であった。ブルース・フランスクリンによれば、このような楽観的なシナリオは第二次大戦終結時とその後のアメリカの指導者の思考を決定づけることになる。

他方、イギリスで発表されたSFでは、イギリスの敵国と考えられていた国が超強力兵器を製造する。たとえば一九一一年に発表された、ジョージ・グリフィスの『労働の王（*The Lord of Labour*）』ではドイツ人の天才科学者が豊富な埋蔵量のラジウムを発見し、「究極の兵器」を発明する。これによって世界戦争が起こり、最終的にはイギリスとアメリカによる世界支配が実現するというものである。一九一二年に発表されたアルバート・ダーリントンの『ラジウムの恐怖（*The Radium Terrors*）』は、テロニ・ツァルカ（Teroni Tsarka）というイギリスに住む日本人医師が、盗んだラジウムの力を用いて世界を脅かすという筋書きで、黄禍論の影響を受けた作品である。そして一九一四年には、ウェルズの『解放された世界（*The World Set Free*）』が出版された。この作品では、ドイツが最初に「原子爆弾」を製造することになっている。

これらの作品は、第一次世界大戦を敏感に予測しており、敵対国による放射能兵器の利用を示唆している。このときイギリスではすでに、兵器開発力においてドイツやアメリカに追い越されているという認識が広まっていたと考えられる。このような相違があるにせよ、英米のSFに共通するのは、最終戦争の後に自国が世界を支配するという筋書きである。ここで放射能の力は、世界を統治する国家の力として描かれている。すなわちフランクリンがアメリカに特有のものとして指摘している現象は、アメリカ以外の帝国主義国家においても進行していた。日本も例外ではない。同時代の日本においては、日本人科学者が発見した超強力な力を用いた日本国が世界を征服し、平和をもたらすという小説が描かれていた。続いて同時期の日本のSFを検討したい。

日本における最終兵器への想像力

西洋におけるSFと同様、日本のSFも国家の覇権と不可分のものであった。日本にSFがジャンルとして確立するのは戦後のことといわれているが、それ以前にもSFといえる作品が登場していなかったわけではない。それらは「科学小説」や「空想科学小説」と称され、その他のジャンルと密接に関わりながら――なかでも一九二〇年代以降は『新青年』などの探偵小説を掲載する媒体に登場し――発展してきた[12]。幕末から戦後までの近代日本のSF史を描き出した長山靖生によれば、日本最初のSFとよべる作品は、一八五七年に儒学者の巌垣月洲が書いた『西征快心編』である。この作品はペリー艦隊の来航に刺激されて書かれた、同時代への危機意識が産んだ作品であった[13]。

日本のSF（科学小説）を活気づけたのは、明治一〇年代に到来したヴェルヌブームである。ブームの発端となったのは一八七八（明治一一）年の『新説　八十日間世界一周』（川島忠之助訳）の翻訳で、これを皮切りにいくつものヴェルヌ作品が翻訳紹介されていった。また、ヴェルヌブームが引き金となり、その他の翻訳小説が紹介され、日本でも政治小説、科学小説、冒険小説が書かれるようになった[14]。紀田順一郎によると、ヴェルヌの作品は政治小説受容の風土のなかで読まれ、国産の未来小説に影響を与えていった[15]。

一九世紀から二〇世紀にかけての世紀転換期には、領土拡張、西洋世界との対決を意識した戦争未来記、あるいは未来記的政治小説と称される小説が数多く出版された。戦争未来記は、西洋の小説の翻訳という形で日本でも紹介され始めたもので、小説という形態を取りつつも、当時の緊迫した国際情勢を映し出している。国民の対外意識への影響力も大きかった。明治以降の戦争未来記を多く調査した稲生典太郎は、「明治時代の国民の対外意識の中でも著しい起伏を示す条約改正論、就中、幕末攘夷論の流れを汲む内地雑居尚早論の流行が一過した、明治二十年代の終り頃、時期的には一部分重複しながらも、恰もこれと交代するかのように、戦争未来記はその流行の兆しを示しはじめる」として、戦争未来記が国民意識における戦争に関する感覚を形成する上で重要な役割を果たしていることを示唆している[16]。三国干渉の後に描かれた明治三〇年代の未来戦争記は、ロシアを仮想敵国にしたものがほとんどであったが、それは一九〇四（明治三七）年に勃発した日露戦争を先取りしたものであった。

この頃に登場し一役人気作家となった人物が、押川春浪である。押川は、一九〇〇年に出版した『海底軍艦』が一躍人気を博し、明治三〇年代後半から大正初期にかけて日本に初めて到来した冒険・科学小説ブームを牽引することになる[17]。押川は、日露戦争後の一九〇八年に創刊された少年雑誌『冒険世界』の主筆および編集長を務めたが[18]、この雑誌の一九一〇年四月増刊号に掲載された長編読切小説で、放射能兵器を描いた[19]。

「鐵車王国」と題された押川の小説は、日本人と西洋人の人種間戦争を描いたもので、最終的には日本人が発見した「無限猛力」という力によって世界平和を成し遂げるという筋書きになっている。放射能兵器が登場するのは物語の後半である。ある日、兵器庫が五分のうちに微塵に崩壊してしまうという奇怪な事件が起こった。この不思議な現

図3-1　「冒険世界 世界未来記」

出典：『冒険世界』第3巻第5号、1910年、表紙。

象を見た物語の語り手は、「今日科學力は非常に進歩してラジユムや又た或學者の發見したポロジユムの如きは、其適當の分量を應用すれば驚くべき作用を爲し、大軍艦を粉碎するのも容易であるとの學說もあるが、未だ其猛力の實現を見た者はいない」として、兵器庫の崩壊は、「ラジユム」や「ポロジユム」以上の強烈なる放射力の作用であるはずだと推測している。その力は日本人の発見した「無限猛力」であったことが後に明かされる。

然り實に震天動地の大事業である。この大事業を企圖せしは我が萬里蒋軍。その片腕には智謀の化身と呼ばる、大學者桑原道雄君あり。彼は森羅萬象の奥義に達し、今日歐米の學者が驚嘆せるラジユムやポロシユムの力よりも、更に強大無限なる元素力の宇宙間に存在せる事を發見し、其力をもつて全世界の悪魔を撲滅せんと企てたのだ。ラジユムの放射力は一秒時間に十萬マイル、實に驚くべく恐るべき猛力であるが、彼が發見せし元素力は其れに數倍し、殆ど絶對無限と云はなければならぬ。彼は此力をイターナル猛力と名付け萬里將軍の雄圖の爲に利用して居るのである。

この「イターナル猛力」を動力とした無敵鉄車は驚くべき力を有しており、「天下無敵鐵車の一過するところ、伯林も巴里も分秒間に粉末となつて仕舞う」というが、無敵鉄車は、世界の平和を保持するために出現したとされる。

あゝ天下無敵鐵車！　この强大なる鐵車王國が、歐州大陸の中央に巍然として鎮座する限り、世界の平和は永久に保持せらる、のである。大日本帝國萬歳！　東洋民族萬歳！

このようにして押川の長編小説は幕を閉じる。

「鐵車王国」では、ラジウムやポロニウムといった放射性元素が今日の科学上想定できる最も巨大な力の源泉として描かれている。[20]そんななか日本人が、西洋科学による既知の放射性元素を上回る、無限の力が得られる元素を発見するのである。このような筋書きは、第一章第三節で検討した新聞小説「新元素」と共通する特徴がある。そこで描かれるラジウム（あるいはそれに類比する元素）は無限ともいえる力を秘めており、それは日本で発見されるというものである。

「鐵車王国」は、戦争の勝敗が科学の力によって決まるという認識、日本人による科学的発見が切望されていたことを端的にあらわしている。ここでは小説にあらわれた特徴として、放射能兵器が戦争を勝利に導き、世界平和を導くものとして描かれたことに注目しておきたい。平和をもたらすという兵器観は第一次世界大戦前の各国にある程度共通して持たれていたものであった。この時代の作品には世界平和のために強力兵器を用いるということが自明のこととして描かれており、その兵器を使用するのは往々にして作品が発表された国であった。作者はこのような覇権主義と結びついた兵器観、あるいは科学技術と結びついたナショナリズムを察知し、作品に反映させていたといえるだろう。このようにしてラジウムや放射能は、国家の覇権――それは世界の平和を保証する――をもたらすものとして描かれたのである。

この作品は、明治期の戦争未来記の文脈において読むことができる。日露戦争後に描かれた「鐵車王国」は、東洋人対西洋人の戦いを描いており、東洋民族による世界覇権を目論む国民意識を促したものといえる。戦争未来記の系譜はこの後も続いていくが、『冒険世界』の後身となった『新青年』には一九二〇年代から日米戦争を描いた小説がたびたび掲載されるようになる。

すでに確認したように、放射能を動力や兵器として描いた小説は同時期の欧米圏ではありふれたものとなっていた。「鐵車王国」は日本においても明治末期には放射性元素の力（放射能）を用いた兵器が小説に描かれていたことを示すものである。押川自身、そうした海外作品を読んでいたと考えられる。また、日本においてもラジウムは、エネルギー源としての期待を集めていた。

押川の「鐵車王国」が掲載された『冒險世界』一九一〇年四月増刊号は、「世界未来記」をテーマにした特集号であった。[21]「世界未来記」特集号からは、電気が未来の生活を一変させるものとして注目を集めていたこと、ラジウムが未来の動力源として期待を集めていたことがわかる。

たとえば、「大發明家の予言せる世界の未来」という記事の小見出しには、「石炭を直接に電氣にする法」「無限絶大の力を有するラジウムの放射速力」「奇異なるラジユム貸付銀行」「動力は潮の干満よりも得られるだろう」「太陽の光熱で機械運轉」「未来の文明を支配するラジウムの力」などという言葉が踊る。この記事ではラジウムが無限の力を有している重要な物質として紹介され、「聽て一ポンドのラジユムに含まれて居るエネルギーは、一ポンドの弾丸を一秒時間十萬哩の速力で跳ね飛ばすことができるといふことを説明するものである」と記されている。

「電氣力萬能時代」という記事でも、ラジウムの動力源としての可能性を伝えている。「ラジウムと未來の電力」と題した項目では、次のように記している。

然るに此處にラジウムといふものがある。是が又非常に恐ろしいもので、これと未来の動力とが大に密接の関係を有して居るやうに思はれる。唯今日では極めて少量しか發見されて居ないから、不幸にして人間の一部分の要求しか充たして居らぬが、若し石炭のやうに地中から、鹽のやうに海水から得られるやうになつて其價格が従つて低廉になつたならば、電氣力の如きも現在より遥かに安価に且つ多量に得られるにきまつて居る。

この記事は「一日も早く吾々の所謂電氣萬能時代が、出現するやうに努められんことを望む」と結ばれている。

これらの記事で描かれる未来像は、科学技術によってもたらされるものである。科学万能時代に登場したこれらの記事は、「冒険記者」によって書かれているもので、その記者名は記されていない。彼らは、西洋における言説を輸入する形で、ラジウムによってもたらされるバラ色の未来を描き、喧伝していた。記事からは、国家繁栄の鍵を握るのが電気であるという認識が根底にあること、科学万能時代は電気万能時代とも言い換えられることがわかる。科学=電気万能時代がさまざまに予測されたなかで、ラジウムはその代表格として期待を集めていた。ラジウムがもたらすとされた動力にはこの時代の人々にある程度共通して持たれていた楽観的な科学未来像が投影されていたといえる。このようにして、ラジウムが「無敵」「無限」であるいうイメージが生み出されていたのである。

この特集号の表紙のイラストは、鬼が街に襲いかかるようなものとなっている（図3-1）。この特集号は、「鐵車王国」、「海底戰爭未來記」、「日米戰爭夢物語」といった未来戦争小説がメインになっていた。そこで語られた科学未来像は、このイラストに象徴されるように、巨大な力に包まれていた。巨大な力を示す鬼は、創造力と破壊力、双方を持つ放射能を体現しているかのようである。

第二節　第一次世界大戦と「原子爆弾」

第一節でも確認したようにSF作家たちは放射能を動力として、あるいは光線兵器として描いていた。とりわけ重要な作品が、SF界の巨匠H・G・ウェルズによって書かれた『解放された世界』である。この作品は、原爆の出現以前に「原子爆弾」を描写した作品のなかでも、その可能性を本格的に追求し、また現実に影響を与えたものとして知られる。本節では、『解放された世界』の内容から、ウェルズがどのように科学知識と政治的思想を織り交ぜて原子爆弾を描いたかを検討したい[22]。

ウェルズの理想郷と「原子爆弾」

H・G・ウェルズは、一八六六年にイギリスのケント州に生まれた[23]。サウス・ケンジントンの科学師範学校（Normal School of Science）で自然科学を学び、トマス・ヘンリー・ハクスリーに師事して生物学を学んだ。このとき進化論に大きな影響を受けることになる。卒業後、ウェルズはかなり専門的な科学知識を持って科学ジャーナリストとなり、作家としても活躍していくようになる[24]。ウェルズが最初に書いたSFは一八九五年に発表した『タイムマシン』である。一八八六年には『モロー博士の島』、一八八七年には『透明人間』、一八八八年には『宇宙戦争』と代表作となる作品を次々に出版した。四〇代後半となり、作家として円熟したウェルズが描いたのが、『解放された世界』であった。この作品でウェルズは、放射能の連続爆発による「原子爆弾」によって解放された世界を描いた。

この作品においては、一九三三年に科学者ホルステンがビスマス微粒子の崩壊に成功し人工放射能をつくる。放射能が実用化されたのはビスマス微粒子の崩壊から二〇年後で、はじめに実現したのは原子力エンジンであった。原子力エンジンから取り出された廃棄物の一つが金であったという事実は、世界中の物価騰貴を招いた。そして起こるのが世界戦争である。一九五六年に始まる世界戦争で、「原子爆弾」が使われることになる。はじめに原子爆弾を投下するのはドイツで、フランスのパリに投下する。続いてドイツへの報復としてフランスが原子爆弾を投下する。

ウェルズの描く原子爆弾の特徴は、螺旋型の回転と下降、そして持続性である。爆弾はいったん爆発するとエネルギーがつきるまで近づくこともコントロールすることもできず、爆発は数年もしくは数週間続いた。世界中の都市に投下された爆弾は大きな火の塊となって都市を焼きつくし、さらに移動して周囲の街も焼きつくした。ウェルズは、放射能汚染を原子爆弾に伴う深刻な問題として描いた。(25)

すべての放射性物質と同様、カロリニウムはその力を一七日ごとに半減し、絶えず目に見えぬほどに減っていくが、決して完全に消滅することはない、だから、人類史上あの最も狂っていたときの戦場や、爆弾の落ちたところは、今日にいたるまで放射性物質が撒き散らされていて、処理し難い放射能の発源地になっている。

原子爆弾の投下された場所は、放射能を撒き散らし続ける、放射能の発源地となったのであった。原子爆弾によって巻き散らされた放射能は、パリやロンドンといった大都市を破壊した。都市部には放射能の影響によって人々が住むことができなくなり、世界地図は一変する。都市に住んでいる人々は、周囲の農村地帯に四散させられる。それは、「野獣のような力が、とうとう人間の愚かさに我慢ができなくなり、もっと健全な方針に基づいて人口を再配置したかのようでもあった」。『解放された世界』からは、次のような言葉を見出すことができる。「パリへは誰も行っちゃいないよ」「とても危険なんだ。放射能で皮膚が爛れてしまうんだ」「ロンドン周辺の放射能汚染地域に近づくのを恐れた」。

大都市に集中する人口を農村地帯に四散させることは、ウェルズが長年抱いていた願いであった。ウェルズは幼少期をロンドンの南東に位置するブロムリィ（現ロンドン特別区）で過ごしたが、その頃のブロムリィは、美しい田園地方からロンドンの郊外都市へと急速な変化を遂げていた。ウェルズが七歳のときにブロムリィに二番目の地下鉄が開設されたことを契機に、村はたちまちにロンドンの郊外都市へと変貌していき、(26)田園風景は破壊され、環境は汚染された。この変化を目の当たりにしたことは、ウェルズの思想に大きな影響を与えたとされる。ジョン・ケアリは次のように記している。

ウェルズは科学を人類に役立たせて科学技術によるユートピアを設計する合理主義者としてしばしば見なされる。この見解は偽りではないが、不完全である。彼は大衆としての人類の多くの側面――新聞、広告、消費型女性、都市――を不快に思った。小作農生活への回帰が好ましかった。彼のフィクションの展開は進歩よりも破壊のほうがずっと強力に彼を魅惑していたことを示唆する。世界の人口を減少させることが脅迫観念になっていた。ファンタジィのなかで彼はブロムリィをだめにした郊外住宅拡大現象に何度も何度も、ますます残忍な仕方で恐ろしい復讐をしたのだった。(27)

ケアリの解釈によれば、ウェルズの作品において原子爆弾によって引き起こされるカタストロフィーは、大衆消費社会への天罰であった。確かにウェルズは自身の理想社会を実現させるために、原子爆弾とそれに伴う放射能汚染を描いた。原子爆弾による戦争が終結した後の世界を、彼は一つの理想郷として描いている。そこでは国家間の戦争が不可能になり、世界政府が樹立される。そして平和な世界が訪れるのである。堕落した社会を理想的な状態にするために、原子爆弾は「必然」であったのかもしれない。原爆投下を受けた後の広島には「七五年間草木が生えない」という噂が広まったが、(28)原爆投下を受けた都市には住むことはできないという想定がこのときすでにあらわれていた。ウェルズは放射能を、世界地図を塗り替えるために利用したのであった。

原子爆弾はウェルズがこの世界の戦争を終わらせ、理想的な世界を実現するために構想したものであったといえる。(29)この作品は、第一次世界大戦の直前という時期の文脈において読まれる必要がある。『解放された世界』は、一九一三年から一九一四年にかけて『イングリッシュ・レビュー』誌に連載され、第一次世界大戦勃発直前にニューヨークとロンドンで出版された。第一次世界大戦は「全ての戦争を終わらせる戦争」と称されたが、強力兵器がより早い戦争終結や戦争抑止につながるという考えは普仏戦争以降のヨーロッパにあらわれていた。たとえばダイナマイトを発明したアルフレッド・ノーベルは一八九二年、平和主義者の会議において「私の工場はあなた方の会議よりも戦争を早く終結させられるだろう」と述べている(30)。そこでは、超強力兵器が戦争そのものを不可能にし、平和な世界もたらすという考えが生まれていた。

ウェルズもまた、戦争によって戦争を終わらせるという立場を長年にわたってとり続けていた論客であった。彼は第一次世界大戦が始まる少し前、すなわち『解放された世界』を執筆していた頃、さまざまな雑誌に開戦を促す文章を書いていた。さらにはこれらの文章を集め、『戦争を終わらせる戦争』という小冊子を出版している(31)。この小冊子においてウェルズは、「ドイツにたいしてぬく剣はすべて、平和を求めて抜く剣である……書物、新聞、論文、広告ビラといった宣伝法をつうじて、われわれはこの信念をひろめ、この信念をくりかえし説きながら、この戦争によって戦争を終わらせるのだという思想を、この戦争に付与しなければならない」と訴えている。

ウェルズは『解放された世界』のなかで、教訓めいた言葉を記している。

すでに最後の戦争が勃発する以前から、ひとりの人間が都市の半分を破壊するのに十分な量の潜在的なエネルギーを手さげカバンに入れて持ち歩くことができるということは誰でも知っていた。町なかで遊ぶ子供たちでさえも知っていた。ところが、世界はいぜんとして、アメリカ人がいつも言うように、戦争の小道具と口実を携えて「ぶらぶら時を過ごしていたのである(32)」。

この言葉は、原子爆弾の実現可能性を知りながら、ぶらぶら時を過ごしている第一次世界大戦前夜の読者の危機感を煽るものであった。同時に、堕落した当時の社会への批判でもあった。

第一次世界大戦後のSF

第一次世界大戦直前という過渡期に生み出されたウェルズの『解放された世界』は、「原子爆弾」という言葉を作ったのみならず、そのイメージを形成することに大きく貢献した。これ以降、放射能を兵器として描写するSFには、ウェルズ作品の影響が見られるようになる。たとえば、一九一五年に出版されたアーサー・チェイニー・トレインとロバート・ウィリアム・ウッドによる小説『地球を揺るがした男』は、その最初期のものである。(33)

『サタデー・イブニング・ポスト』に一九一四年一一月一四日から二八日にかけて連載されたこの小説は、第一次世界大戦が泥沼化した一九一六年を描いている。新型兵器の使用とそれに対する報復が繰り返されるなか、ソーントンというアメリカの科学者が最終兵器「放射能光線」を完成させ、世界に武装解除を要求するのである。(34)この作品には放射能の恐ろしさが描かれている。たまたま「放射能光線」によるアトラス山脈の爆撃を目撃した三人の漁師がいた。彼らは空に光った閃光を目撃したときには何とも思わなかったが、五日後にはみな体内の火傷による激痛に苦しめられ、頭や体の皮膚が剥がれ始めた。そして一週間以内にもだえ死んだのである。この作品に見る放射能の描写は深刻なものであるが、著者らはウェルズとソディの作品からそのアイデアを得たと考えられる。まず、この作品に登場する科学者ソーントンは、ソディの『ラジウムの解釈』を読んだという設定になっている。また、ウェルズの名前も『解放された世界』の著者として作中に登場する。ただしソディの著作には放射能によって引き起こされる人体への悪影響については描写されていないので、放射能による被害については、筆者らはウェルズの著作を通じて想定した可能性が高い。

第一次世界大戦を経て、戦争をめぐる想像力は大きな変容を迫られた。毒ガスや戦車が用いられた第一次世界大戦では、科学兵器が戦争を早く終結させるわけではないことが白日の下にさらされた。すべての戦争を終わらせるはずの戦争は、より強力な科学兵器による世界の終わりを想起させる戦争となった。強力な兵器が平和な世界を導くようになるという考えは、素直には信じられなくなっていく。小説における未来戦争の描写を検討したワレン・ワーガーによると、第一次世界大戦の勃発した一九一四年以前は世界の終わりを描いた小説の三分の二が自然災害などによる滅亡を描いていたが、一九一四年以降になると三分の二が人為的なものとなる。それら人為的なもののうち四分の三が科学兵器によるものとなった[35]。すなわち文明による脅威は自然による脅威を凌駕するようになったのであった。

大戦を経験したヨーロッパでは、直線的な進歩史観が疑問符に付され、ヨーロッパ文明への懐疑的な風潮が生まれていく。大戦が終結した年に出版されたオスヴァルト・シュペングラーの『西洋の没落』は、そのようなヨーロッパ文明への懐疑的な思潮を捉えてベストセラーとなった。一九二〇年代になると知識人の間でニヒリズムが流行する。一九二〇年に戯曲『R.U.R.』で「ロボット」という言葉を生み出したカレル・チャペックも、大戦によって大きく思想を転換させられた一人であった。科学の進歩や機械文明について肯定的に捉えていた彼は戦争を機に、批判的機械文明論者となった[36]。チャペックは一九二二年に発表した『絶対製造工場』および一九二四年に発表した『クラカチット』で、文明を脅かすものとして原子エネルギーを描いた。

原子エネルギーは、ウェルズの構想を超え、世界征服のための道具ではなく、文明を脅かす恐怖の対象としても捉えられていく。ロバート・ニコルスとモーリス・ブラウニーが一九二八年に発表した『ヨーロッパをおおう翼（*Wings over Europe*）』や、第二次世界大戦前夜の一九三八年に発表されたJ・B・プリーストリーの『人類を滅亡させる人々（*The Doomsday Men*）』は、そのような作品の代表例といえる。ウェルズが第一次世界大戦の直前に構想した「原子爆弾」は、第二次世界大戦で現実のものとなるまで、遠くない未来に人類が作りうる究極の破壊兵器の一つとして、人々の心を捉えていくのである。かつて原子エネルギーの解放をめぐって楽観的な未来像を語っていたソディも、『解放された世界』の刊行と第一次世界大戦を経て、その楽観的な思想を変化させていた。

第三節　原子爆弾と関東大震災

日本においては原子爆弾や原子力の存在は、メディアが大衆的なものとなった一九二〇年代に、ウェルズの小説をはじめとした西洋文化の輸入・紹介という形で、大衆文化のなかでさまざまに語られ、想像されていった。本節では大正期日本の大衆文化において、ウェルズの「原子爆弾」が受容されていく様子を検討する。

科学の大衆化

第一次世界大戦後の日本は、大戦によって得た利益をもとに大きく膨張し、都市部を中心に栄えた大衆文化がその特色をもっとも鮮明にしていた。[37] そのようななか、科学の大衆化時代が到来する。[38] ここで少しその模様を眺めておきたい。

大正期の科学の大衆化の一翼を担った一大イベントが、アインシュタインの来日である。アインシュタインは一九二二年一一月一七日から一二月二九日まで日本に滞在し、アインシュタイン旋風を巻き起こした。このとき科学に親しみのなかった一般大衆までが、科学者アインシュタインの来日に熱狂し、日本中がアインシュタインフィーバーに包まれた。[39] アインシュタインの来日に際して、彼の著作の翻訳や、解説書の出版が相次いだ。最も精力的にアインシュタインの研究を日本に紹介し、来日の際には通訳を行ったのが石原純であった。量子論を研究する傍ら、歌誌『アララギ』派の歌人としても積極的に活動していた石原は、女流歌人・原阿佐緒との恋愛スキャンダルを起こして東北帝国大学を辞任に追い込まれた。その直後、改造社社長の山本実彦は自然科学関係出版物の顧問役としての受け入れを、岩波書店社長の岩波茂雄は研究のための物質的な援助を、それぞれ提案した[40]。ちょうど一九二〇年代前半、物理学が「世の中に出た」時期であった[41]。しかし、石原らによる相対性理論の啓蒙書がどのように読まれたかについてはよくわかっていない。またこのとき、アインシュタインの相対性理論は原子エネルギーのイメージとは結びついていなかった[42]。

石原と同じく大正期に活動をはじめ、科学の大衆化に大きく寄与したのが、原田三夫である[43]。原田は一八九〇年に現在の愛知県名古屋市に生まれた。札幌農学校に進学し、この頃有島武郎に個人的に師事したが、病気などの理由で中退し、東京帝国大学理学部生物学科に進み海藻学を学んだ。原田は東大卒業後、図師尚武とともに創刊した『子供と科學』（一九一七年）を皮切りに、『少年科學』（一九一七年）、一九二三年に『科學画報』（一九二三年）、『子供の科學』（一九二四年）といくつもの科学雑誌を創刊したほか、子供向け科学読み物の執筆も行った。原田は、科学知識普及会が一九二一年に創刊した『科學知識』の編集主任も務めた。一九一九年から一九二二年にかけて誠文堂から刊行した『子供の聞きたがる話』シリーズ全九巻は成功を収め、これ以降一〇冊前後をその分野の専門家が一人で書き上げるという科学読み物シリーズが登場した[44]。

原田が重視したのは、正しい科学知識を伝えることより、驚異の感覚（センス・オブ・ワンダー）を読者に届けるということであった。原田の編集方針は、一般人が知りたがり興味を持つことだけを伝えるというもので、科学の専門家に執筆を任せるのではなく、専門家への口述取材をしたり『ポピュラー・サイエンス』など海外の科学雑誌を参照したりして、自ら記事を執筆した[45]。そのような原田の編集方針には同時代の科学者から批判的な目が向けられることもあった[46]。原田の通俗的な啓蒙手法は、一部では科学の卑俗化と受け取られたのである。原田は科学の思想性を伝えることには貢献しなかったといわれるが[47]、ともあれ読者層を形成し、科学のすそ野を広げることに貢献した。原田の見せる驚異の世界は、読者を魅了した。

このように、大正期になって科学の普及啓蒙活動は、石原や原田のような人物によって担われるようになった。二人の科学啓蒙の姿勢は対照的ともいえるものであった。石原がある程度の学問的素養を持った人向けに執筆を行ったのに対し、原田は一般大衆向けに執筆を行った。このとき多くの読者を獲得したものは、原田型の通俗的な科学啓蒙であった。ウェルズの原子爆弾も、原田型の科学啓蒙の世界で紹介されていくことになる。

『新青年』の登場

大衆雑誌が出版ブームを迎えるなか、科学の話題もそれらの紙面で頻繁に扱われるようになった。なかでも海外における科学の話題を積極的に紹介していた雑誌が、一九二〇年一月に博文館より創刊された『新青年』である。

探偵小説というジャンルを日本に確立した雑誌として知られる『新青年』は、押川春浪の「鐵車王国」を掲載した『冒険世界』の後継誌として創刊された。創立当初の『新青年』は第一次世界大戦で獲得した海外領土への植民を奨励する国策に沿う目的を持っており、農村部の次三男をターゲットとしていた[48]。そのため「日米戦争未来記」と題した近未来小説が創刊号の目次を飾るなど、戦争を予想した軍事物や「右」寄りの記事が中心を占めていた。他方で編集部は、堅い記事ばかりでは読者に飽きられると考え、「長編科学小説」と銘打ったSFや海外探偵小説の翻訳を添え、「硬軟両様」を方針とした。その翻訳探偵小説が読者から好評だったため、号を重ねるごとに翻訳探偵小説の量を増やしていき、やがて探偵小説雑誌『新趣味』を合併吸収して、雑誌の性格を次第に探偵読物中心の都市型青年雑誌へと変化させていった。

新青年研究会が編集した『新青年読本――昭和グラフィティ』には、この雑誌の変遷が鮮やかに描かれている[49]。『新青年』は関東大震災後の都市の変貌と並走する形で紙面を変え、大正末期から昭和初期にかけてモダンな色彩溢れる雑誌となった。一九二七年から二八年にかけての『新青年』には「科学精神のモダニズム」や「科学万能のロマンティシズム」を見ることができる。この科学精神のモダニズムは一九二九年頃に機械文明のモダニズムに変容していき、一九三一年頃には、機械文明のモダニズムから科学戦の記事にすり替わっていく。そして一九三〇年代後半になると軍事小説や軍国主義的な記事が増え、国策に沿った雑誌となっていく。このような変遷を遂げながらも、『新青年』は継続して、日本の読者に海外のニュースや小説を紹介していた。雑誌に掲載された記事やコラムには、最新の科学技術を紹介するものや、将来の科学技術を予想するものも多く見られた。そのようななか、放射能や原子核に関する話題もしばしば紹介された。

　創刊された年の一九二〇年八月号の『新青年』では、早くも「原子力」や「原子爆弾」という言葉とその概念を紹介する記事が現れた。岩下孤舟なる人物によって書かれた記事「世界の最大秘密」である(50)。八頁にわたる記事には、「将に開かれんとする世界の最大秘密の扉」「原子力の本原と性質　蒸気力よりは何百倍」「日本に居て米國の市街を灰燼に歸せしめる力」「原子爆彈の威力は堂々たる大戦艦も木端微塵」「戰争と貧乏は無くなり　気候は随意に變化さる」「変らないものは恋愛だけ　疾病は驅逐され生命は延びる」という小見出しがつけられている。

図3-2　「世界の最大秘密」都市が爆発する風景

出典：『新青年』第1巻第8号、1920年、26頁。
協力：博文館新社

　岩下は「科學賛美の流行時代は過ぎた」としながらも、真に偉大なものはその力を減じないとして、ラザフォードが原子を分解する事に成功した事を挙げ、「この事は、他の學者の最近の發見と相俟つて、或る「力《フォース》」を解放するに至つた。そして人間を殆んど神様と同様の者にするか、それとも人類文明なるものを粉微塵に破壊して終ふかも、實にこの「力《フォース》」の掌中に握られてゐるのである」と記す。もしこの力が実現されれば、人類はさまざまな問題から解放されるというのである。そして専門家の見解として、オリバー・ロッジの発言を紹介する。

ここで紹介される「原子力《アトムりょく》」は、これまでの蒸気機関に対して、さらに何百倍や何百万倍も大きい「力」を発生するというものだ。岩下は「若し右の方法に成功した場合には、恰も今日無電が大洋を越えることが出来るやうに、我々は原子力を放つて、この大地を透過させ、地球の反対の面、例へば日本から云へば亜米利加の一市街を灰燼に帰せしむるやうな事が出来やう」として、次のように記す。

> そして原子の力は、その恐るべき、善悪何れにも應用し得る性質を以て吾人に望むであらう。／若しこの原子力が、誤れる掌中に入つたならば何うか？／例へば前独逸皇帝の如き人が、この力の秘密を得たならば其結果は何うであらうか？　恐らく彼れは、ポツダムの安樂椅子に腰を下して、軽く机上のボタンを押し、それに依つて容易に文明を灰燼に帰せしめる事が出来やう。これをなし得るのは、「實に原子爆彈」である。／ウエルスは彼れのある書物の中に、獨逸の飛行機が、恰も空中の吸血鬼の如く、輪を描きつゝ、原子爆彈《アトムばくだん》を巴里や倫敦に投下している状態を描いている。この「力《フォース》」が實際に實用されるやうになつたらこれ位のことは決して不可能でもない。／が、併しこれが有益に使用された暁には、人類を塗炭の苦に陥る、彼の戰争なるものは、永久に不可能のものとなるに相違ない。(51)

岩下はこのようにウェルズの「原子爆弾」を紹介した。そこには都市の爆発の瞬間を描いた挿絵が添えられている（図3-2）。

この記事は原子爆弾の威力を伝えるが、それが戦争で使用されたらどのような帰結をもたらすかについてまでは言及しておらず、放射能の影響についても伝えていない。岩下が描いたのは、原子力が人類の抱えるほぼすべての問題を解決するという明るい未来像であった。彼は、ロッジやウェルズを参照しながら、原子爆弾によって戦争と貧乏はなくなり、あらゆる家事は原子力でなされ人々は労働から解放され、疾病は駆逐され生命は延長される、といった楽観的な未来像を伝えた。ここで語られる明るい未来像は、第二節で検討した一〇年前の『冒險世界』の特集号にみる未来像を踏襲したものだといえる。『冒險世界』の後継誌である『新青年』の紙面では、この後にも楽観的な「原子爆弾」が語られていく。

この記事の執筆にあたって岩下が参照したと考えられる記事がある。『ポピュラー・サイエンス』誌の一九二〇年五月号に掲載された、「オリバー・ロッジ卿の原子エネルギーへの見解は正しいだろうか？」という記事と、それに続く「我々はこの力の利用に挑めるか？―オリバー・ロッジ卿は原子エネルギーが石炭に取って代わるだろうと述べる」という記事である(52)。

はじめの記事では山の上に持ち上げられた軍艦のイラストの下に、「一オンスの物質に含まれる原子エネルギーを利用できれば、スカパ・フローに沈んだドイツ艦船を引き上げ、スコットランドの山々の頂に積み重ねるのに充分であろう」というオリバー・ロッジの言葉が紹介されている（図3-3）。スカパ・フローとはイギリス海軍の艦隊泊地として利用されていたスコットランド北部のオークニー諸島にある入り江である。ここでは第一次世界大戦後の一九一九年、五二隻ものドイツの艦隊が自沈していた。オリバー・ロッジの言葉は、このような当時の世界情勢を反映したものであった。原子エネルギーの威力を伝える際に、スカパ・フローに沈んだドイツ艦船は格好の例となったのである。ここでのロッジの言葉は、「たった一グラムでイギリスのすべての艦隊をベンネビス山［スコットランド最高峰の頂］に持ち上げることができる」と伝えたウィリアム・クルックスの言葉を踏襲したものと考えられる。

図3－3　"Is Sir Oliver Lodge Right About Atomic Energy?"

出典：Popular Science Monthly, Vol. 96, No. 5. May 1920: 26.

『ポピュラー・サイエンス』誌はアメリカの科学雑誌で、エドワード・ヨーマンズ（Edward L. Youmans）によって一八七二年に創刊された。同誌は幅広い読者を得ており、先に言及したように原田三夫も参考にしていた。このような大衆向けの科学雑誌を通して、欧米圏の科学者の原子エネルギーをめぐる発言が、日本の読者にも届けられていた。

関東大震災と『世界の終り』

一九二三年九月一日に起こったマグニチュード七・九の大地震は、大都市として発展していた東京に未曾有の惨禍をもたらした。関東大震災は社会構造を大きく変容させただけでなく、自然と人間という対立軸を浮上させ、人間が自然を制御すべきであるという思想を強化することにもなった。

関東大震災後の思想を端的にあらわしていると考えられるのが一九二三年に新光社から出版された石井重美の『世界の終り』という著作である(53)。『世界の終り』は『東京日日新聞』に連載されていたもので、ちょうど連載が終わった頃に大地震が発生した。単行本は大地震から二か月半後の一一月一七日に出版され、初版から一か月で一〇版を記録した。まさに時宜を得た出版によって、売上げを伸ばしたのであった。作者の石井は東京帝国大学で生物学を学んだ生物学者で、原田三夫の先輩でもあった。石井は一九一八年頃から一般向けの著述を開始していたが、『世界の終り』は石井を一躍有名人にすることとなった(54)。

一九二三年九月一三日付の同書の「序言」は、「『世の終りが近い。』といふ言葉が、何處からともなく聴える」と、重苦しい悪夢のような一種の社会不安が全世界に広がっていることを伝えている。

自分の筆にして居るやうな事柄が、しかも自分の踏んで居る足の下から、突如に湧起しやうとは、全く夢想だにしなかつた。［略］しかしながら、想ひがけなくも、新聞に掲載されてからまだ二た月と經過しない今日、自分の記述が一種の豫言のやうになつた悲しい事實を面のあたりに視なければならないことになつた。［略］実際、今回の震災では、方々で、「世の終りが來たのではないかと思つた。」といふやうな話を聞いた。(55)

この書には、同時期に同じ新光社から出版された原田三夫の『地震の科學』の宣伝が掲載されているが、実はこの書の編集にも、原田が関わっていた。原田は後に、「ちょうどそれ［連載］が終ったころに、世界の終りが来たかと思わせるような大地震があったのだが新光社はそれを単行本にして儲けた。もっとも石井は名儀だけで、専ら私が編集した」と書いている。(56) ここで原田のいう「編集」が何を指しているのかは判然としないが、一つの可能性として「序言」を執筆したことが考えられる。原田はこの頃、石井と国民図書会社の『最新科學講座』の責任編集を共同担当しており、両者には密な関係があったと考えられる。

同書の序説は、「偏狭な愛國心とウエルズの所謂「原子彈」」と題し、「現在のやうに、各國が分立して、互に他を猜疑し、敵視し、時代に適合せぬ（即ち環境の推移に伴はぬ）偏狭固陋な愛國心や軍國主義に執着する結果、終に、エツチ・ジー・ウエルズの所謂「原子彈」（"Atomic bomb"）のやうなものが現はれ、全世界の文化が、一時に殆ど全く壊滅に歸するといふやうなことはあるかもしれない」という言葉に始まる。ここで「所謂」と記されていることから、ウェルズの原子爆弾の概念は、日本国内でもそれなりに広まっていたことが推測できる。また、世界の終わりをテーマにした書物でウェルズの原子爆弾が冒頭に言及されているは、そのインパクトの強さゆえであろう。

石井はウェルズの原子爆弾に言及しているが、同書ではウェルズが描いたような人間同士の戦いについては考察されず、自然界の「反逆」による世界の終わりの可能性が考察されている。石井は、「星學的及び地質學的の見地」から、科学的かつ通俗的に地球や生物の運命を攻究すると述べている。石井は迫り来る自然の襲来に対抗するため「全人類の和合」と「自然界への挑戦」を呼びかける。この書では、「疾病による地球の死」「衝突に因る地球の死」「地球の自然的死」という三つの項目に大別して、さまざまな地球滅亡の可能性を伝えているが、「疾病による地球の死」には「原子力的爆破」が含まれており、地球内部に埋蔵されているウラニウムやトリウムなどの放射能性を備えた物質が「偶像破壊者のやうに自由に活動しようとする奔放性が、絶大な威力を以てそれを拘束しようとする地殻の壓迫に對して、激烈な反逆を試みて居るに相違ない」と説明している。

地球が滅亡するさまざまな可能性を科学的に描写した『世界の終り』は、科学啓蒙書として読むこともできる。同書の参考文献として挙げられているものは、欧米における地質学や天文学を中心とした書物である。参考文献の冒頭には、作家のジョセフ・マケイブ（Josepf Mccabe）と天文学者のＭ・Ｗ・メイヤー（Max Wilhelm Mayer）による『世界の終わり』が挙げられている。同時代の西洋における科学思想を日本に紹介したものといえるだろう。世界の終わりをテーマにした書物は関東大震災の後、広く読まれていくことになる。(57) 同書のみならず、地質学や地震学に関わる科学啓蒙書や科学雑誌もまた、売上げを伸ばしたのであった。(58)

一九二〇年代半ばに日本は出版バブルを迎えた。昭和初期には一冊一円の円本ブームが起こり、読者層が大いに開拓された。それまで一部の階層にしか読まれていなかった文学作品や哲学思想書なども、より多くの読者を獲得していく。科学雑誌の創刊も相次いだ。ウェルズの「原子爆弾」はこのような活発な出版メディアのなかで紹介され、広められていくことになる。この頃科学世界社から出版された『科學の世界』では、一九二六年に「世界の解放」と題してウェルズの『解放された世界』を翻訳して連載した。(59) ただし『科學の世界』は厳しい経営状態にあったようで、数年で廃刊を迎えた。ウェルズの連載も徐々に割り当て頁数が少なくなり、序盤のうちに終了している。

寺田寅彦も、一九二九年に執筆した文章で『解放された世界』に言及している。寺田は、大震災の数日後に二匹の飼い猫をどのように連れて行くかが問題となっていたときに読んだというウェルズの作品について、次のように記している。

「放たれた世界」を読んで居ると、「原子爆弾」と称する恐るべき利器によつて、和蘭の海を支へる堤防が破壊され、国中一面が海になる、其時幸運にも一艘の船に乗り込んで命を助かる男が居て、それが矢張居合わせた一匹の迷ひ猫を連れて行くといふ一くだりがほんの些細な挿話として点ぜられている。[60]

ここで寺田が言及している「放たれた世界」とは『解放された世界』のことである。[61] 寺田は「原子爆弾」という言葉を用いたが、彼の関心は「原子爆弾」ではなく、ウェルズの猫への情緒に注がれている。彼は、ウェルズの『空中戦争』における猫の描写にも言及し、「此の二つの挿話から、私は猫といふものに対する此著者の感情のすべてと同時に又自然と人間に対する此著者の情緒の凡てを完全に知り蓋すことが出来るような気がする」と記している。両エピソードに共通するのは、人間が命からがらに故郷を追われる際に、居合わせた猫と行動をともにするというものである。寺田は『解放された世界』を、原子爆弾という超強力兵器の登場する世界大戦の物語としてではなく、カタストロフィーに見舞われた際の人間模様を描写している物語として読んだのだろう。

海野十三と宇宙の終わり

ウェルズの「原子爆弾」をいち早く日本の読者に紹介した『新青年』は、関東大震災後の都市の変貌と並走する形で紙面を変えていき、探偵小説というジャンルを花咲かせた。そこには、科学小説と呼称される小説も登場するようになる。

科学小説というジャンルの樹立に貢献したのが、海野十三《うんのじゅうざ》である。[62] 海野は、小説家になる以前に技術者としてのキャリアを持っていた。早稲田大学理工学部電気科を卒業後、一九二三年に電気技術者として逓信省電気試験所に入所し、真空管の研究にあたった。一九二七年から勤務の傍ら執筆活動を始め、一九二八年に『新青年』に発表した「電気風呂の怪死事件」で文壇にデビューした。技術者であった海野は最先端の科学知識を学び続け、それらを巧みに作品に取り入れた。[63]

海野の活躍した時代は、放射能や原子核をめぐる研究が著しく発展したときであった。海野は最先端の科学ニュースや海外SFを日本に紹介する活動も行っていたが、そこには放射能や原子エネルギーに関するものも見られた。たとえば『新青年』一九二八年四月号に寄稿している「科學時潮」というエッセイでは、近頃読んで面白いと思った科学小説として『綠の汚點』という作品を紹介している。[64]『綠の汚點』は、死の谷と呼ばれるアメリカ大陸の山奥の謎を解くための学者の探検を描いたものである。[65] 探検隊は死の谷に住んでいた「怪人」に征服されてしまうが、怪人は植物の進化したものであると説明し、「彼は「ラヂウム、エマナチオン」で、斯くの如き快速力を出して居るものと思ふ」と推測する。実は金星人で、巨大な宇宙船で光速に近い恐ろしい速力で死の谷を飛び去った。学者は、怪人は植物の進化したものであると説明し、「彼は「ラヂウム、エマナチオン」で、斯くの如き快速力を出して居るものと思ふ」と推測する。海野は、「植物系統の生物といふところが此の科學小説のヤマであるが、小説として構想の奇抜なことは勿論、實際の學問の上から言つても大いに考へて見る可き問題ではあるまいか」と結んでいる。このエッセイからは、海野が海外の科学小説をよく読んでいたこと、さらにそれらの小説を単に空想上のものとして読むのではなく、現実世界における科学と横断する思考を持っていたことがわかる。

海野は、日本で原子力の可能性を真剣に考えていたパイオニアの一人でもあった。一九二七年に発表したデビュー作ともいえる短編小説「遺言状放送」で、海野は「原子変成」による宇宙の崩壊を描いた。「遺言状放送」は、天野祐吉なる青年が超短波長無線で宇宙からの交信――それは遺言状であった――を傍受することから始まる。宇宙人たちは、不老不死をもたらすという第九五番目の原子チロリウム製造に躍起になっていたが、このチロリウムの製造によって莫大なエネルギーが生じることが明らかになる。宇宙人はこの「神を冒涜するような」「恐るべき事実」を、『世界崩壊接近論』と題した講演で語る。宇宙人は、水素原子をヘリウム原子に変換すると、軽くなった分の重さがエネルギーになることを説明し、次のように語る。

私は想像します。［略］かくも短い時間の中に、かくも小さい空間に発せられた巨大なる勢力は人力を超越し、人為を踏みにじって、そこに現われ来るものは第二次の原子変成現象、第三次の原子変成現象、それからまた第四次、第五次と引き続いて起り、止め度なく膨張拡大する原子変成が数万の雷鳴と地震と旋風が一瞬間にこの世界に訪れたように暴威をうちふるい、衝突と灼熱と崩壊と蒸発と飛散とが一時に生じて瞬くうちにこのなつかしき我等を載せている地球を破壊消滅し去ってしまうことであろうと信じます。(66)

遺言状は、カウントダウンとともに終わる。宇宙人は、複数もの惑星を崩壊させる大爆発を引き起こしてしまったのだ。宇宙からの無線を傍受した天野青年もまた、この大爆発に巻き込まれ、死んでしまう。ところが宇宙の大爆発に巻き込まれたというのは本人の思い込みで、実は飛行機事故に巻き込まれたのだったという落ちになっている。

海野はどのようにして、「原子変成」の着想を得たのだろうか。ここで説明されている爆発の原理は、水素原子をヘリウム原子に変換すると軽くなった分の重さがエネルギーになるというものである。これは相対性原理から説明がつくとされている。さらに酵素をチロリウムに変成する際に発生するエネルギーは水素をヘリウムに変成した際の約一〇万倍であるとして、巨大なエネルギーが出てくるとされている。

海野の描いた「原子変成」は、原子爆弾というよりは水素爆弾の理論に近い。水爆の理論的可能性は、一九二〇年代には出現していた。一九一九年にフランシス・アストンは、質量分析器で原子の質量を測定してヘリウム原子の質量が二つの重水素原子の質量よりも小さくなっていることを確認、水素原子間における強い結合エネルギーの存在を指摘した。それは質量とエネルギーの等価性を示すものであった。また、アーサー・エディントンは一九二〇年に二つの重水素をヘリウムに変換する核融合によって恒星がエネルギーを得ているという説を提唱している。エディントンの著書は一九二四年に邦訳されており、この理論は次章で確認するように、竹内時男の啓蒙本でも紹介されていた。海野はこれらの研究を参照していたと考えられる。

また、海野が宇宙の爆発を描いたのには、ウェルズの影響も無視できない。海野はウェルズ作品をよく読んでおり、その作風を取り入れようとしていた。海野作品で火星人や宇宙人が取り上げられたのには、ウェルズが一八九八年に書いた『宇宙戦争』が邦訳され、一九二二年には火星人存在説が流行したという背景も指摘されている。[67]海野が『解放された世界』を読んでいた可能性も高い。とはいえ「遺言状放送」は、宇宙と交信するラジオ少年の見た夢という形で描かれており、『解放された世界』のような未来の世界大戦を描いたものではない。また、科学者が原子爆弾を創造するというウェルズの作品とは異なり、海野の作品では宇宙人が「原子変成」を行う。ここで指摘しておきたい可能性は、海野には、不慮の大爆発を引き起こすような人類による大規模な科学実験が容易に想定できなかったのではないかということである。海野が国家間の戦争に用いられるものとして原子爆弾に類する兵器を描くのは、この作品の発表から一〇年ほど経ってからのことである。

本章では、二〇世紀初頭から大戦間期までの最終兵器の描写を検討した。二〇世紀初頭においては、西洋を模倣して最終兵器の描写が日本でもあらわれていたこと、そしてそれらは平和を導く楽観的なものであったことを確認した。最終兵器によってもたらされるユートピア像は、大衆文化のなかで生まれ、強化されていった。

このような楽観的な最終兵器のイメージは、第一次世界大戦を機に変化していく。その画期といえるのが、ウェルズの『解放された世界』である。ウェルズによって構想された原子爆弾は、戦争と平和、破壊と創造、ユートピアとディストピアといった、一見相反する概念を転倒させるものであった。ウェルズは、文明への天罰として、この世界を変革させるための最終兵器として、原子爆弾を構想した。第一次世界大戦以降、西欧では科学技術文明への懐疑的な風潮のなかで原子爆弾が想像されていくようになる。

日本においても原子爆弾の存在は大正期に花開いた大衆文化のなかで語られるようになるが、そこには日本独自の想像のあり方があった。第一次世界大戦の後に西欧の知識人たちの間で生じたような時代不安は、日本では関東大震災の後に顕著なものとなった。関東大震災を経験した人々は、世界の終わりと原子爆発を想像した。そこにあったのは、第一次大戦後の西洋に見られたような国家間の戦争に伴う人為的な破壊ではなく、自然界の反逆による文明の破壊であった。また、ウェルズの描いた放射能汚染はなく、原子力の爆発力ばかりが注目された。

日露戦争は戦争や科学兵器へのイマジネーションを喚起する大きな要因となったが、第一次世界大戦は西欧と比べるとあまり大きな影響を及ぼさなかった(68)。竹村民郎による次の指摘はこのような大正期の文化状況をよく捉えている。

しかし、二十世紀という時代の不安を認識したのは知識人の一部にすぎなかった。震災復興という国民的合意の下で異端を排斥し、人々は天皇を中心とする新しい国づくりというユートピアに熱中し、一方で現実肯定的で楽天的なアメリカニズムを追いかけた(69)。

この間、日本の科学者たちは、科学技術による発展・進歩を見せはじめた。長岡半太郎は「錬金術」を行い、メディアはそれを華々しく報道した。科学の大衆化時代、産業界を意識した理化学研究所の登場、国内での原子核研究の進展など、いくつもの条件によって、科学者たちは社会における自らの位置をそれまでとは異なる形で意識し、その存在意義をアピールしていくのである。続く第II部ではこの模様を検討していく。

II　原子核の破壊と原子力ユートピアの出現

第四章　新しい錬金術：元素変換の夢を実現する

原子を破壊し或ひは原子を合成して、一つの元素から他の元素を生産して行く原子工業は、實に長岡博士の發見によつてその萌芽を現したのである。［略］世界で一番さきにこの萌芽を見出したものはわれ〳〵日本人であつてその名誉は未来永劫變ることない

大河内正敏「還金術は産業界に何う影響するか」『大阪毎日新聞』一九二四年

第一次大戦を契機に、日本の科学研究をめぐる状況は大きく変化していった。産業界や軍部は日本独自の科学技術を確立するため、科学研究に多くの予算を投じていった。一九一七年に設立された財団法人理化学研究所は、この時流にのって大きく成長し、日本の科学技術と産業を支える存在になっていく。この間、原子の構造をめぐる研究も急速に進展した。一九一九年にラザフォードは原子核を人工的に破壊することに成功、これ以降、原子核の破壊による元素の人工変換が目指されていくようになる。それはまさに、二〇世紀の「錬金術」であった。メディアにおいてはこれらの科学研究の成果が伝えられ、「原子破壊」によって元素を転換させることへの期待が高まっていった。国内では一九三〇年代に原子核研究が本格的に開始されたが、原子核研究をめぐる報道には日本の科学者たちが華々しく

登場するようになり、国民も日本の科学研究の成果に熱狂していくのである。

本章では、日本で原子核研究が始まり、高いレベルの研究がなされていく段階（大正後期から昭和初期）のメディアにおける原子核研究に関するイメージを検討する。原子核研究をめぐる報道から、国民の「原子破壊」への期待が高まっていく様子と、その期待に科学者たちが応えていく様子を見ていきたい。

第一節　長岡半太郎の錬金術

日本の原子核研究の先駆として知られていたのは、長岡半太郎が一九二四年に始めた「錬金術」である。本節ではまず、長岡の水銀還金実験をめぐる顛末を確認していきたい。

原子を破壊する

すべての物質はこれ以上分割できない（a-tomos）原子という最小構成単位によって成り立っていると考えたのはギリシアの哲学者デモクリトスであった。一九世紀の初めには、ジョン・ドルトンが、化学反応は原子がパートナーを替える現象であるとして、その後、化学の領域において受け継がれる近代科学に基づいた原子概念を導入した。一九世紀の間、原子の実在性をめぐって、科学者たちの見解の対立が続いた。原子論者のボルツマンと現象論者のマッハとの対立は有名である。

原子の存在がさまざまに推測されていた一九世紀末の状況は、X線の発見に端を発する一連の研究によって様変わりする。J・J・トムソンは一八九七年、放電効果で原子から電子が飛び出すことを確認し、原子に内部構造があることを実証した。原子の内部構造をめぐって、いくつかの仮説が出された。一九〇三年には長岡半太郎が土星型原子模型を、一九〇四年にはJ・J・トムソンが、正の電荷を帯びたゼリー状のものが電子をつなぎとめているという「プラムプディングモデル」を提唱した。一九一一年にラザフォードらが実験によって原子核の存在を実証すると、[1]ボーアによって量子論に基づく原子模型が提唱された。

ラザフォードは一九一九年に、窒素の原子核にアルファ粒子をあてて陽子をたたき出すという原子核の破壊に成功した。この結果は、原子核が陽子と電子から構成されているという当時の一般的な見解を確信させることとなった。「奇蹟の年」と呼ばれる一九三二年には、チャドウィックによる中性子の発見、アンダーソンによる陽電子の発見、ユーリーによる重水素の発見と物理学上の重要な発見が相次いだ。また、コッククロフトとウォルトンは、リチウムに加速した陽子を衝突させて原子核の変換に成功したと発表した。これは人工的に加速された粒子によって起こされた最初の核反応であった。これ以降、核反応を用いて元素を人工的に変換する実験が盛んになされるようになる。アーネスト・ローレンスによって一九三一年に考案された粒子加速器サイクロトロンは、この実験に欠かせない装置となっていく。

すでに指摘しているように、西洋における初期の原子核をめぐる研究は錬金術を連想させるものであった。日本においても原子核研究は錬金術のイメージと強く結びついていた。

日本における錬金術のイメージは、西欧における錬金術イメージとは異なり、金を生み出すという実利的な側面を強く持っていた。このような実利的な日本の錬金術イメージの形成において重要な役割を担ったのが、一九二四年に長岡半太郎の発表した「水銀還金実験」である。[2]長岡はこの年、水銀を金に転換する実験に成功したと発表した。長岡と理研はこれを「錬金術」だとして宣伝し、メディアも大きく書き立てた。長岡の錬金術は、(それが実用化すれば)莫大な経済価値を有するものであり、メディアにおける錬金術への言及も、その有益性に言及したものであった。

長岡の錬金術

長岡半太郎が水銀を金にかえる水銀還金実験に成功したと発表したのは一九二四年九月二〇日のことである。これは長岡らが一九二四年三月二九日付の『ネイチャー』で水銀還金の理論的可能性を予告していたところ[3]、高圧の水銀真空ポンプを用いて水銀から金をとる実験に成功したというA・ミーテの同年七月一八日付の『ナトゥーアヴィッセンシャフテン』への報告を受け、あわてて発表したものであった[4]。このとき、中性子はまだ発見されておらず、原子核は陽子と電子でできていると考えられていた。そのため、八〇の陽子を持つ水銀から陽子を一つはじき出せば七九の陽子を持つ金に変わるだろうと考えられた。長岡は九月一五日から陽子をはじき出すための高圧を得るため水銀アークを用いた実験を始め、採集した物質のなかに小さな金の塊を「発見」したのであった[5]。長岡はこの結果について九月一八日に東京帝国大学理学部物理教室で行われた日本数学物理学会常会で報告し、さらに九月二〇日に理研において報告会を行った[6]。この報告会にはジャーナリストも在籍しており、大々的に報道された。

長岡の発表に対するメディアの反応は、次のようなものだった。一九二四年九月二〇日の『讀賣新聞』には「水銀が金になる　相對性原理以上の發見　長岡半太郎博士の大研究完成　今日理化學研究所で公開實驗する」、『東京朝日新聞』には「人工で黃金が出來る　長岡博士の大發見けふ理化學研究所で公表」という見出しが躍った。『時事新報』は「遂に解かれた學界の謎　水銀から金を抽出　長岡半太郎博士の一大發見　けふ理研で發表する」という見出しで記事をのせているが、書き出しは「古い時代には錬金術といふものがあつた」とはじまり、「何しろ研究所が學界の權威を網羅した財団法人の理研でありその發見指導者がこれも世界的に有名な長岡半太郎博士なので、果然／學界の一大驚異となつたのみでなく、ひいては世界の經濟界にも一大恐慌を及ぼし、金本位の貨幣制度に大革命を來し、所謂價値転換の時代が來ることになつた」と、大々的に伝えている。一連の報道からは、長岡の権威や知名度も手伝い、彼の発見に大きな期待が寄せられたことがわかる。

水銀還金実験は一九二四年一一月一日から三日にかけて開催された理化学研究所の研究報告講演会の目玉となり、長岡らは連日の最終講演を長時間かけて行った[7]。長岡は天皇の御前講演まで行った。水銀還金実験の成功は、長岡がこの実験に着手してから驚くべき速さで発表されたが、迅速な発表の背景には、ミーテとの競争心があった。加えて指摘すべきは、長岡が所属していた理化学研究所の思惑である。ジャーナリズムを巻き込み、大々的な発表の場をお膳立てしたのは、理化学研究所であった。

理化学研究所

財団法人理化学研究所は、高峰譲吉や渋沢栄一、桜井錠二らの「国民科学研究所」構想に基づき、一九一七年に設立された。第一次世界大戦の好景気や科学研究の工業化への期待が醸成されたことが追い風となった。一九一六年三月には帝国議会で予算が承認され、発足時の一九一七年三月までに、三井、岩崎両家から各五〇万円を筆頭に、二一八万七〇〇〇円もの寄付を集めていた[8]。総裁には伏見宮貞愛親王、副総裁に渋沢栄一、初代所長は菊池大麓、副所長には桜井錠二が就任した。このとき理化学研究所の掲げた目的は、国富増進のために理化学を基礎に産業を発展させるというものであった。

このようにして発足した理化学研究所（以下理研）は、大学や国立の研究所を凌ぐ日本の科学研究の一大拠点となっていく。一九二一年から第三代所長を務め、理研を大きく発展させたのが大河内正敏である[9]。子爵大河内正質の長男として一八七八年の東京に生まれた大河内正敏は、一九〇三年に東京帝国大学工学部を卒業し、ヨーロッパ留学を経て一九一一年に帰国、その後一九二一年に理化学研究所所長となった。東京大学工学部で造兵学を学んだ大河内は、「役に立つ科学」を重視し、それを積極的にメディアで発信していた。

たとえば一九一七年一月二日の『東京日日新聞』には大河内正敏による「戰爭と科學（上）」という記事が載せら

れている。「理化學の力によつて戰ふ時代　學者の道樂視するは大きな誤解　世人は其研究に同情を寄せよ」という見だしの付けられたこの記事で、大河内は純正科学が間接的に戦争に役立つことがあると説いている。大河内は、無線電信、飛行機、飛行船の爆弾投下、毒ガス、燃焼液、などの例を挙げる。さらには、「今日ラヂウムの如きものは、應用としては、醫療用に盛に使はれているけれども、ラヂウム發見の當時には、それが醫療に使用されるといふ事を、直に何人も断言出來るものでない。夫れと同様に、更に一歩進んで今後の戰爭に又ラヂウムが或何等かの形となつて應用されぬと云ふ事を斷言し得る者はない。恐らく兵器の上に其應用が見出される事と考へる。今後の戰爭には、ラヂウムが兵器の一部分となつて現はれて来ないとも限らぬ」と、ラジウムの兵器利用の可能性にも言及する。大河内はこのように、科学が国力向上に役に立つことを訴え、科学研究への国民の同情を募ったのであった。

純粋な科学研究の成果として金が産出されるという長岡の水銀還金実験は、理研の理念に合致する成功例となり得るものであった。これを積極的に宣伝しない理由はなかった。『大阪毎日新聞』には大河内による、「還金術は産業界に何う影響するか」という記事が一二月二日から九日まで四回にわたって掲載されている。[10] 連載の終わりに大河内は、「原子を破壊し或ひは原子を合成して、一つの元素から他の元素を生産して行く原子工業は、實に長岡博士の發見によつてその萌芽を現したのである。［略］世界で一番さきにこの萌芽を見出したものはわれ〳〵日本人であつてその名誉は未来永劫變ることないが、若し今後われ〳〵の努力や覺悟が足りない時は必ずしも日本で成長するとはかぎらない。［略］科學の研究が人類の幸福のために、その生存生活のために如何に重要であるかを知悉せられて科學の研究に對し同情を寄せられんことを望むものである」と記している。大河内はこのように、長岡の実験を、「原子工業」として工業と結びつけた。日本人による「元素の生産」は、「新元素」や「鉄車王国」に見たように、日露戦争以降の悲願でもあった。いってみれば長岡はその悲願を達成したのである。

長岡がこの実験で金を生み出したことはその後の科学的知見からすれば誤りであるが、彼は水銀還金実験を一〇年以上続け、またこの実験が誤りであったことを生涯認めなかった。長岡の水銀還金実験に対して学問的な立場からの評価と批判を行ったのは、アカデミズムの世界をすでに去っていた石原純のみであった[11]。長いこと長岡の水銀還金実験がインパクトを持ち、信じられていたことはその後の新聞や雑誌の紙面から読み取ることができる。一九三二年頃からの原子核変換実験の成功を伝えるとき、また三〇年代後半になって、理研・阪大がサイクロトロンを完成させたときにも、「長岡の実験」や「錬金術」が持ち出されたのである。続いて、長岡の水銀還金実験以降、原子核研究の進展がメディアでどのように伝えられていくかを検討していきたい。

第二節　原子破壊工業への期待

長岡が水銀還金実験の成功を発表した後、長岡の「錬金術」を解説する記事がしばしば大衆メディアにあらわれるようになった。本節では、一九二〇年代から三〇年代にかけて原子破壊が期待されていく様子を、原子核研究に関する記事から見ていく。

原子の秘密を解説する

長岡の実験によって「水銀から金がとれる」ことは人々の関心をひく話題となった。人々の関心に応える形でさまざまな解説がなされた。たとえば一九二〇年に「原子力」や「原子爆弾」を紹介した『新青年』の一九二四年一一月号には、大井六一の「原子の神祕」という科学解説記事が掲載されている[12]。ここで大井は「水銀から金をとる方法が發見された」として、ミーテの実験に言及しながら、錬金術が「新たに原子論の上に立脚する解析的錬金術といふ新形式となつて再び臺頭して來た」などと伝えた。大井六一はシャーロック・ホームズの翻訳で知られる延原謙の用いていたペンネームであった。(13) 探偵小説の翻訳は『新青年』の十八番であり、延原は創刊第二号から翻訳者として活躍し、一九二八年から二九年までは『新青年』の第三代編集長も務めた人物であった。大井はミーテの実験に関する海外の雑誌記事を参照して、日本の読者に紹介したものと考えられる。

しかしこの記事は――『新青年』の科学記事に往々にして見られたように――科学的内容に誤りを含んだものであった。大井（延原）の記事が掲載された三か月後の『新青年』一九二五年二月号には、弘前高等学校教授理学士という肩書きの仲瀬善太郎による記事「『原子の神祕』に就て」が掲載された。(14) ここで仲瀬は、大井の記事に「見逃す事の出來ない誤りを恐れ氣もなく露してをり」と科学的誤りが多く見られることを指摘し、その内容を正した。大井の記事で根本的な誤りがあったのは、水銀から金がとれることについて解説した箇所であり、「兎も角約言すると水銀より金になるのは原子核の周りにある遊星電子の問題ではなくて原子核そのもの、問題なのであります」と述べている。

この記事には大井による返答も添えられている。ここで大井は仲瀬の指摘が正しいことを認めつつ、「新聞紙上に散見する『水銀から金がとれる』といふ言葉の甚だ誤解され易きを思ひ、とれるに非ず『水銀を金にする』のである所以を説きたいと思つた」という動機のため、「なるべく難解の言を避け、平易に、談笑のうちにといふことをモツトーとしたため、［略］讀者には興味の少なかるべき説明を省略したまで」などと言い訳している。さらに大井は続ける。

> 一體學者が通俗の説明に筆を執ることを嫌ふ傾向あるは定評の存するところである。その原因たるや種々あらう。けれどもその大たる原因の一つは、思ふに彼らが小心の致すところではあるまいか。［略］衆人の見るところと學者の頭と、自ら興味の中心を異にしてゐる。それがために衆人を對手とすることを喜ばざるはこれ學の退歩である。學を冒瀆するものである。(15)

ここで大井は自身の誤りを認め謝罪するのではなく、学者の「小心」に対する攻撃を浴びせている。大井と仲瀬の関係は、明治期の長岡と朝日新聞との関係を彷彿とさせるものであり、大井の批判は千里眼事件のときに可視化されたようなジャーナリズムにおける学者批判とも通じるものがある。すなわち大正期の大衆メディアにおいても、明治期の科学啓蒙モデルが引き続きあらわれていたということができる。また、大井と仲瀬の一件は、原子に関する科学知識が「水銀から金がとれる」かもしれないという実利的な理由によって大衆の関心をひく内容になっていたこと、それによって大衆メディア上で科学知識の真偽が問題となる事態が生じたことを示している。

実際のところ、「原子」を「大衆化」する上で、長岡の効果は計り知れないものがあった。長岡が水銀還金実験の成功を発表した翌年の一九二五年には、いくつかの大衆向けの物理学啓蒙書が出版されているが、これらの書物では、長岡の発見が詳細に伝えられた。

たとえば物理学者の竹内時男によって書かれた『最近の物理學』は物理学の動向を解説するものであるが、この書の主軸をなすのは「長岡博士の水銀還金法」である。竹内は「私は本日大學に開かれた日本數物學會の席上で、博士自身より發明に至るまでの歴史的報告を聞き、顯微鏡下に山吹色の金の結晶を見た時、大發明は我日本に成れりと感極まるのを覚えた」と、長岡の「發明」が日本でなされたことを誇らしげに伝えている[16]。また、竹内は「原子内の恐るべき勢力」についても解説している。

竹内時男は長岡の水銀還金実験を積極的に宣伝した人物であった[17]。『長岡半太郎伝』においては「竹内時男は、長岡の水銀還金実験をほめたたえ、その宣伝に一役買っていた。一方においてそのころ、すでに大学を去っていた石原純は事態を冷静に観察し学問的な立場からの評価と批判を行なった」と竹内と石原の対比的な対応が指摘されている[18]。ここでは竹内と石原という二人の科学啓蒙の姿勢の相違を、確認しておきたい。

長岡の発見は子供向けの科学啓蒙書でも言及された。慶文堂書店による「子供達へのプレゼント」シリーズの一環として出版された高田徳佐の『近世科學の寶船　子供達へのプレゼント』という本を覗いてみよう[19]。長岡の水銀還金実験は最終章となる「水銀が金に變つて　原子村の大評定」で解説されている。ここでは「世界的の大人物」である長岡によって「金家」にされてしまった「水銀家」の模様が描かれている。

原子村の各家は、原子番号と同数の哨兵夫人に護られており、その中には夫のプロトンとその他若干の夫婦（電子とプロトン）がいる。原子番号八〇の水銀家の哨兵夫人とそれに配されるプロトンは原子番号七九の金家よりも一人多いが、長岡は水銀家を油攻めにして道楽息子と夫人を追い出し水銀家を破滅させてしまったのである。水銀家では、難攻不落の要塞のように固く守られていた家の秘密が犯されたとして、こうなったのも原子核の絶対秘密が暴かれるきっかけとなった「ラヂウム家の裏切からだ」という。ラジウム家は「そんな鎖国主義を取るのがわるい。我々はキユリー氏の奥さんがこの家にお出でになつた時、忽ち家を解放してヘリウム核を出してやつたのさ」といい、ウラン家も同調して「ラヂウム家や我々の家のやうにプロトンの多すぎる家は共同一致が中々むづかしいよ。たとえば支那の國のやうなものサ。だから必然分裂しなければならないのだ」という。金家では「世は進む、君の家が私の金家にかはつたところがそれは自然の勢だ、運命だ。何もそう悲観するに當らない。否むしろ人間達の慾深い連中は狂喜してゐるよ。この貴い金が擇山出來るやうになつたからと」と、そして原子村の人々は、「いかにもその通りだ、々々。開放主義、開國主義、それが何より上分別だ」と水銀家をたしなめるのである[20]。ここでは元素を家や国家に喩えているが、著者が科学知識を分かりやすく子供たちに伝えようとした結果と考えられる。

著者の高田は一八八二年に生まれ、一九〇五年に東京高等師範学校官費物理学化学専修科を卒業、一九一一年から東京府立一中の教師を勤めていた[21]。その傍ら、『ラヂウムとエッキス線』（一九一五年）、『理論実験化學講義』（一九一五年）、『物理學粋』（一九一六年）、『中等教科理化學生徒実験用書』（一九二三年）など、多くの科学啓蒙書や教科書を著している[22]。教師として生徒に教えていた高田は、子どもに科学知識を伝えることにさまざまな工夫を行っていたのだろう。同書に見られるように、彼の科学啓蒙書はそのような工夫に溢れている。

このように、大正末期から昭和初期にかけて円熟期を迎えていた出版メディアを通して長岡の水銀還金実験は、繰り返し伝えられていった。長岡の実験は水銀を金にするというインパクトに加え、日本人が科学の世界で他国に先駆けていることを伝えるものであり、人々の期待に応えるものであった。大正期の出版ブームに伴う科学の大衆化時代を経験したメディアでは、科学の語り手も層を厚くしていた。そのようななか、長岡の水銀還金実験は、日本人の偉業として繰り返し語られていくのである。

「五十年後の太平洋」

一九二六年、『大阪毎日新聞』と『東京日日新聞』は共同で「五十年後の太平洋」と題する論文募集を行った[23]。この頃、『大阪毎日新聞』と『東京日日新聞』は新聞の発行部数の第一位と第三位に位置していた[24]。大阪と東京を拠点とする新聞社が共同で行ったこの論文募集は大規模なもので、日本本土をはじめ、満州、朝鮮、台湾、樺太、ドイツ、中国、ハワイから三二四篇の論文が集まったという。当選者への賞は一等が「欧米視察」（旅費六〇〇〇円）、二等が「支那視察」（旅費一五〇〇円）、三等が「満鮮台樺適宜視察」（旅費五〇〇円）という豪華なものであった。

審査の結果、一等に三好武二、二等に高山謹一、三等に佐々井晃次郎の作品が選ばれ、入選作品は八月から三か月にわたり両紙に掲載された。当選者の経歴を眺めておくと、三好は一八九八年に青森県弘前市で生まれ、東京高等工業学校の応用化学科を卒業した後、朝鮮京城旭石鹸会社などを経て、朝鮮半島の京畿道及び慶尚北道で官吏として働いていた、いわゆるエリートであった。彼が理系の知識と植民地経験を有していたことは注目に値する。高山は日本郵船の社員として天津、ロンドン、ニューヨークに勤務した後、運送会社を経営していた。世界情勢を肌で感じてきた叩き上げの人物といえる。佐々井は東京、神戸、京都でさまざまな事業に手を出したが失敗し、独学でドイツ語を学んでいた苦労人であった。それぞれ異なる経歴を持った彼らであったが、描いた作品には共通点があった。それは、五〇年後の太平洋が、日本人によって平和裏に治められているという筋書きである。

一等となった三好の作品は、五〇年後の太平洋をめぐる不穏な国際情勢に始まり、優れた科学技術を有する日本が太平洋を制するという内容になっている。五〇年後、科学技術の新時代が到来し、石油難が電気によって救われる。電気をめぐる研究は、X線やラジウムの発見に端を発する科学研究によるものであるとして、「現今では、従来電氣と漠然唱えられてゐたもの丶研究が、電磁波の方面に、電子の方面に凝固しつ丶ある。X線及びラヂウムの發見は實にこれがほんのＡＢＣであって、科學者がこの鍵で開いた宇宙の神祕こそまさに驚嘆に値するものである」と説明される。[25]

ここでは、長岡の水銀還金がこの分野の研究の重要な第一歩として記されている。三好は、「電子に関する知識はわれわれの物質観をまったく旧套から追い出してしまった」として、次のように記す。

これには第一、原子破壊工業について語らなければならぬ。一九二四、五年頃、長岡半太郎が水銀のスペクトル研究から出發して、とうとう水銀を金に變ずるの大事業をなし錬金術者數百年の夢を實現した。當時における水銀からの金は顯微鏡を使用して漸く認めらる丶程の微量であつたが、來るべき將來への第一歩であつたことは疑ひない。[26]

ここで長岡の水銀還金が持ち出されていることからもわかるように、日本の科学者は五〇年後の世界に繁栄をもたらす存在として描かれている。三好は、五〇年後の太平洋ではドイツ人の発明した「人造人間」と日本人の発明した「殺人光線」で戦争が不可能になるとして、この殺人光線は「電氣學の泰斗北村博士が發明したので、博士が太陽の輻射線を電氣的勢力に變換する理想發電機の研究中偶然發見した原理から生み出されたもの」であるとする。近いうちに完成する「理想發電機」によって、「吾々は石油も石炭も水力もその涸渇を憂ふることなしに太陽の輝く限り平和な生存を續け得られるであらう」として三好作品は終わる。ここで登場する北村博士とは仮想の人物であるが、無線電信を実用化させた北村政治郎を念頭に置いていると考えられる。

「五十年後の太平洋」は、五〇年後の太平洋の平和が日本人の科学技術によって保たれていることを、日本の人々が疑うことなく信じ待望していたことをうかがわせるものである。三好が描いたのは、「原子破壊」による錬金術が実現し、さらには「理想発電機」が完成した、明るい未来像であった。さらにいえば三好の描いた未来像は、明治期の未来像を踏襲している。三好の作品には最先端の科学知識が織り込まれてはいるが、大筋としては押川春浪の「鐵車王国」に近い。すなわち、戦争が不可能となるほどの兵器を日本人が発明し、平和な世界を導くというものである。第一次世界大戦前の列強各国に共有されていた、平和な世界に導くための最終兵器という考えがここにもあらわれている。

ところで、この懸賞の審査員には、理研所長の大河内正敏が含まれていた(27)。大河内は、懸賞論文における科学の描写を高く評価した。大河内は、「私の印象に深く殘つたのは、從來、世間一般の人びとが科學や船舶の構造に就て比較的理解が乏しいようであつたが、今度の論文を見て、筆者はいづれも此問題につき相當に理解を持ち科學の専門家でもないのに科學的常識に富んでゐらるることが見られた」、「數ある論文のなかには、科學の方面から見るとむしろ空想論なども あつたが、大躰からいつて科學者でもない人々が科學に對しよくもかう深い理解があるものだと驚嘆せざるをえなかつた」と評している。

懸賞論文に見られた科学への深い洞察の背景には、大正期に科学啓蒙書や科学読み物が多く出版され、一般の人の手に届く類の科学書が増えたことが挙げられる。たとえば、一九二四年に寮佐吉によって翻訳出版されたアーサー・エディントンの『原子のＡＢＣ』は、電子や核の構造から相対性理論までを解説しており、三好や佐々井らが原子に関して記述する際の有用な参考文献となっただろう。[28]さらにいえば、このとき科学技術が五〇年後の日本——太平洋を統治するであろう国——にとって欠かせないものであるとの認識が、審査側と応募者側に共有されており、その萌芽ともいえる研究が、日本の科学者によって生み出されはじめていたといえる。長岡の水銀還金は日本の科学陣の優秀さを示す一例として、持ち出されたのであった。

機械化ブームと原子破壊

一九二〇年代後半には、人々に手に取りやすい文庫という形でますます多くの西欧の書物が紹介されるようになった。一九二七年七月には岩波書店が岩波文庫を創刊した。このときの岩波文庫創刊書目二三冊はベストセラーとなったが、そこにはアンリ・ポアンカレの『科學の價値』も含まれていた。『科學の價値』は第一章で言及したようにポアンカレが一九〇五年に記した書で、一九一六年に田辺元による邦訳版が出版されていた。文庫本によってこうした書籍が人々の手に取られ、物理法則の崩壊といった考えも、普及していった。機械化時代の芸術や文化を「モダニズム」として論じた平林初之輔が新しいものへ目を向けたのも、彼の愛読書であった『科學の價値』が影響しているといわれる。[29]

一九二〇年代の終わりから三〇年代の初めにかけては機械化時代の文化が花開いた。板垣鷹穂の『機械と藝術の交流』（岩波書店、一九二九年）、木村利美編の『機械と藝術革命』（白揚社、一九三〇年）、「新興芸術」編の『機械藝術論』（天人社、一九三〇年）などが出版され、論議を呼んだ。横光利一は、一九三〇年九月に雑誌『改造』に掲載され、翌年単行本化された『機械』で、機械化時代の人間心理を捉えた。ロボットがブームとなるのもこの頃である。機械化は、単に歓迎すべきものとして捉えられただけではなかった。機械文明の興隆した二〇年代後半には、飛行機の発達が「飛行機病」などといった近代特有の病を生みだすなどもした。[30]

機械文明の流行とともに、原子エネルギーの実現可能性は、原子燃料を発明する工業や原子を破壊する電圧発生装置と共に語られるようになっていった。一九二九年二月一〇日の『大阪時事新報』の「太陽工業時代」という記事では、「大洋から動力を得る時代だから原子燃料でも發明して、太陽工業を起す程の奮發はあつて欲しいものだ」と原子燃料への期待を示している。同年四月二九日の『大阪時事新報』の「五百萬ヴオルト發生装置」という記事では、「一刻も其の歩みを止めない科學の力は遂に微細な原子の電碎とまで進んで來た」として米国カーネギーの高電圧を発生させる装置を紹介している。これは、「されば將來のエネルギーとして原子の破壊若しくは分離と言ふ新しい源泉が發見された訳で今後科學者は必ず原子の平等分割と言ふ様な神通的な方法を發見するに違いない」としている。

原子核研究は「奇蹟の年」と呼ばれる一九三二年に入ってから飛躍的に発展し、「原子破壊」への期待がますます高まっていくが、一九三〇年代の原子核研究に関する報道においても、長岡の錬金術がたびたび持ち出された。続いて一九三〇年代の原子核研究に関する報道を検討していきたい。

コッククロフトとウォルトンによる原子核変換の成功を受け、『讀賣新聞』ではその年の五月から六月にかけ、「原子の変換」「原子の破壊」というキーワードを用いて、五回にわたって関連記事を連載した。このとき記事のなかでたびたび取り沙汰されたのが、長岡半太郎の水銀還金実験である。

一九三三年二月号の『科學知識』には工学士の中原秀による「人工ラヂウム線で原子は斯く破壊さる」という記事が掲載されている。この記事でも、長岡の水銀還金実験は日本における原子破壊実験の先駆として言及されている。中原は、原子の内部を破壊することによる「原子変換の魔術」の実現は簡単なものではないことを伝えつつも、「ラヂウムは高価にして生産に限りがあるから、原子破壊を自由にするだけのエネルギーを所望出来ぬが、かやうにして人工的ラヂウム線を得るに至つた以上、今後の原子破壊の物理学的業績に就ては刮目して期待しうる次第である」と結んでいる。ここでは天然のラジウムに対する「人工的ラヂウム線」で原子破壊が可能になるという期待を伝えている。

長岡の水銀還金実験以降、原子核研究の解説者として新聞や雑誌にしばしば登場していた竹内時男は、一九三二年一二月後半から一九三三年一月初めにかけて、『讀賣新聞』に原子核研究の進展を伝える六本の記事を書いている。一九三二年一二月一六日には、「萬物を變じて黄金となす　可能となった錬金術師の夢」という解説記事を書き、原子破壊、元素の人工転換によって、錬金の可能性が示され、錬金術師の夢はいまや近代の物理学の進歩により現実のものになろうとしていると伝えた。一九三三年の元旦に掲載された記事では、竹内時男は速度の速いアルファ粒子をラザフォードが原子弾と名づけたことを紹介し、「彼［ラザフォード］の武器は原子弾であり、これを以って原子核の牙城を攻撃するのが仕事である。原子核は超高速度の原子弾によって初めて破壊される」と書いている。

竹内は、東京帝国大学理学部物理科を一九一八年に卒業した後、東京工業大学教授となった理学博士であった。竹内の人物像は、一九九五年に日本物理学会の主催した座談会からうかがうことができる。(31) 座談会で今井功は、竹内は数物学会の研究会で毎月発表をしていたが、理研あたりから強い反論を受けていたと語っている。(32) 伏見康治は、「ものすごく頭のいい人でしたよ［略］とにかく竹内さんという人は、新しい文献を非常に早く頭の中に入れてしまう人で、そのころ新聞社の科学記者は、何か新しいことが出ると、すぐ竹内さんのところに飛んで行ってましたよ。ほとんど毎週くらい竹内さんの名前が新聞に出ているわけです」と回想している。(33) この回想からは、竹内が非常に頭のよい人物であり新聞ジャーナリズムの世界で重宝されていた一方で、理研を中心とする物理学コミュニティのなかでは周辺的な立場におかれていたことがわかる。

竹内の記事からは、彼が人々の興味をかき立てるように科学研究を伝える能力に優れていたということがわかる。彼は記事のタイトルを見てもわかるように、やや〝大がかり〟な伝え方をしていた。それは、多くの物理学者にとっては承服しがたい科学の〝歪曲〟に見えたのかもしれない。竹内については科学史研究ではほとんど取り上げられておらず、また科学の大衆化という文脈においても、小倉金之助や石原純ほど文章に思想的な含意がないために省みられていない。しかし彼の発言は社会において重宝されていたのであり、この頃のメディアにおける科学の言説を検討する上で重要である。

海野十三も原子核研究と錬金術を結びつけて紹介していた。海野が丘丘十郎というペンネームで発表している『新青年』一九三四年九月号の「科學が臍を曲げた話」という記事では、次のようなエピソードが書かれている(34)。

錬金術のお蔭で、化學といふものが大變發達しました。日本には錬金術師が居なかったお蔭で、化學というものは一向に芽をふいて來ませんでした。――而して、近代になつて、長岡半太郎博士は水銀を金に變化する実験に成功して、遂に人類の憧れてゐた一種の錬金術を見出したわけです。その方法は、水銀の原子の中核を、α粒子といふ手榴彈で叩き壊すと、その原子核の一部が欠けて、俄然金に成る。［略］しかし科學は矢張り臍まがりで、この方法はまだ實用に遠く、金には成るには成るが、顯微鏡で探さねばならぬ程ですから、費用仆れで金にはならない(35)。

このように海野は、長岡の実験を語る際に化学と錬金術の歴史を持ち出している。一九三〇年代前半に書かれた竹内と海野の二つの記事は、どちらも原子核研究を錬金術の歴史に位置づけている。その背景には長岡の水銀還金実験のインパクトがあったことがわかる。とはいえ両者の原子核研究への見方は少し異なるものであった。竹内が錬金術は可能だとその希望を伝えているのに比べ、海野のほうは錬金が可能であるといいながら最後に皮肉を付け加えることを忘れていない。この点は両者の科学に対する見方をあらわしているといえる。竹内は科学が万能であるというイメージを描いており、海野は発展するが万能ではないという科学イメージを描いていた。科学に対する楽観的な科学者に対して悲観的な文学者の立場は、海野の「科學が臍を曲げた話」が掲載されたのと同年同月に出版された土井晩翠の文章にも見てとれる。

機械化が歓迎すべきものとしても憂慮すべきものとしても捉えられたように、原子エネルギーの可能性も、期待と憂慮と共に語られた。『荒城の月』の作詞者として知られる詩人の土井晩翠は、原子エネルギーの可能性に言及し、科学技術に偏重した文明に対する悲観的な見方を示している。土井は一九三四年九月に『雨の降る日は天気が悪い』という随筆集を出版しているが、この中の一つに「苦熱の囈語」という短編がある。[36] この短編は、科学の発展と西欧文明の没落を憂いたもので、「西欧文明に対する疑悪と失望の声はスペングラーの大著に於て最大の代表を見出した」とあるように、シュペングラーの著作に影響を受けたものと思われる。ここでは、原子エネルギーについて次のように言及されている。

原子のエナルギィの解放はあまり遠い未來であるまい、之が戰爭好きの人間に利用されたら如何なる恐るべき禍を來すだらうか、飛行機投下のダイナマイトにさへ戰慄する我我はビク〳〵せざるを得ないではないか。／學問の進歩によりて「哲學者の石」を求めようとする、其「石」は「人間の棺桶」となりはせぬか。／太古の穴居時代は人間對自然であつた、今日は人間對器械である。[37]

彼の憂慮は主に、シュペングラーの『西洋の没落』や科学者の議論といった、西洋における思想の影響を受けたものであった。機械化時代を迎え、原子エネルギーの解放も、機械文明の帰結として想像されるようになっていった。

本節で見てきたように、長岡の水銀還金事件を機に、原子破壊への期待と関心が高まり、一般向けの解説も多く書かれるようになった。そこでは、「発電機」あるいは、「電圧発生装置」といった装置が原子破壊のために重要なものとして言及されていた。その背景には、機械文明への期待の盛り上がりもあった。一九三〇年代後半になると、原子破壊を実現する装置が実際に日本国内に登場し、メディアはいっそう沸き立っていく。次節ではその模様を見ていきたい。

第三節　サイクロトロンと人工ラジウムの夢

一九三〇年代、日本国内で原子物理学の研究が開始されると、メディアにおいてその研究の進展が伝えられ、人々の期待が寄せられていくことになる。なかでも期待を集めたのはサイクロトロンという装置であった。本節ではサイクロトロンに国民の期待が寄せられていく様子と科学者がその期待に応えていく様子を検討していく。

仁科芳雄と日本の原子核研究

日本の「原子物理学の父」ともいわれる仁科芳雄がコペンハーゲンから帰国したのは一九二八年の末である。これ以降、仁科の先導によって、日本の原子核研究が本格的に始動することとなる。

一八九〇年に岡山県に生まれた仁科芳雄は、旧制第六高等学校を卒業した後、一九一四年に東京帝国大学工学部電気工学科に入学した。その後理化学研究所の研究生となり、一九二一年から二八年までヨーロッパに留学し、コペンハーゲン大学のニールス・ボーアに師事した[38]。一九二八年一二月に帰国した後に理化学研究所の長岡半太郎研究室に所属し、一九三一年に仁科研究室を設立した[39]。仁科研究室には若い研究者が集った。一九三一年に嵯峨根遼吉や竹内征らが、一九三二年には朝永振一郎が入り、彼らとともに一九三二年には理論と実験の両面にわたる本格的な研究が開始された[40]。

一九三五年には理化学研究所に原子核研究室が開設され、西川正治と仁科芳雄の研究室が設立された。三井報恩会、東京電燈会社、日本無線電信株式会社、日本学術振興会第一〇小委員会などが研究室のスポンサーとなった(41)。この研究室で仁科らがまず取り組んだのが、粒子加速器サイクロトロンの建設であった。粒子加速器は一九二〇年代の終わりから考案されていたが、一九三〇年にアーネスト・ローレンスによって考案された円形の加速器サイクロトロンは、荷電粒子に電磁場をかけることで高エネルギーの粒子をつくり出す装置であり、核反応を調べる実験に欠かせないものとなった(42)。このときまでにメディアでは「原子破壊」への期待がたびたび語られていたが、サイクロトロンはまさに原子破壊を可能にする、画期的な装置であった。日本国内では一九三〇年代の半ばに、理化学研究所、大阪帝国大学、京都帝国大学でサイクロトロンの建設に着手した。

サイクロトロンは大型の実験装置であり、その建設は、巨額の予算と資材を必要とするものであった(43)。そこで必要となったのが、財源の助成である。当時、日本国内では一九二三年に設立された斎藤報恩会を嚆矢として、一九三〇年に服部報恩会、一九三四年に三井報恩会といった財団が設立され、学術研究に多大な援助を行っていた。また、一九三二年には財団法人日本学術振興会が設立された。

計画当初からサイクロトロン建設を財政的に支えたのは、国家的な科学振興財団ではなく、民間の財団であった(44)。理研サイクロトロンの主な財源となった財団法人三井報恩会は、一九三五年以降三年間に合計一五万円（現在の貨幣価値で約一億円）の助成を、理研の「元素ノ人工転換ト其ノ放射能ノ研究」に対して行った。同会の設立趣旨は、「国力の充実」のために「文化の向上発展」が必要であるというものであった(45)。三井報恩会はなぜこのような高額の寄付を行ったのだろうか。日野川静枝は、三井報恩会の二〇名の評議員に長岡半太郎が含まれており、彼が助成申請の審査も担当していたことから、長岡の強い影響があったものと推測している(46)。加えて指摘したいのは、サイクロトロンが生産するとされていたラジウムへの強い関心である。三井報恩会は一九三四年に東京癌研究所にラジウム購入のために一〇〇万円という莫大な寄付も行い、世間の耳目を集めていた。国内のサイクロトロンによってラジウムが生産できるようになれば、癌研究にも役立つだろうという目論見もあったものと推測できる。

大阪帝国大学と京都帝国大学のサイクロトロンの主な財源となったのは、谷口工業奨励会であった。谷口工業奨励会は、紡績業で財をなした谷口房蔵の息子である谷口豊三郎が一九二九年に創立したもので、主に大阪や京都の科学技術の振興に尽くした(47)。阪大ではサイクロトロン建設計画が開始した一九三五年に八万円、その二、三年後に追加で四万円の寄付を得た(48)。京大の建設計画は一九四〇年に始まり、一〇万円の寄付を得た(49)。

サイクロトロン建設の財源からは、産業界と科学界の結びつきが堅固なものとなっていたということがうかがえる。この結びつきを強めたのは、サイクロトロンがラジウムという希少価値の高い物質を生み出すという実益であった。さらにサイクロトロンは、産業界と軍部と科学者の関係性だけではなく、国民と科学者との関係性においても重要な役割を担うようになる。物理学者はサイクロトロンの夢を国民に語り、国民はその夢に熱狂していくのである。次に、その模様を見ていきたい。

サイクロトロンの報道

国内で初めてサイクロトロンが完成したのは一九三七年のことで、三月三〇日に大阪帝国大学で、四月六日には理化学研究所でサイクロトロンが完成した(50)。サイクロトロン完成のニュースは国内メディアで大きく取り上げられた。

理研のサイクロトロンには、完成前から高い関心が寄せられており、メディアでしばしば報道されていた。たとえば、一九三六年九月一日の『讀賣新聞』では、「一グラム廿萬圓のラヂウムを人造　待望の〝生産機械《サイクロトロン》〟理研で完成！　實用化への大躍進」という見出しで「ラヂウムを無限的に作る機械」であるサイクロトロンが完成間近であることを伝えた。また、一九三六年一一月三〇日の『時事新報』では、「古來人類憧れの夢　いでや實現せん　理研と阪大が研究」という見出しをつけ、「萬有還金」「超時代的研究」などとして、「原子破壊に素晴らしい能力を示」す「二十世紀の魔術函サイクロトロン」の完成を伝えた。

サイクロトロンの報道においては、「万能」「錬金術」といった言葉が並んだが、とりわけ報道されたのは、サイクロトロンが「人工ラヂウム」を生産するということであった。一九三七年の三月五日の『讀賣新聞』には、「萬能の世界へ一歩　作れるぞ〝人工ラジウム〟凱歌高し科學の使徒」という見出しをつけた記事が掲載された。この記事は「昨年五月來建設に着手した『人工放射能』の研究室（當時所報）が最近その一部分を完成し、その中心となる〝生産機械《サイクロトロン》〟も近日中据ゑ付けを終るばかりになり、いよ〳〵わが國はじめての『人工ラヂウム』の生成が開始される段取りになつたのである」と伝えている。同日の『東京朝日新聞』は、「『魔の實驗室』誕生」という見出しをつけ、「太古からの人類の夢である『錬金術』」と錬金術の説明に始まり、「夢幻の如き不可思議な研究」が開始されたと伝えた。一連の報道からは、サイクロトロンが「人工ラヂウム」を生み出す装置として注目されていたということがわかる。

理研サイクロトロン完成を伝える四月七日の『讀賣新聞』には、「科學は遂に萬能神を征服　見事に出來た！　待望のラジウム　四十秒間に一萬圓の量を人造　理研に揚る凱歌」という見出しがつけられた。『東京朝日新聞』では「魔の實驗室から　飛び出したり！　人工ラヂウム」という見出しをつけ、「『魔の實驗室』が六日から器械の運轉を開始し、日本では初めての珍しい人工ラヂウムが盛んに飛出し始めた」として、「實驗室では銀から放射線が飛出して別の器械に當るごとにラウド・スピーカーからポツ〳〵と音がする、之が人工ラヂウムの出來た證據とある」と伝えた。ただし、この記事で伝えられているサイクロトロンが「人工ラヂウム」を生産したというのは、誤りである。四月二八日の『朝日新聞』は、「サイクロトロンとは何か　萬有還金の夢實現　驚異元素の人工變換　理研に魔の實驗室」と見だしをつけ、仁科芳雄の談を紹介している。仁科による解説は「元素と原子」「原子の構造」などの基本的な事柄を伝えるものであるが、このなかで仁科は、たとえば元素の転換によって食塩の中のナトリウム原子核が変化して原子量の重いナトリウムができることを伝え、「これはビーター線とガムマー線との放射線を出すこと恰もラヂウム属の元素の様である。サイクロトロンによつてこの様な放射能元素を色々の元素から作ることが出來る」としている。ところがこの記事の冒頭では、理研のサイクロトロンで「僅四十秒間に銀塊から人工ラヂウムが生産された」という記者による解説が付せられている。これは新聞記者が、「ラヂウム属の元素の様である」と伝えた仁科の説明を、ただ「人工ラヂウム」として伝えたことを示している。

以上見てきたように、サイクロトロンは人工ラジウムを生成するための機械として、さらには「錬金術」や「魔術」を実現する機械として伝えられた。そしてここでしばしば登場したのが、サイクロトロン建設のリーダーである仁科芳雄である。

仁科の広報活動

理研サイクロトロン建設のリーダーであった仁科芳雄は、研究の進捗状況をメディアに促され、語るようになる。仁科は一体どのように研究を語っていくのだろうか。仁科は一九三〇年代初めから宇宙線の語り手としてメディアに登場していたが、サイクロトロンの登場とともに、そのスポークスマンとしてメディアへの登場回数を増やしていく。ここでは、仁科のメディアにおける発言を検討し、彼がメディアとの関わりの中で、メディアを宣伝媒体と捉えるようになり、国民に研究の意義をアピールするようになっていったことを論じたい。

仁科がサイクロトロン建設を機にジャーナリズムとの距離を縮めていったことは、仁科の弟子筋による座談会でも指摘されている(51)。朝永振一郎は、「サイクロトロンのような非常に金のかかるようなものをやるには、やはり科学の普及とか、或はもっと積極的に宣伝が必要だというので、意識的に乗り出されたんですね。……そうなると、この研究をやって、こういう病気につかえるかもしれないなんてことを、盛んにいったり書いたりされるんだ。その頃、本郷の通りだかにエレクトロン療法というインチキ治療の看板が出ていて、僕らは、これは先生のやりそうなことだなどと悪口をいったもんだ」と語っている(52)。朝永は、それまで「新聞記者はウソを書くから」といってけんもほろろの対応をしていた仁科が、サイクロトロン建設とともにジャーナリズムと距離を縮めていったことを指摘し、「その頃から先生豹変された」という。

仁科は一体、どのような宣伝活動を行ったのだろう。はじめに、ラジオにおける発言を検討していきたい。一九二〇年代から三〇年代にかけて台頭してきたラジオ放送は、旧来のメディアであった新聞との「新聞対ラジオ戦争」を巻き起こしたが、二・二六事件を機に両者とも「政府の意思をそのまま伝える、国家的共同体を代表するメディア」へと変化していった(53)。仁科が最初にラジオ出演したのは、この二・二六事件が一旦の終結を見た日であった。すなわちラジオが国家共同体を背負うものとなっていった転換期である。仁科はこのような時期にラジオ放送に登場し始め、サイクロトロンを用いた人工ラジウム製造への期待を語っていく。

仁科はまず、一九三六年二月二九日午後六時二五分から放送された「科學界のトピック」の語り手として登場する。同日の『東京朝日新聞』には以下のように記載されている。「博士は放送に先立て次の如く語つた。先ず私の携はつてゐる宇宙線元素の人工變換等の研究の方面で最近欧米において發表された報道の中、なるべく判り易いものについて解説いたします。例へば米國において行はれたる成層圏飛行による宇宙線の研究とか、ラヂウムEを人工で製造したとかいふこと、その他興味ある研究業績に就てお話します」。仁科が手元に残していた放送原稿によれば、仁科は新聞の説明通り、宇宙線と元素の人工変換について解説しているが、最後に元素の人工変換を行うには大きな装置が必要であることを強調している。ローレンスが大きなマグネットを用いてビスマスをラジウムEに変換したことを伝え、将来的には「ラジウム其物を人工で作る様な時代が来るかも知れません」と述べて、講演を終えている(54)。

この約八か月後の一九三六年一〇月二六日には、「人工ラヂウムとはどんなものか」というタイトルで、ラジオの講演を行っている。放送要旨には、「人工ラヂウムといふ名は余り妥当な名称ではないかも知れない。といふのは人工で真の元素ラヂウムを作るといふのではなくて、人工でラヂウムに似た性質を持つ別の元素を作るといふ意味であるからである。即ち普通の路傍にある元素の原子核を変へることにより、放射性を持つ地上に無い新しい元素を作ることが出来る。／此発見、其発生方法、其種類、性質、寿命、其学術的応用、其実用価値、其地球物理学乃至は天体物理学的意義に就て述べる」と記されている[55]。ここで、内容として適切でないかもしれないとしながらも、人工ラジウムという言葉がタイトルに用いられているのは、世間のラジウムへの関心の高さを反映したものであろう。

一九三八年一月二五日の午後六時二五分から放送された「サイクロトロンの話」は、「元素の変換より説き起し、これに用ふる器械の一方式なるサイクロトロンの原理を述べ、これを使って行はれる研究に就いて説明し、最後に日本学術振興会が建設計画中の大サイクロトロンの事を述べて此放送を終わる」という内容であった[56]。ここで仁科は元素の転換におけるサイクロトロンの重要性について強調しているが、最後に次のような言葉を述べている。「一国の学術の荒廃は其国民の科学に対する関心の有無にあると思ひます。私達の毎日心身を打ち込んで行って居ります研究は、吾々個人のものでは御座いません。これは凡て皆様のものであります。吾々は只其道具として各国に遅れまいと努力をして居るに過ぎません。どうか皆様の御援助と御鞭撻とによって吾々の責務を果し度いと存じて居ります」[57]。

仁科はラジオというメディアにおいて、何よりも国民のために研究を行っているということを訴えた。まるで、視聴者をパトロンと捉えているかようである。このとき、仁科は財団や日本学術振興会からサイクロトロン建設のための多額の資金を得ていた。そのような資金面での間接的なパトロンであるということを自覚していたのかもしれない[58]。それに加え仁科は、まるでオリンピック選手のように、自身に向けられている国民の期待の大きさを知っていた。この講演に寄せられた視聴者からの質問には、放射線の性質についてのものと他国の研究状況との比較に関するものがあった。他国との比較については、「サイクロトロンといふ機械はどこの国にもありますか」「サイクロトロンのあのやうな大きなマグネットは世界に幾つありますか」「此の研究は日本が一番進んでゐるのですか」と、日本の国際競争力を問うものであった[59]。仁科の説明に触発される形で、聴取者はサイクロトロンに「世界一」を期待し、夢を託していったのである。そして仁科も、それに応えようとしたといえる。

大サイクロトロン

ここで重要となるのは、仁科の講演で言及されている大サイクロトロンの建設計画である。二六インチの小サイクロトロンが完成した後、仁科の関心は早くも六〇インチの大サイクロトロンの建設に向けられた。というのも、サイクロトロンは大きさによってビームのエネルギーと強度が規定され、大きければ大きいほどさまざまな核反応を調べることができたからだ。小サイクロトロンの出すビーム強度は三メガボルトであった。実際、仁科らは完成した小サイクロトロンを用いて国際水準をいく研究成果をあげていたが、その研究の幅は大きく規定されていた[60]。

大サイクロトロンの建設計画は二六インチの小サイクロトロンが完成する前から進められていた。一九三七年三月末の学術会議評議委員会では早くも長岡半太郎が大サイクロトロン建設の意義を唱えている[61]。とはいえ、仁科らが小サイクロトロンの完成後、八から一二メガボルトを出す三〇から四〇インチのサイクロトロンではなく、六〇インチの大サイクロトロンの建設を急いだことは、早急すぎるのではないかという嫌いがあった。当時の日本の技術水準から考えると、無謀ともいえる計画であった。朝永振一郎の回想によれば、当時物理学者の多くは六〇インチのサイクロトロンの建設には賛成していなかった。岡本拓司やキム・ドンウォンは、仁科らが大サイクロトロン建設を急いだ背景に、仁科らの「世界一」への意思を見てとっている[62]。

岡本らの指摘するように、仁科が大サイクロトロン建設を急いだのは、何よりもアメリカをはじめとする諸外国との競争を念頭においていたからであった。仁科はサイクロトロンの建設で、サイクロトロン発祥の地であるアメリカに先駆けようと考えた。すでに稼働している二六インチの小サイクロトロンが日本の技術がアメリカに追いついたものであるとするなら、六〇インチの大サイクロトロンは、このときアメリカでもまだ建設途中であり、完成させればアメリカに先駆けることができるものであった。それは日本人が夢見てきた、日本の欧米への科学技術による勝利である。仁科は、国民にその勝利を見せたかったのではないだろうか。続いて大サイクロトロン建設をめぐる報道をみていきたい。

大サイクロトロンをめぐるローレンスと仁科の競争は、紙面で盛んに報道された。一九三八年一月一八日の『讀賣新聞』には、「人工ラヂウム日米合戦〝世界一〟軍配は何れに　全米學会も總動員」という見出しで、日米の科学者が「人工ラヂウム」の生産をかけて世界争覇戦をしており、またその人工ラジウムを生産するための大サイクロトロン製作が要となっている、ということが伝えられている。このとき、アメリカでも六〇インチのサイクロトロンは完成していなかった。

一九三八年から三九年にかけての報道では、サイクロトロン開発において日本がアメリカをリードしているかの如く語られていた。一九三八年六月一五日の『東京朝日新聞』では、「宇宙へ世界一の挑戦／理研の装置半ば完成」として、世界最大のサイクロトロンが完成間近であると伝えている。仁科の語ったこととして、「完成の暁にはこれに重い水素のイオンを加速すると二千萬ボルトで加速したのと同じ早さのものが得られる、このイオンによつて元素の變換を行ふと恐らく地球上變換されない元素はないであらうと豫想され、原子核そのものの研究は勿論のこと、人工ラヂウム、中性子等各種放射線の製造、其醫學、動物學、植物學等に於ける應用――などを研究して、宇宙の根本現象解明に資するところ頗る大なるものあらうと期待されてゐる」と記されている。

一九三九年二月二四日には、『東京朝日新聞』で「世界一の原子實驗室　理研『サイクロトロン』取つけ」と報道されるに至った。この記事では、大サイクロトロンはまだ稼働していないが、稼働すれば人工ラジウムをはじめとする原子核のさまざまな実験が可能になるということや、大サイクロトロンの写真が近く開催されるニューヨーク万博の日本館の壁面を飾る予定であることなどが伝えられている。仁科が語ったこととして、ローレンスのサイクロトロンが完成したかは情報がなくわからないこと、「何しろ材料はないし、人出も足りなくなつてゐるのでもう一寸遅れたら完成は困難だつたと考へてゐます」と伝えている。一九三九年五月一七日の『讀賣新聞』には「世界一のラヂウム発生装置　米國より一足先に人類の敵へ挑戦　理研二年の苦心結實」という記事が載せられている。この記事には「興亜科學の眞價を世界に問ふ待望の〝人工ラヂウム〟生産の劃期的實驗がスタートを切る！」と記され、「完成した世界一大サイクロトロン」というキャプションをつけた写真が掲載されている。また、人工ラジウムの生産以外にも、「サイクロトロンで造られる強力な中性子を癌に當て、治療するといふ人類待望の劃期的實驗も行なはれる」こと等が伝えられている。ここでは、仁科の談として、「ほゞ同時にサイクロトロンの建設に着手したアメリカのローレンス教授からはまだ完成したといつてきませんのでこちらが先になつたのではないかと思ひます」と伝えている。

これらの報道からは、ローレンスのサイクロトロンが強く意識されていることがわかる。これは仁科と読者の共通の関心であっただろう。この時点で、報道の上では日本はサイクロトロン建設でアメリカに先駆けていた。しかしローレンスがバークレーで建設していた大サイクロトロンは一九三九年の夏には稼働を始めていた。この事実は国内メディアで積極的に伝えられていなかったようである。一方、理研の大サイクロトロンは一九三九年のうちに組み立てを完成したもののの、期待したビーム強度を出すことができず、「大改造」を必要としていた(63)。それでも、このサイクロトロンはこの時までにアメリカ以外の国で稼働した最大のものであった。

メディアにおいては、理研のサイクロトロンは華々しく伝えられていた。一九四〇年三月二七日の『アサヒグラフ』

には「世界の研究室　理化學研究所を覗く」という見開き二頁の記事が組まれている。この記事は、「『科學の殿堂』としてその名世界に轟くといふ東京、本郷区駒込上富士前の理化學研究所をカメラでのぞいて下さい」という読者のリクエストに答えた形になっており、「カメラで覗いてみた『科學の殿堂』には何があつたか。出題者が想像したであらうやうな珍奇さも、摩訶不思議さも更々なく、林立する試驗管裡に、ちよいとした装置の間にたゞ深遠な學理を追及する實驗衣の學徒群のみ」と記されている(64)。この文章からは、理研に対して、ヴェールに包まれた科学の殿堂として、摩訶不思議なイメージが抱かれていたということがわかる。紙面にはサイクロトロンの写真や、装置とともに写る学徒らの写真が多く掲載されている（図4-1）。

図4-1　大サイクロトロンと仁科ら

出典：『アサヒグラフ』第34巻第12号、1940年、157頁。

『アサヒグラフ』は、一九二三年に創刊されたグラフ雑誌で、紙面の三分の一を写真とイラストで構成していた。一九三七年の日中戦争開始以降、戦争関連の報道に傾き、徐々に戦争賛美のポスターを掲げるプロパガンダ雑誌となっていった。「世界一」をめぐってアメリカと競争している理研サイクロトロンは、日本の科学陣の国際競争力の高さを示すものとして、格好の取材対象となっていたのである。

　このようにして、「世界一」のサイクロトロンのイメージが形成されていたなか、敢行されたのが、サイクロトロンで生成した放射性同位体を用いた〝人体実験〟であった。

「人工ラヂウム」実験

一九四〇年一一月一八日、九段下の軍人会館で紀元二千六百年記念理研講演会が開催された。報道によれば仁科研究室ではこの講演会で、サイクロトロンで製造した人工ラジウムで〝放射性人間〟を作るという公開実験を行った。

紀元二千六百年記念理研講演会は、理研の街頭進出として記録されている。理研で刊行している雑誌『理研彙報』には、理研講演会について「此催しは光輝ある紀元二千六百年を慶祀して、我が理化學研究所が、科學日本の大衆に向ひ其秘庫の一隅を開いたものとして、異常な感興と期待とを以て一般に迎へられたことは一部のジヤーナリズムが、之を目して〝理研の街頭進出〟と叫び、叉當日は晝夜共、満員で入場不能となつた人人が、會館前に溢れるほどであつたといふ事實が、雄辯に此間の消息を物語つてゐる」と記されている(65)。

この講演会は午後一時から午後五時までの昼の部、午後六時から午後九時半まで夜の部に分かれ、計一一人の学者が講演を行った。ここには理研で作られた映画も含まれる。昼の部では六人の研究者(講演順に、宮田聡・飯高一郎・仁科芳雄・鈴木文助・喜多源逸・鈴木庸生)による講演が行われたが、メディアで伝えられたのは仁科の「人体実験」であった。報道からは、仁科がどのような実験を行ったかをうかがうことができる。

講演会開当日の『讀賣新聞』には「科學の兒〝放射男〟ラヂウム嚥む實驗　研究室街へ進出」という記事が掲載された。「〝人工ラヂウム〟を嚥下して〝放射性人間〟を作るといふ珍しい公開實驗が十八日午後一時から九段軍人會館で開かれる「紀元二千六百年記念理研講演會」席上仁科芳雄博士によつて行はれる」というリードに続いて、高価な天然ラジウムに代わる人工ラジウムの生成と研究が仁科によって行われていることが伝えられている。公開実験の内容は、「先ず理研のサイクロトロンで重い水素原子を食鹽にぶつゝけて製造された人工ラヂウム十分の一グラムをコツプ一杯の水に溶かして仁科研究室の小使さん加藤彌太郎（五一）さんが實驗臺になつて嚥下する、人工ラヂウムは血液の中に潜り込んで約廿分後には全身に行きわたり、頭からも手足からも全身いたるところから放射線を發光のやうに放ち始め所謂珍らしい〝放射性人間〟が出現する」、「深遠な學理を極めて大衆向に實驗して見せる研究室の街頭進出の第一歩である」などと記されている。最後に、「食鹽人工ラヂウムは嚥下した場合一時的に多少白血球が減るが、すぐ恢復することは研究ずみでこの實驗を公開するのは初めてのことです」という仁科の言葉と、「一役買ふ加藤さん」の写真が掲載されている（図4-2、3）。翌日一九日の『讀賣新聞』は、「〝放射人間〟大聴衆を唸らす」というタイトルで、「研究室の街頭進出として帝都の人気を呼んだ「仁科芳雄博士の〝人工ラヂウム〟を嚥下する〝放射性人間〟の實驗は満場の観衆を唸らせた」と伝えた（図4-4）。この記事によると、ラジウム溶液を飲んだ加藤さんが約二五分後にガイガー・ミュラー計数管の上に手をかざすと、「パチパチと機關銃の様な音がマイクロフオンを通じて観衆の耳朶を打つ、加藤さんの手から放射線が飛出ししていることがまざ〳〵と實証された」「次いで放射性になつたかどうかや人工ラヂウムを吸ひ上げた八つ手の葉、菊の葉を計数管に近づけると同じく音を立てる、天體から降りそゝぐ謎の宇宙線も音に變へて〝科學手品〟よろしく平易な講演に観衆の拍手を浴びて好評を博した」そうである。なお、加藤がラジウム溶液を飲んでからガイガーカウンターの上に手をかざすまでの二五分の間に仁科が講演を行ったと考えられるが、その内容については触れられていない。

これらの記事で「人工ラヂウム」と呼ばれているものは、実際はラジウムではなく、放射性ナトリウムのことであると考えられる。この放射性ナトリウムはサイクロトロンで加速された重水素核のビームを岩塩に照射して得られる放射性ナトリウム二四で、仁科はこれを水に溶かした放射性ナトリウム溶液を用いて、放射能が植物内でどのように分布するかを調べる実験を生物学者と共同で行っていた。すなわち放射性同位体をトレーサー（追跡子）として用いる研究手法である。理研で放射性同位体を用いた植物生理の研究を行っていた中山弘美は、仁科が放射性食塩水を吸収させた植物にガイガーカウンターを近づけて音をだす実演が好きであったとして、「その当時は啓蒙活動によって費用を集める必要がありましたので、仁科先生は各所で講演され、その際、私は時々お供をさせられましてデモンストレーションのお手伝いをしました」と記している(66)。仁科はその実演を、植物ではなく人間を用いて行ったのであった。この講演で仁科が放射性食塩水を何と説明していたのかは不明であるが、聴衆にわかりやすく伝えるために「食鹽人工ラヂウム」といった可能性も考えられる。

講演会に参加した新聞記者や聴衆にとって重要であったのは、仁科の「手品」である。仁科は手品の種明かしをしたはずであるが、聴衆にとって何よりもインパクトがあり重要であったのは、仁科が〝放射性人間〟を作ったという偉業であった。

この公開実験は、仁科研究室の関係者にとってもインパクトの強いものであったようである。一九五二年に行われた仁科の追悼座談会では、次のように言及されている(67)。

竹内征「あれはハデだったね。加藤さん（当時の小使さん）が放射性の食塩を飲んで、森さんが脈をとったりなんか、カウンターを近づけるとポンポンと音がするという芝居気たっぷりなことをやったね」
朝永振一郎「加藤さんは実験動物にされたかわりに、あとで一升もらったんだってね。（笑声）」
中山弘美「翌日の新聞に「人間ラジウム」と出ましたね。その他よく先生は、カウンターをもっていって、よく講演されたでしょう。原子核実験はこんな役に立つのだという……」

彼らが語っているように、理研講演会での仁科の公開実験は仁科周辺でも話題になり、よく記憶されていたのである。

図４－２　仁科芳雄の顔写真

出典：『讀賣新聞』1940 年 11 月 18 日朝刊、3 面。

図４－３　加藤彌太郎の顔写真

出典：『讀賣新聞』1940 年 11 月 18 日朝刊、3 面。

図４－４　理研講演会翌日の紙面に掲載されたイラスト

出典：『讀賣新聞』1940 年 11 月 19 日朝刊、7 面。

ところで放射性食塩水を飲んだ加藤はその後無事であったのだろうか。理研に保管されている職員録によると、加藤彌太郎は仁科と同じ一八九〇年に生まれた[68]。一九三七年から小間使いとして理研の仁科研究室に勤務し、一九四三年頃に一旦退職して、戦後にまた復帰したようである。一九五二年に退職しているが、一九四八年に東京駒込病院で受けた「右者健康ナルモノト認ム」という医師による診断書が残されていることから、一九四八年までは健康であったことがうかがえる[69]。

これまで、サイクロトロンに国民の期待が寄せられ、仁科がそれに答えようとしたことを見てきた。サイクロトロンへの期待は、科学者とメディア、そして国民が共同で形成したものであった。すでに指摘したように、サイクロトロンの建設には多大な費用が必要であった。そのため仁科らはサイクロトロンの有用性をアピールする必要があった。サイクロトロンは、物理学研究だけでなく、生物学、医学、などさまざまな分野の研究に応用できるという特性も持っていた。このようなサイクロトロンの特性は、仁科らがサイクロトロンの有用性をさまざまにアピールすることを可能とし、彼らの宣伝活動を助けることになった[70]。そしてこのとき、有力な宣伝文句となったのが人工ラジウムの製造である。メディアと国民は、人工ラジウムを製造する「世界一」のサイクロトロンに期待を寄せ、仁科の宣伝に魅せられたのであった。

本章では大正後期から昭和初期のメディアにおける原子核研究のイメージを検討してきた。原子エネルギーの可能性はすでに大衆メディアのなかで言及されていたが、それらは原子核研究を取り巻く一般的なイメージとはならなかった。メディアにおいて原子核研究の先人として語られたのは長岡であり、原子核研究を取り巻いていた代表的なイメージは、錬金術であった。

原子核研究を取り巻く錬金術のイメージはメディアが一方的に作り上げたものではなく、そこには科学研究の有用性をアピールした科学者側からの働きかけがあった。ここで科学の啓蒙を重視した明治期の科学者たちを思い出したい。そこでは、言ってみれば千里眼をめぐって科学者と魔術師の対立が生じていた。昭和期の仁科を中心とする理研の科学者たちは、大衆にとって科学者でありながら魔術師でもあった。両者の違いは、彼らの大衆との関わりにおいて最大の関心事の相違に帰せられる。すなわち明治期の科学者は正しい科学知識を伝えることを優先し、昭和期の仁科らは大衆に〝魅せる〟ことを優先したのであった。このようにして、科学者は研究のプレゼンテーションをしていった。ちょうどこのとき、メディアを通じた国家的な共同体が形成されていた。国家的な共同体に、物理学者たちはすんなりと入り込んでいったのである。

科学者たちが人々に魅せるために行った水銀還金実験と人工ラジウム実験は聴衆を魅了するという意味で大成功を収めたが、実際には「金」も「ラジウム」も生産されていなかった。そこにあったのは、ナショナリズムに支えられた「幻想」の共同体であったのかもしれない。

第五章　秘匿される科学：核分裂発見から原爆研究まで

アメリカでは目下大騒ぎをしてこれから動力を得るとか、又は爆薬を作るとかいふ事の可能性を研究中である。その際に原子核の研究をしている實驗室は國防上秘密を有するものとして外来者を厳禁してゐる處がある。斯様な事が果して可能なりや否やは不明であるが、我が國に於ても一應これが研究を行つてみる必要があると思ふ。

仁科芳雄「今日の錬金術」『讀賣新聞』一九四一年

前章で見てきたように、一九三〇年代後半のうちに、サイクロトロンは人工ラジウムを作り出す機械として広く知られ期待が寄せられるようになった。またこの装置が原子核研究に不可欠であるという認識が広まっていった。しかしこのとき、サイクロトロンは人工ラジウムを製造する機械として期待されており、原子エネルギーに関わるものとしては見なされていなかった。しかしそのような状況は、核分裂発見に変化することとなる。

一九三八年末のウランの核分裂の発見に端を発した一連の研究によって、原子核からエネルギーを取り出せるということが証明されるに至った。ほぼ同時期に勃発したのが第二次世界大戦である。各国は原子エネルギーの兵器利用について検討し、関連情報は秘匿されていくようになる。関連情報が秘匿されていくなか、フィクションの世界では、原爆のような兵器は描かれ続けていた。メディアにあらわれた情報は、水面下で開始された兵器開発とどのような関係にあったのだろうか。

本章では原子核分裂の発見から、原子エネルギーの可能性が本格的に議論されるようになり、その兵器利用に向けた研究に着手されるまでの日米の水面下の動きとメディアを検討する。

第一節　核分裂発見のインパクト

核分裂の発見以降、新エネルギーの可能性は大々的に報道されることになる。本節では、核分裂の発見とそれに対するメディアの反応から原爆研究への着手までを、原爆開発国となるアメリカを中心に見ていきたい。

核分裂

一九三八年一二月、ドイツのカイザー・ヴィルヘルム化学研究所で原子核の実験をしていたオットー・ハーンとフリッツ・シュトラスマンは、中性子を照射したウランからバリウムが生じたことを確認した。ウランからバリウムが生成されるということは、それまでの常識では考えられないことであった。これがウランの中性子による核分裂であるという理論的考察に至ったのはリーゼ・マイトナーとその甥のオットー・フリッシュである。マイトナーはハーンの共同研究者であったがユダヤ人であったためドイツを追われ、ストックホルムに亡命していた。彼らは翌年一月にこの現象を核分裂（= fission）と名づけて『ネイチャー』に投稿し、この論文は二月一一日に掲載された。

核分裂発見のニュースは急速に広まった。アメリカに核分裂のニュースを届けたのは、コペンハーゲンでフリッシュから話を聞いていたボーアであった。ボーアは一月二六日に開催された第五回理論物理学ワシントン会議でハーンとシュトラスマンの発見についての報告を行った。この報告は多くの研究者にショックを与えた。そして、当日か翌日のうちにカーネギー研究所やコロンビア大学をはじめとするいくつもの研究所で追実験が行われ、核分裂が確認された。アメリカの大学における実験成功を伝えたニュース広報誌の『サイエンス・サービス』は、「そのうち、この原子のエネルギーで大型蒸気船が推進させられるようになる」と伝え、このエネルギーが兵器利用のための超爆薬に転換させる可能性についても言及した。(1) 一九三九年一月二九日の『ニューヨーク・タイムズ』は「原子の爆発は二億ボルトを解放　ハーンによる新しい物理現象」という見出しの記事を載せた。

当初の報道には、偶然爆発が起こったという、災害報道のようなものが多く見られた。たとえば、一九三九年二月六日の『タイムズ』の科学欄には「重大な出来事」という記事が掲載された。(2) この記事はオットー・ハーンが、故意ではなく偶然に、人類によって起こされたなかで最も強い原子爆発を起こしたということや、ハーンが爆発の力を二億電子ボルトと想定したことを伝えている。『ニューヨーク・ヘラルド・トリビューン』二月一五日号には「サイクロトロンの中の嵐は地球を破壊するのではないらしい」という記事が掲載されている。一九三九年三月一三日号の『タイム』に掲載された記事は「ベルリンの研究所で行われた原子爆発に関する報告が六週間前に米国に届いた。人間が起こした最も強烈なものだ」と伝えた。(3)

これらの記事からは、ハーンらの新たな発見に対する期待と不安、憶測が混在していることがわかる。そこでは、原子エネルギーの解放への期待よりも、原子爆発がどのような災害を引き起こすかに関心が向けられていた。原子核研究に伴う危険性として地球が吹き飛ばされるという可能性は、ラザフォードがしばしば語っていたし、ＳＦにも描かれてきた。そうしたイメージが、科学者コミュニティーから大衆社会に至るまで広まっていたのである。

このころ頻繁に原子核実験を行っていた大都市ニューヨークに位置するコロンビア大学の実験室は人々の関心を呼ぶと同時に、恐怖の対象ともなっていた。たとえば一九四〇年二月一九日の『タイム』科学欄の、「起こり得たこと」

という記事では原子核実験に関して芽生えたセンセーショナルな逸話を紹介している。(4) 記事によれば、科学者たちがハーンとシュトラスマンの実験の追実験を行なった際、幸運によってそれ（核分裂連鎖反応）は起こらなかったが、もし起こっていたらニューヨークのすべての建物とすべての船や港、そして人々も、跡形なく消し去られていただろうというものだ。この起こり得たかもしれない大惨事は、「コロンビア大学の善意を持った物理学者が、まるで小さな男の子がナッツをくだくように満足げにウラニウム原子を中性子で割る」ことによるものであった。

一九三九年四月に開催されたアメリカ物理学会の春季総会の主要な話題は、当然のことながらウランの核分裂をめぐるものであった。『ニューヨーク・タイムズ』一九三九年四月二九日号では、「この総会では、ラジウムを生成する元素ウランを少量用いるだけで、地球のかなりの部分を吹き飛ばすことができるかどうかをめぐって、科学者たちのあいだで議論が行われた」と伝えられた。同日の『ワシントン・ポスト』には「実験は二マイルにわたる景観を吹き飛ばすか、当地の物理学者たちが討論」という記事が掲載された。

燃料「ウラン二三五」への期待

自然界に多く存在している一般のウラン二三八同位体は低速中性子では分裂せず、稀少なウラン二三五同位体のみが分裂するだろうということは、ボーアが一九三九年から推測していたが、一九四〇年二月にこの推論が正しいことが証明された。コロンビア大学のアルフレッド・ニーアが質量分析器を用いてウラン二三五とウラン二三八の分離に成功、ジョン・ダニングがこのサンプルにサイクロトロンで生成された中性子をぶつけてウラン二三五が低速中性子分裂の原因になっていることを確認したのだ。この結果、ウラン二三五が爆薬として期待されていくようになり、原子爆弾の可能性もより現実味を帯びたものとして報道されるようになる。ニーアは、ウラン二三五の大量生産に成功したら爆薬技術の分野の革命を起こすだろうということや、五〇〇グラムのウラン二三五は少なくとも燃料一二〇〇万リットルに含まれるエネルギーに相当するということを、UP通信に語った。

ニーアらの研究成果は、五月になって大々的に報道されることになる。一九四〇年五月五日付の『ニューヨーク・タイムズ』には「原子エネルギーの巨大な力が科学によって解放された」という見出しで原子爆弾の可能性を伝えた記事が一面を飾った(5)。この記事は、コロンビア大学での実験で、一ポンドのウラニウム二三五が五〇〇万ポンドの石炭あるいは三〇〇万ポンドのガソリンに相当するエネルギーを生み出すことが明らかになったと記し、ナチスドイツが研究を進めているということを伝えた。

この記事を執筆したのは戦後マンハッタン計画を伝える報道でピューリッツァー賞を受賞したウィリアム・L・ローレンスであった。多くの著名物理学者や後にマンハッタン計画の責任者となるレスリー・グローブズとも通じていた彼は、一九三九年以降『ニューヨーク・タイムズ』紙上で、原子エネルギーについての記事を書いていた。それまで意図的に軍事的な面には触れていなかったローレンスがこの記事を執筆したのは、アメリカ政府にウラン研究の主導権をとらせるよう促すためだったといわれる(6)。

この頃からアメリカのメディアでは、原子エネルギーの解放は時間の問題であり、ウラン二三五の分離が最も重要な問題として報道されるようになった。一九四〇年五月二七日の『タイム』科学欄には、「一〇年以内の原子力?」という記事が掲載されている(7)。原子力を使うことが可能になれば原子力船が世界中をめぐるようになるが、このエネルギーを使うためにはウラン二三五を二三八から分離する作業が肝心であり、スウェーデンの科学者の作った熱拡散チューブが期待されている、ということが伝えられている。一九四〇年九月七日『サタデー・イブニング・ポスト』に掲載された「原子の降伏」は原子エネルギーの一ポンド分の爆発力がTNT火薬爆弾一五〇〇〇トンに匹敵するだろうと、技術的な問題をかなり詳しく書いている。

これらの記事は、アメリカで検閲が始まる前にあらわれた原子エネルギーの利用について詳しく書かれた最後の記事であった。一九四〇年の半ば以降、このような記事はアメリカのメディアにあらわれなくなるが、それは学術界における論文公開を控える動きと連動していた。一九四〇年の七、八月号以降、ウランに関する記事が『フィジカル・レビュー』から消えた。レオ・シラードらの提案により、イギリスとアメリカの科学者が論文の公表を控える提携を行ったのであった。一九四〇年四月には、アメリカでウラン研究に関する検閲委員が組織され、グレゴリー・ブライトが委員長に就任した。このときまでに放射性元素九三（ネプツニウム）の発見が報告されていた。より重要な、グレン・シーボーグらによる放射性元素九四（プルトニウム）の発見は、この後なされた。ただしここで見てきたように、関連情報がメディアにあらわれなくなるまでに、原子エネルギーがどのようなものかについてのかなり詳細な情報が大衆に届けられていた。

一方ドイツでも、新聞社は原子エネルギーに関する研究を秘匿するよう指示を受けていた(8)。ところが学術雑誌『ニトロセルロース』の一九四〇年一一月号には「アメリカの超爆薬ウラン二三五（Der Amerikanische Super-Sprengstoff 'U-235'）」という記事が掲載された。この記事は、「原子の崩壊現象に対して、大きな軍事的期待を掛けてもよい。いつか誰かが、このエネルギーの利用に成功し、要塞もろとも熱で消滅させ、一瞬のうちに戦車や掩蔽壕を溶かしてしまうと考えなければならない」と伝えた(9)。これは先に言及したニーアのUP通信のインタビューに基づき、アメリカが原爆を製造する可能性をにおわせたものであった。この記事は、本章第三節で記すように、邦訳されて日本でも紹介された。

水面下の動き：原爆研究の開始

ウランに関する研究は、どのようにして国家機密へと囲い込まれていくのだろうか。ここで核分裂の発見以降、活発に活動したレオ・シラードを中心に、水面下で進められていた原爆開発に向けた動きを見ていきたい。

よく知られているように、アメリカでの原爆製造を促したのはユダヤ人物理学者たちであった。ユダヤ人物理学者のレオ・シラードは核分裂発見のニュースを知り、ナチスドイツによる原爆製造を危惧した。シラードが核分裂連鎖反応の可能性について思い至ったのは遡る一九三三年のことであった。一九三三年に九月一二日付の『タイムズ』でラザフォードの原子エネルギーに関する発言を読んだことがきっかけであった。[10]この記事は、アーネスト・ラザフォードが英国学術協会で行なった講演で、原子変換研究をめぐる四半世紀について話したことを報じたもので、その見出しは「英国学術協会　原子を壊す　元素の変換」という人目を引くものであった。[11]ここではラザフォードが、原子変換のなかに力の源泉を求める人は絵そらごとを言っているのだと語ったことが報じられていた。

講演の締めくくりとして、ラザフォード卿は来るべき二十年ないし三十年の進歩がどのようなものであろうかという問を発した。／百万ボルト単位の高電圧は、衝突させる粒子を加速するためには不必要である。原子の変換はたぶん三万ないし七万ボルトで起こるだろう……。究極的にはどんな元素も変換できるようになるだろうと卿は考えている。／このようなプロセスによって、入射する陽子のエネルギーよりもずっと高いエネルギーを回収することができよう。しかし、このような手段は実用的とはいえない。なぜなら、このような現象が起きる確率は低く、エネルギー生産の手段としては非常に効率が悪いからである。だから、原子変換によってエネルギーを手にいれようとするものは、月影について語るようなものである。[12]

ラザフォードは一九〇三年に「もし適当な起爆剤が見つかれば、原子崩壊の波が物質の中で起こり、この古い世界を灰燼に帰せしめる可能性は大いにある」と述べているが、その約三〇年後、その可能性に懐疑的な立場をとるのである。

シラードは、『タイムズ』に掲載されたラザフォードの見解について考えているとき、前年に読んだH・G・ウェルズの『解放された世界』を思い出し、核分裂連鎖反応の可能性に気づいた。シラードは次のように回想している。

もし中性子によって割れる元素、しかもそれが一個の中性子を吸収する際に二個の中性子を放出するような元素が見つかるなら、そのような元素を充分大量に集めれば原子核連鎖反応を維持することができるわけだ。［略］ある状況の下では核連鎖反応を起こし、工業的規模でエネルギーを解放し、また原子爆弾を作ることが可能になるかもしれない。このことが現実に可能かもしれないという考えは私の一種の妄念となった。(13)

このしばらく後、イレーヌ・キュリーとジョリオ・キュリーが人工の放射性物質（アルミニウムから遷移させたリンの同位元素）を作ることに成功した。ちょうどH・G・ウェルズの小説『解放された世界』で科学者ホルステンがビスマス微粒子の崩壊に成功し人工放射能を作った年であった。この年号の一致は、原子爆弾登場の後にウェルズの先見性を示すためにしばしば持ち出されることになるが、ウェルズの予言は現実のものとなりそうであった。シラードはこのような考えを多くの人に話し、翌一九三四年には核分裂連鎖反応の法則について述べた特許を出願した。しかしこの頃、科学界では原子エネルギーが解放される可能性には、否定的な見方がなお支配的であった。アインシュタインもまた、原子エネルギーが解放される可能性を否定していた。

一九三九年に一月にユージーン・ウィグナーから核分裂の発見を知らされたシラードの脳裡には、ウェルズの予言が現実のものとなってあらわれた。(14)当時第二次世界大戦が近づいていることを感じ取っており、すでにイギリスからアメリカに亡命していたシラードは、ドイツに先手を打つべく行動を開始した。彼はウィグナーと共にアメリカのルーズヴェルト大統領に原爆研究を促す書簡を起草した。それは近い将来においてウラン元素を新しいエネルギー源に転換できるかもしれないとしてドイツの科学者たちがこの研究を行っていることを警告し、アメリカ国内での研究を促すものだった。この書簡はアインシュタインを差出人名として、一九三九年八月二日付に提出された。彼らの行動は、ウラン諮問委員会の設置に結びついたが、アメリカの原爆研究への歩みは遅々としていた。

最初期に最も迅速に原爆開発に向けて動いたのはイギリスであった。一九四〇年二月にはオットー・フリッシュとルドルフ・パイエルスによる、フリッシュ・パイエルス・メモが提出された。彼らはこの報告で原爆を作ることは可能であると結論し、一キログラムの金属ウラン二三五の塊が爆弾として十分な量であり、「五キログラムの爆弾によって解放されるエネルギーが数千トンのダイナマイトに匹敵するだろう」と見積もった[15]。フリッシュとパイエルスの報告を受け、イギリスでは原子力エネルギーの兵器利用を検討するモード委員会（「モード」は偽装のための名称で、意味はない）が組織された。同委員会は一九四一年夏に最終報告を書き、原子爆弾は実現できるが、そのためにはイギリス一国ではまかなえない巨大な組織と資金が必要になると結論づけた。

一九三九年の七月から原子力の軍事利用に関する会議を始めていたアメリカでは、一〇月二一日に原子エネルギーの兵器利用の可能性を検討する第一回ウラン諮問委員会が開催された。一九四〇年には国防研究委員会（NDRC）が設置され、一九四一年にはより大きな科学研究開発局（OSRD）に吸収された。一九四二年に政府が指揮をとって、レスリー・グローブズ将軍を責任者とする計画が開始した。一九四三年にはマンハッタン計画が始動し、ロスアラモスに物理学者たちが集められることになる。

SFの反応

SF作家たちはどのように核分裂発見を受け止めたのだろうか。原子エネルギーはたびたびSF小説などに取り上げられていたが、核分裂の発見以降、SF作家たちはかなり的確に将来使用される核兵器を描写するようになった。

アメリカでは第一次世界大戦後の一九二〇年代から四〇年代にかけて、ザラ紙の粗悪印刷によるパルプ雑誌が流行し、数々のサイエンスフィクション雑誌が世に出ていた。ヒューゴ・ガーンズバックが一九二六年に創刊した『アメージング・ストーリーズ』は初のSF専門の雑誌であった(16)。また、長編ファンタジーを採録した『フェイマス・ファンタスティック・ミステリーズ』や本格サイエンスフィクションを扱った『アスタウンディング・ストーリーズ』、スペースオペラの『プラネット・ストーリーズ』などといったパルプ雑誌を舞台として数々のSF作品が世に出た。『アスタウンディング・ストーリーズ』は一九三八年に『アスタウンディング・サイエンス・フィクション』に名称変更し、一九四〇年以降、原爆を扱った作品をいくつも掲載するようになる(17)。

戦時中に最も多くのウラニウム核分裂を扱った作品を載せていたのは、SFパルプ雑誌の中でも本格的なSF作品を掲載していた『アスタウンディング・サイエンス・フィクション』であった。この雑誌は、戦前から原子力を扱った作品を多く載せていたが、そこには一九三七年から編集長を務めた小説家兼編集者のジョン・W・キャンベルの強い影響があった。彼は多くのSF作家を育てたアメリカSFの立役者の一人ともいわれる人物だが、一九三〇年代から原子エネルギーについて考えていた一人でもあった。彼自身、ヒーローが地球を救うためにそれを使用する作品や、核実験が広大な地域を破壊する作品を描いていた。

この雑誌で一九三九年にデビューした二人のSF作家、A・E・ヴァン・ヴォークトとロバート・A・ハインラインは後に有名なSF作家となるが、デビュー早々原子力を扱った作品を描いた。A・E・ヴァン・ヴォークトは一九四〇年九月から一二月にかけて連載した「スラン」という作品で、原子エネルギーを扱った。しかしそれは一〇〇〇年後の話でエネルギーは普通の人間による発見ではなくミュータントの発見になっていた。アシモフの作品でも、原子力エネルギーの使用は、同様に一〇〇〇年後の設定になっていた。原子力は実現するとしても、大分先のこととして描かれていた。

ロバート・A・ハインラインは一九四〇年九月に発表した「爆破が起こる」という作品で現実的な問題として原子力を扱った[18]。この作品は未来のウラニウム原子炉を扱ったもので、誰かが取り返しのつかない惨劇を引き起こしたらどうするのかという問題提起をしたものだった。また彼は、放射性物質が破壊的兵器として使われる作品を書いた。一九四一年五月にはアンソン・マクドナルドというペンネームを用いて、「不満足な解決」を発表した[19]。地球の滅亡を防ぐ手段として、独裁者が核兵器を手にするという内容のこの作品は、アルバート・バーガーによれば、広島以前に同時代を想定して核兵器を扱った唯一のＳＦ作品であった[20]。

ハインラインの「不満足な解決」の翌月に発表されたセオドア・スタージョンの「アートナン・プロセス」は、ウラニウム二三五をウラニウム二三八から分離させる工程の技術的情報を盗もうとする勢力間の争いを描いたものである[21]。一九四一年はアメリカが原爆製造計画を正式にスタートさせ、対日戦争がスタートした年である。この時期ＳＦではすでに、原子爆弾はいずれ実現する兵器として描かれていた。作家たちは、専門誌や新聞に掲載された情報から、原子力や原子爆弾を想像していた。原子力関連の情報は、彼らがかなり正確な技術的描写をできるほどに一般の人々が入手できるものとなっていた。

本節で見てきたように、核分裂の発見の後、原子エネルギーの可能性はさまざまなメディアで語られるようになった。原子爆弾の可能性もほどなく伝えられるようになる。原子爆弾に関する情報が規制されるようになる一九四〇年までに、アメリカではかなり詳細な情報が流通していた。それら原子力関連の報道は一九四〇年の夏を境に、ぱったり消えてしまうのである。このような規制がなされず、戦時中もさまざまな原爆関連の情報が掲載されていたのが日本のメディアである。

第二節　日本メディアの核分裂への反応

ウランの核分裂発見以降、日本メディアにおいても原子内のエネルギーを利用する可能性が伝えられていった。本節では誰がどのようにエネルギー利用の可能性を語ったかを見ていきたい。

原子破壊装置への期待

日本において核分裂の発見は、原子破壊装置としてのサイクロトロンへの期待とともに伝えられた。日本のメディアを見てみると、最も早い段階でこのエネルギーの可能性について伝えたのは、科学ライターや作家たちであった。

一九三九年四月九日号の『サンデー毎日』には、科学ライターの寮佐吉が、「科學の驚異　原子破壊砲」という記事を書いている[22]。この記事は見開き二頁分に書かれたもので、「日本に生れる世界最大級の人造ラヂウム發生機」「切符一枚の原子を破壊すれば満員列車が地球を數周出来る素晴らしいエネルギーを放出」「ウランの原子エネルギー放出機構で星の謎が解決」という三つの大きな見出しがつけられている。

最初のパート、「人造ラジウム發生機」では、核を深窓の美女に、核外電子を護衛隊にそれぞれ喩えて説明している。そして難攻不落の鉄壁を撃ち落とそうとするのが物理学者である。

下等な金属を黄金に變へる秘密は、元素の變換といふ新しい装ひをこらして、現代の核物理學者によつて成就されてゐるが、それはこの難攻不落の金城鐵壁の攻略にあるので、これを撃ち落さうとするための彈丸をこしらへるいはゆる原子破壊砲が、各種の形となつて現れて、原子核攻略戰線で花々しく活躍してゐる。その一つが人造ラヂウム（ラヂウム化ナトリウム）發生機といふ尊称を奉られてゐるサイクロトロンである。サイクロトロンといへば、世界最大級のが理研の仁科芳雄博士指揮の下に完成されつゝあるのは、發展途上の「科學日本」の明瞭な姿を表徴するものであり、日本が眞に世界に誇示し得るものの筆頭である。(23)

ここではサイクロトロンが弾丸をこしらえる「原子破壊砲」として、さらには日本のサイクロトロンが世界に誇示しうるものの筆頭として紹介されている。サイクロトロンの生みの親であるカリフォルニア大学のローレンスも同じ大きさのものを完成しつつあるとし、「世界最大のサイクロトロンの駆使者について言へば、西に仁科あり、東にロランスあり！だ」としている。

この記事は、サイクロトロンが原子エネルギーを生み出すために必要不可欠なものであるというイメージを印象づけるものであった。記事には、三つの写真が添えられているが、いずれも米国のサイクロトロンを写したもので、カーネギー研究所のもの二つとコロンビア大学のものが「原子破壊砲」として紹介されている。

この記事を執筆した寮佐吉は、本業は英語教師であったが、翻訳家として活躍するほか、自身も科学啓蒙書を執筆するなど、科学ライターとしても活躍していた。(24)寮は一八九一年生まれで愛知県の第一師範学校を卒業し、英語教師を務める傍らで、相対性理論の解説書や、バートランド・ラッセルやアーサー・エディントンによる物理学書等を数多く翻訳した。(25)その功績から、名古屋で開催されたアインシュタインの講演会では、正面招待席に招かれている。一九三八年にはラザフォードの『新しい錬金術（*The Newer Alchemy*）』の翻訳も手がけており、この分野の研究動向にかなり精通していたといえる。(26)寮は『新しい錬金術』の「譯者のことば」で、サイクロトロンを「いくらでもある食鹽をラヂウム化する」という「現代の奇蹟」を可能にする装置であり、「一言にして言へば、これは、原子攻落戦の爆撃砲」であると表現している。そして、「この現代の尖端科學を象徴するサイクロトロンは、原子物理學といふ新装をまとへる錬金術の最新の武器である。［略］古への錬金術師の夢は、二十世紀の今日幾分實現されたのである」と記している。すわなち、『サンデー毎日』の記事は、寮が核分裂発見以前から蓄積していた知識と、それまでに用いていた表現を継承して執筆されたものであった。

核分裂発見後に最も早い段階で原子エネルギーを描いた作家は、寮と同様に以前から原子エネルギーの可能性に言及していた海野十三である。海野は、一九三九年七月二〇日付の『週刊朝日』に掲載された「千年後の世界」で、原子エネルギーを描いている。(27)この作品は、科学者フルハタが一〇〇〇年の冷凍睡眠から目覚めるところからはじまる。「この時計は、ラジウムがたえざる放射によって崩壊する状態を測定し、それによってこの永い年月が自記せられるようになっていた」というように、一千年という年月はラジウム時計が記録していた。一〇〇〇年後の世界では、動力はすべて原子崩壊からエネルギーをとっている。登場人物は、「今の世の中には、エネルギーはいくらでもあるのです。物質をこわせばいくらでもエネルギーはとれるのです。しかも昔とは比較にならぬエネルギーなんです」と、一〇〇〇年間眠りについていたフルハタに伝える。

一九四〇年八月から翌年三月号にかけて『譚海』に連載された海野の「地球要塞」(28)は三〇年後の一九七〇年という設定で書かれた軍事ＳＦ小説であるが、そこには原子力で動く潜水艦が登場する。巨大な潜水艦は島の姿をしており、クロクロ島と名づけられている。

潜水艦クロクロ島は、新動力の発見発明から、かくもりっぱに、生れ出たのである。その新動力というのは、ちょっと他言を憚るが、要するに、物質を壊して、物質の中に貯わえられている非常に大きなエネルギーを取り出し、これを利用するのである。わが機関部にあるサイクロ・エンジンというのが、それである。

作品中には、「原子弾破壊機」を用いて日本全土をことごとく削って海面に沈下させたというエピソードが登場する。日本はこの原子弾破壊機を十万台も装備して、戦闘に備えているというのである。

原子弾破壊機というのは、すこぶる強力なる機械である。今から三十年前、物理学者は、このような機械が、将来必ず出現するだろうと、理論のうえから推理をして、一部の世人を愕かしたものだが、それ以来、わが国では、新体制下の科学大動員によって、極秘に研究をつづけ、そしてようやく五年前、その最初の機械を試作したのであった。これはすこぶる能率のいい機械で、一端から一のエネルギーを加えると、他端からその三百倍のエネルギーが出てくるというすごいものであって、その原理は、原子を崩壊して、これをエネルギーに換えることにある。

この作品で登場する「サイクロ・エンジン」という名称は、サイクロトロンをエンジンにした機械を連想させる。また、「原子弾破壊機」は、寮佐吉によって「原子破壊砲」と名づけられたサイクロトロンがさらに強化されたような機械を連想させる。この頃の海野の作品には、国防のために新手の科学研究が動員されるというパターンが見られるが、ここでサイクロトロンのような原子を破壊する機械が国防のために重要な科学技術として登場するのである。

海野はサイクロ・エンジンのアイデアについて、「地球要塞」を執筆しているときに開催された座談会で語っている。その座談会とは、『新青年』一九四〇年一〇月号に掲載された「航空新世紀座談会」である(29)。電気分解のときにできる爆発力を利用して発動機を作ると、それは無限動力に近いものになるという理論が話題となると、海野は、「つまり或る物が或る物に移る時に、百パーセントの能率が無い。五十とか七十とかいふものです。それが千パーセント位になると、一の物を與へれば、此方に三くらゐに出て來るのです」「それが出て來れば大變なものでせう。所謂サイクロトロンとか、あゝいふものを使うのでせう。宇宙線もそれの一つです。それは何時かは知らぬが、必ずできるですよ」と語っている。これに対して記者が、「貴方はもうそれを小説に使ったね」と述べて、笑い声が起こっている。ここで海野が具体的に示しているものについては不明であるが、サイクロトロンが動力を生み出す際に使える装置として捉えられていたことがわかる。

新聞メディアで確認できるなかで核分裂によるエネルギーの利用可能性に言及した最も早いものは、一九三九年七月二五日の『讀賣新聞』夕刊に掲載された竹内時男による記事である。竹内は「科學の世界は廻る」という連載の第一回に、「原子エネルギーは利用できるか」というタイトルでハーンらの核分裂発見を伝えた。ここで竹内は、「原子エネルギーは巨大なものであることは、アインシュタインの相対論以来、諸家の等しく認め、如何にかしてこの巨量の原子エネルギーを原子内より取り出さんと、相當の考究がなされた」「ウラン原子が爆發分裂する場合に、二億ヴォルトの電壓を電子に加えた時と等しいエネルギーが放たれる」等と伝え、「然らば原子エネルギー動力所といふ、屡々科學小説に於て想像される夢ウラン・ダイナモは果して近い未來に實現出來るであらうか。これに關しては、先ず中性子發生のサイクロトロンの性能制限やその他相當の議論が加へらるべきである」とまとめている。一九四〇年になると、海外メディアの報道と同様に「ウラン二三五」が未来の新エネルギー源として紹介されるようになる。一九四〇年七月二〇日の『大阪毎日新聞』では、「石油凌ぐ　夢の動力　ラヂウムの兄弟、U－二三五　米國の新研究　現實へ一歩前身」という見出しで、『ニューヨーク・タイムズ』に掲載されたローレンスの記事を紹介した(30)。

竹内時男は、最も積極的に原子エネルギーの実現可能性を喧伝していた物理学者であった。一九四〇年になると、海外メディアの報道と同様に「ウラン二三五」が未来の新エネルギー源として紹介されるようになるが、一九四〇年九月の『科學知識』には竹内による「未来の燃料　ウラン二三五　原子爆裂の新燃料」という記事が掲載されている(31)。この記事で竹内は、「原子動力發生の科學的可能性が今や全く確立したのである」として、唯一の問題は「二三五のウランを商業的な量と価格とで得ること」だと伝える。彼は連鎖反応が起これば「實験室も、研究所も、市街も、爆發して灰燼に歸する」として、その爆発力に言及する。[32] この記事には、「巨大サイクロトロンの構想」というサイクロトロンのイラストが添えられており、現在最大のものより二〇倍も大きい一八四インチの四五〇〇トン磁石サイクロトロンが、カリフォルニア大学で建造されようとしていることを伝えている。

竹内は、一九四〇年三月に『解説・原子核の物理』という解説書を出版しているが、この書でも、ウランの核分裂について解説し、「最早原子の二分も可能となり、原子エネルギーの現出も夢でなくなつた。原子の不思議も早速人間の手に掌握されたかの觀がある」と記している。[33] 竹内は、「錬金術も魔術の一種ではなくなつた。科學の世界は恐ろしいテムポで飛んでいく」として、[34] サイクロトロンが中世の錬金術家が求めていた「哲学者の石」のあらわれであるとしている。[35] この本の扉には「理化學研究所で完成に近づいた世界一大サイクロトロン」の写真が掲載されている（図5-1）。

以上見てきたように、核分裂以降、すぐに原子エネルギーに関する記事を書いたのは寮佐吉と竹内時男であり、小説に描いたのは海野十三であった。彼らが早い段階でこのエネルギーについて描写したのは不思議ではない。彼らはみな、海外メディアの科学記事から最新の科学ニュースを得ており、原子エネルギーの可能性についても核分裂が発見される以前から言及していた。そのためであろう、彼らはそれ以前から用いていた「原子エネルギー」という言葉を用いている。また、ここで書かれたことの共通項として浮かび上がってくるものは、原子エネルギーの解放において原子破壊装置であるサイクロトロンが重要な役割を担うという認識である。前章で見てきたように日本の科学者たちは、サイクロトロン建設において大奮闘を見せていた。それは原子核分裂の発見以降、日本における原子エネルギーの実現への期待を高まらせていく一要因となったのである。

図5-1　理研の大サイクロトロンと物理学者たち

提供：理化学研究所広報室

エネルギーの兵器利用への言及

大衆メディアにおいては原子エネルギーへの期待がサイクロトロンへの期待と連動した形で伝えられていったが、より専門的な媒体では新たなエネルギーと兵器とを結びつける記事が登場していた。なかでも早いものは、一九三九年八月の『国際科学通信』に技術関係の軍当局者によって書かれたもので、「ウラニウム原子エネルギー利用の最新鋭兵器　不気味なドイツ学会の沈黙」と題されたものであった[36]。この記事は確認できていないが、ここでは軍人が早い段階で新しいエネルギーと兵器とを結びつけて語っていたということに着目しておきたい。

原田三夫も一九四〇年六月にダイヤモンド社から出版した『最新の自然科学』という著書で兵器利用の可能性に言及している[37]。この本は三一章だてとなっているが、このうち第九章で「原子の破壊」、第一一章で「人工ラヂウム」、第一四章で「恐るべきか。ウラニウムの爆発」と題して解説を行っている。ハーンとシュトラスマンによる原子核分裂について解説している第一四章のむすびには、以下のように記している。

奇怪なことは、昨春来ドイツが、この研究について一切発表をしなくなったことである。これはドイツが原子爆弾の研究を進めているからだとの風説もある。実に一塊のウラニウムによって、ロンドンでもパリでも一ぺんに吹きとばすことができるのである。

一九四〇年一〇月九日の『讀賣新聞』夕刊には、「世界に飛躍　原子時代の出現　原子破壊に人工雷」という見出しをつけた記事が登場した。この記事は、「一グラムのラヂウムの力を一度に出すことが出來ればダイナマイト千五百貫に相當する爆破力がある」、「一ポンドのウラニウムの原子エネルギーを燃料に換算すれば十億ポンド即ち五十萬トンの石炭のエネルギーに相當する」などさまざまな情報を伝えている。ここでは、アルノ・ブラッシュなるドイツ人物理学者が、スイスの山の峰に「鋼鐵網を張り落雷を摑んで一千五百萬ヴオルトといふ高電壓を得、これを原子破壊のエネルギーに當てようとして」いるということも伝えられている。記事の最後には、原子エネルギーが実用化された際には近代戦の体系も変化するとして、「若しこの原子エネルギーを等閑すればするほどその國の將來は恐るべき不幸に遭遇する率の多いことを覺悟しなければならぬ」と記されている。

この記事に署名がつけられている川端勇男は、南沢十七というペンネームで一九三〇年代後半から『新青年』や『少年倶樂部』に探偵小説や科学小説を執筆していた川端男勇という作家の、また別のペンネームであった。川端は一九〇五年に宮城県に生まれ、東京外国語大学でドイツ語を学んだ後、東京の衛生試験所と伝染病研究所で勤務した。その傍ら書き始めた文章が評価されて、報知新聞社に迎え入れられた。川端は小説を書くだけではなく科学者の伝記や翻訳書を出版したり、科学解説記事などを執筆していた。

原子エネルギーの兵器利用について言及していたのは――動力利用についての言及と同様に――海外の科学記事に目を通しており、原子エネルギーの可能性についても核分裂が発見される以前から知っていた人々であった。またここでは、主に動力利用に言及する記事は日本のサイクロトロンに言及していること、兵器利用に言及する記事では核分裂が発見された国ドイツでこの分野の研究が進んでいることに言及していることということが確認できる。

物理学者の反応

核分裂をエネルギー源として利用することができるという見解は、核分裂の発見以後もすべての物理学者に共有されていたわけではなかった。この分野に精通していた物理学者たちは、その可能性に懐疑的な見解を示していた。

まず、一九三九年四月号の『科學画報』に掲載されている座談会「夢と現実を語る鼎座放談会」を覗いてみたい。この座談会には、理化学研究所原子核実験室の矢崎為一、工学士の佐野昌一（海野十三）、慶應大学教授で医学博士の林髞（木々高太郎）の三名が出席している(38)。タイトルの通り、この座談会の内容は現実に即したものというよりは自由にアイデアを出し合うものであった。サイクロトロンの専門家として知られていた矢崎が登壇していることは、サイクロトロンへの読者の強い関心を反映しているものと考えられる。しかしこの座談会では原子エネルギーの可能性は語られていない。矢崎は座談会の序盤から、サイクロトロンから出る中性子の危険性についてしきりに語っている。矢崎は、運用当初に多くの犠牲者を出したレントゲンの例を持ち出し、サイクロトロンから出る中性子もそのような危険性を孕んでいるのではないかと心配している。海野が矢崎に「中性子を何かの原子にぶち当てると、パワーが出るという理論があるそうですね」と尋ねると、矢崎は「中性子はある種の元素に当たりますとガンマー線が出る、というのは、中性子がその元素の原子核に囚われて、不安定な原子が出来る場合が沢山あります」と答えている。海野は原子エネルギーについて矢崎に語ってもらいたかったのだと思われるが、矢崎のほうは、原子エネルギーの可能性についてはあまり意識していなかったのだということがわかる。座談会ではこの後、殺人光線や怪力線についての話題に転換している。

一九四〇年六月号の『科學知識』では、伏見康治が「新物理學講話」という連載の第六回で「ウィルソンの霧箱」を取り上げている[39]。ここで彼は、「凡庸群衆の力、即ち数ヴォルトのエネルギーが支配する化学現象の現われ」である火薬やガソリンのエネルギーと比較して、高いエネルギーを伴う原子核現象を「天才の行動」と称し、「正直なところを申せば、天才原子核現象の力は余りにも微弱なものでありまして原子核にひそむ驚くべき高いエネルギーはやがては私共の日常生活に利用されるであらうといふ想像乃至宣伝に対しては懐疑的ならざるを得ない次第です」と述べている。その理由は、いくら天才原子核が数百万ヴォルトのエネルギーを持つとしても、天才ではない原子による「大衆の力」には到底太刀打ちできない、というものである。

伏見康治は一九三三年に東京帝国大学理学部物理学科を卒業した後、大阪帝国大学で助手となり、菊池正士の下で原子核研究に携わっていた。伏見はこの頃、サイクロトロンを用いた実験を行っていた[40]。伏見は研究活動と平行して『図解科學』や『科學知識』にしばしば科学解説記事を寄稿しており、その解説の評判は高かった[41]。伏見は明快な科学解説記事を書くことに優れていたが、竹内とは異なり、新しい科学の発見にもすぐに飛びつくようなことはなかった。このように、最も専門に近いといえる原子核物理の研究者たちは、核分裂のエネルギー源としての利用可能性についてすぐには喧伝しなかった[42]。

以上、核分裂の発見から一九四〇年までの日本のメディアにあらわれた新エネルギーに関する情報を見てきた。核分裂のエネルギー利用の可能性は、サイクロトロンへの期待とともに語られた。このエネルギーの可能性は、一九四〇年までに大衆メディアでさまざまに伝えられるようになった。一方、物理学者たちは核分裂の発見以降も核分裂によるエネルギーの実現可能性に懐疑的な態度を示していた。核分裂によるエネルギーの実用――それも兵器として――が日本の物理学者に現実的なものとして語られるのは、彼らがアメリカのこの分野における軍事研究への着手を確信してからであった。次節では日本の物理学者が核分裂の軍事利用の可能性をどのように意識し、語っていったのかを検討する。

第三節　原爆研究への着手

核分裂によるエネルギーを兵器として利用する可能性は、日本国内では一九四〇年から検討され始める。本節では、日本で原爆が検討され、関連情報が一般メディアにあらわれるまでの過程を検討していきたい。

二号研究とF研究の始まり

日本における原爆研究は、国内の原子核研究を主導していた理化学研究所の仁科芳雄、京都帝国大学の荒勝文策をリーダーとして、それぞれ陸軍、海軍の管轄で進められた(43)。

日本の原爆研究については、関係者による資料の破棄などで未だ明らかにはなっていない点もあるが、戦後直後から新聞や雑誌で概要が報じられたほか、関係者の回想録が掲載される形で伝えられてきた。陸軍技術少佐として原爆研究に携わっていた山本洋一は戦後週刊誌などに記事を書き(44)、これは『日本製原爆の真相』としてまとめられた(45)。一九六七年から一九七五年にかけて『讀賣新聞』が連載した「昭和史の天皇」は、新聞記者が戦時中の出来事を関係者のインタビューを通して掘り起こしていったもので、このときはじめて日本の原爆研究の全体像が明らかにされた(46)。また、戦時史研究者の保阪正康は原爆開発についての調査を行い、雑誌に連載した内容を、『戦時秘話――原子爆弾完成を急げ』にまとめている(47)。

科学史家の山崎正勝と原子炉技術者の深井佑造は、残されている一次資料にあたり、日本の戦時中の原子核研究の内実を明らかにしてきた(48)。山崎は二〇一一年に日本の核開発の歴史を一冊の著書にまとめている(49)。また、物理学者の福井崇時も原爆研究の歴史について文章を記している。[50] 日本史研究者のジョン・ダワーは、原爆研究をめぐる戦後の回想をもとにその全体像を整理し、原爆製造という目的を与えられながら、その目的の達成にはほど遠かった日本の物理学者たちの置かれた両義的な状況を指摘している。[51]

これらの先行研究が一致して示していることは、日本の原爆研究は理論研究が行なわれたのみの初歩的な段階であり完成にはほど遠かったという事実である。ダワーは、仁科が愛国者ではあったが原爆研究にあまり興味を示さなかったとして、「動機と要請という一般的な問題の複雑さを示す典型例」であると記している。仁科ら日本の物理学者たちは、どのような思いで原爆研究を引き受けたのだろうか。

陸軍で最初に原爆開発に向けて動き出したのは、陸軍航空技術研究所長の安田武雄中将であった。[52] 安田は一九四〇年四月、鈴木辰三郎陸軍中佐に原爆開発の可能性を検討するよう命じる。鈴木は同年一〇月頃、占領地のウラン鉱床の調査より、爆弾は可能だと安田に答申した。[53] 安田は、どのようなことを経緯にして「原爆」を考えるようになったのだろうか。彼はしばしば仁科や理研の研究者を航空技術研究所に招いて講演をさせており、また海外の科学雑誌もよく読んでいた。彼が原子力エネルギーに着目することができたのは、最新の研究情勢についての情報を積極的に入手していたからである。日米開戦前には『フィジカル・レビュー』などの学術雑誌も日本に届いていた。前節で確認したように一九四〇年の夏にはこれらの学術雑誌から原子力に関する論文が消えた。

一九四〇年の夏頃、安田は仁科から原爆の研究に着手する用意があるとの申し出を受けた。安田は以下のように回想している。

昭和一五年の中ばを過ぎた某月某日、当時陸軍航空技術研究所の職にあった私は、新宿から立川にむかう通勤の列車の中で、Y博士を伴ったN博士――以前から研究業務を委嘱していた――の口から始めて、原子爆弾の製造に関する実験研究に着手する用意がある旨の申出に接した。［略］後で思えば、これが日本における原爆の研究、くわしくは日本陸軍航空における原子爆弾製造に関する研究の発端であった。(54)

陸軍航空技術研究所は一九四一年四月、理研に正式に原子爆弾製造に関する研究を委託する。(55) 原子核実験室の次年度予算には、同研究所からの研究委託費八万円が計上された。(56) 仁科が安田にこの研究の報告書を提出し、陸軍航空本部直轄計画として原爆研究が始められたのは一九四三年六月のことであった。この研究には仁科の頭文字をとって「ニ号研究」と名付けられ、終戦までに二八六万円の研究費と一〇〇〇万円以上の原料費が交付された。(57)

陸軍と海軍とのライバル関係はよく知られているが、兵器開発にしても陸軍と海軍は別々に取り組んだ。海軍で最初に原爆開発に注目したのは、海軍技術研究所の伊藤庸二で、一九三九年頃である。彼によると、一九三九年にカリフォルニアで原子力実用化のモデル実験が成功して小さなタービンが回転したということが耳に入ったこと、その前後に米国がウランの国外搬出を止める法令を出したということから、「何かある」と察知した。(58) 伊藤は一九四二年七月から翌年三月まで、科学者を集めて原子力および強力マグネトロンの軍事利用を検討する物理懇談会を開催した。(59)

実際に原爆研究に動いたのは、海軍の艦政本部であった。艦政本部では、先に言及した『ニトロセルロース』の「アメリカの超爆薬ウラン二三五」が知られていた。(60) この論文は村田勉少佐によって訳され、「アメリカの超爆薬〝U－二三五〟」として『火廠雑報』第三一号に掲載されていた。海軍はこの論文の解説を京都帝国大学理学部の講師であった萩原篤太郎に依頼し、一九四一年五月二三日に平塚の第二海軍火薬廠で萩原の講演会が開催された。(61) 萩原は荒勝文策のもとでウランの核分裂後に発生する中性子の数を計算する研究をしており、低速中性子の核分裂では中性子が平均二・六個生じることを明らかにしていた。(62) 海軍は一九四二年、京都帝国大学の荒勝文策研究室に「ウラニウムの基礎研究」を研究費三〇〇〇円で委託した。原爆研究として正式に委託されたのは、一九四三年の五月になってからであった。海軍の原爆研究には「F研究」という名称がつけられ、終戦までに六〇万円が費やされた[63]。二号研究とF研究は別々に進められたものの、一九四四年以降は互いに情報交換が行われるようになった。

メディアにおける物理学者の発言

水面下で原爆開発が検討されていた頃、仁科芳雄はメディアに頻繁に登場していた[64]。そうしたメディアで、仁科は原爆の可能性に言及するようになる。その最も早いものと思われる例は、一九四一年一月号の『改造』に掲載された「科学と技術の振興」である。「高度国防国家」をどのように完成させるかについて論じたこの記事で、仁科は科学が国防のために応用される例として、次のように述べている。

ウラニウムを中性子によって破裂せしめる際に生じる驚くべきエネルギーの量が、何とかして實用に供せられるのではなかろうかといふ事が、アメリカ科學界の議論の焦点となり、そのためにも斯様な研究を行っている實驗室は秘密の縄張りに取り入れられたのであろう。勿論國防の問題以外では原子核研究の成果の、實用に供し得ることは既に実證されつつある[65]。

仁科は、一九四一年二月六日の『讀賣新聞』夕刊に掲載された記事「今日の錬金術　下」でも、中性子によるウラン原子核の分裂と、その連鎖反応の可能性を伝え、「この際生ずるエネルギーは莫大なもので、二三五のウラン元素一瓦あれば五噸の石炭と同等の熱を發生し得る」として、次のように述べている。

そこでアメリカでは目下大騒ぎをしてこれから動力を得るとか、又は爆薬を作るとかいふ事の可能性を研究中である。その際に原子核の研究をしている實驗室は國防上秘密を有するものとして外来者を厳禁してゐる處がある。斯様な事が果して可能なりや否やは不明であるが、我が國に於ても一應これが研究を行つてみる必要があると思ふ。たゞ我國にはこれに使用し得るだけのウラン鑛を産出するかどうかといふ事が第二の問題で、これも必要とあらば或は何とか方法があるかも知れない。若しこの反應が人力による制御し得ることになれば、それこそ無限の動力が得られることになるであらう。ともかく今日の純學術的発見は、明日の技術を左右するものであるから、一應の検討は必要と思はれる。

鈴木の報告を受けて陸軍が理化学研究所に原子エネルギーの軍事利用研究を委託したのは一九四一年四月のことだった。つまり仁科は軍部の委託を受ける以前に、メディアを通して原爆研究の可能性を伝え、その必要性を示唆していたということができる。仁科が繰り返しメディアで研究の必要性を訴えているのは、彼が述べているようにアメリカにおけるこの分野の軍事研究を確信したからであった。仁科の「實驗室は秘密の縄張りに取り入れられた」や「外来者を厳禁している」という言葉は、前年の理研の矢崎為一らの訪米経験を念頭においているものだ。

アメリカの原爆研究が水面下でスタートしてから日米開戦までの間に、何人からの日本の物理学者たちがアメリカに渡ったが、このとき彼らが受けた扱いは、それ以前とは大きく異なるものであった。仁科研究室の矢崎為一らは、理研で難航していたサイクロトロン建設の助言を得るために一九四〇年の秋に訪米し、理研が苦戦していた六〇インチサイクロトロン建設のためのいくつかの情報を得たが、前回の一九三五年に訪れたときと比べると、アメリカの科学者の対応は目に見えて非協力的なものだった[66]。矢崎は帰国直後の講演で「ハーンらの発見以後、アメリカではウランの輸出を禁止した。したがってアメリカでは原子問題で何かやっていると考えざるを得ない」と語っている[67]。これらのことから、一九四〇年にアメリカを訪れたことで、日本の原子核研究者たちはアメリカが原爆開発に着手していることを確信したといえる。そしてメディアにおいても自国における研究の必要性を訴えはじめるのである。

矢崎は、日米開戦前夜の一九四一年に、しばしば前年の訪米経験をメディアで語ったが、その際アメリカで原子核分裂を軍事利用するための研究が進んでいるということを伝えた。一九四一年二月二一日から『朝日新聞』に連載された座談会「米國の科學と技術を衝く」では、アメリカ視察の様子を詳細に語っている。ここで矢崎はアメリカの科学研究が軍備的色彩を強めていることや、前回の訪米では親切にしてくれたアメリカ人科学者がけんもほろろの対応をしたことを伝えた。たとえば、「先行せる米の科學　サイクロトロンの現状と應用」という見出しの付けられた連載の第五回目となる二月二六日には、アメリカで大きなサイクロトロンがいくつもできていることを伝える矢崎に対し、記者が「サイクロトロンを醫療以外で動力のエネルギーに利用するとかいふことをき、ましたが」と尋ねると、矢崎は以下のように返答している。

ウラニユームの原子核分裂ですか、これはさっき飯森さんが話したあの私たちが見學を断られたミネソタ大學の質量分析機に關係してゐます、質量分析機そのものは大したものではないのですがこの質量分析機を使つてウランの質量番號二三五を分析し、それにコロンビア大學のサイクロトロンを使つて中性子を當てた實驗によつてこのウランの分裂の際に非常なエネルギーが出ます、この核分裂の現象が連續的に起きるとそれは非常に大きなものになる、アメリカで計算したところによると、一ポンドのウランの分裂の際に起きる熱量が若し連續的に現れたとするとそれは何万ポンドのガソリンに匹敵するだけの熱量が出ることになります(68)

矢崎は続けて、アメリカがウランとラジウムを禁輸したことに触れ、もし核分裂の連鎖反応を起こせたとしてもそれをコントロールするのが難しいだろうとしながらも、フェルミが「ウラン二三五をものにするやうな方向に何かしら進んでゐるやうに思はれました」と述べている。このような発言からは、矢崎がかなり敏感に、アメリカでの動きを察知していたということができる。フェルミはこの後一九四二年一二月、シカゴ＝パイル一号を稼働させ、史上初の人工による原子核連鎖反応を成功させることになる。

矢崎は『科學画報』の座談会でもウラン二三五に遅い中性子を衝突させた際に発生するエネルギーの活用の可能性について説明している[69]。国防に科学者が動員されているようだがという編集者の佐久川恵一の質問に対し、「大學なんか相當に各部門に亘って使つて居りますね。サイクロトロンまでナショナル・デフエンスに使はうと云つて居りますからね」と返答し、「兎に角鼠算的に繰返して起されると、爆發が起るといふ、それを何とかコントロールするとアトミック・パワーが得られるのではないかといふことでそれが相當に騒がれて居ります」と説明している[70]。

矢崎は、アメリカの原子核研究を取り巻く状況を伝えるだけでなく、国内の原子核研究の進捗状況についても言及していた。一九四一年六月四日の『朝日新聞』には、矢崎による「ウランの原子核分裂」という記事が掲載されている。ここで矢崎は、アメリカの物理学会誌でフェルミとセグレが大サイクロトロンを用いてできた高速度のアルファ粒子をウランに当てて原子核分裂を認めたと発表したことを伝え、ウランのなかでも核分裂を起こしやすい二三五の同位元素核分裂の際に二億電子ボルトのエネルギーを出すことが認められることから、「今度わが國でも質量分析器を使つてこの分離に着手し始める事になつたのは遅蒔きながら結構な事だと思ふ」と伝えた。真珠湾攻撃の一か月前の一一月八日の『朝日新聞』には、「矢崎為一氏に聴くアメリカ科學界」について伝える記事が掲載されている。矢崎は、「彼地の新聞で喧伝されてゐるのはウラン原子核分裂ださうで、先月帰朝した人の話では、ウランの原子核分裂は米國の他には最初に発見されたドイツと日本がやつてゐると書いてゐるさうだ」と述べ、そのために貢献している「一億電子ボルトの荷電粒子を発生させる大サイクロトロンも見かけ倒しでなく眞の價値を認められてよかろう」と述べている。

このようにして、一九四一年になると矢崎の訪米体験が大衆メディアを通して国民に伝えられ、アメリカがウラン二三五の核分裂を兵器に利用する研究を進めている可能性も言及されるようになった。矢崎は核分裂によって実際にエネルギーが得られることに確証を持っていたわけではなかったが、彼は一貫してその可能性を伝えた。ここで確認すべきは、矢崎が核分裂について言及する際に、日本でのこの方面の研究を促す発言をしていることである。訪米経験を幾度もメディアで語っていた矢崎は、アメリカの科学動員が機能していることを褒め称える一方で、日本におけるこの分野の研究を進めることを提言していた。

ここで見たようにニ号研究を担った仁科をはじめとする物理学者たちは、アメリカで原子エネルギーを兵器として利用するための研究を行っていることを確信し、原爆の可能性を検討していた。この時期の仁科の発言からは、彼が原爆研究を「引き受けた」というよりは、むしろ積極的にこの方面の研究の必要性を訴えたという側面が見えてくる。

大衆雑誌に現れた「原子爆弾」

仁科や矢崎が頻繁に核分裂を兵器に利用する可能性について語り始めたのとほぼ同時期に、「原子爆弾」という言葉が大衆メディアにあらわれている。『日の出』一九四一年四月号には、発明工業新聞社編集長という肩書の鈴木徳二による「一瞬に丸ビルを吹き飛ばす　原子爆弾の話」という記事が載った(71)。この記事は「途方もない爆發力」「返り咲いた錬金術」「石油・石炭の失業時代」という小見出しをつけながら、「爆發力は従来の爆弾にくらべて数千倍――数萬倍といふ、途方もなく强力な原子爆弾があらはれた」と伝えた。爆発力については、お猪口一杯くらいの分量で丸ビルを吹き飛ばす、という。記事の後半では、原子核を「お城」に、原子核の周りをめぐる電子を「護衛」に喩えて原子核の構造を説明している。これに対し、科学者たちがアルファ線という「砲弾」を用い、お城を狙っているという。この砲弾に高速度を与えるのがサイクロトロンである。このような喩えは、一九三九年に『サンデー毎日』に

図5-2　盃一ぱいで丸ビルを吹き飛ばす「原子爆弾」の図

出典：鈴木徳二「一瞬に丸ビルを吹き飛ばす原子爆弾の話」『日の出』1941年4月号。

書かれた寮佐吉の記事と似通ったものである。

鈴木は、「サイクロトロンといえば、この研究や宇宙線の研究で、理研の仁科博士が、萬国から注目されてゐるのは、われ〳〵日本人として鼻が高い」と仁科の研究に言及し、「かうして出来る人工砲弾によって、原子核を破壊すると、破壊された瞬間、莫大なエネルギーが發生する」などと、サイクロトロンを莫大なエネルギーを発生させるのに必要不可欠なものとして紹介している。日本のサイクロトロンと仁科を誇りとしているのも、核分裂発見後にあらわれた多くの記事と同様である。

雑誌『日の出』は講談社の『キング』の大成功に倣って一九三二年に新潮社より創刊された大衆雑誌で、戦時中は『キング』と共に大衆を動員する役割を担っていた(72)。このような雑誌で原子爆弾が紹介されていることからは、一九四一年の時点で「原子爆弾」という言葉はかなり広範な範囲で知られるようになっていたと考えることができる。

戦時中に小学生であったジャーナリストの高橋隆治は、『日の出』と同じ頃に『新人』で原爆記事を読んだことを記憶している。高橋によると、「『新人』（昭和一六年＝一九四一年の九月号か一〇月号）の原爆記事について私の記憶にあることを書くと、それは一発でロンドンやニューヨークといった大都会が吹き飛ぶほどの威力があり、列国はその開発に必死になっているが、今度の戦争（ヨーロッパでの戦争）は、どこの国が先にそれを完成させるかで決着がつけられると書かれていた」と、『日の出』の記事よりは真剣に原爆を捉えた内容だったという[73]。『新人』の記事は確認できていないが、この頃にさまざまな媒体で原爆という兵器の実現可能性が言及されていたといえるだろう。しかしこのとき「原子爆弾」は、日本人にとってはまだ差し迫った話題とはなっていなかった。

第四節　科学動員と仁科

これまで見てきたように、原爆という兵器の実現可能性がメディアで語られるようになる契機となったのは、仁科をはじめとした物理学者の発言であった。本節では、原爆の実現可能性が語られ始めた背景として、科学動員と仁科の関係を検討したい。

科学動員と新体制

科学動員体制は、一九三〇年代半ばから企画院と文部省で着々と整えられていた[74]。一九三七年に内閣調査局と内閣資源局が統合して誕生した企画院では、一九三八年四月に科学審議会を設置し、一〇月に「科学技術振興に関する建議」を提出した。一九三九年五月には、「科学動員ニ関スル事項及科学研究ニ関スル事項」として企画院に科学部を設置した。企画院科学部は一九三九年八月に「総動員試験研究令」を公布した。一九四〇年には、科学動員委員会と企画院科学部によって「昭和十五年度科学動員実施計画要領」が作成された。一九四二年二月には「技術院」を設置した。一方、文部省では企画院と同時並行で、科学動員体制を整えていた。一九三七年一一月には学術振興会が「科学動員ニ関スル建議」を発表した。一九三八年には「科学振興調査会」を設置、四〇年四月には科学課を設置し、四二年には科学局として独立させた。

科学動員の動きを加速させたのが、一九四〇年に動き始めた文部省を中心とする科学振興の動きであった。一九四〇年七月二二日に成立した第二次近衛内閣は、科学振興を国策として打ち出した。文部大臣に東京帝大医学部教授の橋田邦彦を任命し、「科学の画期的振興並びに生産の合理化」を政策の重要な課題とした。廣重徹は、「一九四〇年の夏にはそれぞれの思惑をこめて、各方面で新体制のバスに乗り遅れまいとする動きがなだれのように生じた」と記している(75)。この新体制運動のなかで、「科学技術」という言葉が登場した(76)。一九四一年五月には日本初の総合科学技術体制として、「科学技術新体制確立要綱」が決定された。

科学者たちは、このような科学動員と振興の動きにどのように対応したのだろうか。科学動員をめぐっては、一九三〇年代から賛否両論の声があがっていたが、一九四〇年に第二次近衛内閣が科学の振興を国策と掲げると、協力の声が反対の声を駆逐していくようになる。科学者の多くが、科学振興の活躍の機会と捉え、そのバスに乗り遅れまいとしたのである。この間、メディアにおいても、科学振興をめぐる議論が活発になされた(77)。廣重は「科学動員は、研究上の実力をもつ若手中堅層に台頭の機会を与えた」ことを指摘しているが(78)、この時期メディアに登場し科学振興について語るようになったのも、若手中堅層の科学者たちであった。

新体制下の仁科の発言

科学技術の重要性が認識され、従来に増して「科学者の知恵」が国家のために必要とされるようになると、科学者たちは科学雑誌から大衆雑誌まで、ジャンルを問わないさまざまなメディアに頻繁に登場していくようになる。

ここで、新体制下にメディアに登場し、科学振興の代表的存在ともなった仁科芳雄の発言を検討したい。仁科は前章でも見たように一九三〇年代から大衆メディアに登場していたが、四〇年代にはメディアにおける登場が加速した。一九四一年から一九四二年の二年間のうちに、確認できるだけでも『改造』『中央公論』『文藝春秋』『婦人之友』といった一般紙から『科學』『科學主義工業』『技術評論』『図解科學』『科學朝日』『科學日本』などといった科学雑誌まで、多様なジャンルのメディアにあらわれている。仁科はこれらのメディアで、新体制における科学技術の振興、そして大東亜戦争と科学技術の振興、科学日本の建設、といった主題に対する記事を執筆している。

仁科はこれらの雑誌でどのような発言をしていたのだろうか。一九四一年九月に『信濃教育』に掲載された「科學と國防」を見てみたい[79]。この記事は仁科が信濃教育会の総会で講演したものを文章化したものである。仁科ははじめにマクスウェルの電磁気論が無線通信技術に役立った例を紹介し、「こゝで私は話を轉じまして私共の實驗室で只今行って居る研究が、我々の文明とか、軍事上の色々な問題とかに何か使ひ途があるかということについて少し付け加へて置きます」と自身の研究の話に移る。仁科はここで自身の研究を「少し付け加える」どころか、かなり詳細に研究について語っている。それは実に講演の半分以上を占めている。

仁科は実験室の研究（純粋科学）から文明や軍事上の問題に発展する例として、宇宙線の性質の研究が気象の測定という実用につながる可能性や、元素の人工転換の研究が骨の新陳代謝の研究につながったことを伝え、逆に実用上の技術が実用を目的としない科学を進歩させる例として、サイクロトロンの話に移る。ここで仁科は、「科學と技術との交互の進展によつて得られたサイクロトロンを用ひて、元素の人工變換なる科學研究が行はれ、それによつて得られた人工ラヂウムが或は技術或は科學に新天地を拓かんとして居るのであります」と伝え、「さう云うもの［ローレンスが建設している巨大サイクロトロン］が出來ますと恐らく豫測を許さない結果が現はれて、科學は一段の躍進をするでせう。その進んだ科學の結果はこれを直ちに技術に應用しますから、今日夢想もしなかつた實用的結果を齎すこと、思ひます」と述べる。最後には、日本では欺術に比べて科学が疎んじられてきたとして、科学と技術が一体となった促進を説くのである。ここで仁科は技術の重要性を認めながら、日本の科学的水準が欧米に比べて明らかに劣っていること、技術と同様に科学も重要であるということを聴衆に訴えている。より直接的には、サイクロトロン建設の重要性を訴えたものといってよい。仁科は一九四一年七月に『科學主義工業』に掲載された鼎談会でも同様の論旨を述べている。

このように、仁科は純粋研究がどのように応用研究、さらには国防技術とつながるかについて度々一般に向けて語っていた。ここで仁科の発言を一九三〇年代にサイクロトロン建設のために行った宣伝の延長上において捉えてみたい。仁科は、純粋科学が技術と切り離せない存在であると強調することによって、純粋科学である自らの研究が国防に貢献するものであるということを訴えていた。一九四一年頃の仁科の書いたものには、科学と技術を結びつけることが重要であるという考えが協調されている(80)。そこで彼は、サイクロトロン建設の重要性を訴えていた。すなわち、仁科の新体制下の発言は、一九三〇年代からのサイクロトロン建設のための宣伝活動の延長上にあった。そうしたなかに原爆に関する言及も位置づけることができるのである。

日本の原爆研究をめぐっては、しばしば「物理学者は戦争に巻き込まれた」「若い研究者の徴兵を免れるために軍事研究を引き受けた」という説明がなされてきた。こうした説明には一見すると妥当性があるがしかし物理学者たちはただ受動的だっただけではない。時代に乗じて社会に向けて自らの研究の重要性、有用性を語っていた。科学者もまた、戦争の進展とともにその発言の機会を増やしていく。それは、世間の要請と彼らの利害が一致したからであった。仁科は体制の方針と沿う形で、自身の行っている研究の重要性を訴えたのであった。

本章では、一九三八年末の原子核分裂発見から「エネルギー」を取り出す可能性への期待が「原子爆弾」という兵器への期待となっていくまでを見てきた。原子核分裂の発見は、爆発への不安や新たな動力源への期待とともに広く伝えられた。日本で一番早く、新しいエネルギーの実用可能性について伝えたのは翻訳家や作家などであった。一九四〇年に入ると、新動力への期待は新聞雑誌などのさまざまなメディアにあらわれるようになっていく。原子エネルギーの可能性は、当時日本国内で建設されていたサイクロトロンへの誇りと期待とともに語られていった。

物理学者の多くは核分裂発見以降も原子力あるいは原子爆弾の可能性に懐疑的な見方を示していたが、日米戦争が開始する一九四一年頃になると積極的に科学研究の軍事利用について発言していくようになり、そうしたなかで原子核分裂の兵器利用への可能性について語っていくようになる。その背景には、アメリカが原子核研究の軍事利用に着手しているという確信と、軍部との接触が挙げられる。仁科や矢崎は、一九四一年に複数のメディアで原子力の「兵器利用」への可能性を語っていったが、これ以降メディアにおいても「原子爆弾」という言葉が現れるようになる。このことは、原爆製造に向けた国家主導のプロジェクトが開始し、原子核関連情報が表にあらわれなくなったアメリカとは対照的である。

一九四一年の時点で、仁科らがサイクロトロンを用いて原子核研究に取り組んでいることは、隠し立てのない、公然の事実となっていた。日本で稼働していたサイクロトロンは、じっさい世界水準の成果を出していた。サイクロトロンに寄せられていた人工ラジウム製造の期待は、原子力／原子爆弾の実現への期待へと置き換わっていく。この期待は、対米戦争が始まり、戦局が厳しい状況となったときに、日本における原爆製造を待望する論（原爆待望論）へとつながっていくことになる。

第六章　戦時下のファンタジー：決戦兵器の待望

「ラヂウム」ガ發見サレマシタ直グ後デ、或者ハアレガ始終出シテ居ル「エネルギー」ヲ、自由自在ニ一遍ニ出スコトガ出来タナラバ、一「グラム」ノ「ラヂウム」ガアレバ英國艦隊全部殲滅サセルコトガ出来ル、斯ウ云フ計算ヲシテ居リマス

田中舘愛橘　第八四回帝国議会貴族院本会議　一九四四年

戦争の進展とともに、メディアではさまざまな新兵器が予想され、待望されるようになる。新兵器への待望は、戦争末期の原爆待望論へとつながっていく。新兵器をめぐる言説はどのような科学とメディアを取り巻く状況のなかで生み出されていったのだろうか。それらは、実際の兵器研究をどれほど反映したものであったのだろうか。

本章では、戦時中のメディアにおいて決戦兵器としての新兵器が待望されていき、ついには原爆待望論が生まれる様子を検討したい。ここで描き出されるのは、戦時体制への科学者や文学者の対応が戦時中のプロパガンダに動員され、戦争末期に原爆待望論を生み出すというダイナミクスである。想像と現実はどのように交差し、新たな想像と現実を生み出したのだろうか。

第一節　最終兵器への期待の高まり

満州事変の後、メディアは次の戦争をさまざまに予想し、そこで使われる兵器についても予想していくようになる。本節では、一九三〇年代後半から第二次世界大戦に参戦する以前の日本のメディアでどのような兵器が語られていたかを検討する。

新兵器と科学戦

『中央公論』一九三六年三月号には、海野十三の本名である佐野昌一名で「科学が描く未来風景」という記事が掲載されている。六頁にわたるこの記事において海野は、物質崩壊によって生ずるエネルギーの可能性に言及している。

耳掻きに一杯ほどの物質を變じて電力を發生させると、それは大東京全市の電燈をつけることができる。［略］物質崩壊によつて巨大動力源を得るといふことは、今日既に理學的に可能と認められてゐる。そしてその具體化は、今や工學者の手に移らうとしてゐる。十年先になるか廿年先になるかは知らないが、それが成功した暁には、今日幅を利かせている諸動力株は三文の値もなくなるだらう。引いて、諸株式も底抜けに暴落して、経濟界は歴史始つて以来の大恐慌を呈するに違ひない。科學者のみがその日あるを豫地してゐる。／戦争か、平和か。それもこの問題が解決の鍵を握つてゐると云へる。この新動力源を具體化することに最初に成功した國が、覇者たる名譽を擔ふ。これに刃向ふ國はその直前までに、いかに素晴らしい兵備を持つてゐようとも、結局新動力源を得ることに成功した國の前に降服するより外ない(1)。

このように物質崩壊によって得られる動力源が国力に直結していることを認識しメディアでも語っていた海野は、日中戦争が開始すると、熱心に「科学力」の重要性を説き始めるようになる(2)。

雪の結晶の研究で知られる中谷宇吉郎は一九三七年一〇月一一日の『東京朝日新聞』に「弓と鉄砲」という短文を書いている。ここで中谷は原子エネルギーの兵器利用の可能性について言及している。

原子の蔵する勢力は殆ど全部原子核の中にあつて、最近の物理學は原子核崩壊の研究にその主流が向いて居る。原子核内の勢力が兵器に利用される日が來ない方が人類のためには望ましいのであるが、もし或る一國でそれが實現されたら、それこそ弓と鐵砲所どころの騒ぎではなくなるだらう。／さういふ意味で現代物理學の最先端を行く原子論方面の研究は、國防に關聯のある研究所でも一應の關心を持つてゐて良いであろう。但しこの研究には捨て金が大分要ることは知つて置く必要がある。

ここで中谷のいう「捨て金」とは、基礎研究のことであろう。基礎研究は国防にとっては「捨て金」と考えられがちであるが、そうした研究なしに大きな軍事技術上の発展は見込めないというのである。

このように、日中戦争開始時までに、近い将来の戦争においては科学新兵器がその勝敗を決めるという認識は共通してもたれており、原子力を実用化した国が世界を制するという認識もあらわれていた。とはいえこのとき、将来あらわれるであろう超兵器の中でも大きな期待を寄せられていたのは、「殺人光線」であった。次に、日中戦争が開始してから日米戦争が始まるまでの大衆メディアで語られた、超兵器（それは往々にして殺人光線）に関する期待を検討していきたい。

新しい放射線兵器　殺人光線

日中戦争開始時、最も強力な兵器と考えられていたのは「殺人光線」である。「殺人光線」は、X線や電波などの強力電磁波を兵器に用いるという発想から生まれたもので、二〇世紀前半を通じてさまざまなSF作品に登場していたが、一九三〇年代に画期的な新兵器としてSF界以外でも注目されるようになる。当時の科学者や軍人が真剣に検討した結果、実用を目指した最終兵器であった。

永瀬ライマー桂子と河村豊の研究によれば、日本における殺人光線研究の一つの起源は、一九二六年に八木秀次が陸軍科学研究所で行った講演「所謂殺人光線の概念」にある。(3) 八木は、この講演で殺人光線の利用に関して否定的な結論を述べたが、ここで重要なのは、陸軍科学研究所がこのときすでに殺人光線の可能性に関心を寄せており、八木に講演をさせたということであろう。日本陸軍の資料のなかに、殺人光線計画が登場するようになるのは、一九三五年のことである。(4) 一九三〇年代半ばには、イギリスやドイツでも殺人光線研究に着手しており、各国がほぼ同時期に殺人光線の軍事研究を始めたということができる。(5)

大衆メディアにおいて殺人光線の概念はそれまでにもあらわれていたが、各国が殺人光線の研究に取りかかるのとほぼ時を同じくして、さまざまな媒体で言及されるようになった。たとえば一九三六年一月六日の『神戸又新日報』では、「一九三六年と〝光りの科學〟　登場した怪力線　列國極秘の研究ぶり」というタイトルで、「殺人光線に次ぐ一大驚異の發明」として、放射線や宇宙線が波長の短いものになると、「所謂殺人光線とか怪力線などと近代科學の尖端を彩る猟奇的光線となるのである」として、この光線の正体を各国が研究しているとする。ここでは、「一九三〇年の秋ドイツ人クルト・シムスクという科学者が特種の怪力線装置によって二百米の距離にある水雷を爆発させ」たということや、一九三五年に「アメリカ合衆国のニコラテラス博士によって、百万ボルトという超高圧電流を遠距離にまで放射送電し、二百哩も距った軍隊を撃滅し瞬時に航空機、軍艦をも撃墜撃沈し得ることが発表され」たということが伝えられている。

ここで登場するニコラテスラとは、殺人光線のイメージ形式に大きく貢献していたニコラ・テスラである。[6] テスラはすでに七〇代後半になっていたが、新しい加速器などの高電圧装置を用いた研究に精力的に取り組んでいた。一九三四年六月一〇日の七八歳の誕生日には、彼の研究している光線で二〇〇マイル先の軍隊を撃滅させることができると発表し、メディアはそれを大々的に伝えた。[7] この記事も、こうしたテスラの言葉を紹介した海外メディアの報道をもとにしたのであろう。

殺人光線の効果や性質について二頁にわたって憶測を交えながら紹介する記事の最後は、次のようにまとめられている。

太陽光線及びそれから得られる各種放射線、高圧電流による作用等々これ等が名実共に魔光線として絶大な威力を發揮するのは果して何時であらうか――／恐るべき人間の發明力は、やがてこれをも完成するであらう、だが同時にわれわれは世の妄想狂が夢に描く／「人類は自ら生んだ機械によって自滅する」／ことを一應は考え起さねばなるまい、新年白骨の頭を持ち廻った一休和尚のように……（完）

「人類は自ら生んだ機械によって自滅する」という不気味なメッセージは、「人類を滅亡させる機械（doomsday machine）」を連想させるものである。「人類を滅亡させる機械」は、人類を滅亡させるほどの大規模破壊を可能とする機械のことで、テスラやエジソンの過激な言動によってその可能性が人々に知られていったものである。

『新青年』では一九三六年になると、武藤貞一による連載「これが戦争だ!!」が始まる。[8] 日中戦争の開始とともに『新青年』も軍事色の濃い内容となっていくが、武藤による連載はその第一段階と見ることができる。連載の一回目は、「機械の人間圧殺作業」という見出しに始まる。武藤によれば、人間と機械の戦争は機械の圧勝となり、実質は機械と機械の戦争となり、人間は機械に隷属する存在となるのである。武藤はこの記事の最後で、無線操縦が完成すると一首都が一瞬にして壊滅すると述べ、無線操縦によって可能となるであろう最終兵器に言及している。

操縦機上の一兵士がボタン一つ押しただけで数百の爆弾が一齊に雨下して、市街はそれで終りを遂げるのである。人類の寂滅期は、恐らくはその特有の科學文明が進歩し切つた時であらう。〔略〕「無電兵器」は人智の極轉で同時に科學文明の結晶であるが、これが完成の域に達するが最後、地球の表側から裏側に在る敵國目指してスヰツチ一つ入れたゞけで、戰慄すべき強力なる殺人光線はたばしり、地軸を挫く、大電壓は雷動して敵國人は固よりあらゆる生物を居ながらに鏖殺することもまた可能と信ぜられるからである。(9)

ボタン一つで地球の都市を破壊できるという考えは、第一章で記したように、一九世紀の電気技術の進展とともに生じたものであった。一九三〇年代になり、ボタン一つで遠隔の都市を破壊できるというイメージは、新しい放射線兵器といえる殺人光線とともに、より現実味を帯びたものとして、言及されるようになってきたといえる。戦争が足音を立てる一九三〇年代になって、「最終兵器」の可能性は日本の人々にも徐々に考えられていくようになっていく。日中戦争の勃発した一九三七年夏、各紙は日中戦争を扱った特集を組んだ。そんななか、各国の科学技術や戦争の行方を検討する「座談会」がさまざまな雑誌で開催された。『新青年』では定期的にさまざまな座談会が催されていたが、この頃を境に戦争に関する座談会が増えていくことになる。

『新青年』一九三七年八月号に掲載された「科學者ばかりの未來戰爭座談会」を覗いてみたい。(10)出席者は工学博士の隈部一雄、工学博士の田邊平学、理学博士の竹内時男、工学博士の川原田政太郎、医学博士の林髞、司会者の海野十三の六名であるが[11]、同時代の戦争についての議論ではなく、戦争そのものの性格や、百年後の未来にはどのような戦争になるかということが語られている。たとえば隈部は、百年後には機械同士の戦争になるであろうと述べている。司会の海野が生理学的に敵を攻撃する方法はないかと尋ねると、林は「殺人光線が發見されれば僕は戰争が止むと思ふんです」と殺人光線をあげる。海野は、「竹内さん、何か人工宇宙線といふやうなものを使つて、さういふ新手のエネルギー應用する手はないでせうか」と竹内に尋ねる。竹内は、将来は放射線あるいは電波などを用いた間接的な戦争しかできないようになるであろうとして、「現在中性子で敵を殺すことが出來ないかといふことを考へられて居ります。これは原子が破壊する時に出て來る非常に破壊力の強い微粒子です。これは現在餘り遠くまで行きませぬけれども、これが當るとラヂウムのガンマー線の三倍くらゐの力があるんです」と答え、しかしその装置を作るのがやっかいであると続けている。ここでは、新手のエネルギーを兵器として応用する手はないかという海野の問いかけに対し、科学者の竹内は中性子を殺人光線として用いることを想定している。

このように、殺人光線をめぐる軍事研究が開始された頃、大衆メディアでは、最先端の科学研究の知見を取り入れた形で、殺人光線の具体的な説明がなされていた。一九四〇年までに、殺人光線はその時点で考えうる最も強力な兵器として、具体的には強力な電波や放射線であるとして、ある程度共通した認識が形成されたものと考えられる。そのことを示す例を、いくつか記したい。

竹内時男は一九三八年に『新兵器と科學戰』という書物を出版している[12]。この本は、一九三九年と一九四〇年にも再版されており、広く読まれたと考えられる。同書で竹内は、「ラヂウム・アトマイトといふのは最近發明されたもので、物凄い爆発力を持つてゐて、飛行機から百哩平方、深さ四哩の空間に散布されると、地上の人間は勿論すべての生命の命がなくなつたしまふといふ恐ろしいものだ」と、「ラヂウム・アトマイト」という兵器について記している[13]。同書には、これ以外に原子エネルギーに関連すると考えられる記述はない。より詳細に記述されているのは殺人光線である。H・G・ウェルズの小説『世界戦争』における殺人光線や、イギリスのグリンデル・マシューズが発明したという殺人光線に言及し、「現に私達が持つてゐるもので、人間やその他の動物の體にいろ〳〵な變化を與へる光線や放射線は紫外線とX光線とラヂウム放射線とである」として、それぞれ解説を加えている[14]。ところで同書の冒頭には、「平和のための戦争」という見出しがつけられ、「戦争といふ尊い犠牲があつてこそ始めて眞の平和が築かれるのであるからわれ〳〵は平和のために止むを得ず干戈を交へなければならぬのである」と記されている。第一次世界大戦前の西欧において見られた「平和のための戦争」という思想がここにも見られる。

石原莞爾は一九四〇年五月二九日、京都師団長として京都の義方会で「人類の前史終わらんとす」と題して行った講演で、「最終戦争に於ける決戦兵器は航空機でなく、殺人光線、殺人兵器などではなかろうか」と述べている。この講演の筆録として同年九月に立命館出版部から刊行された『世界最終戦論』は、数十万部を売り上げるベストセラーとなった[15]。

一九四〇年の一二月号の『フレッシュマン』には佐橋和人による「新兵器として見た殺人光線の存否」という記事が掲載されている[16]。この記事は次の戦争に期待されている兵器として殺人光線の説明をするもので、「今更説明するまでもないが、強烈な光波で、雲霞と押寄せる敵をサツと一薙すると兵隊はコロリコロリと打つ倒れ、戦車自動車は燃料が爆發して動かなくなり。空一パイに放射して張りめぐらして置けば、蚊蜻蛉のやうに襲つて來る敵機はそれに引懸つて發動機を止められバタバタ墜落すると云ふ目に見へない怪力を持つた、電波、放射線又は光線を指して云ふもので、目に見へないから光線とは云はずに殺人線と云つた方が正當かも知れない」などと伝えている。佐橋は殺人光線を、電磁波（ラヂオ電波、赤外光線、紫外光線、エックス光線とガンマ線）、超音波、ニュートロン光線、高速エレクトロン光線、にわけて説明しているが、使用するには火薬よりも高価で不便であるとして、「一國の工業能力と優れた設計者の存在が何よりも必要條件である」と結論している。

本節で見てきたように、各種放射線を含む電磁波を兵器として用いる殺人光線は、日本が総力戦体制へと舵を切っていく一九三〇年代に人々の期待を集めるようになっていき、第二次世界大戦を迎えた時点で最も期待を集めていた未来兵器となっていた。ここで、殺人兵器への言及とともに、放射線が人体に与える悪影響についても語られていたことは、注目に値する。この当時、放射線に関わる研究をしていた科学者たち――なかでもサイクロトロンの建設に関わっていた矢崎為一――は、放射線の人体影響を大変気にしており、メディアでも語っていた。しかし、戦局が進んでいくとともに、放射線の人体影響は語られず、爆発力ばかりが注目されていくようになる。

第二節　戦時下の仁科：科学「振興」と「動員」のはざまで

前章で検討したように、仁科は一九四一年の段階で、メディアを通じて純粋研究の重要性を訴えていた。ところが純粋研究の重要性を訴える仁科の態度は、変化していく。その背景には、軍部による言論統制と戦局の悪化があった。続いて、一九四一年末からのメディアと仁科の関係を検討していきたい。

戦時下の科学雑誌

科学新体制においては、科学の普及や啓蒙が重視されていた。科学技術新体制確立要綱の制定において中心的な役割を果たした宮本武之輔は、「從來わが國の科學は科學者の専有物として科學者だけに任され、全く國民的關心の圏外に置かれた」として、科学を「大衆」や「生活」の手に届くものとする必要性を訴えた(17)。一九四一年の終わりから、このような新体制の科学技術振興政策を反映して、科学雑誌が続々と創刊された。一九四一年一一月には朝日新聞社から『科學朝日』が、一二月には中央公論社から『図解科學』、科学文化協会から『科學文化』が、翌年四月には大日本出版から『科學日本』が創刊された[18]。既存の雑誌に加え、これらの雑誌にも仁科はしばしば登場するようになる。

仁科がなかでも積極的な貢献を行ったのは、『図解科學』である。『図解科學』は創刊号から五号まで、毎号表紙に大きな文字で「仁科芳雄監修」と印刷しており、仁科の名が宣伝になるほど知名度の高いものであったことをうかがわせる。仁科は刊行のことばで、国民の科学的水準を高め、科学の大衆化を目指す、としている。編集長の小倉真美の回想によると、仁科は『図解科學』編集の一切を小倉に任せ、ときどき批判し、テーマや執筆者を指示した。また、署名入りの原稿はすべて仁科本人が執筆していたものであったという[19]。

『図解科學』が創刊された一九四一年一二月、日本軍は真珠湾を攻撃し、対米戦争が幕を開けた。アメリカの実力を知っていた仁科は、開戦直後から戦局の行方を憂慮していた、数少ない日本人の一人であった。『図解科學』の編集を務めていた小倉によれば、世間が緒戦の戦果に酔っている頃、仁科は「馬鹿な戦争を始めた。本当にアメリカの実力を知らないから、こんなことをするんだね。今に大変なことになる」と小倉に語った[20]。さらに、「［仁科は］非戦争論者でも敗戦主義者でもなかったが、日本と平和を愛し、その前途を憂慮されていた。アメリカの実力の比喩としてサイクロトロンの経験を話された」という。仁科が小倉に話したサイクロトロンの経験とは、日本では真空ポンプを注文しようとしても手に入れるまで半年もかかるのに比べ、アメリカでは電話一つで注文できるという圧倒的な差であった。仁科はサイクロトロンを国の科学技術力の一つの指標と捉えていた。先に見た『信濃教育』における記事でも確認できるように、仁科は日本とアメリカの実力の違いを示すものとして、しばしばサイクロトロン建設における圧倒的な日本の不利とアメリカの有利を説明した。彼はまた、アメリカの科学と技術が密接に結びついていることをしばしば賞讃した。

対米戦争中の仁科のアメリカ賞讃は、仁科の論文集の出版停止につながった。一九四二年に『図解科學』は仁科の評論集『科學と人』を企画したが、出版は叶わなかった。『図解科學』一九四二年六月号には「仁科芳雄『科學と人』

近刊、本書は我国科學界最高権威たる仁科芳雄の評論集。科學を語り國防を論じ、憂國の至情全篇に溢る。発売日を待たれよ」との広告が掲載されていた[21]。小倉は出版停止となった事情について、評論集は再校まで進んでいたが、アメリカの科学技術界を賞賛する箇所が多かったため「部分的削除では検閲を通る見込みがなく、ついに組版を廃棄するに至った」と戦局における出版の厳しさを語っている[22]。

小倉によれば、それでも『図解科學』は編集方針に仁科の考えをなるべく反映させようとした。「精神力で勝てるなどとは気狂い沙汰だ」という仁科の考えを反映して、精神ではなく基礎科学の重要性を説こうとした小倉は情報局に呼ばれ「基礎科学に充てんをおきすぎる。戦意を昂揚する軍事科学専門となるように」との警告を受けたが、仁科の方針を受け、基礎科学重視を貫いたという[23]。戦時中の最大の言論弾圧事件として知られる「横浜事件」によって、一九四三年に中央公論社の『中央公論』は廃刊に追い込まれた。四四年には中央公論社が解散を命じられ、『図解科學』はその後朝日新聞社に買い取られることになる。

戦時中、より大衆向けの科学雑誌となっていたのは、『図解科學』とほぼ同時期に創刊された朝日新聞社の『科學朝日』であった。この雑誌は、口ぐせのように「マシンツールを扱う雑誌が必要だ」といっていた情報局情報官の鈴木庫三少佐の勧めで創刊された[24]。『朝日新聞社史』には、「用紙統制の時代に、紙の割り当て実績もなしに発行できたのは、陸軍報道部や情報部が工作機械を中心とした平易な技術誌の出現を希望していたことに関係があった。しかし同誌は、軍が期待したような戦時向き通俗技術雑誌にはならず、むしろ一般科学の啓発誌として、合理的な科学思想を普及する性格が強かった」と記されている[25]。しかし『科學朝日』は後に見ていくように、一九四四年には盛んに戦局や新兵器の実現可能性について伝えており、軍国主義と呼応した通俗雑誌となっていた。原爆の可能性についても科学雑誌のなかで最も紙面を割いて伝えていた。だからこそ用紙統制の厳しいなか廃刊を免れたのだと考えられる。

『科學朝日』は、創刊号にその趣旨を「科學は力なり」「日本精神に科學の翼」というキーワードで示し、人々が科

図6-1　麻生の描いた仁科

出典：「仁科博士　漫画インタビュー」『科學朝日』第2巻第1号、1942年、99頁。

学に親しめるような、楽しく読める科学読本であると記している。一九四二年には、仁科芳雄のインタビューや、湯川秀樹の「半生を回顧して」という文章も載せられている。一九四二年一月号に掲載された仁科のインタビューを見てみよう[26]（図6-1）。記事は漫画家の麻生豊が理研の仁科を訪れるところからはじまる。

仁科はサイクロトロンに銀貨を近づけて音を鳴らす実験をみせる。これは、サイクロトロンに銀貨を近づけることで中性子によって銀をベータ崩壊させて放射性銀を作り、放出された電子がガイガー計数管を鳴らすというものである。麻生は「サイクロトロンの魔術は一時にして銀を放射性銀に變へ電子を放射するのである」と記している。音の鳴る原理が判らず、「俗人に解るやうな原子核の面白いお話」をして頂けないかと頼んだ麻生に対し、仁科は「ウランといふ元素があるんです。これに中性子をあてるとその元素が二ツに割れる。その飛び出した破片が實に強力なエネルギーを持つてゐる。何しろラジウムの親ですからね。一グラムのウランは一トンの石炭と同等のエネルギーを持つてゐるのですが、これが實用に使はれる［と］大變なことになりますね」という話をする。それは大変だと意気込む麻生に「ところが残念乍ら日本にはありません。アメリカにはあるのですがあつたところでまだ問題があります。それを人間が思ふやうにコントロールに出來るかどうか、出來なければもて余しものですよ。それからこれには重いものと軽いものがあつて軽い方だけにエネルギーがある。これを取り出すのが難事ですね」と語る。仁科は問題点を、原料となるウランがないこと、エネルギーをコントロールできるかどうかということ、ウラン二三八から二三五を分離することだと説明しているが、これらの解決策については何も伝えていない。

この記事は、科学の素人の麻生が仁科の最先端の研究を見聞きして、頭が「コンガラがった」という顛末が一ページにまとめられているものだが、麻生はサイクロトロンを見たときに「世紀の魔術の見出しで原子核の破壊で鐵を金と化さしめる魔術凾と新聞に書かれていたことを思ひだし」たり、エネルギーの話をきいて「またここらから八幡の藪知らずに連れ込まれそうである」という感想を記している。麻生が仁科とその研究に対して抱いた感想は、魔術に対するそれと近い。

麻生による仁科の描写は、三〇年代のサイクロトロンの報道と大きく変わるものではない。また、サイクロトロンに銀貨を近づけて音をならす実験は、仁科がよく行っていたものであった。仁科は麻生に手品を見せ、まるで魔術師のように振る舞ったのであった。この時はまだ、事態は深刻なものとはなっていなかった。日本軍がミッドウェー海戦で主力の航空母艦四隻を失うという深刻な負けを喫したのはこの年の六月のことである。それからほどなくして、アメリカの科学技術を賞賛していた仁科の評論集も、出版停止の憂き目にあう。仁科の態度は、この一九四二年の夏に変化していく。

二号研究とサイクロトロン

アメリカとの開戦当初、基礎科学と応用科学の両面の重要性を訴えていた仁科であったが、その態度は一九四二年の夏以降、変化していった。この夏、日本軍はミッドウェー海戦で大敗し、ガダルカナルでも苦戦していた。仁科は日本軍の苦戦に言及し、応用研究に重点を置くべきだと発言するようになる。[27] 仁科はこのとき、自らの逃れることのできない立場をはっきりと自覚したのだろう。仁科は一九四二年八月に木越邦彦をウラン濃縮の研究に誘い、一二月に竹内征に「原爆の研究をしてみろ」と同じくウラン濃縮を担当させた。竹内は、開戦一周年を迎えた一九四二年の一二月八日に仁科が理研の研究員を集めて「われわれもお国の役に立つような仕事をしなければならない」と話したことをはっきりと覚えている。[28] 翌年一月からは臨界量の計算を玉木英彦が担当した。仁科は一九四三年六月に陸軍航空技術研究所長の安田武雄にこの結果を報告し、ニ号研究は正式にスタートした。

ミッドウェー海戦における敗北の後、海軍技術研究所は科学者を集めて原子力および強力マグネトロンの軍事利用を検討する物理懇談会（第一回会議は一九四二年七月八日）を十数回開催したが、一九四三年三月には原爆を製造することは可能であるが、米国もこの戦争中に原爆を作るのは不可能であると結論づけた。海軍は協議の結果、より実用的なレーダーの開発などに注力した。山崎正勝は物理懇談会の決定が長岡半太郎によって導き出されたものであることを明らかにしたが、[29] 仁科の本心も長岡とそう遠いものではなかっただろう。しかし仁科は長岡と違ってその本心を表に出さなかった。仁科が出した要望は、原爆研究を一本化するというものであった。[30] 仁科が陸軍の安田に原爆研究を引き受けるという解答を出したのはこの後の一九四三年六月である。

ニ号研究として実際に行われたのは、核分裂の理論的研究やウラン分離装置の建設などである。理研に原爆研究として計上された研究費の総額は、証言者によって一致していない。山崎正勝の調査によれば、安田武雄は研究費合計二八六万円、原料費約一〇〇〇万円と述べ、山本洋一は総額で二〇〇〇万円としている。[31] いずれにしても、ニ号研究のなかで仁科らが最も資金を費やしたのは、大サイクロトロンの建設であった。

仁科は応用研究――原爆研究――の重要性を訴えるとともに、そのためには純粋研究が重要であることを訴えていた。一九四三年一一月には、理研に決戦研究部が増設され原爆研究が本格的に開始された。仁科は同月の岩波『科學』

の巻頭言に掲載された記事「戦時下に於ける科學の進展について」で、基礎研究が「意外な点で戦力増強に貢献しないとも限らない」として戦争中においても基礎研究を行うことの重要性を説き、「たとえばドイツのハーンとシュトラスマンによる核分裂の発見である。分裂の際に巨大なエネルギーが放出されることが明らかとなった。本大戦でこの研究はアメリカでかなり進歩しているらしい。基礎研究に対して実験資材の配給にとくに配慮してほしい」と記している。ここで仁科は核分裂のエネルギーを利用できる可能性を記し、彼らの行っている研究への資材の配給を暗に要求しているとも解釈できる。

仁科は、日本がアメリカよりも原爆を先に完成させることは不可能であると知っていた。また、アメリカでもこの戦争中に原爆を完成させることは不可能であると考えていた。では何故、仁科は原爆研究を軍部に進言し、引き受け、敗戦直前まで続けたのだろうか。

ここで考えられるのは、仁科が研究資材を獲得するために原爆研究という名目を最大限に利用した可能性である。仁科は基礎研究がどのように応用研究、さらには国防技術とつながるかについて度々一般に向けて語っていた。それは、一九三〇年代からのサイクロトロン建設のための宣伝活動の延長上にあったと考えることができる。そうしたなかに原爆に関する言及も位置づけることができる。

しかし仁科は嘘をついて人々をだましていたわけではない。仁科が国のために役立つ研究をしようとしていたことは、複数の証言などから間違いない。伊藤憲二は、仁科は科学者としてのアイデンティティーと国への貢献を調和させようとした誠実な人間であったと評している[32]。山崎正勝は、日本の戦時動員においては欧米とは異なり基礎科学の振興も伴っていたため、「戦時研究が基礎研究を誤魔化すための「隠れ蓑」だったと考えるのは早計である」と指摘している[33]。

山崎の指摘するように、日本の戦時科学研究における基礎研究と応用研究の境をはっきりと見出すことは難しい。

基礎研究の底上げをする必要があった戦時下の仁科は、応用研究だけに打ち込むことはできなかった。しかし、戦局が悪化してくると、何かしら国のためになる研究をしなければならないという焦りが仁科に出てくるのである。しかし原爆の製造は夢のまた夢のような話であった。

仁科の二枚舌とも思える言動は、彼の理想と現実の乖離から生じたものであった。基礎科学と応用科学をともに振興するという仁科が目指していたものは、物資も人も不足していた当時の状況では無理があった。このように考えると、戦局が悪化するとともにメディアにおける仁科の発言が減っていく理由が理解できる。[34]仁科にとって、これまで通り宣伝活動を行い、国民に期待を持たせることは苦しい状況となっていった。代わりに登場し、原爆待望論の立役者ともなったのは、仁科の弟子筋といえる若手の物理学者たちであった。

第三節　戦時下の海野：科学小説時代

日本が軍国主義に傾いていくなか、多くの軍事科学小説を描き、一躍人気作家となったのが海野十三である。海野はどのようにして人気作家となったのだろうか。本節では戦時下の海野を検討する。

科学小説時代

戦時中の海野人気を示すものとして海野の著書『海底大要塞』と『怪鳥艇』は一九四二年に新刊図書の一か月間の閲覧回数の集計で閲覧頻度の高かった新刊本一五冊のなかに入っていたが、複数作がランクインした著者は海野だけであった。[35]戦時中の海野人気の背景には、兵器を容易に登場させられ、軍事技術への憧れを駆り立てることもできる科学小説というジャンルの戦争との相性のよさがあった。横田順彌は、「昭和一六年一二月、あのいまわしい大東亜戦争がはじまると、科学小説は未来兵器や超高性能爆弾を容易に登場させることができるという立場上、必然的に戦意高揚、軍ＰＲのための軍事小説に利用されはじめ」たと指摘している。[36]海野の小説は軍国主義の啓蒙のツールとして機能したのである。

戦時中の海野はどのような作品を描き、読者を魅了しただろうのか。ここでは海野の科学小説から、戦争という状況のなかでどのようにその描写を変化していったのか、さらにそれが動員のツールとなったのかを検討したい。

海野は、早くから科学小説の必要性を認識し、そのジャンルとしての樹立を目指して活動していた作家であった。[37]彼は一九二七年に、『無線通信』に「科学大衆文芸欄」を設け、「科学大衆文芸運動」を企画している。[38]『科學知識』を母体とする「科学知識普及会」のメンバーとなり、木々高太郎（医学博士の林髞）や蘭郁二郎などを科学小説の世界に引き込んだのも海野であった。

先述したように戦前日本の科学小説はその他のジャンルと密接に関わりながら発展しており、なかでも『新青年』をはじめとする探偵小説を掲載する媒体に登場し、発展してきた。『新青年』の初代編集長であった森下雨村は一九三四年に発表した文章で、日本の少年少女雑誌が外国に比べて遜色をとらないほど躍進したが、まだ科学小説が欠けているとして、海野と寮佐吉への期待を語っている。[39]結果としてこれに応えたのが海野であった。

海野は科学小説をどのようなものと捉えていたのだろうか。彼は一九三七年に出版された彼の作品集『地球盗難』の「作者の言葉」で、これまでの「奮わぬ科学小説時代」に言及し、いまようやく「科学小説時代」が到来しようとしているとして、科学小説の重要性を次のように語っている。

今や世はあげて、科学隆興時代となり、生活は科学の恩恵によって目まぐるしいまでに便利なものとなり、科学によって生活程度は急激なる進歩をもたらし、科学に従事し、科学に趣味をもつ者はまた非常に多くなってきた。しかも国際関係はいよいよ尖鋭化し、その国の科学発達の程度如何によってその国の安全如何が直接露骨に判断されるという驚くべくまた恐るべき科学力時代を迎えるに至った。科学に縋らなければ、人類は一日たりとも安全を保証し得ない時代となった。従前の世界では、金力が物を云った。今日は、金力よりも科学力である。いくら金があったとしても、科学力に於て優越していないときは勝者たることは難い。世界列国はいまや国防科学の競争に必死であり、しかもその内容は絶対秘密に保たれてある。いよいよ戦争の蓋をあけてみると、いかに意外な新科学兵器が飛び出してくるか、実に恐ろしいことである。開戦と同時に、戦争当事国は手の裡にある新兵器をチラリと見せ合っただけで、瞬時に勝負の帰趨が明かとなり即時休戦状態となるのかもしれない。勝つのは誰しも愉快である。しかし若し負けだったら、そのときはどうなる。世界列国、いや全人類は目下科学の恩恵に浴しつつも同時にまた科学恐怖の夢に脅かされているのだ。／このように、恩恵と迫害の二つの面を持つのが当今の科学だ。神と悪魔との反対面を兼ね備えて待つ科学力時代に、科学小説がなくていいであろうか。否！(40)

ここには海野の科学観、そして科学小説観があらわされている。海野は科学の「恩恵」と「迫害」に目を向けており、国にとって何よりも大事なのが科学であると認識していた。そしてこの時代の科学小説とは、国防と切り離すことのできない軍事科学小説であった。第一節で言及したように、この数か月前に海野は、「「物質崩壊による」新動力源を具體化することに最初に成功した國が、覇者たる名譽を擔ふ。これに刃向ふ國はその直前までに、いかに素晴しい兵備を持つてゐようとも、結局新動力源を得ることに成功した國の前に降服するより他ない」と記している。(41)海野が「科学恐怖の夢」と記した背景には、このような圧倒的な動力源——それは兵器にもなる——の存在があった。

海野の軍事科学小説

続いて、海野が描いた科学小説を見ていきたい。一九三八年一月から一二月まで『少年倶樂部』に連載された「浮かぶ飛行島」では、空想上の科学兵器を用いる国家間の戦争を描いている。[42] 描かれる国家は現実のもので、イギリス・ソ連・アメリカが日本の敵国とされている。興味深いことに、ここで新兵器を開発するのはアメリカで、日本の一水兵が「天皇陛下、ばんざーい」と叫びながら、爆弾を抱えて爆弾庫に飛び込み、身をもって国を守るのである。

海野は、日本の科学技術が他国に遅れをとっていることを知っており、その認識を作品においても反映させていた。すなわち海野の作品においては敵国が圧倒的な科学技術力を持って日本を脅かすのである。[43] 海野は、どんなに精神力が優れていたとしても、科学力がなければ戦争に負けてしまうと伝えた。「浮かぶ飛行島」のあとがきでは、「科学力がすぐれていなければ、どんなに立派な大和魂があつても、どんなに大きな経済力があつても、これからの戦争には勝てません」と読者に訴えかけている。

『少年倶樂部』に連載された「浮かぶ飛行島」は、多くの子どもたちに読まれ、影響を与えたと考えられる。『少年倶楽部』は少年雑誌を代表する雑誌であったが、この雑誌を発行していた講談社は、日本で初めて発行部数一〇〇万部を突破した『キング』を筆頭に、「講談社文化」と呼ばれる文化を形成していた。講談社の雑誌は、三〇年代後半には戦時動員の旗振り役として機能するようになってくる。

なかでも子供は影響されやすかった。そのころ大衆（少年）小説がどのように読まれていたかを示す例として、鶴見俊輔は「大衆小説に関する覚え書」という文章で、子どもの頃大衆小説を読みふけっていたこと、それらは小学校でならった教科書よりも影響力があったと述べている。加藤謙一は、「ラジオの子ども番組も少なく、詠みたい本も軽々しく求めがたかったそのころの子どもにとって、毎月出る雑誌だけが唯一のたのしみだった」と述べている。[44] 一九二八年に生まれ東京下町・浅草橋に育った漆原喜一郎は、『少年倶樂部』を実際に買ってもらえる子は五〇人のクラスメートのうち一〇人以内であったが、「学校に持っていけばみんなに羨ましがられたし、見せてあげれば喜ばれもしたのである」と回想している。[45] この回想からは、『少年倶楽部』が子供たちの憧れの存在であり人気が高かったこと、学校で回し読みが常習化していたこと（販売部数より多く読まれていたこと）がうかがえる。海野はこのような人気を誇っていた『少年倶樂部』に、一九三六年から四一年にかけて「空襲警報」「浮かぶ飛行島」「太平洋魔城」「怪鳥艇」といった小説を連載している。

日中戦争が進展しさらなる戦争が迫るなか、一九三八年には内務省による児童書「浄化」を掲げる統制の方針が打ち出され、一九三八年一〇月には同年四月一日交付の「国家総動員法」につらなる一連の総力戦対策の一つとして内務省警保局「児童雑誌統制に関する示達事項」が出された。このような状況下、愛国主義者として知られる海野であってもまったく自由に作品を書けたわけではなかった。戦時中の検閲における有名なエピソードとして、一九三八年『キング』に書いた「敵機大襲来」が海軍報道部の検閲を受けた事件が知られている。「敵機大襲来」は、三〇〇機の連機が日本本土を襲うが、日本機の迎撃と対空砲火によってほとんどが撃墜され、「帝都東京」は無事に守られるというストーリーであった。松浦総三によれば、「［大本営海軍報道部第一課長の］平出［英夫］は、海野を呼びつけて「あの小説はいかん」と怒鳴りつけた。陸海軍のファンであり、そうとう右翼的な思想を持っていた作家だけに、海野にも海軍の意を汲んで書いたという自信があったにちがいない。海野は「なぜ東京空襲を小説化してはいけないのか」と反論した。平出は「帝都上空には、敵機は一機も入れないのだ」とテーブルをたたいて怒った」という。[46]

このような軍部との齟齬が生じたことがあったにせよ、作品において日本が攻撃されないということを守るかぎり、海野の方針は軍部の方針と相容れないものではなかった。海野は、日本の科学技術力が他国に遅れているということを、作品において訴え続けた。[47] この先どのような恐ろしい兵器が他国によって作り出されるかを描くこと、すなわち日本の科学技術力が他国に比べて遅れていて、科学技術が戦局を左右するということを読者に伝え続けた。

たとえば一九三九年一月から一二月まで『少年倶楽部』に連載した「太平洋魔城」では、海に出没することで恐れていた「海魔」の正体がロシアの最新兵器であったというストーリーを描いた[48]。日本の若い科学者太刀川時夫に海魔の正体を暴くことを依頼した原大佐は、化物探検など不真面目であるという太刀川に対し、「今日の国際情勢を見なさい。世界列強は、いずれも競争で武装をしているではないか。科学のあのおそろしい進歩をごらん。これからの戦争には、なにが飛び出してくるかわからないのだ。野心に眼を狼のように光らせている国々がある。それに対し、われわれは、極力警戒をしなければならないのだ」と熱く語る。その後、無事大任をはたした太刀川は、原海軍大佐に次のように語っている。「日本の将兵はつよい。軍艦もすばらしい。しかし、これだけでは十分でない時代となった。太平洋の平和を永久にたもつには、どうしても正義の国日本が、今までにない科学兵器を発明することが大切である[49]」。海野はこのように、科学小説を通して科学技術力の重要性を訴え続けた。

一九三九年から四〇年にかけて『大毎小學生新聞』と『東日小學生新聞』に連載した「火星兵団」では、火星人との戦争のため地球総力戦体制となった世界が描かれる[50]。この「作者の言葉」では、「今日の時代ほど、わが日本が、急いで多数の科学者や技術者をほしがっている時期は、他にないのであります。皆さんもよくご存知のとおり、いまや全世界は、二つに分れて、世界戦争を始めかけています。今度の大戦は、どっちかを完全に叩きのめしてしまうまでは、やめにならないでしょう。そして勝敗いずれかの鍵は、民族的精神の強弱と、そしてもう一つは、科学力の強弱にかけられていると申してもよろしいのです」「我が国は、これまでの科学力に百倍する科学力を持たねばならないのです」と、子供たちに科学増強に貢献するために科学者、技術者となることを呼びかけている。

一九四一年一月から一二月まで『少年倶樂部』で連載した「怪鳥艇」はフィリピンが舞台となっており、アメリカの巨人艇ヤード号という四発動機の飛行艇が登場する[51]。それに対し日本の青少年が作るのが怪鳥艇である。怪鳥艇は潜水艇にも飛行艇にもなるもので、その性能については、「ものすごい速さだ。一ばん速くなったときには、一時間九百キロぐらい出したらしい。これが、怪鳥艇の一つの特徴で、速さをほこるイギリスのスピットファイア機でも五百六十キロ、ドイツの若鷹メッサーシュミット機でさえ五百八十五キロ。とおく怪鳥艇におよばない」と説明されている。作品の最後には怪鳥艇を制作した太田黒少年が、「私たちは、もっともっと研究をつづけて、さらにりっぱなものを、つくるようにしなければならないと思います。大空を制するものは、世界を制す――ですからねえ」という教訓めいた言葉を発している。「浮かぶ飛行島」や「太平洋魔城」同様、海野は作品を通して科学力の重要性を伝えている。(52)対米戦争が近づいていたなか、列強の航空技術を知らしめ、それを上回る技術上の発明を日本の少年に促したのである。

一九四〇年から一九四一年にかけて『譚海』に連載した「地球要塞」では、日本が「原子弾破壊機」を用いて国土ごと海面に潜り込み、さらにこの「原子弾破壊機」を十万台も装備して、戦闘に備えているという未来を描いた。前章で見たように、これは原子エネルギーを描いたものであった。この作品にはそのほか、テレビやロボットといった当時最先端と考えられていた科学技術が登場する。また、対戦相手として「金星超人」が登場する。

海野の作品には以前から宇宙人がしばしば登場していたが、現実世界を描くのがデリケートな問題となっていくなか、海野の作品には、地球人と宇宙人の戦争や、架空の国の戦争が描かれることが多くなっていった。また、新兵器を発明する国を特定しない作品が描かれるようになる。一九四一年から四四年にかけて『新青年』に一一回掲載された「金博士シリーズ」では、新兵器発明王の金博士の発明したさまざまな兵器が登場するが、新兵器発明王である金博士は、国籍のない科学者で、東洋人であった。「金という名前は、中国にもあるし、日本人にもある。それから朝鮮にもあるんだ。もちろん満州にもある」と説明される。金博士は大東亜共栄圏の理念に応えて登場した科学者かもしれない。この第一回目の「のろのろ砲弾の驚異」では、「博士の自主的研究は独得なる發展を遂げ、今世界中で一等科學の進んだアメリカや、次位のドイツなどに較べると、少くとも四五十年先に進んでいると、或る學者が高く評価している」と登場人物の一人が語っている[53]。すなわち海野はアメリカが世界で一番科学が進んでいるという認識を持っており、作品のなかでも周知の事実として記している。国籍を持たない金博士がアメリカよりもずっと進んでいるという設定は、海野が現実と理想の狭間で生み出したものであった。

「科学力」から「精神力」へ

対米戦争がはじまると、多くの文学者たちは自主的に戦争協力の団体を作るなどして、戦時体制を支援した。海野は、積極的に戦争協力に関わった作家の一人であった[54]。探偵小説が規制されていくなか、海野は『新青年』などで活躍していた作家たちと軍部とをつなぐパイプ役として活躍していくのである[55]。

海野は、一九四一年に結成された海軍関係の文士徴用の母体である海軍省外郭団体「くろがね会」の世話人となり、一九四二年の一月から五月にかけて海軍報道班の一員としてラバウル島に従軍した。海野はペンネームに「海」という字を使っているように、海が大好きであり、海軍にも強い憧れを抱いていた[56]。

ところが海野はラバウルでの経験により、日本とアメリカとの科学力の歴然とした差を、身をもって知ることになる。妻の佐野英の回想によると、海野は日本に帰ってくると「科学に負けてる」といい、以後日本がアメリカに勝つとはいわなくなった[57]。それでもラバウルからの帰国後に書いたエッセイなどでも「日本がアメリカに負ける」という本心は覗かせず、終戦まで国策に協力し、国民の戦意高揚のための文章を書き続けた。しかしその作品は、様相を変えてくる。

一九四二年から一九四五年にかけて『譚海』に連載された「宇宙戦隊」では、宇宙線からエネルギーを吸って生きている「ミミ族」が登場する[58]。ミミ族は科学者帆村のすぐれた研究によって撃退されるが、帆村はここで油断するのではなく、じゅうぶんの防禦準備をする必要があるとして、「第二第三のミミ族にも備えることが肝要です」と述べている。解題で瀬名堯彦が「「地球盗難」「地球要塞」「火星兵団」と続いてきた宇宙侵略ものの系譜に連なる作品であるが、戦時中、それも戦局がかなり深刻になって来た時代に書かれたことに着目を要しよう」と述べているように、ここで海野は戦局の深刻さを受け、以前検閲を受けた「敵機大襲来」と同様の注意を読者に促そうとしたといえる。(59) 対戦相手を宇宙人とすることでカモフラージュしながら、暗に国土防衛の備えを呼びかけている。すなわち海野は、日本が近い将来アメリカの攻撃を受けることを想定しており、作品を通して防空の重要性を説いたのである。また本作中には、「今にして僕は気がついたんだが、日本人は、科学者や技術者にうってつけの国民性をもっていながら、今までどうしてその方面に熱心にならなかったのか、ふしぎで仕方がない。もっと早く日本人が科学技術の中にとびこんでいれば、こんどの世界戦争も、もっと早く勝利をつかめたんだがなあ」という登場人物の発言も出てくる。この発言はすでに過去を振り返り反省する口調となっており、海野の諦めの境地も見え隠れする。

負け戦が見えてきたとき、作家として戦争貢献すべく海野は奔走した。彼の戦争協力にかける強い意思は、一九四三年一二月の海軍報道班員として戦地に赴いた文学者からなる海軍報道班文学挺進隊の結成につながった。「戦友こゝに團結す　海軍報道班文學挺進隊の結成」という見出しをつけた一二月一五日の『讀賣報知』には、次のような海野の言葉が記されている。

われら作家が今日蹶起せずして、何の御奉公があろうか。［略］海軍報道班員として戰場に赴き、砲煙彈雨に曝されて初めて、われらは海軍と海洋國家とについて聊か識ることを得た。爾来われらは不斷の勉強を續けた。そして今こそその貴重なる體験と海洋民族たるの信念を廣く文筆に上に活かすべき時を迎へたと思ふ。／われらは大本営海軍報道部の指導下、挺進この事に邁進せんことを誓ふ。而して文學の上においても海洋國家的大東亜共栄圏的尺度の大文學の發見と創造とに懸命の努力を傾ける覺悟である。

ここで海野は、従来のように科学力の重要性を説くだけでなく、「海洋民族たるの信念」や「海洋国家的大東亜共栄圏的尺度の大文学の発見と創造」という言葉で決意を綴っている。海野は科学技術だけではなく、文化や精神面を強調するようになるのである。

それまで科学力を何よりも重要だとしていた海野の作品においても、日本人の精神力が強調されるようになる。一九四三年一二月から一九四五年三月にかけて『少國民新聞』に連載された「火山島要塞」は、アメリカ艦隊の「火山島要塞」に日本軍の「潜水艇神鯨」が挑戦するというもので、圧倒的な軍事力・科学力の差を前提として描かれている。[60]アメリカの火山島要塞は、他国ではまだ成功していない最先端の科学技術である怪力線砲で護られていた。この怪力線に対して登場する日本の新兵器は、電離層の電気を利用して火山島の火山活動を誘発させようという「竜巻特攻隊」である。この「竜巻特攻隊」は少年兵によって構成されていた。ここで艦長は「特化少年隊」に「われわれは戦死するまで、敵兵どもを一人でも多く叩き斬り、うちたおすのがその目的だ。戦死するまでに、何人の敵をやっつけるか、そのことだぞ。遠足や運動会ではないのだ」といいつける。艦長に日本側の飛行機や爆弾、銃弾までなくなった場合はどうするかと尋ねられた少年兵は、「そのときは、……そのときは、日本刀をひっさげて、敵陣に斬りこみます。もし刀が折れれば、それこそ体あたりでもって、敵アメリカ兵をたおします。この拳固で、敵兵のみぞおちをどんとつきやぶり、腸をつかみだしてやります」、さらにたおれた場合は「魂魄でもって、敵の首にかみつきます」という覚悟を口にする。最終的に竜巻特攻隊は火山島を爆発鎮火させるが、少年兵はみな犠牲となった。

犠牲となった少年兵たちは、日本のために潔く突っ込んだ勇猛果敢な英雄として讃えられる。アメリカ側は「日本の航空部隊はすこしもひるまず、怪力線が籠の目のように集まっている中へ、捨身で飛び込んでくるのだ。そして翼が燃えだそうと、エンジンがふっとぼうと、そのまま突込んでくるのだ」と語り、日本側は「敵の怪力線砲の力は、たしかにものすごく、残念ながらわが攻撃機の多く攻撃の途中で火の塊となり、壮烈な散華をとげた」と語る。竜巻攻撃隊は、一九四四年以降に現実に始まる特別特攻隊を連想させるものである。海野は作品のなかで少年にそのような覚悟を促していたともいえる。

海野は子供向けの雑誌に書いた小説のなかで特攻を奨励しただけではなく、成人向けの雑誌でも、特攻を礼賛する文章を書いていた。海野は『週刊毎日』一九四五年四月二九日号に、「特攻隊に寄す」という文章を寄稿している。

昨夜ラヂオで、わが特攻隊の勇士たちの最後の言葉を録音したものの放送があつた。私は高聲器から次々に響いてくるその若々しく、そして朗か過ぎるやうにさへ思はれるその言語を、熱涙とともに聞き入つたことである。／私の胸には、まづ何よりも「羨ましいなあ」といふ氣持が湧いた。「有難い」「済まない」「名残惜しい」などといふ感情よりも、この「羨ましいなあ」が眞先だつた。／本當に羨ましくてならない。特攻隊で行けるあの若き勇士たちが羨ましい。日本中で、恐らく特攻隊ほど清らかで強くて、そして樂しく明るい世界はないのではなからうか。それは日本精神の昇華した最高の世界である。わが人類が仰ぐべき最上の社會、そして世界の恒久的平和の基礎石の置かるべき聖域は正にここなのである。(61)

海野はこのように、特攻隊への憧れの感情を記し、高齢のため特攻隊に加わることができない自身が行っている活動として、報道班員の仕事に言及した後、「作家としては、少年たちへ科學的な冒険小説を相変らず書いてゐる。徴兵適齢も十七歳に下がり少年たちはいよいよ勇士の段階へ接近した。この少年たちを「強く正しく、そして科學的」に教養すべきことは今日のわが國に於ける最も適正なる方針でなければならぬ」と記している。ここで海野は、理想的な特攻兵となるべく少年たちを教育するツールとして、科学小説を捉えている。日本がいずれアメリカに負けるだろうということを理解していた彼が、どのような気持ちで特攻を奨励したのかについては、推測の域を出ない。いずれにせよ、「日本精神の昇華した最高の世界」であるとした特攻を奨励するにあたって、海野は科学力よりも精神力を強調せざるを得なかった。

海野が戦時中に国策に沿った軍事愛国的な作品を多数描いていたことは、戦後、文学研究者などからの批判にさらされた[62]。鳥越信は、「海野の軍国主義、反ソ反共主義そのものというより、そのことが、海野のもう一つの側面、つまり科学者佐野昌一との間にひきおこした分裂、矛盾による悲劇性のようなものについて」ひっかかったとして、「『海野』作品のもつ弱点は何よりもこの作者の科学性と思想性の分裂、矛盾から来ていると思われてならない。つまり、科学性を押し出そうとすればするほどそれは軍国主義の壁にぶつかり、軍国主義を押しだそうとすればするほど、科学的合理精神がそれをさまたげる、その相克の姿が海野の少年ＳＦ小説であった」と論じている[63]。後世から見れば軍国主義と合理精神の矛盾を体現しているように思われる海野の作品は、理想と現実の狭間で生まれたものであった。

海野は対米戦争が開始する前から、科学小説を通して科学力の重要性を子供たちに伝えていた。戦争が始まり従軍経験を経た海野は、日本とアメリカの圧倒的といえる科学技術力の差を実感する。この戦争に勝ち目はないことを痛感するのである。そして海野の作品では徐々に、精神力が重要であると記されるようになる。科学技術力で圧倒的に負けていると知りながら、それでも日本が勝利するストーリーを描かなければならないという状況で、海野の作品では日本人の精神力が強調され、奇想天外なアイデアを用いた兵器や原始的な兵器によって日本が勝利するという作品が書かれるようになる。それは理想と現実の狭間で生まれた、海野のファンタジーであった。そしてそのファンタジーが、少年たちの戦争動員を促したのであった。

第四節　原爆待望論

理想と現実の間で生まれたもう一つのファンタジーが、「原爆待望論」である。一九四四年に入ると、日本の原爆製造を待望する原爆待望論が起こる。本節では、これまで検討してきた原爆／原子力に関する言説を念頭に置きながら、理想と現実が激しくぶつかり合うなかで「原子爆弾」という決戦兵器が浮上し、待望されていくさまを検討していきたい。

物理学者の発言

一九四四年になると、ドイツが原爆を製造しているという情報が報道されるようになる。一九四四年一月七日の『毎日新聞』には、「話題のウラニウム爆弾　マッチ箱一杯の性能　優に軍艦を吹っ飛ばす」という記事が掲載された。これは、スウェーデンの物理学者カイ・シーグバーンが一九四三年一二月二六日付のイギリスの『サンデー・エクスプレス』紙に寄せた論考を紹介するもので、「この兵器は正に現在の戦争を一変させるであらう。それは新しい飛行機や砲の発明ではなく所謂ウラニウム爆弾の発明である」として、原子を破壊するためにドイツはパリとコペンハーゲンで得た二つのサイクロトロンを使用しうることや、「実用化までには間があるが既に存在している。わづかマッチ箱一ぱいのウラニウムは優に軍艦一隻を一マイルも上空へ吹きとばす力をもつてゐる」などと伝えている。ドイツの原爆研究の状況は連合国側の大きな関心であったが、その主導者であると考えられていたドイツ人物理学者ヴェルナー・ハイゼンベルクは、占領下のヨーロッパ各地をたびたび訪れ、他国の科学者に鼻持ちならないという印象を与えていた(65)。また、ドイツはスターリングラードの戦いでの失敗の後、兵器神話を作りだすようになっていた(64)。これらの状況がシーグバーンの論考につながったのだろう[66]。

ほぼ時を同じくして、日本の物理学者たちも原爆について積極的な発言を行っていく。まず挙げられるのが、一九四四年一月号の『科學朝日』の特集「戰爭と新しい物理學」である。ここで物理学者たちはかなり詳しく現代物理学の成果を紹介し、原子核のエネルギーを取り出す方法についても検討している[67]。

この特集の目玉となる物理学者たちの座談会「戰爭と新しい物理學」を見てみたい。出席者は、司会者・藤岡由夫、（東京文理大教授・理研所員・理博）朝永振一郎（東京文理大教授・理研所員・理博）、嵯峨根遼吉（東大教授・理研所員・理博）、小谷正雄（東大教授・理博）、聞き手は糸川英夫（東大第二工学部助教授・航研所員）、齋藤寅朗（同誌編集長）となっている。この座談会の前半は「ウラニウム爆彈」を検討することに費やされている。朝永はウラニウム爆弾の理論的根拠を次のように説明している。

それはウラニウムに中性子をぶつけるとウラニウムの核が半分位に割れる。その時に非常なエネルギーが出る。そのエネルギーが出るのと同時に中性子がまた幾つか出來る。その出來た中性子がまた近所にあるウラニウムに對して同じやうなことをする。所謂聯鎖反應ですね。さうすると、そこにあるウラニウムが全部火が燃え擴がつてゆくやうに壞れてゆく[68]。

朝永はエネルギーの大きさは石炭の百万倍と伝えている。続いてウラニウム同位元素を分ける方法について、嵯峨根が熱拡散を用いると伝えている。

次に原子を破壊するのに現段階で一番有力だとされるサイクロトロンの話に移る。ここで編集長の斉藤は「四千五百トンといつたやうな凄いサイクロトロンでウラニウムなどの原子核を破壊した場合、今仰言つたやうなエネルギーでサイクロトロン自身が壊れるやうなことはありませんか」と尋ねる。嵯峨根は「それは爆發することがなくもないわけです。どんなことが起るかも判らない。聯鎖反應を停める裝置をしておかないでやつたら、さういふことになるかも知れませんね」と答える。藤岡は「さういふ科學小說を書いたとすると、或る科學者がウラニウムの聯鎖反應の研究をしてをつた。ところが、いつの間にかその附近の町ごと吹飛んで無くなつてしまつた。何年か後に、ポムペイの廃墟のやうにですね、後の人が掘り出して、それについて解釋をしたところが、これは……。さういふ小說が書けないことはないでせう」という。サイクロトロンの建設については、工業が進んでいないために、物理学者の要求にこたえられないということから、科学と技術の関係について語られていく。

ここでは斉藤が巨大なサイクロトロンが爆発を起こすかもしれないという懸念をしており、それに対して物理学者も否定していないことに注目したい。第四章で見たように、欧米においては核分裂発見以降、サイクロトロンの原子破壊によって想定外の爆発が生じる可能性がたびたび報じられていた。このときようやく、日本でも同様の可能性に目が向けられていることを確認できる。

この特集号で目につくのは、物理学が戦争に役立つという物理学者たちの積極的な発言である。実はこの特集が出版された号の一月前に出版された『科學朝日』一九四三年一二月号では、原子エネルギーの可能性については消極的な意見が掲載されていた。東北帝大教授で理学博士の中村左衛門太郎は、「(連載)科学者の或る構想　高圧物理學で原子の轉換」という記事で、原子の転換法について検討しているが、ここではエネルギーではなく金属類を作り出すことを構想している(69)。また、東京工業大学教授で文部省科学官も務めていた工学博士の木下正雄は太陽熱をエネルギーとして利用することを検討しているが、文末には「次にまた、放射性物質を熱源とすることだの、原子核分裂で出てくる怪偉絶大なエネルギーの利用だがこれは夢の夢として置かう」と記している(70)。木下正雄は仁科より七年早い一八八三年生まれの物理学者で理研の研究室主任も兼ねていた。二号研究について知っていた可能性が高い。原子核分裂によるエネルギーの利用が「夢の夢」という考えは、工学者であった木下の本心であったのだろう。「戦争と新しい物理學」で見たように、一九四四年になると物理学者たちは原子核分裂の兵器あるいはエネルギー利用について積極的に発言をするようになる。彼らとて、この可能性が遠いことを理解していた。しかし誌面で語られているのは、読者に期待を持たせるようなものであった。これ以降、実際の研究状況と乖離した、近い将来実現可能な兵器としての原子爆弾のイメージが流布していくようになる。

原爆待望論を巻き起こすことになったきっかけとして知られているのは、物理学者で貴族院議員であった田中舘愛橘の発言である。田中舘は一九四四年二月七日の第八四回貴族院本会議で、軍部に原爆開発を促した。

「ラヂウム」ガ發見サレマシタ直グ後デ、或者ハアレガ始終出シテ居ル「エネルギー」ヲ、自由自在ニ一遍ニ出スコトガ出來タナラバ、一「グラム」ノ「ラヂウム」ガアレバ英國艦隊全部殲滅サセルコトガ出來ル、斯ウ云フ計算ヲシテ居リマス(71)

木村一治は、田中舘のこの発言が日本における「原爆待望論」を巻き起こしたと回想しているが(72)、深井佑造はそれが戦後に作られた噂であると論じている(73)。この時期、公に原爆の可能性に言及した人物は田中舘にとどまらなかったのである。いずれにせよ、田中舘の発言は、広く知られることとなった。長岡半太郎はこの発言に対し「議院に於てまで宣伝せられ」と、不快感を持ったほどであった(74)。

原爆プロパガンダ

この頃から軍部は、強力兵器としての原爆の情報を兵士たちに伝えるようになる。浜野健三郎の『戦場ルソン敗戦日記』には、一九四四年三月一日に報道部長から聞いた話として次のような記録が残されている。

一、一種の殺人光線兵器が完成し、昨年中には一千台ができたはずだ。これは白金を材料として使い、飛行機に照射すれば、発動機その他を一瞬にして撃墜することができる。／一、原子破壊爆弾も完成している。ただ、量が問題だ。といったニュースを聞く(75)。

ここで記されている原子破壊爆弾は、原子爆弾を意味していると考えられるが、これは明らかに間違った情報である。また、殺人光線兵器が完成したということも同様である。軍部はこれらの兵器のイメージを、戦意高揚のために用いていたと考えてよいだろう。

この頃、メディアにおいても軍人が頻繁に、原爆の実現可能性を伝えるようになる。一九四四年三月二九日の『朝日新聞』には「科學戦の様相（下）」という記事を陸軍中佐の佐竹金次が書いている。「近時、ウラニウムから特殊原子量のものを抽出し、これに宇宙線をあてることにより非常なエネルギーを出すといふことをある學者がやった。これがいまも世界の中樞になつてゐる。かういふものが完成したとすれば大變なことになる」と伝えた。この記事の下方では科学新語として「ウラニウム爆弾」の説明が載っている。この記事は「もし原子核が破裂すれば一時にその力が出ることになり、それは熱に見積ると石炭の何千万倍である」、「マッチ箱一つのウラニウムでロンドン市全体を潰滅させることができる」などと説明し、ドイツ軍がこの爆弾を開発中でないかとイギリス国民は戦々恐々としていると伝えた。

この新聞を読んだであろう小林信彦は一九四四年三月二九日の日記で、「〈マッチ箱一つ〉で軍艦を吹っとばす爆弾が作られつつある、あるいはすでに存在しているらしいことはぼくも聞いていた。ドイツにとっての最終兵器になるであろう爆弾――それは日本でも研究されているという噂だった」と記している[76]。

小林が記しているように、原子爆弾はドイツで完成が近いものと報じられていた。報道は、日本での完成が近いことも匂わせていた。一九四四年四月の『學生の科學』には、湯川日出男による「火薬」という記事が掲載されている[77]。火薬の分類やその爆破法について説明するこの記事の最後には「将来の火薬」として「ウラニウム爆彈」が登場する。湯川は、「すでに盟邦ドイツでは「ウラニウム爆彈」の大量生産を急いでゐるといふことを聞いて、敵國共は慄へ上つてゐるさうです。［略］そのウラニウムは非常に大きなエネルギーをもつてゐますが、貯へてゐるエネルギーを上手に出すことができれば、全く驚異的な威力があるといはれてゐます。たとへば、わづかマッチ箱一杯ぐらゐのウラニウムで優に軍艦一隻を一マイルも上空へ吹き飛ばす物凄い力を持つてゐるといふのを聞いても全く驚かざるを得ません。［略］世界的に優秀な火薬を續々と發明して、米英の軍艦が何隻きようとも全部轟沈してしまはうではありませんか」として記事は終わる。

画期的な新兵器がさまざまに想像され、語られていた中で登場したのが、一九四四年六月にドイツが完成させた無人兵器Ｖ１であった。Ｖ１は、実態が判明するにつれて軍上層部や技術陣に強いインパクトを与えた[78]。メディアにおいても、Ｖ１の登場は「弾丸のような飛行機」「流星爆弾」などと驚きを持って報じられた。

一九四四年夏には原子爆弾の可能性がメディアで大きくクローズアップされた。一九四四年七月九日の『朝日新聞』には「決勝の新兵器」と題した特集記事が掲載される。記事はドイツのＶ１がイギリスを苦しめていることに触れ、「われもまた日本科學のすべてを凝集し敵を一挙に壓倒し去る程の新兵器を一刻も早く創り出し戰力化することが急務である」という導入に始まり、将来登場する可能性のあるいくつかの新兵器を紹介している。ここでは、「流星爆弾はヒットラー総統の直属研究機関から生れたといはれるが、日本でも、現在の陸海軍兵器研究機関は全科學技術者を直接、動員するの英断をとり國家の総力を結集する組織の強力化が要望される」などと科学動員への要望が記されている。

日本ではV1のようなミサイルは実現していなかったが、「自動舵を無電操縦に発展させ」と、それ以上に高度な技術を必要とする兵器を望む記事が書かれている。また、この特集記事ではウラニウム爆弾の詳細についても伝えられている。

現大戰の直前ドイツのある學者が放射性元素のウラニウムに中性子をあてて原子核を爆発させる実験に成功したといふ情報をつかんだロンドン市民は、もしこれが多量にできればマッチ箱一つぐらゐの量でロンドン全市の潰滅も不可能ではないとし敵の秘密兵器の正体はウラニウム爆彈ではないかと戰慄したといふ

この記事はウラニウム爆弾の威力は石炭の何千万倍であるとして、「十グラムか十五グラムもあれば大都市の一つや二つ住民もろとも爆破するのは朝飯前」であると伝えているが、実現までに難問山積であることも伝えている。ウラン同位元素（ウラニウム二三五）の分離と量が問題であり、「大量生産など及びもつかない」と締め括っている。一九四一年から四四年にかけて、ウラニウムは石炭の百万倍の威力を持つと伝えられてきたが、三月の『朝日新聞』、七月の『朝日新聞』の記事では石炭の何千万倍とされている。このことは、この時期、原爆の「威力」に大きな期待が寄せられていたことを示している。

原爆にこれまで以上の期待が寄せられた背景には、戦局の悪化があった。この記事が掲載されたのは、ちょうどサイパンがアメリカに陥落した日であった。技術将校として理研の原爆研究に関わっていた山本洋一は、一九八二年頃に次のような証言を残している。

サイパンが失陥してからは軍部の上層部は異様な興奮状態になっていった。何しろウランの話が急に持ちあがって

きただけでなく、何が何でもウラン鉱石を探せ、サイパンを取り戻す、サイパンに原子爆弾を投下してアメリカに一矢報いるというわけですよ。日本の原爆投下地はサイパン、ここを取り戻せば日本への爆撃も防げるというわけだからね。東條さんは、原子爆弾はウラン十キロあれば作れる、それでとにかく集めろとなったんだね。(79)

敗戦が決定的な状況となってくると、最後の望みとして原爆に期待が寄せられていくのである。最後の望みを託すかのように、陸軍は朝鮮半島や日本国内でのウラン探しを本格的に開始した。(80)

大段事件

一九四四年の夏には、このような原爆への期待を反映するような事件が起こった。一九四四年八月一五日、東京帝大化学教室助手の大段政春が、研究中に爆発を起こして死亡した。大段は水島三一郎の研究室で、海軍からの委託研究である電波探知機の高周波絶縁材料の研究をしていた。(81) しかしこの事故は原爆開発中の事故であったと報道されたのである。(82)

水島研究室を卒業したのち陸軍の技術将校として研究室に戻っていた中村倭文夫は、このときの様子を以下のように回想している。

今回の事故の原因と発火までの経過を知っているのは大段氏だけで、ほかに誰も知らない。［略］当時新聞には、大段氏が原子爆弾の研究をしていて殉教したという記事が出たことを記憶している。文部省は当時、何か目立つことをしなければという意識を持っていたようで、このことが背景にあると私は理解している。この記事に対して先生は一切肯定も否定もなさらなかった。(83)

一九四五年から五〇年まで水島研究室に在籍していた益子洋一郎も、次のように語っている。

この事件は一般に報道されて、これは原子爆弾の研究であるという噂が新聞記者関係にも広がった。また、事件は兜町にも伝わり、新型爆弾発明ということで株価がどうこうしたという噂もあった。[84]

彼らが回想している通り、大段の実験中の死は、日本が秘密裏に原爆開発を行っているという証拠とされたのだった。八月二四日の『朝日新聞』では「重要兵器研究中に殉職の帝大助手」として報道された。

東京帝大理學部助手大段政春（二三）はさる十五日大学構内研究室で実験中化學的事故に遭ひ壮烈な殉職を遂げた、同氏の研究は分子構造に関するもので、たま〳〵多年の努力が貴重な實を結んだ直後であり、その成果の決戰下に貢献すること至大なので、文部省では特に大學助手判任官の身分から一躍助教授に任官［略］まさに決戰科學陣に散つた二階級特進の若纓棲といふべく、學界稀有のこの待遇は故人の偉大な國家的功績とその壮烈な敢闘精神を讃へ報いたものといへよう

大段の死は、メディアにおいて新兵器開発の証拠とされただけでなく、「殉職」として美化され、国のために命を捧げた清い科学者のイメージが形成された。それは、広い意味での科学動員に用いられた。『ニッポン・タイムズ』には、「若い専門家が原子の研究中に死亡した」という記事が掲載された。[85]ここでは、大段が若い学生であったが原子の特別研究に従事していたこと、実験の成功によって死亡したことが記されている。『ニッ

ポン・タイムズ』は一八九七年に創刊された『ジャパン・タイムズ』が一九四三年に改称したもので、日本のニュースを英語で発信していた。そのため戦時中は日本の情報を海外に伝えるプロパガンダメディアとしても機能していたと考えられる。この英語新聞に大段の死亡が原子の研究中のものであると記していることは、大段の死が対外的なプロパガンダに用いられていたことを示している。すなわち、『ニッポン・タイムズ』は、日本で原爆実験に成功したことを匂わせ、その実戦使用も近い可能性を敵国に伝えようとしているのである。

大段の爆死は、満州でも話題になった。阿城で日本軍に仕えていた竹定政一は、大段が風洞実験中に爆破を起こして死亡したというニュースが新聞に載ったか回覧書類に載ったこと、大蔵省の官僚がこのニュースに対して「そんな簡単なものではない」などと話していたことを記憶している(86)。竹定は手元に資料もないのに大段の名前まではっきりと覚えており、自身で大段事件のインパクトが強かったためであろうと推測している。

国内では青少年に向けたキャンペーンが行われた。旺文社が刊行していた中等学生の学習指導雑誌『螢雪時代』第一四巻七号には大段を追悼する記事が二本掲載されている。文部省科学官の長井維理による記事「大段政春博士（東京帝国大学理学部助手）に続け」は、大段が中高時代いかに勉学に励んでいたか、そして水島研究でいかに真面目に研究に取り組んでいたかを模範例として示すものであった。「博士は全日本の人に今の純粋科学をやつている人達がどれ程の決心を以て実験に当つているかを身を以て示して下さつたのである。困苦缺乏にたへつゝも死を決してやつている科学者の崇高な姿をみせて下さつた。［略］博士の遺された仕事が第一線に偉大なる成果を上げる日も遠くないと思はれる」としている(87)。

大段と中学時代からの親友であるという鈴木登紀男（藤原工大電気工学科三年）によって書かれた記事「大段博士の中学時代を偲ぶ」は、大段の中学時代の逸話を紹介する記事であるが、ここで鈴木は「ユーモアに富み、快活で人から親しまれたあの面影は、どうしても難しい原子構造の問題に立向ふ科学者とは思はれなかつた。もう少し大きな仕事をして貫ひたかつた」と書いている。ここでは大段が原子構造の問題に取り組んでいたということになっているが、これは鈴木がそのように思い込んでいたためであると考えられる。それは原爆研究と大段の死を関連づけようとした当時の報道によるものであろう。大段を偲ぶ記事は、最後に、「大段の死を無駄に終わらせてはならぬ。此の重大時局下科学技術に関係する者総べてが、大段博士の心意気を以て、総力を挙げて研究に、生産に、邁進する事こそ、国に報ゆる最善の務であり、彼の貴き死に報ゆる道である」として締められている(88)。

まさに大段の死は、対海外においても国内においても、プロパガンダとして利用されたのであった。このプロパガンダはある程度機能したようである。大段の事故は原爆開発中に起こったものだと信じられていた。終戦を迎えた年の一〇月に海野は「わが国でも［原爆研究を］やっていたらしいことは大段博士の殉教その他で察知される。つまり原子爆弾は世界中でそれぞれ秘密裏に研究をすすめていたものであるといえよう」と書いている(89)。つまり大段の死をめぐる報道は、日本の秘密裏に進められている原爆研究の完成が間近であるということを、人々に信じさせたのであった。

以上見てきたように、原爆は一九四四年の夏までに、さまざまなメディアを通して語られるようになる。こうした報道によって巨大な破壊力を持ったウラニウム爆弾という兵器のイメージが流布していたのである。

『新青年』と「原爆」ユートピア

原爆は小説にも描かれるようになる。『新青年』には一九四四年の下半期に、三つの作品で原爆が登場している。『新青年』七月号に掲載された立川賢の「桑湾けし飛ぶ」という作品は、当時の原爆待望論を色濃く反映している(90)。この作品では、日本の科学者がウラニウム二三五を爆薬とする「原子破壊性爆弾」を完成させ、同じくウラニウム二三五による原子エネルギーで動く航空機によって運ばれ、サンフランシスコに投下し壊滅させる。『科學朝日』や『朝日新聞』の原爆特集と時期を同じくして書かれたこの作品からも、「原爆」の存在がこの時期に日本中に広まっていたということがわかる。
　この作品では、日本にはウラニウム鉱はあるがラジウムを含むものは発見されておらず、最近ウラニウムの異重原子「イソトープ」が発見されたが、それは「驚異の金屬」と呼ばれるウラニウム「二三五」であり、一九三九年に「ハロイド・ウーレイ」が発見したものだと説明されている[91]。

サイクロトロンといふ装置を使つて原子核の破壊といふことが行はれているが、あれは一の原子の原子核内に中性子を射當て、原子核内に中性子を射込み或ひは中性子を飛出させその結果、水銀を金に變へたり、蒼鉛を水銀に變へたりする所謂原子の相互變換を計るもので、原子はあくまで原子として止まるから、眞實の原子破壊が行はれるわけではない。／ところが、ウラニウム「二三五」は原子が全く跡形もなく消し飛んでしまふといふのだから荒まじい[92]。

　ここで説明されている原理は、この時期に科学者が語っていることとは一致していない。独自の理論で「原子破壊」を説明している筆者の立川とはどのような人物なのか[93]。立川は一九四三年に「幻の翼」で直木賞候補になった作家であった。川口則弘によると、立川の本名は波多野賢甫といい、一九〇七年に静岡県生まれ、横浜高等工業学校応用化学科（現・横浜国立大学工学部）を卒業し、インキ製造業、陸軍航空技術研究所員を経て、『新青年』に化学読物を多く発表していた[94]。『新青年』には一九四二年一月号のエッセー「蟻と蜂」でデビューして以来、科学小説を多く発表している。一九四三年五月号に発表した「クレモナの秘密」や一九四四年八月号に発表した「恐るべき苔」などが代表作とされている[95]。立川は海野と同様、科学知識を持って小説を描ける作家として戦時中に科学小説の書き手として

図6-2　描かれた科学者

出典：『新青年』第25巻第7号、1944年、55-59頁。

活躍するのである。立川は応用化学を専攻したこともあり、化学の知識を用いた作品を多く発表していた。『新青年』編集部から、強力兵器として期待が寄せられていた原爆を描くよう要請を受けた可能性も考えられる。彼はそれまでの作品と同様、化学の知識を用いて原爆を描いたのであった。

この作品では、化学者が原爆を製造する。「臺北×大附屬理化學研究所」の白川博士とその助手友枝学士の二人は、過去数年間石油の接触熱分解を研究していたのだが、その際に充填する「觸媒」として「北投石」を用いることを思いつく。「北投石」とは大正末期に発見されたウラン鉱石で、ラジウムを含まないために人々から忘れ去られていたが、実は「奇跡の金属」ウラニウム二三五を豊富に含んでいる鉱石であった。彼らは「北投石」を材料として、練ったり、混ぜたり、乾燥させたり、加熱するなどの試行錯誤を経て、ウラニウム二三五の蠟燭を作ることを思いつく。挿絵には、白衣を着た科学者が化学的方法で実験を行っている様子が描かれている（図6-2）。ウラニウム蝋燭を思いついた際の博士の発言は次のようなものだ。

> ウラニウム「二三五」の崩壊は連鎖反應で起り得る。最初にある電壓で一箇の原子を破壊すると、それが拾萬倍の電壓を發生する。その發生電壓はそれに接する拾萬箇の原子を崩壊するに充分である。さうして次々に破壊が延びて往く。燎原の火の如くに……或ひは、例へば蠟燭に火を點けた時のやうなもんだ。

図6-3　「桑湾けし飛ぶ」に描かれた、サンフランシスコが爆撃をうける場面

出典：『新青年』第25巻第7号、1944年、61頁。

ここに「連鎖反応」という言葉が出てくるが、ここでは中性子の代わりに「電圧」によって「原子核崩壊」が行われている。このあと白川博士は夜中に一人で実験中に大爆発を起こして死亡する。あとを継いだ友枝学士とそれを助けるため動員された多くの優秀な科学技術者によって完成させられた「原子破壊性爆弾」は、たった一発でサンフランシスコをけし飛ばすのであった。この作品にはサンフランシスコが壊滅する場面の挿絵（図6-3）がのせられているが、爆発の「きのこ雲」はない[96]。

「桑湾けし飛ぶ」は『新青年』七月号に掲載されたもので、この号は一九四四年六月八日に印刷納本、七月一日に発行となっているが、八月になって大段博士の死が原爆開発中の事故であったと噂される布石にもなったといえるだろう。そして、「桑湾けし飛ぶ」と「大段事件」からわかることは、原爆が爆発の専門家ともいえる化学者が作り得るものであるというイメージで捉えられていたことである。

『新青年』九月号に掲載された守友恒の「無限爆弾」という作品は、インドで連合国が製造中の無限爆弾を日本人が襲撃するという内容である[97]。この無限爆弾というのは、すなわちウラニウム爆弾である。作者の守友恒は『新青年』にも作品を発表していたミステリー作家であった。この時期に「無限爆弾」を描いたのは、明らかに時局に沿ったものであったといえる。ここでは、「ウラニウムに中性子を當てると、原子核が爆

發するんだ。そのとき、強烈なエネルギーが出て、同時に中性子が幾つかできる。その中性子が近くにあるウラニウムに作用して、無限の連鎖爆發を起すんだ」と、無限の連鎖反応を起こす爆弾が説明される。この作品で守友はかなり詳細に「無限爆弾」の理論を説明している。

「四たび迎ふ光栄の十二月八日!!」というスローガンを掲げた『新青年』一九四四年一二月号には海野十三の「諜報中継局」という作品が掲載されている。(98) この作品では、アメリカのテイラー博士なる人物がサイクロトロンの代わりにもっと小型で飛行機にも搭載できるテイクロトロンを完成させたが、あまりに大きいエネルギーが生じたため、研究室もろとも吹き飛ばされてしまう。テイラー博士は死ぬ前に、原子崩壊を制御できる程度のボロン（ウランの代わりとなる原料）の計量が難しいということを語っているが、助手が分量を誤って大爆発を起こし、ダムを破壊してしまうのだ。ここには、核分裂発見後の欧米のメディアにあらわれたような人為的に制御できない核エネルギーが描かれている。原爆開発中に科学者が誤って大爆発を起こすというイメージは、寮佐吉の一九三九年の記事によれば日本人にはなじみのないものであった。一九四四年以降には、新エネルギーをコントロールできなかった場合には大爆発が起こるという可能性に目が向けられるようになり、科学者の座談会やここで見てきた二つの作品の中にもエピソードとして登場する。

一九四四年の『新青年』にこれほど多くの原爆関連の小説が登場していることは、その背後に何らかの意図を感じさせるものである。これら原爆を描いた作品は、軍部が戦意高揚を狙って書かせたものとも推測できる。この時の『新青年』の編集には、陸軍情報部が大きく関与しており、編集委員は国策会議によく呼び出されていた。(99) 博文館で雑誌『譚海』の編集長を務めていた高森栄次は、『新青年』について次のように回想している。

昭和十三年に陸軍省新聞班が陸軍省情報部と改称して以後の『新青年』は、水谷準さんや乾信一郎さんの編集ではありませんよ。明らかに陸軍情報部の編集ですよ。水谷さんは毎日、編集机の上に両足を靴のまま投げ出して、煙草ばかりふかしていらっしゃいました。［略］軍部の人たちは『新青年』という雑誌の名前に惚れ込んで、この雑誌を通じて、まさに創刊号の編集意図に戻って、日本の若い人たちの戦意の高揚を企図したんです。(100)

この回想を踏まえると、軍部が何らかの介入を行って作家たちに「原爆」を書かせた可能性が高い。

軍部は、この年の一月に発行された『科學朝日』の「戦争と新しい物理學」を参考にして作品を書かせた可能性が考えられる。この号の座談会で、朝永は、「それはウラニウムに中性子をぶつけるとウラニウムの核が半分位に割れる。その時に非常なエネルギーが出る。そのエネルギーが出るのと同時に中性子がまた幾つかできる。その出来た中性子がまた近所にあるウラニウムに対して同じやうなことをする。所謂連鎖反応ですね。さうすると、そこにあるウラニウムが全部火が燃え広がってゆくやうに壊れてゆく」と説明している。小説では、立川はウラン二三五の連鎖反応を、「蠟燭に火を点けた時のやうなもんだ」と説明しており、守友は「ウラニウムに中性子を当てると、原子核が爆発するんだ。そのとき、強烈なエネルギーが出て、同時に中性子が幾つかできる。その中性子が近くにあるウラニウムに作用して、無限の連鎖爆発を起すんだ」と説明している。どちらも、朝永の説明によく似たものとなっていることがわかる。また、座談会では藤岡が、連鎖反応の研究を行っていたら町ごと吹飛んでなくなってしまったという科学小説に書くことができるのではないかという発言をしている。立川と海野の作品には、爆弾を完成させた科学者を死に至らせる不慮の爆発が描かれている。これは、座談会での藤岡発言に着想を得て、大段博士に見たような科学者の殉職イメージをふくらませたものとも考えられる。

ところで、これらの作品の興味深い点は、海野と守友の作品では原爆は日本ではなく連合国で作られているという設定で描かれていることである。新兵器が敵国によって作られるという設定は戦時中の小説にあっては珍しいものであったが、第二節で確認したように、海野は連合国が科学力において日本に勝っていることを確信しており、そうした認識を作品に反映させていた。この二つの作品は、日本でも原爆開発は無理であろうと冷静に捉えていた作家たちによって描かれた、ファンタジーであったのかもしれない。『新青年』はこのとき、軍部の意向と作家の意向とがぶつかり合う、ある種のフロンティアになっていたのではないだろうか。

ドイツの原爆

一九四四年を通して原爆待望論は日に日に盛り上がってきていた。寮佐吉は一九四四年一〇月、『海運報國』という雑誌に「ウラン爆彈の話」という記事を書いている。ここで寮は、一九三九年に『サンデー毎日』に書いたような内容を繰り返している。

原爆待望論の盛り上がりは、物理学の大御所で、おそらく国内で初めてラジウムのエネルギーの可能性について言及した長岡半太郎に、原爆が不可能であるということを示す長文を書かせたほどであった。長岡は一九四四年一二月の『軍事と技術』に「原子核分裂を兵器に利用する批判」という文章を書いた[101]。ここで長岡は国中に広がる安易な原爆待望論を批判し、原爆開発の実現可能性はほぼないから、その方面の研究へ資材を投入することは非現実的だと主張した。長岡の主張は当時の状況を鑑みて妥当なことであった。しかし、長岡による批判は効力を持たなかった。原爆研究は続行され、原爆待望論は沈下しなかった。

一九四四年の暮れになるとドイツの原爆完成を匂わせる記事が出てくる。一九四四年一二月二九日の『讀賣報知』一面には「原子爆彈使用」という見出しで「ロンドン來電によればドイツの一放送局は二七日獨軍は目下原子爆彈を使用してゐる旨放送した。同放送によれば原子爆彈が投下された地域では一切の動植物が生存を停止し、森林は焼き盡くされて廣大な地域が焦土と化し大爆風に當つた者は誰でも粉みじんになつてしまふといはれる」という記事が載せられた。

一二月二九日の『朝日新聞』にも「軍艦も二キロ上空へ　マッチ一つの容量で吹ッ飛ばす」という記事が載せられている。この記事は、「リスボン情報の伝へるところによるとドイツは「原子爆弾」を使用してゐるらしいといふが、もしこれが事実ならこれはいはゆる「ウラニウム爆弾」ではあるまいか、是はウラニウム原子の持つてゐるエネルギー(力)を一瞬に放出させ強烈な爆発力を発揮するものといはれてゐる、ウラニウムはラヂウムの母体となる元素で、自分の内部に持つてゐるエネルギーを徐々に失ひラヂウムに變化する」、「もしこのエネルギーを爆発的に出させることが出來れば、現戰争を一變させるであらうと交戰各国の科學者が先を競つて研究を進めてゐたものである」、「ロンドン來電によればドイツ放送局は二十七日ルントシュテット元帥麾下のドイツ軍は目下原子爆彈を使用してゐる旨放送した」などと伝えている。

東京帝国大学教授で物理学を教えていた坂井卓三は、一九四四年一二月二九日の日記に次のように記している。

ドイツ来電「リスボン発」として、ドイツ軍が原子爆弾使用すとある。投下された地域では一切の動植物が生存を停止し森林は焼き畫され広大な地域が焦土と化し大爆風に当つた者は誰でも粉微塵になると言ふ。これだけの情報では「原子爆弾」なる名称以外に、ウラニウム弾と推定すべき何の根拠もみあたらない。ここに書いてある性能は、炸薬としても同様であつて、その加害範囲の数値的な事が知られなければ、何とも言へない。(102)

日記からは、坂井が報道を鵜呑みにしないよう留意しており、ドイツが原爆を製造したことには半信半疑であるが、まったくあり得ないことだとは捉えなかったことがわかる。物理学の教授でもこのような判断をしたのであれば、その他の国民にとっては、この記事の真偽を判断することは不可能であっただろう。

『科學朝日』一九四五年一月五日号の巻頭には、「V三號は原子爆彈か」という記事が載せられた[103]。この記事は「ドイツの新兵器V二號のために ロンドンは恐怖のどん底におち、すでにV三號の憶測で喧々諤々たるものがあるが、昨年の十一月二十七日附の『タイム』誌にはV三號は原子爆彈ではないかと次のような一文を載せてゐる」というリードに始まり、ドイツはすでに原子破壊弾を得るための新しい方法を発見したのではないかという憶測を伝える『タイム』誌の記事を紹介する。「原子核エネルギーを利用して火薬に代用しようといふ構想では、從來ウラニウム爆彈が考えられてゐたが、この特電でみると、それではないらしい。重水やサイクロトロンがあげられていることところをみると、矢張りサイクロトロンに重水素を用ひて原子破壊を行ふのであらう」としながらも、憶測の強い情報であるとの見解を示している[104]。

原爆の待望を望むメディアにおいて、サイクロトロンに寄せられた期待は非常に大きなものとなっていた。一九四五年一月八日の『朝日新聞』には「科學者　新春の夢」というテーマで三人の科学者が新春に見たという夢が紹介されている。その三人の科学者とは、紙面の紹介文をそのまま借りれば、「電波兵器の権威阪大淺田常三郎教授、宇宙線の神秘を解く〝湯川粒子〟の発明で世界に喧伝され近くは文化勲章の栄誉に輝く京大教授湯川秀樹博士、〝世紀の翼〟航空機のそしてまた航研式油圧家電試験装置の設計者として航空機構造学の権威航研所員山本峰雄助教授」であるが、それぞれの科学者が科学技術によって新兵器が生み出される夢を見ている。ここで湯川は、巨大サイクロトロンで生み出される放射線でワシントンを吹き飛ばすことを可能にするというが画期的な兵器を夢に見ている。湯川が見たというのは、日本の山の洞穴の中にある大きな鉄の塊から霧が出ており、その霧の筋がワシントンまで延びて、ワシントンを吹き飛ばしてしまったという夢である（図6-4）。湯川は、この霧の正体は宇宙線の中性子かもしれないが、宇宙線は直接扱うことはできないため、宇宙線に似た放射線を作りださなければならず、そのためには現在できているサイクロトロンの何十倍、何百倍もの巨大な装置が必要である、と解説している。

この特集に登場する三人の科学者は皆、新兵器が可能となった夢を見ており、湯川が実際にこの夢を見たのかは疑わしいが、この記事は、当時望まれていた画期的な新兵器のなかに、サイクロトロンによって作り出される放射線兵器が含まれていたことを物語っている。

この年の元旦には、サイクロトロン建設のリーダーであり、原爆研究のリーダーでもあった仁科芳雄の「元素の人工変換及び宇宙線の研究」で朝日文化賞の受賞が発表されていた。一月一五日の『朝日新聞』では、「朝日文化賞に輝く四氏の業績」として、仁科を筆頭に朝日文化賞に輝いた科学者の業績を紹介している。ここでは「元素の人工變換」という大きな見出しをつけ、仁科がサイクロトロンを用いて「いろ〳〵の人工放射性元素（いはゆる人工ラジウム）を作つてその諸性質を明らかにし」たこと等を伝え、「原子核エネルギーの実用性の研究などは時局的にも意義深いものである」と記している。仁科のおかげで「優秀な學者が電波兵器その他の新兵器研究第一線に多大の貢献をなしつゝある」として、「博士は夙に科學技術者の動員を主唱し、如何にして我が國の科學技術を戰爭に役立たせしめるかに腐心し、全科學者を網羅した研究隣組の委員長として科學者の動員研究を戰力化に盡力し、着々その成果を収めつつあることも、現時局下として偉大な功績といはねばならない」と伝えている。この記事は、仁科の優秀さとそこで高いレベルの研究が進められていることを示すもので、読者に仁科の原爆開発を期待させるものであった。

この頃の理研は、紙面で報じられているものとはほど遠い絶望的な様相を呈していた。理研では食料の確保にも苦心しており、味噌汁の具になるものはないかと野草を探すのが職員の日課となっていた。ウラン分離を担当していた木越邦彦は山形高校の校舎に疎開しており、毎日かなりの時間を草刈りに費やし、刈った草を農家で牛乳に交換してもらっていたという(105)。戦争末期、科学者たちもまた、兵器研究に専念するどころではなかった。

そのような現実と、メディアの報道はますます乖離していく。一九四五年二月一日『讀賣報知』の「今日の知識」には「原子爆彈」の解説が載せられた。

ドイツが誇る新兵器の一つに〝原子爆彈〟があると傳へられる、原子爆彈はダイナマイトの何百萬倍といふ物凄い破壊力をもち、昨秋攻勢に転じたルントシュテット軍が初めて使用したといふ、〝原子爆彈〟の投下された地域一帯は大爆風ですべて粉微塵となり、森林は焼き尽くされて膨大な地域が焦土と化すといふ、恐らくウラニウムを使用してゐるものであらうが、これはラヂウムの母體となる放射性元素で自分の内部にもつエネルギーを徐々に放射しながらラヂウムに變化するもので、これに中性子を人工的に高速度でぶつつけるとウラニウムの原子核が破壊され、大爆発が起つて一時に物凄いエネルギーを放出する／このエネルギーの放出量は大體ウラニウムと同じ重さの石炭の百萬倍といはれ、マッチ箱一個くらゐの大きさで軍艦一隻を吹き飛ばすほどの爆發力をもつといふ

メディアにおいては、ドイツが原爆を完成させたという情報はあっても、アメリカが原爆を製造しているという情報は登場しなかった。それは――ドイツが新兵器のイメージをプロパガンダに用いておりアメリカがマンハッタン計画を極秘に進めていたという事情もあったが――敵国アメリカによる原爆の完成は「いつかカミカゼがふく」という僅かな望みを打ち砕くものだったからであろう。

しかし現実は、僅かな望みも打ち砕くような状況となっていた。一九四五年に入ると空襲は本格化し、三月一〇日未明の東京大空襲では一〇万人以上もの死者を出した。四月二八日にムッソリーニ、三〇日にヒトラーが死亡し、五月には日本国内にそのニュースが伝えられた。

敗戦が色濃くなってきたこの時期、日本の原爆研究も幕を閉じる。一九四五年四月一四日、理研のウラン分離塔が罹災し、僅かに確保されていたウランも消失した。研究を続けることが困難になっていた理研では一九四五年六月に原爆研究を中止した。海軍が京大に委託したF研究は、七月二一日に琵琶湖ホテルで会合を行ったが、実りのないま

図6－4　謎の光線を浴びるアメリカの国会議事堂

謎の光線を浴びるワシントン議事堂の想像図

華府《ワシントン》を吹飛ばす

洞穴から"謎の放射線"

湯川博士の夢

出典：『朝日新聞』1945年1月8日朝刊、2面。

までであった。原爆の情報も、メディアにあらわれなくなる。

アメリカは七月十六日にニューメキシコ州アラモゴードでの原爆実験「トリニティー」を成功させ、原爆は実戦配備についた。アメリカが原爆を製造している可能性を、日本の国民は考えなかったのだろうか。陸軍技術少佐として原爆研究に携わっていた山本洋一は、アメリカは日本国内に原爆の完成とその投下を示す伝単をまいていたといい、「七月のはじめころから、アメリカに原子爆弾ができたという噂とともに、原子爆弾をどこかにおとすだろうということが、風説としてとんでいた」と記している。(106) 山本のいう「風説」が、どの程度広まっていたのかは不明であるが、メディアを通してドイツの原爆使用が伝えられていた当時、そのような臆測をする人が一定数いたとしても不思議ではない。ただし、アメリカが原爆投下以前にその可能性を示す伝単をまいていたという事実は確認できていない。また、メディアはアメリカの原爆製造を匂わす報道はしていなかったし、日本の物理学者たちはアメリカもこの戦時中に原爆を完成させることは不可能だと考えていた。

本章では、戦時下において超兵器に期待が寄せられていく背景と、そのようななかで原爆待望論が登場したことを確認してきた。放射線兵器は、第一次世界大戦が始まった時点で、最も期待されていた兵器の一つであった。これらの兵器のイメージを流布するのに重要な役割を担ったのは、メディアにおける科学者や軍人の発言であった。戦争に勝つためには画期的な新兵器が必要とされていた。そのようななか、将来兵器の可能性の一つにすぎなかった原爆はだんだんと今時大戦中に実現可能な兵器として報道されるようになり、原爆に対する期待は長岡に批判文を書かせるまでに大きくなった。

戦争末期、あまりにも現実と乖離した原爆待望論が広まったのは、何故だろうか。戦局の悪化とともに、日本の科学技術力がアメリカと比べて劣っているという事実を公に発言することが難しくなっていった。そのようななか、仁科はメディアへの登場回数を減らしていき、海野は自らの本音は表に出さず、国民を鼓舞する作品を書き続けた。最終兵器としての原爆への期待――原爆待望論――は、メディアが萎縮していくなか、理想と現実との乖離から生まれた、ファンタジーであった。このとき、科学者、軍人、記者、作家、といったさまざまな属性を持つ者が原爆を語った。原爆は、戦局が悪化していくなかでの日本の最後の希望のともし火であった。原爆への待望は、もはや通常の兵器では勝ち目がないという暗黙の「了解」のもと、広まっていった。

ワイマール共和国からナチスに至るまでの文化的伝統とその政治に対する影響を研究したジェフリー・ハーフは、技術的変化の原因と結果についての単純な説明が危険な政治的影響を及ぼすことを明らかにしている。彼は戦局が悪化するにつれて新しい兵器神話を語るようになったナチス親衛隊に言及し、次のように述べる。

V－一号とV－二号ロケットは反動的モダニズムの伝統にふさわしい頂点を表わすものであった。それらがどれほど破壊的な力をふるうにせよ、戦局のこのような時点で、この兵器に望みを託することは、戦略思考、すなわち手段―目的関係の軽視――これはナチ体制に浸透していたが――を表示する。このような注目すべき実例が物語っているのは、テクノロジーに関する反動的モダニストの見解には、まさしくナチ体制の終焉に至るまでイデオロギー政治への非現実的な逃避が取りついていたという事態である。(107)

戦時中の日本においても、ハーフがナチスドイツに見たようなイデオロギー政治への非現実的な逃避と類似の状況が生じていたといえるだろう。戦局の悪化という似たような状況で、同じような兵器神話が出現したのである。

そして現実は悲劇的な形でもたらされた。次章では、アメリカによる原爆投下を受け、日本のメディアや作家、科学者がどのようにそれを受け止めたのかを検討する。

第七章　原子爆弾の出現

これは原子爆弾だ。宇宙に存在する根源的な力を利用したものである。太陽の力の源となる力が極東に戦争をもたらした者に対して解き放たれたのだ。

ハリー・トルーマン　一九四五年八月六日の声明

今度のトルーマン聲明が事実とすれば吾々「ニ」号研究の関係者は文字通り腹を切る時が来たと思ふ。

仁科芳雄　一九四五年八月七日の書き置き

これまで、原子エネルギーの可能性が語り出される段階から、戦時中に画期的な新兵器が期待され原爆待望論が巻き起こるまでを検討してきた。日本は原爆を完成させることなく、一九四五年八月六日を迎えた。それまでの原爆／原子力観は、原爆の出現以降、どのように変化したのだろうか。結論からいえば、日本における原爆／原子力観は原爆投下を受けても大きく変わることはなかった。

本章では、日本の人々が原爆投下をどのように受け止めたかを検討し、戦前から戦後にかけての連続性を検討する。そのため特に、陸軍の原爆研究のリーダーであり戦時中には科学者のオピニオンリーダー的存在であった仁科芳雄と、戦前から幾度も原子力を描いていた海野十三に焦点をあて、彼らの戦後の言動を見ていきたい。

第一節　原爆投下のインパクト

広島と長崎に投下された爆弾は、日本の人々に大きなインパクトを与えた。本節では原爆投下がどのように受け止められたかを検討する。

原爆投下の報道

一九四五年八月六日、米軍機によって広島に原子爆弾が投下された。この爆弾はこの世の地獄を生み出した。

原爆投下を伝える第一報は、簡素なものであった。八月七日の『朝日新聞』は、「廣島を焼爆　六日七時五十分ごろB二九二機は廣島市に侵入、焼夷弾爆弾をもって同市附近を攻撃、このため同市附近は若干の損害をこうむった模様である（大阪）」という短い記事を載せたのみであった。

原爆報道には強い規制がしかれていた。原爆投下を受け、陸海軍と政府は原子爆弾委員会を設置、情報局部長会議では宣伝報道対策に関する協議が行われた。新聞各社は、米英大統領が原子爆弾投下の声明を出したことをキャッチしていた。そこで情報局部長会議では、対外的には爆弾の非人道性を宣伝し、対内的には原子爆弾であることを発表して国民に新たな覚悟を要請するという方針を出した。この方針に外務省は賛成し、軍部と内務省は反対した(1)。その理由は、科学的な調査をまたねば原子爆弾と即断できないこと、原子爆弾であるという報道を行えば国民心理に強い衝撃を与えるというものであった(2)。『朝日新聞社史』には、このときの経緯が次のように記されている。

久富情報局次長の戦後の談話によると、これ［米英大統領の声明］によって情報局も原爆であることを信じ、その旨を発表することとし、外務省もこの方針に賛成したが、軍部は頭から反対し、「敵側は原爆使用の声明を発表したが、虚構の謀略宣伝かもしれない。従って、原爆とは即断できぬ」と主張したのであった。情報局は、「敵側は原子爆弾なりと称して発表した」ではどうかと妥協案を出したが、軍部は応ぜず、内務省も軍部に同調して、けっきょく政府としては原子爆弾の文字を報道には使わせず、新型爆弾とよんだのである。こうして戦争終結まで、公式には国民は原爆であることを知らされなかった。(3)

国民に対して原爆が使用されたと報道することが伏せられたのは、いうまでもなく、最終兵器としての原爆のイメージがそれまでに国内メディアで流布されていたからである。軍部は原爆のイメージを利用して戦意高揚を図っており、国民は原爆がとてつもない威力を持った兵器であるということを知っていた。敵国がその兵器の開発に成功したとなれば、日本の負けは確実である。日本政府は、その兵器をアメリカが完成させたことによる、戦意の喪失を恐れたのだった。このようにして、原子爆弾はしばらくの間「新型爆弾」として報道された。

大本営は広島に原爆が投下されてから三一時間後の八月七日午後三時半の大本営発表において、新型爆弾の投下を発表した。その内容は次の二点に解説を加えたものだった。

一、昨八月六日広島市は敵B二九少数機の攻撃により相当の被害を生じた／二、敵は右攻撃に新型爆弾を使用せるものの如きも詳細目下調査中なり

これを受けて各紙は爆弾の被害が相当なものであったことを報道し始めた。八月八日の『朝日新聞』は、「廣島へ

敵新型爆弾　B二九少數機で來襲攻撃　相当の被害、詳細は目下調査中」と、『讀賣報知』は「B二九新型爆弾を使用　廣島に少數機　相當の被害」『毎日新聞』は「B二九、広島に新爆弾　落下傘附き空中で破裂　相当の被害を生ず」と報道した。「人道を無視する惨虐な新爆弾」、「見よ敵の残虐」など、敵国の残虐性が強調された。笹本征男は原爆投下直後の報道には防御対策の指示と原爆の非人道性に関する記事が特徴的であると指摘している(4)。八月九日の『毎日新聞』は、防空総本部発表の「新型爆弾に対する心得」をトップ記事にして、「掩蓋壕へ必ず退避　手足の露出は禁物」という指示をしている。八月九日の『朝日新聞』に掲載された「敵の非人道、断固報復　新型爆弾に対策を確立」という記事では、出現直後は人々を動揺させたが対策が完成すると冷静になったというドイツのV一号の例を出し、新型爆弾への対策が着々と講じられるだろうと伝えた。新型爆弾による相当な被害はアメリカの誇大宣伝であるという報道もなされた。

各紙が新型爆弾への対応を報道し始めた八月九日には、長崎に二発目の原子爆弾が投下された。長崎への爆弾投下に関する報道は、その翌日からなされ始める(5)。『朝日新聞』は一一日、トルーマンが九日に発表した声明を紹介するという形で「原子爆弾」をいう表記を用いている。『讀賣報知』は一〇日から新型爆弾が原子爆弾であることを匂わせる記事を出していた。一〇日の『讀賣報知』の「今日の知識」は「ウラニウム」で、「ヨーロッパ大戰の直前ドイツのある學者が放射性元素のウラニウムに中性子を當てゝ原子核を爆発させる実験に成功した、もしこれが実現出来ればマツチ箱一つぐらゐの量でロンドン全市の潰滅も不可能でないとされロンドン市民を戦慄させた〔略〕一原子當りにこのエネルギーがそのまゝ利用されると十グラムで角砂糖大の一片五平方センチのものが燃料油の一千トンに相当し大都市の玉砕も可能になる」と説明している。一二日の「今日の知識」は「ドイツの原子爆弾」というタイトルで「原子爆弾をはじめて実戦に使用したのはルントシユテツト元帥麾下のドイツ軍だといはれる」などと、一九四五年二月一日の「今日の知識」に記した原子爆弾についての説明を繰り返した。一三日には「全人類の敵　〝原子爆弾〟」

という見出しでUP通信の内容を伝えた。この日の『讀賣報知』は発禁処分となったが、すでに各家庭に配布された後であった。

敗戦を迎えた八月一五日以降、原爆被害の状況が大々的に報道されるようになる。八月一五日の『毎日新聞』は、「史上空前の残虐〝原子爆弾〟」という見出しで、「吊革を握つたま、一閃で全乗客黒焦　點々・鐵兜の頭蓋骨」など生々しい現地ルポをのせている。また、仁科芳雄談として「原子爆弾とは　火薬二万噸に匹敵　尨大なエネルギー」という記事を載せ、「被爆中心地は放射性物質が廣く撒布されてをり身体に悪影響を及ぼすため長期滞在は危険だ、この点特に注意を要す」という大阪帝国大学物理学教授であった浅田常三郎の談話を載せた。仁科と浅田の談は、同日と翌日の『讀賣報知』と『朝日新聞』でも伝えられた。

八月以降に出版された科学雑誌には、原子爆弾の科学的解説をする記事が多く登場した。たとえば、『科學朝日』では、巻頭の特集でトルーマン声明を掲載し、海外ニュースで報じられた原子爆弾が投下されるまでの経緯を伝えた[6]。同号には浅田常三郎による「ウラニウム原子爆弾」の解説記事も掲載されている[7]。この記事で浅田は、ウラニウム爆弾の性質を伝えた後に、後半では広島における調査の報告を記している。そこでは、「放射線」「爆風」「輻射線」による影響についてそれぞれ伝えているが、放射線については、「現場で被爆した人の血液を調べてみると例外なく白血球が減少してゐる。これはガンマー線乃至は中性子によつて骨髄を冒されたためであるが、そのため傷は化膿しやすく、また治癒が非常に困難となつた」などと記している。

このように、原爆に関する科学知識は原爆被害を伝える記事で詳細に伝えられた。このとき主に原爆被害の情報を伝えたのは、原爆調査に赴いた日本の科学者たちであった。原爆が投下されたあと、日本の科学者たちは広島と長崎における原子爆弾被害調査に関わっていった。この原爆調査は戦後初の組織的な科学活動であり[8]、ほとんどの科学研究活動が停止していたなかでの例外的な活動であったといわれる[9]。笹本征男は、このような組織的な活動の背後に敗戦国による戦勝国への情報提供の意図があったことを指摘し、その意味で日本が「加害国」となったと論じている。[10] ここで原爆調査の意図について論じることは難しいが、日本の科学者たちが国内メディアで原爆被害について多く語り、その対策法についてさまざまに伝えていたことも事実である。なかでもキーパーソンとなったのは、仁科芳雄である。続いて、仁科が原爆投下をどのように受け止めたかを検討したい。

原爆調査と仁科

原子爆弾の出現は、日本の人々にとって全くの晴天の霹靂であった。仁科を含めた日本の物理学者たちも、これほど早く完成するとは、誰一人予想していなかった。

広島に原爆が投下された翌日の八月七日朝、仁科は陸軍関係者の訪問を受けた。陸軍は広島から持ち込まれた瓦礫などのサンプル――それは強い放射能を有していた――を携えてきており、広島行きの調査団への参加を仁科に求めた。前後して同盟通信の記者が仁科を訪れ、トルーマンの聲明を聞かせた。仁科は、トルーマン声明における、爆弾はTNT火薬二万トンを凌ぐ威力を持っており、グランド・スラム二〇〇〇個に相当する威力を持っているという言葉に、これは本当に原爆かもしれないと直感した。[11] この日の午後、仁科ら一行は所沢飛行場から広島に向かったが、エンジンの不調のため一旦戻り、翌日八日に再度広島に向けて出発した。

仁科が七日の夜、理研の玉木英彦に書き残した手紙には、次のように記されている。

今度のトルーマン聲明が事実とすれば吾々「ニ」号研究の関係者は文字通り腹を切る時が来たと思ふ。その時期については廣島から帰って話をするからそれ迄東京で待機して待って居って呉れ給へ。そしてトルーマン聲明は従来の大統領聲明の数字が事実であった様に眞実であるらしく思はれる。それは廣島へ明日着いて見れば真似［偽］一目瞭然であらう。そして参謀本部へ到着した今迄の報告はトルーマン聲明を裏書する様である。／残念乍ら此問題に関してはどうも小生の第六感の教へた所が正しかったらしい。要するにこれが事実とすればトルーマンの聲明する通り米英の研究者は日本の研究者即ち理研の四十九号館の研究者に対して大勝利を得たのである。これは結局に於て米英の研究者の人格が四十九号館の研究者の人格を凌駕してゐるといふことに尽きる。(12)

この書き置きからは、仁科が相当の覚悟をして広島に向かったことがうかがえる。仁科は、原爆開発において、米英の研究者に大敗を喫したのであった。そしてその責任を、腹を切らなければならないと思うほど強く感じていた。また、仁科はアメリカも戦争中には原爆の完成は不可能であると考えており、この予測を陸軍に伝えていた。「腹を切る」という言葉には、原爆を製造できなかったことのみならず、敵国の科学技術力を予測できなかったことに対する責任感も込められていたと考えられる。(13)

それにしても、仁科は何故、米英の研究者に「人格」で負けていると記したのだろうか。仁科研では、サイクロトロンの開発者であるローレンスの助言を受けながら——戦時中には難しくなっていったが——サイクロトロン建設を進めていた。ローレンスとの交流を通して仁科は、研究の成否はそれに関わる人の人格が決めるという印象を受けていた。(14)さらにいえば仁科は、サイクロトロンの建設を何よりも優先し、戦時体制にすべてを捧げられなかった負い目を感じていたのではないだろうか。ここで仁科の言動を思い起こせば、彼に後ろめたい気持ちがまったくなかったとは考え難い。仁科は一九四〇年夏に原爆開発を軍部に進言しながらも、一九四二年の暮れまで、ほとんど真剣には取り組んでいなかった。彼にとっては、戦争中に原爆を完成させるというのは現実的な目標ではなく、あくまで可能性を探るものであった。対してローレンスは、真珠湾攻撃の後、ただちに研究所を戦時体制に移し、何百もの巨大質量分析器を作り、原爆の製造に大きく寄与したのであった。(15)

仁科は八日の夕方、広島上空に着くと、その被害の大きさからこれが原子爆弾によるものと断定した。仁科は後に書いた文章で、そのときの様子を次のように記している。

八日の夕方、廣島の上空へ來て旋回した時、下を見て被害の大きいのに驚いた。空から見ると、市の中心部は焼け、周圍は廣範囲に亙って壊れ、倒壊せぬ家も瓦が落ち、街には人が稀で、死の街の様相を呈してゐた。從來の焼夷彈の被害と異り、焼けた範圍の外側に廣く倒壊家屋が存在するといふことは明かに普通の爆弾ではないことを示し、私はこれは原子爆彈だと斷定したのである。(16)

飛行場に降りたった仁科は、自動車で宇品の宿舎に向かう途中の光景を、「人の死骸が至る處に轉がつて居り、町のあちこちに死體を焼く煙が上がって居るのを見た」と記している。この日の夕刻に仁科は大本営に電報を打ち、「残念ながら間違いなく原爆である」と内閣書記官長の迫水久常に電話で伝えることになる。(17)さらに翌日からは爆心地付近で調査を行った。放日赤病院のレントゲンフィルムが感光していることは、投下された爆弾が原爆であることの確証となった。一〇日には陸海軍合同会議が開かれ、「原子爆弾なりと認む」という文言を含めた広島爆撃調査報告をまとめた。この会議には京都から広島に調査していた荒勝文策も加わっていた。一五日と一六日の新聞各紙に仁科の談として発表されたものは、この会議で作成されたものであった。(18)

仁科は一四日に広島から長崎に向かい、一五日の午後、東京に戻った。玉音放送を放送を聞いて呆然としていた理研の研究者を前に、被爆地から帰ってきた仁科はあっけらかんとして、サイクロトロンの調子を尋ねた。(19)切腹のときを待つよう書き残していた仁科の豹変ぶりは、周りの研究者を驚かせた。そこには、腹切りを決意したほどの責任感や反省、悲壮さは微塵も見られなかった。(20)

仁科は広島と長崎の惨禍を見て何を感じたのだろうか。今となっては推測することしかできない。仁科にとって戦争の勝敗よりも大事なことは、科学の世界で他国と競争すること、そのため科学研究を続けるということであった。岡本拓司は次のように指摘している。「研究者が作る競争の場は、通常の倫理から無縁の世界に存在する。［略］敗戦が疑いようもなくなり、軍人に切腹を迫られる気配もないのを見て、仁科は、何事もなかったかのように、世界の物理学者が作る競争の場に戻ろうと考えたのである(21)」。仁科は、軍人とともに広島と長崎の調査を行い、そこで自らの科学知識が必要とされており、罰せられることがない様子を知った。そして戦争の終結とともにいよいよ純粋な科学研究の世界に戻れる、と考えたのであった。

海野の反応

原爆の出現は、特にそれまで原爆の可能性について語ってきた科学者や作家、記者らに大きな衝撃を与えた。戦前から幾度となく作品で原子力を描写し、原爆のような兵器が出現する可能性について言及してきた海野十三は、八月一〇日の日記に次のように記している。

今朝の新聞に、去る八月六日広島市に投弾された新型爆弾に関する米大統領トルーマンの演説が出ている。それによると右の爆弾は「原子爆弾」だという事である。／あの破壊力と、あの熱線輻射とから推察して、私は多分それに近いものか、または原子爆弾の第一号であると思っていた。／降伏を選ぶか、それとも死を選ぶか？　とトルーマンは述べているが、原子爆弾の成功は、単に日本民族の殲滅にとどまらず、全世界人類、否、今後に生を得る者までも、この禍に破壊しつくされる虞れがある。この原子爆弾は、今後益々改良され強化される事であろう。その効力は益々著しくなる事であろう。／戦争は終結だ。／ソ連がこの原子爆弾の前に、対日態度を決定したのも、うなずかれる。／これまでに書かれた空想科学小説などに、原子爆弾の発明に成功した国が世界を制覇するであろうと書かれているが、まさに今日、そのような夢物語が登場しつつあるのである。／ソ連といえども、これに対抗して早急に同様の原子爆弾の創製に成功するか、またはその防禦手段を発見し得ざるかぎり、対米発言力は急速に低下し、究極に於いて日本と同じ地位にまで転落するであろう。／原子爆弾創製の成功は、かくしてすべてを決定し、その影響は絶対である。／各国共に、早くからその完成を夢みて、狂奔、競争をやってきたのだが、遂にアメリカが第一着となったわけだ。／日本はここでも立ち遅れと、未熟と、敗北とを喫したわけだが、仁科博士の心境如何？／またわが科学技術陣の感慨如何？[22]

科学力の重要性を訴えてきた海野は、一瞬にして日本の敗北を確信した。海野が描いてきた「科学恐怖の夢」が現実のものとなったのだ。日記の最後に「仁科博士の心境如何？」とあるように、海野は仁科が日本の原爆研究において重要な役割を担っていることを察知していた。

敗戦を受けて海野は家族で自害することを一度は決意するが、結局友人などの説得によって思いとどまった。愛国主義者であった海野にとって、戦争に負けたことは非常にショックなことで、また彼自身が日本の戦争遂行に深く関与していた、その責任を重く感じていた。八月二六日の日記には、「海野十三は死んだ。断じて筆をとるまい。口を開くまい。恥かしいことである。申訳なき事である」と書いている。

海野は原爆投下直後、自害も考えるほど敗戦の責任を強く感じていた。しかし彼は戦後すぐに執筆を再会した。その文章からは、日記に記したような自責の念を認めることはできない。

大衆向け雑誌『光』の一九四五年一〇月号に書いた「原子爆弾と地球防衛」[23]では、戦争加担者ではなく、一傍観者または被害者の語り口となっている。海野は、広島に投下された新型爆弾が原爆であったということに対する驚きと困惑を述べている。「原子爆弾。本当にそれは原子爆弾でなければならないのだ。しかし原子爆弾がこんなに早く出て来るとは意外である」として、それを完成させたアメリカに対する祝辞と敬意を表し、原子爆弾の存在によって変わるであろう未来に希望的な感想を述べている。それは海野がかねてから抱懐していた「地球防衛問題」とも関係している。

海野は、戦時中に原子爆弾の製造はほとんど不可能であるといった長岡の論文にふれ、「博士の一文を読んだものは、なるほど原子爆弾の完成はこれから何十年かかるか何百年かかるか分からないものだなとの印象を受けざるを得なかった。そして今日、長岡博士から一杯くわされたようにも感じ、また同時に、わが長岡博士でさえが世界科学水準からいえば時代遅れの渺たる存在であったことが改めて認識され、引いては今更ながらわが科学界の貧弱さと、事ここに至らしめる癌的事実に深く反省せざるを得ないのである」と、日本の科学界の貧弱さを嘆く。海野はまた、「アメリカが原子爆弾の製作に成功したと知ったとき、私は敵味方の関係を超越し、広島の残骸をも超越し、科学技術史上画期的なるこの成功に関しアメリカに対し祝意と敬意とを捧げざるを得なかった。そして又たいへん羨しく感じたことも告白せねばならない」と述べている。

戦争終結の後、このように敵国アメリカが原爆を製造したことを称賛する意見は、特に科学者の間で珍しいものではなかった(24)。それはファシズムに対する自由主義の勝利と受け止められたのであった。

仁科と海野の言動からは、投下直後には自害を考えるほど責任を感じながらも、その後一見何事もなかったかのように職務に戻っていくという共通した姿が見えてくる。仁科と海野を変えた、あるいは救ったのは、「科学振興」という戦時中と同じ戦後のスローガンであった。

科学戦から科学振興へ

戦後、たびたび繰り返されたのは、科学技術の振興という言葉であった。内閣総理大臣であった鈴木貫太郎は終戦の詔勅が読まれた八月一五日のラジオ放送で、原子爆弾を例にあげて、日本は科学戦に敗れたのであり、「民族永遠の生命を保持発展せしめて行く」ために、「特に今回戦争における最大欠陥であつた科学技術の振興に務める外ないのであります」と述べた(25)。前田多門文相も八月一八日の記者会見で科学振興を訴え、「原子爆弾をただ凌駕するものを考えていくといふやうなことでなくもつと大きなものをきづいていき度と思ふと同時に基礎科学をもつと深くやつてみたい。また自然科学だけを奨励して人文科学をおろそかにしてもこの際いけない。原子爆弾だけを考へて人文科学を考へないのは人類への罪悪である」と述べた。前田は自然科学だけでなく人文科学の重要性を述べているが、「原子爆弾をただ凌駕するものを考えていくといふやうなことでなく」という彼の言葉からは、このときすでに、原爆を凌駕するもの――それがどのようなものであるかは不明である――が、日本の科学振興の目的とされていたことを見てとることができる。前田の会見の内容を載せた八月一九日の『朝日新聞』は、「一路科學の勃興へ」という見出しで「科學的思考性を我々の日常生活の中に深く浸透さして行くといふことによつて、将来大科學勃興の基礎を築いて行かねばならぬ」という東京商工経済会理事長船田中の談も載せている。

このように、科学振興の重要性は敗戦のすぐ後から唱えられ始めた。それは、科学戦による敗北を喫したという実感と反省からくるものであった。日本が科学戦に敗北したということは多くの人に共有されていた認識であったが、日本の科学陣は優秀であったが恵まれていなかったとする論調が多く見られた。

たとえば、八月一二日に刊行された『週間毎日』には、今野圓輔による「『原子爆彈』物語」という記事が掲載されている。今野圓輔は毎日新聞社の社員であり、民俗学者としても活躍していた人物であった。この記事で今野は、「放射性元素の發見」、「原子核分裂の發見」、「原子爆彈の出現」、「英米獨の研究は鎬を削る」などといった科学史的な内容を伝えている。最後に、長岡や湯川が戦時中に一般向けの雑誌に発表した論文に言及し、「これらを一読するだけで、わが國の原子物理学が如何に早くから米英独をぬいて進んでゐたかを認識することが出來、理研、京大を中心とする数十人の専門科学者を知る事が出來ると共に、挿繪寫眞等によつてわれわれの研究設備が如何に貧しく恵まれぬものだつたかを知つて驚くと同時に、大和民族の持つ科学的素養の優秀性に氣づくであらう」としている。[26] この『週刊毎日』は、原子核分裂が発見された後、いち早く寮佐吉による原子エネルギーの解説記事を載せた雑誌である（当時の名称は『サンデー毎日』）。おそらく今野は、戦時中から原子エネルギーの可能性について見聞きしており、長岡や湯川の論文を読んでいたのだろう。今野は、原爆の出現後においても、科学者の能力については高く評価していたのであった。「大和民族の持つ科学的素養」、あるいは日本の科学者の優秀性は、彼らに残されていた、数少ない誇り、そして将来に向けた希望であったのかもしれない。

九月一四日の『朝日新聞』は「科學戦の敗因　軍、官の縄張争ひ　科學者冷遇と功利主義」という見出しで次のような論説を載せている。

トルーマン大統領は対日戦勝利の放送において〝原子爆弾を発明し得る自由なる民衆〟と述べた言葉は簡単であるがその意味するところ極めて辛辣である。［略］日本対米英の科學戦は終始米英に壓倒的に押し捲くられ、最後に原子爆彈といふ決定的打撃により終止符を打つた。原子爆彈の非人道性はもとより全人類の認めるところである。われ〳〵は敢然その非を鳴らさなければならぬ。しかしそのことと、當然科學常識として豫想し得たこの新兵器に対するわが方の無準備無方策とは別個の問題である。何故にわれわれは科學戦に敗れたか、その原因に厳正に峻烈に指摘されなければならぬ／今にしてわが科學戦の當事者を鞭打たうといふのではない、わが誤れる科學者精神を、そしてまた余りにも情ない軍官の割拠主義を、究明し叩き直してわれわれならびにわれ〳〵の後継者をして再び

かゝる過誤を犯さしめないためにである

科学戦の敗因を追求するこの論説は、科学者を追求するのではなく、軍官の割拠主義といった科学研究を取り巻く制度を批判している。

この論説のように、戦後の新聞紙面では、原爆を製造し得た国アメリカに対する原爆を製造できなかった国日本の戦時中の科学動員を非難するような論調が目立ったが、それらは主に科学動員の組織化の非科学性に向けられた。科学者が戦時批判の発言を行うときには、ことさらこのような論法に傾きやすかった(27)。そのような風潮のなか、科学者は原爆を作れなかった責任をとらされるわけではなく、原爆の科学的説明を行うことのできる特権的存在として活躍し、科学振興の波に呑み込まれていくことになる。仁科が原爆投下直後は「腹切り」まで考えながら、戦後すぐサイクロトロンの様子を気にかけ、研究の場に戻っていくことができたのは、このような背景があった。

このようにして、投下直後に「非人道的」であった原爆は、戦争が終ったときには、日本の新たな越えるべき目標となった。原爆／原子力は戦後すぐに「平和」と結びつき、メディアでは、原爆開発の成功は、「人類の科学史に輝く大事業」「近代科学の偉大なる研究のたまもの」などと書かれた(28)。戦後の原爆の肯定的な描写は、占領軍の意向に沿ったものと解釈されがちであった。しかし本節で見てきたように、原爆が偉大なものであるという言説、およびそのような言説を支える認識は、敗戦後、ＧＨＱのプレスコードが始まる前に、すでに国内事情のなかで登場していた。さらにいえば、そのような肯定的な原爆観は、原爆が出現する前にすでに作られていたものであった。

第二節　原子力を抱擁する

前節では原爆が科学技術の枠として被爆国日本で肯定的に受け止められたことを確認した。投下直後に非人道的なものとして報道された原爆は、その後平和という言葉とともに語られるようになる。本節では、占領期における原爆／原子力と平和の結びつきを検討したい。

科学ブームとアトムの流行

敗戦直後の八月二三日の『讀賣報知』「今日の知識」は「科學の大衆化」というキーワードで、「原子爆弾とは何か、この正体を究めたい欲求から国民の科学への関心が一段と昇つてきた、わが国の科学、技術を推進する方策としては本紙に辻二郎氏も指摘している如く国民一般の科学的水準を昂揚することである」と記されている。この小さな記事は、国民一般の科学的水準の向上のため、「科學の大衆化」の必要性を訴えている。科学振興の気運のなか、科学の普及啓蒙活動が熱心に取り組まれた。文部省が科学振興の予算を計上したほか、大学や自治体による講演会なども活発に行われた。廣重徹は、「戦後一～二年のあいだの啓蒙・普及講座ブームは、わが国の科学でもまれにみるものであった」と指摘している[29]。

科学啓蒙の気運は戦後直後の出版ブームと結びついた[30]。科学雑誌や科学啓蒙書が次々に出版され、科学雑誌は空前の出版ブームを迎えた[31]。これらの出版物で、原子力に関する科学知識の解説がなされていった。しかしこれらは概して質の低いもので、多くの雑誌が読者の支持を得られずに廃刊していった[32]。

原田三夫は戦後、「自力でできる手軽な仕事として、原子力の知識を普及することにし、「誰にもわかる原子の話」

を自費で出版し、希望の学校や団体で講演をして、それを聴衆に買わせようとした。ところが原子爆弾に懲りた世間は、「毒食や皿まで」で、原子の話はまっ平だということろが多いのであきれた」と回想している。[33] 興味深い回想であるが、世間は原爆に懲りたというより、科学啓蒙ブームに懲りた、あるいは原田の一方的な押し売りに嫌気がさしたのではないだろうか。

原子を意味するアトムという言葉は、大衆性を得たものとなっていた。次節で記すように、ＳＦ漫画にはアトムという名のキャラクターが多く登場した。一九四七年二月一〇日の『南日本新聞』の「豆知識」には「アトム」という言葉が取り上げられ、次のような解説がなされている。

アトムはすでに日本語になっている、物質の最後の単位を原子としたのは過去の科学、今日ではその構造が電子、陽子、中性子であることは常識である、この電子と中性子を使つて偉大なアトミック・ボーム（原子爆弾）が現出した、今日の科学の最も輝々しい舞台である原子物理学はすべて原子の内部の究明に研究対象がおかれている／新聞や雑誌の執筆欄に『アトム』というのがあるが『原子爆弾的な』というしやれだろう、アトムが人気ものになつてからこれが動詞にも使われるようになりアトマイズ、直訳して原子爆弾攻撃を加えることであり、もちろん廣島が爆撃されてから使われた新語である

「アトム」を肯定的に用いる風潮は、被爆地においても生じていた。[34] 一九四七年、広島の原爆ドームの目先では「アトム書房」が営業を開始しており、[35] 一九四八年に安芸区に設立された「あとむ製薬」は滋養強壮剤の「ピカドン」を売り出した。[36] 圧倒的な力を想起させる「アトム」という言葉は、人々の興味関心を捉えるためのキャッチフレーズとして用いられたのだろう。漆島次郎は、このような被爆地におけるアトムの受容には、「アトム」という名称を施設

などに用いていたＧＨＱの影響があったことを指摘している[37]。いずれにせよ被爆地においても、少し前まで敵国であった国の原爆を想起させる言葉を——恐らくは観光や復興という名のもとに——積極的に受け入れる人々がいた。

アトムが流行語となるなか、実際に原子核の研究を行っていた科学者たちはどのような境遇に置かれていたのだろうか。続いて、戦後の科学者の言動を検討したい。

サイクロトロンの破壊

敗戦を迎え、国を立て直すための科学新興への希求が高まるなか、サイクロトロンは戦後日本の科学復興の期待の星でもあった[38]。

しかしそのような期待とうらはらに、日本は占領軍の支配下におかれ、国内では核関係の研究が禁止されることになる[39]。九月二日に出された連合国軍最高指令官総司令部指令第一号は、日本の武装解除を命じ、国内における一切の軍事研究を禁じた。科学技術に関するより具体的な指令は、九月二二日に発せられた連合国軍最高指令官総司令部指令第三号（SCAPPIN 47）では、日本国内の研究機関をすべてＧＨＱの監督下に置くことを定め、各研究機関への報告を義務づけた。この指令には次のような文言が含まれている。

日本帝國政府ハ「ウラニウム」ヨリ「ウラニウム」二三五ノ大量分離ヲ來サシムルカ又ハ如何ナル他ノ放射能ヲ有スル安定要素ノ大量分離ヲモ來サシムルコトヲ目的トスル一切ノ研究又ハ應用作業ヲ禁止スベシ[40]

国内における放射性同位元素の大量分離を禁止するこの指令は、すなわちサイクロトロンの使用禁止を意味していた。

ＧＨＱは、戦時中の軍事研究の調査を行ったが、なかでも徹底的に調べたのが戦時中の日本の原爆研究に関することであった。カール・コンプトンを副団長とした科学情報調査団（団長はエドワード・モーランド）が日本に滞在し、九月から一一月まで、三〇〇人以上の軍人、科学者、技術者に尋問を行い、日本の戦時中の軍事研究の内実を調査した。

仁科はやってきた科学情報調査団に、サイクロトロンを放射性同位体（ラジオアイソトープ）の生成のために用いたいという希望を伝えた。第四章の人工ラジウム実験に見たように、理研ではサイクロトロンから生成されたアイソトープをトレーサーに用いた生物学研究を行っており、数々の研究成果を出していた[41]。仁科はコンプトンらの勧めにより、生物、医学、化学、冶金研究のためにサイクロトロンを使用する許可を求める手紙を一〇月一五日付でマッカーサーに送り、一九日に許可を得た。ところが事態は一転した。一〇月三〇日、米国の統合参謀本部はマッカーサーに対して、日本におけるすべての核研究を禁止する指令ＷＸ七九九〇七を出した。これに基づき、陸軍長官パターソンの名義でサイクロトロンの破壊命令が一一月一〇日に出されたのである。一一月二〇日にサイクロトロンは接収され、一一月二四日、当時日本国内にあった理化学研究所、大阪帝国大学、京都帝国大学の計四つのサイクロトロンが一斉に廃棄された[42]。

サイクロトロンの破壊は、占領中であった国内ではあまり大きなニュースにはならなかった。破壊の翌日の『讀賣報知』は、「原子核研究を根絶」という見出しをつけた小さな記事で、「マッカーサー元帥の命令による米第六軍及び八軍所属部隊は廿四日午前十時より日本の三都市にある五個のサイクロトロン及び關係設備を含む日本の原子力研究施設の完全な破壊を開始した」などと伝えた[43]。ここで五個のサイクロトロンが破壊されたというのは誤りで、実際に破壊されたサイクロトロンは四個である。『朝日新聞』にも「わが原子施設破壊」という記事が掲載されており、五個のサイクロトロンが破壊されたと伝えられている。これらの記事は、米軍総司令部の発表をそのまま伝えたもので、仁科ら日本の科学者への取材は行っていなかったことがわかる。『朝日新聞』の記事は、「放射線症も治る　傳研の原子爆弾調査」という見出しの記事の後半で伝えられており、サイクロトロンの破壊という科学の後進または停滞を意味する事件よりも、科学の前進を印象づける話題を前面に出したものであった。

　サイクロトロンは核反応の基礎研究に有用であるが、原爆製造に直接つながるものではない。しかしサイクロトロンは戦時中、原爆研究に必須な装置としてのイメージが形成されていた。だから国民の感覚としては、サイクロトロンが破壊されるのは、ＧＨＱの当然の判断として映ったのかもしれない。

　アメリカでは、一一月二四日の『ニューヨーク・タイムズ』がサイクロトロンの破壊を報道すると、ＧＨＱの行為は科学を知らない軍部の野蛮として科学者からの大きな非難を招いた。オークリッジの科学者協会は、サイクロトロンの破壊をナチスドイツによるルーヴァンの図書館焼き討ちのようなものであると抗議した。コンプトンもまた、パターソンに抗議の手紙を送り、それはその年のクリスマスに発行された『ニューヨーク・タイムズ』紙面にも公開された。科学界からのあまりに大きな抗議に対し、パターソン陸軍長官は、彼の名義で送られた電文が未見のまま送られたと弁明し、陸軍省の軽率な行為を遺憾とする声明を出した[44]。パターソン長官の声明を受け、仁科は、破壊されたサイクロトロンの完全な復旧と、生物学と医学の研究に必要な放射性物質のアメリカからの輸入を要望する要望書を提出した。しかしその要求はしばらく受け入れられることはなかった。

　サイクロトロン破壊は戦後、占領下の科学の悲劇として語られてきた。吉岡斉は仁科が被害者であるという見方に修正を迫っている。吉岡は、仁科によるサイクロトロンの利用許可申請がなければサイクロトロンは破壊されなかったであろうという「仁科ヤブヘビ説」をとる。サイクロトロン破壊の引き金となるような行動をとった仁科は、自業自得であったというのである。

仁科芳雄は日本の原爆研究のリーダーであり、その意味でいわば危険人物のブラックリストに載るような人物であった。またサイクロトロンはプルトニウムの発見をもたらした強力な中性子ビーム生成装置であり、電磁分離法ウラン濃縮にも転用可能な装置であった。サイクロトロンがマンハッタン計画において果たした役割は絶大なものがあった。危険人物の仁科が、危険な装置サイクロトロンの使用許可を執拗に要求してくるというのは尋常な事態ではないというのは、通常人がいだく判断である。(45)

吉岡の指摘するように、アメリカではローレンスがサイクロトロン用の電磁石を転用して作ったカルトロンという電磁イオン分離装置でウランの濃縮が行われていた。また、長崎型原爆に用いられたプルトニウムはサイクロトロンを用いた実験で発見された。サイクロトロンそのものが直接原爆製造にはつながらないとしても、原爆製造においても有用な装置であるということは疑いのない事実であった。

サイクロトロン破壊は仁科にとって自業自得だったのだろうか。ここには科学研究の有用性を強調するという行為の孕む問題がひそんでいる。たしかに仁科はサイクロトロンの建設と運用のために、露骨な宣伝活動を行い、サイクロトロンの必要性をさまざまにアピールしていた。一九三〇年代は人工ラジウムの生産を可能にする装置として、戦時中には原子エネルギー解放に必須な装置として、そして戦後には研究用の放射性同位体を生産するための装置として……。それまでの研究人生の一〇年間をほぼその建設と運用に捧げていたサイクロトロンを何としても使用したいと考えるのは当然のことであっただろう。その一心で、戦前・戦時中に財団や国民に訴えかけたように、戦後にはGHQに嘆願した。仁科の研究活動にかける情熱が、結局のところサイクロトロン破壊をもたらしたのだとしたら、皮肉としかいえない。

サイクロトロンの破壊は、日本における核研究の進展を著しく停滞させることとなったが、一部で核開発への意欲をかきたてることにもなった。原爆のキノコ雲を呉の海軍鎮守府で目撃したと述べている中曽根康弘は、国会議員になった当初から科学技術振興に強い関心を持っていた。そのきっかけとなったのが、サイクロトロンの破壊であったと述べている。[46] 周知の通り、中曽根は戦後日本の原子力政策を押し進めていくことになる。

原子力の「平和利用」に向けて

サイクロトロンの破壊は仁科を大きく変えた。それは彼にとって、原爆投下と敗戦以上の衝撃であった。玉木英彦は次のように記している。

終戦を一つの collision（衝突）とすれば、サイクロトロンの破壊は先生にとってはそれ以上の read collision（正面衝突）であった。それ以来先生は裸一貫の科学者として、敗戦日本の学者はいかに生くべきかを、一そう真剣に沈思されることになった。[47]

しかし時代は仁科を放っておかなかった。仁科は一九四六年一一月に理研の所長となり、一九四八年二月に財閥解体によって財団法人であった理研が解散させられると、株式会社として再生した科学研究所の初代社長となった。また、一九四八年に設立された日本学術会議の設立にも大きな役割を果たした。

戦時中にそうであったように、仁科は戦後も科学のスポークスマンとして活躍した。[48] 戦後、仁科が原子爆弾についてはじめて総合的な解説したものが、『世界』一九四六年三月号に掲載された「原子爆弾」という記事である。[49] 仁科は、「太平洋戰爭終戰の契機を作つた原子爆彈は純物理學の偉大な所産で、背景として强力な技術力、工業力、經濟力、資材源を有してゐる大組織により完成せられたものである」と文章を始めている。仁科は自身が広島で見聞きしたこと原爆の原理を説明し、次のように述べている。

今後原子爆彈は日本に於ては、たとえ聯合軍から禁止されなくともできる見込がない。理由は日本にはウランがないからである。かゝる原子核エネルギー利用の研究は今後如何なる方向に向かふといふに、爆彈としては益ゝ強力なものが作られるであらう。〔略〕また平和的利用の方面では動力源として使はれること勿論である。要するに小さな容積の中に從來想像されなかつたやうな大きなエネルギーを貯へることができるのである。月への旅行も單なる夢ではなくなつた。又前述の通り錬金術もある程度現實化され、ラジウム同様の物質が色々と多量に作られ、その應用も廣まるであらう。

ここで仁科は、原子力の兵器利用に関してはウランがないなどとして消極的な意見を述べながら、「平和的利用」に関しては月への旅行も夢ではなくなるなどと積極的な意見を述べている。仁科は、核エネルギーが軍事利用されるのではなく平和的に用いられることを願っていた。戦後の仁科は原子力と平和を結びつける発言を行っていくようになるが、この記事はその最初のものであった。しかしこの記事は、夢のような原子力の利用への期待を語っているという意味で、仁科の戦後の発言においては若干例外的なものであった[50]。

戦後の仁科は、国内に広まる原子力の実用化への期待を打ち消すような発言をしばしば行った。たとえば、一九四六年三月四日の『讀賣報知』の記事「仁科芳雄博士にきく　工業力復活が先決　原子力研究は生物医学に向ける」では、「日本は原子爆彈以外の文化的平和的の重要研究をやつてゆけばよいので、私は原子研究で得た知識を生物医学の方面に転換してゆくつもりだ」、「現在のところ原子力研究の成果が一種の産業革命をひきおこすといふやうな考へはゆきすぎだ」などと語っている。

一九四六年六月二三日の『讀賣新聞』は「原子爆弾から肥料へ」という記事を掲載し、「仁科芳雄博士は戦時中の研究成果を重窒素肥料へ向け〝原子爆弾〟變じて肥料といふ画期的な研究室轉換の準備にとりかゝつた」として、サイクロトロンが破壊されて原子研究が中絶されたいま、「放射性の代りに驚異的な浸透性をもつ重窒素を使ひ、その放射的性質を利用して肥料革命を行はうとする」と伝えた。七月一日の『讀賣新聞』には、「原子彈と肥料」という仁科の書名入りの記事が掲載されている。先の記事には、誰にも理解できない点が少なからずあるとして、記事への補足を行っている。仁科は、窒素の同位体である重窒素で肥料を作り、それを稲に与えることで、肥料がどのような行動をとるかを辿ることができるという、トレーサーとしての同位体の利用について説明する。放射性同位体であればより便利であるが不可能であるとして、「原子爆弾とは何の関係もない」と述べている。

仁科の消極的ともいえる発言は、サイクロトロンの破壊に象徴される当時の科学研究を取り巻く困難な状況を反映したものであった。戦後の仁科の発言に関しては、彼の核エネルギー観に関心が寄せられてきた。たとえば山本昭宏は、「仁科の想定する戦後の世界秩序の軸がアメリカから世界国家へと移るなか、原子爆弾は平和をもたらす「威力」「戦争抑制者」「警察力」として語られた」と指摘している[51]。山本の指摘するように、仁科はどのようにしたら原子力を平和な世界を構築するために利用できるかを真剣に考え、語った。そして核兵器が二度と使われない世界を構築する方途を真剣に考えた。しかし敗戦国の科学者は、核の国際管理において何の権限も持ち得なかった。

これまで看過されてきたことは、原子力の平和利用は何も核エネルギーの利用のみを意味したわけではないことである。仁科が「原子力研究は生物医学に向ける」と述べたように、そこには放射性同位体を利用した医学研究も含まれていた。仁科はアメリカに放射性同位体の輸入を嘆願するとともに、国内では放射性同位体の医用について語った。その願いが叶い、アメリカ哲学会からオークリッジ国立研究所で生産された放射性同位体が仁科研に届いたのは、一九五〇年四月のことであった[52]。

戦後のメディアで原子力によるユートピア的な未来像を最も積極的に語った物理学者の一人が嵯峨根遼吉であった。嵯峨根は一九〇五年――ちょうど長岡半太郎が『讀賣新聞』で原子エネルギーを利用する可能性について語った年――、長岡の五男として生を享けた。東京帝大理学部物理学科を卒業後、理研の仁科研究室に入所し、一九三五年から三八年までにはイギリスとアメリカに留学、アメリカではアーネスト・ローレンスに師事し、帰国後は理研でサイクロトロンの建設と運用を担当していた。嵯峨根は一九四四年の「戰爭と新しい物理學」特集などに見るように、戦時中にも幾度かメディアで原子エネルギーの可能性について語っていたが、戦後はより一層メディアに登場し、原子力によるバラ色の未来を語るようになる。

一九四五年一〇月一八日の『讀賣新聞』には、「『研究室の夢　わが原子爆彈の發明提議を　むげに却けた軍當局』という記事が掲載された。この記事は、嵯峨根の談話として米軍機関紙「星条旗」に掲載された内容を伝えたもので、ここで嵯峨根は「研究室の夢にすぎない」ことに政府は巨額の研究費を出すことを好まず、殺人光線の研究に力を入れたと述べている。海軍の物理懇談会のことを示しているのだろう。記事は「例へ政府の援助はなくとも十年後には必ず吾々の手で原子力の發明に成功し、これを利用し得るものと確信している」という嵯峨根の言葉を伝えて終わる。

一九四六年七月二六日の『讀賣新聞』には、「原子エネルギー　平和産業に活用すれば　慈雨を呼び、颱風も止める　コップ一杯の水銀で列車五十往復」という見出しをつけた嵯峨根談話が掲載されている。ここで嵯峨根は「この驚異的なエネルギーが産業方面に使用されるなら、世界にはふたたび産業革命がおこるとさへいはれている」として、原子力発電、原子列車、原子ロケットなどの利用について言及している。嵯峨根はメディアで語るだけではなく、科学書の執筆も行った。一九四五年に朝日新聞社から『原子爆弾』、一九四九年に講談社から『原子爆弾の話』という科学啓蒙書を出版している。嵯峨根には、原子力の分野で一働きしたいという思いがあったのだろう。嵯峨根は学術会議の設立に尽力したが第一回目の会員選挙で落選すると渡米し、五〇年代半ばに帰国してから、国の原子力政策の中枢に入り込んでいくことになる。

一九四九年六月一〇日の『讀賣新聞』には、第三回読売科学公開講座「「原子力」講演と映画の会」の案内が掲載されている。「原子力とは何か、その平和的利用による威力は、これからの政治、経済、生活、産業にどんな変革をもたらそうとしているであろうか。その秘密を誰にもわかり易く面白く解説する権威ある公開講座」として、仁科芳雄の他に、工学者の武田栄一、医学者の吉川春寿、物理学者の嵯峨根遼吉が講演を行い、占領軍によるCIE教育映画『原子力』を見るというものであった。(53)『讀賣新聞』はこのように、CIE映画の上映会を開催し、原子力によるバラ色の未来を喧伝していた。それまでにも学術講演会を開催して科学知識の普及に努めたように、第二次世界大戦後には科学公開講座を開催し、原子力に関する知識の普及に努めたのであった。読売新聞社社長の正力松太郎による原子力平和利用キャンペーンが展開される以前から、その下地は用意されていた。

一九四九年の湯川秀樹のノーベル賞受賞は、メディアにとりわけ明るい話題をもたらした。同年一一月五日の『讀賣新聞』は、「湯川博士受賞を意義あらしめよ」として、「世界文明の上にそのような大きな意味をもつ原子力理論の礎石が、日本の科学者によっておかれたことは特別の注意を払われてよい」と記している。メディアは、「原子力」の研究が「日本の科学者」によって先鞭がつけられていたことを嬉々として伝えた。ここにおいても長岡の錬金術や仁科のサイクロトロンをめぐる報道と同じ構造を受け継いでいる。湯川のノーベル賞は多くの子供が物理学の世界を志すきっかけとなった。その熱狂は、原子力への熱狂ともリンクしていた。原子物理学に関する科学書が多く出版され、そのなかでも原子力によるユートピア的な未来像が喧伝されたのであった。

湯川のノーベル賞を誰よりも喜んだ一人が長岡半太郎であった。長岡は一九五〇年、次のように語っている。

加速度的に進歩する科学界において、原子動力機の端緒を捉えるを得ば、その工業的に発展するは論をまたず、山岳を平坦にし、河流を都合好く変更し、更に天然の形勢を利用せず、人為的に港湾河川を築造するに到らば、世界は別天地を出現するであろう。かくして国際的の呑筮行動を絶滅し、互いに相融和するに至らば、ユートピアならざるも、これに近き安楽国を出現するは疑いを容れず、巨大なる威力を獲得して、これを恐れるよりも、むしろこれを善用するが得策である。(54)

まるでフレデリック・ソディが語ったような、夢のような未来像である。彼は、原子力の解放が現実のものとなり、まったく異なる世界が到来することを予期していた。この直後の一九五〇年一二月、長岡は八五年の生涯を終えた。核の国際管理を訴えながら原子力の平和利用に希望を託していた仁科は、長岡の死の約一か月後に六〇歳で亡くなった。肝臓がんであった。その年の五月、ローレンスが来日してサイクロトロンの再建を進言、サイクロトロンの再建計画が動き出す。

「原子医学」への期待

原子力の平和利用に夢を託したのは、被爆地においても同様であった。中国新聞社は一九四六年七月に「ユートピア廣島の建設」と題した懸賞論文の募集を行った。一等に選ばれたのは峠三吉の「一九六五年のヒロシマ」であった。この作品は、「原子爆彈二十年記念復興祭」に参加するために二〇年ぶりに故郷広島を訪れた人物の視点から豊かな田園と都市の融合した美しい広島の未来像を描くもので、主人公は「国際原子力管理委員会」の代表として広島を訪れたという設定になっている。二等に選ばれた佐藤七郎は、五〇年後に原子力が実用化されたという想定で理想郷としての広島を描いている。八月一日の紙面に掲載された当選作品への評では、「原子力の應用をもつと強く夢みて貰ひたかつた」という佐藤作品に対する評が見られる。理想郷の広島を実現するために原子力が鍵を握っているという認識が選者と作者に共有されていたことがうかがえる。

このようにして被爆地でも、原爆／原子力と平和が結び付けられ、被爆の記憶を過去のものとし都市を再建させようという期待が語られていた。(55)とりわけ原爆と平和が結び付けられたのは原爆記念日である。広島では原爆投下の一周年目から平和復興祭を開催している。二周年目の平和復興祭では、若い娘たちが「ピカッと光つた原子のたまにヨイヤサー、飛んで上がった平和の鳩よ」という平和音頭にあわせて銀座通りを練り歩いた。(56)

「思い出新たに迎うピカドン二周年」というキャッチフレーズをつけた一九四七年八月一日の『中国新聞』一面は、「原子醫學は世界一」という記事を載せ、広島に来訪した外国人がその復興意欲に驚嘆したということを伝えている。この記事では、広島逓信病院の勝部玄外科医長の行った原子爆弾による火傷、外傷のケロイドの原因に関する研究を紹介し、「これによると放射線を体内にうけて致死量（現在不明）以上は死亡、それ以下は被爆後一年～一年半で体内に現存した放射能は漸滅する結論が出て七十五年説に対して放射線病の経過に最初のピリオドを打つた」と伝えている。勝部の研究は、三朝温泉に設置されていた岡山医科大学放射能泉研究所で被爆者のケロイド片の放射能を調査したもので、(57)同研究所は一九三九年に温泉の医学的研究を行う研究所として設置されたものであった。(58)ラジウム温泉ブーム以降の放射能泉の調査と原爆被爆者の調査の連続性をここに見出すことができる。

ここでいわれている原子医学という言葉に注目したい。原子医学という言葉は原爆投下後に用いられるようになったようである。被爆地における原子医学は、主に被爆者を対象とした医学を意味していたと考えられる。この言葉には、被爆の経験を医学の進歩に活かそうとする意思が込められている。

広島の医師たちは原爆症を過去のものとする談話を幾度も発表していた。たとえば、一九四六年二月六日の『毎日新聞』には、「原子症状いまはなし　多くは恐怖による神経症」という記事が掲載された。この記事では、「放射能は爆心地にも全然残っていないものと思う、もし残っているにしても、ごく僅かで決して人体に害を受けるようなことはない。むしろ身体に好影響を与えると思う。ちょうどラヂューム温泉に入ったのと同じだ」という日赤広島病院の談が紹介された。一九四六年五月一三日の『中国新聞』では、「原爆症その後の状況はかうだ　妊娠に異常なし、整形手術の不具も癒る」「畸形児も生れず、不妊症にもならないから「お嬢さん方御安心下さい」」と伝えた。一九四八年八月六日の『朝日新聞』大阪版には、広島逓信病院院長の蜂谷道彦による談話が掲載されている。峰谷は広島原爆三周年を迎えるにあたって内科的疾患としての原爆症は消滅したとして「原爆症はすでに消滅した、われ〳〵は原爆症から解放されているという学問上の事実を確認し、平和記念日を明るく迎えたい」という談話を発表したのだった。

これらの談話の背景に、ＧＨＱのプレスコードがあったという見方もできるかもしれない(59)。しかし被爆地の原爆に関する検閲は、従来考えられていたよりも厳しいものではなかったことが近年明らかにされている(60)。医師たちは圧力に屈したのではなく、原爆症発症の不安を抱えた被爆者を安心させるために、自らの意思でこのような談話を発したと考えられる。原爆症とは被爆によって生じるさまざまな症状をすべて包含した概念であるが、時間をかけて徐々にさまざまな症状があらわれたという解明の難しさがあった。それに加えて、被爆地における復興への強い希求があった。地元メディアは毎年の「平和記念日」を迎えるに当たって、医師による「明るい」談話を紹介していた。実際、一九四七年には広島で新生医師会が発足し、医師会雑誌『広島医学』が創刊された。また、広島県立医科大学が設立され、広島の医学は着実に復興の歩みを進めていた。この頃の紙面は、原子医学の拠点としての広島の医学水準の高さを伝える期待や希望に溢れていた。被爆地の復興への強い希求のなか、原爆症は過去のものとされつつあった(61)。原子医学は原爆症をポジティブなものに転換させる言葉だったのではないだろうか。

長崎で被爆した医師の永井隆もまた、原子医学への希望を語っていた。よく知られているように永井は長崎医科大学に勤務していた放射線医学の専門家で、一九四五年六月にレントゲンの大量照射による慢性骨髄性白血病と診断されていた。長崎原爆で被爆し、妻と二人の子供を亡くしながらも、懸命に被爆者の救護にあたった。やがて白血病の

図7-1　「原子医学寸感　永井隆」

出典：『讀賣新聞』1948年8月1日朝刊、2面。

進行によって闘病生活に入ると、永井は自らの体験を著書に綴り出版していく。それは人々の心を打ち、永井は一九四八年頃からメディアにしばしば登場することになる。

一九四八年八月一日の『讀賣新聞』は、「わが国原子力研究のパイオニアとしての仁科博士　および放射線による白血病のため刻々とせまる死の床に悲痛な闘観をもつてなおも研究から離れまいとする永井教授の手記を併せ掲載し、近づく原爆満三年の日を「原子力を平和へ」の声をもつて記念すること、しよう」として、仁科の「原子力と平和」と永井隆の「原子医学寸感」という記事を掲載した（図7-1）。永井はこの記事で、「私は長い間原子放射線の研究に従い、ついに原子病にか丶り、その上原子爆弾まで身に受けて廢人となり果てたが原子爆弾完成の副産物として原子医学が最近とみに盛んになる気運を見るにつけ聞くにつけ嬉しくてならぬ」としている。永井もまた、原子医学に希望を見出し、被爆体験を乗り越えようとしていた。

一九四八年に刊行された永井の著書『この子を残して』には、次のような文章がある。

> 原子爆弾症！　この新しい病気を研究しよう！　そう心に決めた時、それまで暗く圧しつぶされていた心は、明るい希望と勇気に満ち満ち

た。私の科学者魂は奮い立った。(62)

ここで永井は、原爆症を研究するという理由で、自らの病を希望に転化させている。熱心なカトリック教徒であった永井は、原爆を神の摂理であり、被爆者は神に感謝すべきであると考えた。このような永井の思想は、後に批判にさらされることにもなる。しかし重要なことは、永井が多くの読者を獲得したこと、すなわち人々の心を捉えたことである。永井の原爆観は長崎においても広く受容されていた(63)。永井が同時代の人々の心を捉えたのは、その不条理ともいえる境遇を受け入れ前向きに生きる姿が心を打つものであったこともさることながら、永井が原爆投下を受け入れ、科学戦の敗北という出来事を科学の進歩につなげたこともあったのではないだろうか。『この子を残して』は、一九四九年のベストセラー一位となった。

一九四九年五月一二日の『讀賣新聞』は、「長崎の永井隆博士の最近の容体と原子病についてお知らせください」という読者からの希望に応えた形で、永井隆の病状を伝える記事が掲載されている。ここでは、「霞む意識に鞭うって〝原子力時代〟みつめる栄光の死」という見出しをつけ、「満目荒廃の原子野に挺身、誰よりも豊富に〝原子病患者〟の症状観察を行うことが出来たのであつた、この最初の報告が来るべき原子文明に貢献するであろう価値を、博士はひそかに誇らざるを得なかつたのだ。博士は壮大な科学者の夢を見た――自分が浴びた爆弾は人類が原子力を握つた輝かしい証明だ」などという永井の談話を伝え、放射線や放射性同位体の医学利用についても解説する。さらには、永井の子供に将来の望みを尋ねたら「原子病学者!」と答えたというエピソードを、「『僕も原子病学者』　父と同じ道を志す科学者の子」という見出しをつけて伝えた。

原子医学という言葉は、放射性同位体を用いた医学という意味でも用いられていた。たとえば、一九四九年七月二日の『讀賣新聞』には、吉川春寿による「原子医学の現状　放射性同位元素」についての解説記事が掲載されている。

図7-2　世界平和への聖地、ABCC

世界平和への聖地

廣島市比治山町A.B.C.C

出典：『中国新聞』1951年4月14日朝刊、4面。

「原子力と癌」という見出しをつけたこの記事は、原子力が将来人類に貢献をすることはうたがいないが、それが実現するまではまだ時間がかかるとして、近い将来にできそうなこととして、医学への応用面を伝えるものである。このような指向は、アメリカの原子力平和利用キャンペーンにも見られる。アイゼンハワー政権の原子力平和利用キャンペーンの一貫として制作されたUSIS映画には、『ブラジルの原子医学』という題名の映画が含まれているが、ここではサンパウロでの癌研究にオークリッジ研究所から送られた放射性同位体が用いられていることが紹介されている[64]。いずれにしても、原子力と医学の進展を結びつけようとする指向性を持った言葉であったといえるだろう。

一九五一年四月一四日の『中国新聞』は、「世界平和への聖地」というタイトルで、比治山に建設されたABCC（原爆傷害調査委員会）のカマボコ型の建物の写真を掲載し、「この研究が広島市民の幸福はもとより、世界平和に貢献するものと大きな誇りとしている、いまや御便殿と陸軍基地の軍国時代の象徴が消え、比治山に平和のシンボルが新しく誕生しようとしている」と伝えた（図7-2）。被爆者からのＡＢＣＣの治療なき調査への批判が表面化するのはこの少し後のことであった。

このようにして原子医学は被爆地の復興の希望となり、被爆者をめぐる医学は平和と結びついた。原子力の平和利用という言葉には、動力利用だけではなく、放射性同位元素を用いた医学、農業、さまざまな意味が含まれていたが、被爆体験を礎にした医学もまた、原子力の平和利用に含まれていたといえる。原子力の平和利用への期待は、原子力平和利用キャンペーンが展開される以前に、被爆地の文脈で生じていた。

第三節　原子力時代を描く

原子力の平和利用は、大衆文化のなかでも積極的に描かれた。本節では、戦後のＳＦが原子力をどのように描いたかを、海野十三に焦点をあてて検討する。

戦後ＳＦと原子力

大衆雑誌は戦後がらりと風貌を変え、戦時中に描かれていた戦争と兵器は、平和と民主主義に置き換わった。雑誌名をカタカナに変えたり戻したりする雑誌も多かった。講談社の『少年倶楽部』は一九四六年四月から『少年クラブ』と名称をかえるが、『少年クラブ』の目玉として登場したのが横井福次郎による連載「ふしぎな国のプッチャー」であった。[65] この作品は一〇〇年後を舞台にしたＳＦ漫画で、一九四六年七月号から一九四八年三月号まで連載され、同年六月に単行本が刊行された。横井は一〇〇年後に登場するであろう数々の科学技術を描いたが、そのなかには当然のように原子力を動力とする原子力ロボットや原子力ロケットなども含まれていた。[66]

原子力の描写は、戦後の大衆文化においてありふれたものとなっていた。田中晋一の『超人アトム怪奇城の巻』や、『少年少女譚海』に連載された原研兒による「アトム少年」など、主人公にアトムという名をつけた作品も多く描かれた。一九五一年に『少年』に登場した手塚治虫の「アトム大使」は「ふしぎな国のプッチャー」に登場するロボットと同じく十万馬力のロボットであり、翌年三月に連載打ち切りとなると、四月から「鉄腕アトム」として再開し、今日まで親しまれるアトムが誕生した。

このようななか、海野十三もやはり原子力を数々の作品に描いていた。戦前から原子力を描き、戦時中には軍国少年たちを鼓舞した海野の作品は、原爆投下を経てどのように変化したのだろうか。

戦後の海野

戦後、海野十三は戦時中の戦争関与を問われ、一九四七年二月に公職追放該当に仮指定され、一九四八年四月に解除された(67)。江戸川乱歩によれば、探偵作家で追放になったのは、軍との関係が深かった海野十三と、博文館の編集長であった水谷準の二人であった。江戸川は、「両君とも政府直接の追加指定だったらしく、私のように簡単に追放が解けず、ずっと後までそのままであった。海野君が戦後少しのあいだ丘丘十郎という筆名を使っていたのも、そんな関係からである」と回想している(68)。

戦後の文学研究者や児童文学研究者による海野の評価は厳しいものであった。文学史における昭和二〇年代初頭の最大の特徴は、文学者の戦争責任問題の論議であった。一九四六年六月に出版された小田切秀夫の『新日本文学』第一巻第三号では、「文学における戦争責任の追求」という特集が組まれた。この特集で児童文学の戦争責任について論じた関英男は、海野を含めた「通俗文藝の作家たち」が、「軍国主義のラッパ吹きとして極めて反動的な役割を演じた」として、その戦争責任を追求した(69)。第一節で見たように、海野自身その責任を重く感じていた。

このような批判があったにもかかわらず、海野は戦後も筆名を変えて作品を書き続け、一九四九年に結核で亡くなるまで、活躍を続けた。瀬名堯彦によれば、「当時、海野十三は〔少年読み物の世界で〕もっとも人気の高い作家であり、科学冒険小説の分野では独壇場といって良かった」[70]。亡くなったときに連載していた作品は、「超人間X号」「原子力少年」「赤毛の猿人」「少年探偵長」「未来少年」「美しき鬼」「電送美人」「ホラ博士の熱帯探検」「地球最後の日」「少年原子艇長」「大地獄旅行」であった。

海野に再度筆を執らせたのは、科学啓蒙、科学振興に身を捧げようとした強い決意であった。敗戦の年の終わり（一九四五年一二月三一日）の日記には、「さりながら、我が途は定まれり。生命ある限りは、科学技術の普及と科学小説の振興に最後の努力を払わん」と記されている。彼の生きる糧となったのは、すなわち科学の普及啓蒙者という役割であった[71]。

海野の描いた原子力

戦後の海野は、核戦争のむなしさを描く一方、原子力を平和利用されるものとして積極的に描いた。いくつかの作品を見ていきたい。

『ラジオ仲よしクラブ』に一九四七年九月号から一九四八年七月号に連載した「ふしぎ国探検」は、夏休みに理科の宿題論文に取り組んでいた東助とヒトミが、怪しいボーデル博士に誘われて、重力のない世界やミクロな世界、宇宙の果てから海底国まで、樽ロケット艇でさまざまな世界を旅しながら、理科の知識を学んでいくというストーリーである。この探検のなかでボーデル博士は、蝿が演じるテレビジョン劇『原子弾戦争の果』を樽に映して観せる[72]。蝿の劇は、人類が「原子弾戦争」を行い、文明がすべて破壊されていく模様を演じたものである。蝿は、「知識のある人類は、みんな殺されてしまった。ああ、人類の没落が始った。人類の没落だ。ざまァみやがれ」とその様子を描写している。核戦争の果てに人類は没落し、地球には蠅族だけが生き残る。ここでは登場人物による教訓めいたやりとりがなされている。

「しかし、ヒトミさん。地球こわれますと、人類も全滅のほかありません。原子弾の威力とその進歩、はなはだしいこと、世の人々あまりに知りません」

「そうです。人類はたがいに助けあわねばなりません。深く大きい愛がすべてを解決し、そして救います。人類は力をあわせて、自由な正しいりっぱな道に進まねばなりません。人類の責任と義務は重いのです」

樽ロケット艇はその後、宇宙を経て海底国へと向かう。二〇年後という設定になっている海底国は、原子力技術によって作られたものであった。ボーデル博士はさまざまなものが可能になる未来を紹介し、最後に、無から有を生ずる永久機関はけっしてできるものではないと釘をさす。ボーデル博士は、「そのうちに何年かたって、いいときがきたらまた案内してあげましょう。〔略〕今までに探検したところは、みんななかなか大切なところなんですから、よく復習して、よく考えて下さい。今に、これまでの探検のおもしろさが、しみじみと分るようにおなりでしょう」と告げて、消え去った。

この言葉からもわかるように、「ふしぎ国探検」は、ボーデル博士を語り手に、読者への科学啓蒙を意図したものであった。しかしその科学啓蒙は単に科学知識を伝えるだけではなく、人類が核戦争をしてはいけないという倫理的なことも含んでいた。

『旬刊ジュニアタイムス』に一九四七年二月から一九四八年一二月まで連載された「海底都市」は、少年がタイムマシンに乗って二〇年後の世界を見るというストーリーで、二〇年後の海底都市においては原子力が主な動力となっている。[73] 案内人である未来の少年に「まさかお客さんは日本人が原子力を使うことを知らないとおっしゃるのじゃないでしょうね」と話しかけられた主人公は、「原子力？　ああそうか。あの原子爆弾の原子力か」と答える。すると案内人は、「いえ原子爆弾ではありません、原子力を使ってエンジンを動かしどんどん土木工事をすすめるのです」と説明する。危険はないのかと心配する登場人物に、案内人はその安全性を、「お客さん、大丈夫ですよ。そんなことは、始めから考えに入れて計画してあるんですから、危険は絶対にないですよ。［略］危険だの何だのという心配は、絶対にしなくていいんです」と説明する。海野は一九四五年に発表した「原子爆弾と地球防衛」で原子力発電所が事故を起こす危険性について論じていた。しかしこの作品では、原子力の兵器利用や危険性を考える主人公に対し、未来の少年がその安全性を力説するのである。

そのうち海野の作品のなかでは、原子力は新しい技術ではなく、古びてありふれた技術として描かれるようになる。『冒険少年』に一九四八年一月号から一九四九年三月号に連載された「怪星ガン」では、原子力は古い技術として描かれている。[74] ガン人は人類よりもずっとすぐれた科学力を持っており、「科学と技術の粋をあつめた大殿堂とでも、いいたいほどの大壮観」である「すごい動力室」が登場する。地球からガン星にいった主人公の三根夫はガン星人のハイロと次のような会話をしている。[75]

「さっき見た大きなエンジンは、何を原動力にしているの」「いまのところ、旧式だけれど原子力エンジンを使っていますがね。そのうちに、もっと能率のよいものに改造する計画があるんですって」「へえ、原子力エンジンは旧式だというの」「あれは消極的であるから、能率がよくないし、大きな装置がいる割合いに、動力があまりでてこないといっていますよ」「そうかなあ。原子力エンジンといえば、すばらしい動力をだすものだがなあ」「この国の技術は、循環性の強力なエンジンを設計するといっているんです。つまり、だしたものを、またもとへ入れて、まただすという仕掛けですよ。そうなれば、いままでのように原料を使いすてるというやり方は、損だといっています」[76]

ここで海野は、原子力以上に効率のよい動力源を想定している。この動力源は、放射性物質である。この作品では、燃料の放射性物質を使い果たしてしまう人類に対して、宇宙に存在するより能率のよい動力を用いるガン星人が登場する。ガン星人が動力源として用いる放射性物質は、「地球にないすごい放射能物質で、ともにラジウムの何百万倍の放射能をもっている」と説明されている。

海野の戦後の作品において、現実の戦後世界において、原子力は人類が獲得した最高のエネルギー源であり、最強の兵器であった。しかしそれは人類に限った話で、海野の作品では、人類の有する最高の動力源である原子力以上の動力源を得ている地球外生命体が描かれていた。「古びた技術」としての原子力の描写は当時めずらしいものではなかった。横井福次郎の「ふしぎな国のプッチャー」でも、あらゆる動力を光線から得ている火星人が登場し、原子力万能の地球が急に古臭く感じたという場面が出てくる。それは、未来の科学技術を描くSFの宿命なのかもしれない。『冒険クラブ』一九四八年八月号から一九四九年五月号に連載された「超人間X号」にも、原子力が登場する。[77] この作品でも、動力利用は肯定、兵器利用は否定されている。この作品には、原子爆弾が爆発するシーンが描かれているが、そこでは次のような会話が繰り広げられる。

「たった今、山形警部から、短波放送で連絡があった。あと一〇分もすれば、原子爆弾の爆発がおこって、あの研究所はこっぱみじんに吹っとぶんだ。おまえたちは、原子爆弾の恐ろしさが分からないか」「えッ、原子爆弾ですか。それではわれわれもまごまごしていると、原子病にかかるわけですね」「そうだ。そのとおり。さあ、引っかえそう」

「さあ、ピカドンだぞ[78]」

ここでは、「原子病」という原爆の被害を連想させる表現が用いられている。しかしそれは、原爆の悲惨さを伝えるものではなく、あくまで物語に臨場感を与えるのものとなっている。海野がこの作品を発表した一九四八年頃には、永井隆がしばしばメディアに登場しており、「原子病」という言葉は大衆性を獲得した言葉となっていた。彼の日記から読み取れるように、海野は原爆投下直後から原爆の人体影響に深い関心を寄せており、その残虐性に憤りを感じていた。しかしこの作品には、原爆に対するそうした憤りはまったく描かれていない。海野がこのような楽観的ともいえる原子力の描写をしたのは何故だろうか。

海野は、一九四五年の時点で「核」に対する非常な憧れと、恐れも抱いていた。しかしその恐れは作品にはあらわれることなかった。原子力は、危険のまったくないありふれた技術として描かれた。海野にとって重要であったのは、原子力が兵器としてではなく動力として、平和的に利用されることであった。原子炉が事故を起こす可能性は、原子爆弾が再び使われる可能性と比べれば、憂慮すべき問題ではなかった。さらにいえば海野は、科学の普及啓蒙という使命に突き動かされていた。彼は作品を通して、今日の科学知識は十分なものではないというメッセージを伝えていた。海野は原子力を、人間の制御できる素晴らしい技術として描くことで、原子力を馴致しようとしたのではないだろうか。海野は原子力をすでに手にした陳腐な技術として描くことで、一歩先の未来を提示しようとした。さらなる科学技術を追い求めるよう、読者を鼓舞しようとしていた。科学による敗北を、科学の啓蒙で乗り越えようとしたのである。そうして、海野の作品には、かつて彼が感じていた科学技術への恐れは描かれなくなった。

戦前から戦後にかけて原子力を描写してきた海野は、戦後を代表する大衆文化の担い手に大きな影響を与えた。手塚治虫は、「田河水泡と海野十三とは、ボクの一生に大きな方針をあたえてくれた人」と記し[79]、小松左京は、海野の作品が彼の科学への関心やSFに目を開かせるきっかけになったと述べている[80]。松本零士は、「初めてSF小説に出会ったのは、四〜五歳の頃。姉が海野十三氏の『怪鳥艇』という本を、何度も読み聞かせてくれたのである。少年漫画より何より先にSFを〝刷り込まれ〟、そして私はその世界に魅了された」として、海野とウェルズ、南洋一郎がSF漫画家としての松本零士の骨格をかたち作ったと記している[81]。海野は、日本のSFのみならず戦後日本の大衆文化の源流を形成したといってよいだろう。その海野は、原子力が軍事利用されないことを強く願い、その平和利用を描いた。

海野の絶筆となったのは亡くなる二日前に編集部に渡した次のようなものであった。

こんな夢を見ました。私がすばらしく立派な都に立っていると列車、電車、飛行機、自動車、みんな立派です。「これはみんな原子力で動くのです。この国で作っていないのは原子バクダンだけです」と分銅のような顔をした人がいいました。よく見ると、その人はモロトフ氏でした。「なるほど、この国にも原子力を使う実力があることを、こうした方法で証明しているんだな」と私は感心しました[82]。

モロトフとは、スターリンの片腕であったヴェチェスラフ・モロトフのことだろう。海野は、ソ連が原子力を兵器としてではなく、動力としてのみ用いることを夢みていた。海野は人類による軍拡競争を見ずに亡くなった。ソ連初の核実験が行われたのは、彼の死（一九四九年五月一七日）から三か月ほどたった八月二九日であった。

本章でみてきたように、原爆は当初、「非人道的」という言葉とともに報道された。それはしかしすぐに、「平和」という言葉とともに報道されるようになる。原爆／原子力と平和の結びつきは、アメリカの民主主義の賛美、科学技術への信頼からくるものであった[83]。そして、敗者である日本が勝者であるアメリカに近づくために唱えられたのが、「科学振興」であった。廣重徹は次のように指摘している。「人々は原子爆弾を第二次大戦という異常な事態のもたらした一時的なものとして例外視することを望み、原子力の平和利用に希望をかけたのである。科学はそれ自体として善いものだという信頼感は、ほとんどゆらいでいなかった[84]」。

広島と長崎を破壊した原子爆弾は、日本の科学振興の原動力となった。敗戦を経験した人々は、原子爆弾の残虐性からは目を背け、科学を振興するという戦前から唱えていた目標を繰り返し、原子力を手中にすることを夢見ていく。そのような原子力への「夢」の背後には、原爆投下以前の原爆／原子力観があった。科学技術による圧倒的な敗北を乗り越えるために、人々は原子力を求めていったのである。

ジョン・ダワーは、人々が敗戦後を生き抜くために、なじみのある言葉を用いて明るい未来を追求したことや、戦争から平和へとスローガンの引っ越しを行ったことを指摘する。そこには、「言葉の架け橋を渡って、人々がふたたび過去へと帰ってしまう可能性――あるいは誘惑――」が常にあった[85]。科学技術の振興や原子力の平和利用というスローガンは、未来を志向する人々が、過去の呪縛から逃れられていないことを示すものであった。

終　章　核の神話を解体する

科学とメディア、魔術と総力戦体制

これまで本書は、放射能の探求から原子力が解放されるまで、それらに関する科学知識がどのようにメディアにあらわれたかを、一九世紀末から二〇世紀半ばまでという約半世紀にわたって記述し、検討してきた。本書の記述をまとめるとおよそ次のようなことになる。

原子エネルギーの可能性は、明治後期から、主に大衆文化のなかで欧米における言説が紹介される形で伝えられてきた。この際エネルギーの源となる元素はラジウムであった。明治期には科学啓蒙という目的のもと、アカデミズムとジャーナリズムが接近していったが、両者の関係は必ずしも良好で円滑なものではなかった。明治期の科学者は、科学の秩序を守り、その意義を主張する存在であったが、それは一般の人々の好奇心や、神秘的で摩訶不思議なものに惹かれる心性とは必ずしも合致しなかった。正しい科学知識を伝えることを最優先にした科学者たちは、大衆に届く魔法の言葉を使おうとはしなかった。

大正期になるとラジウムは、身体に「奇効」をもたらすものとして大衆文化のなかでもその存在が紹介され、ブームを巻き起こすまでになる。このとき専門家、国家、地方がそれぞれの利害関心を持ってブームの一端を担い、ラジウムの効能に与るべき対象としての「大衆」が見出されていった。一方で放射線による被害も生じていたが、それらは人々の大きな関心事へと発展しなかった。一般の人々が求め期待したのは、ラジウムに関する科学知識そのものではなく、その摩訶不思議な力や実利的価値であった。

第一次世界大戦の後、日本の科学界は大きく発展し始めた。長岡半太郎は「錬金術」を行い、メディアはそれを華々しく報道した。一九三〇年代に入ると、物理学者たちは核物理学の分野で国民の期待に応える研究成果を出せるようになる。日本国内に登場したサイクロトロンは、ラジウムを人工的に作り出すことを可能とする装置として、大衆の心を捉えていった。さまざまな用途に用いることができるサイクロトロンの性質を利用して、仁科芳雄はサイクロトロンをさまざまに宣伝し、大衆に「魅せる」プレゼンテーションを行った。原子核研究は、まるで魔術であるかのように捉えられた。このような国民との関係性において物理学者は、原子エネルギーの可能性についても言及していくようになる。

原爆の実現可能性を現実的なものとした原子核分裂の発見以降、サイクロトロンに寄せられていた人工ラジウム製造の期待は、原子力／原子爆弾の実現への期待へと置き換わっていく。サイクロトロンと原子力／原子爆弾の結びつきは、太平洋における戦局が厳しい状況となったときに、日本における原爆待望論へとつながっていくことになる。実際の原爆研究は初歩的な段階にとどまっており、完成にはほど遠かった。それでも、長岡半太郎をのぞき、原爆が不可能だとメディアで発言した科学者はいなかった。日本が原爆投下を受ける可能性についても言及されなかった。原爆待望論は、現実から乖離したある種のファンタジーであった。

原爆が出現した後、人々が注目したのは、その圧倒的な力であった。原爆がもたらした被害は、多くの日本人にとっては他人事であった。人々は原爆の残虐性からは目を背け、科学を振興するという戦前から唱えていた目標を繰り返し、原子力を手中にすることを夢見ていく。そのような原子力への夢は、原爆投下以前のユートピア的な原爆／原子力観を踏襲していた。

以上、本書は原子核と放射能に関する科学知識を通時的に分析したことで、戦前日本の科学とメディアの関係性についてある程度の見取り図を描くとともに、科学の言説がどのように総力戦体制を支えたかの一端を示すことができたと考える。また、核エネルギーの解放以降にも射程を伸ばし、核をめぐる言説の戦前から戦後への連続性についても論じた。

これまでの通時的な記述から明らかになったことは、メディアにおいてはラジウム、サイクロトロン、原子力という要素がそれぞれ切り離せない存在として語られていたことである。原子エネルギーの可能性は二〇世紀初頭から日本のメディアにおいても語られていたが、注目を集めたのは、不思議なエネルギーを秘め、人体に「奇効」をもたらす物質ラジウムであった。昭和期に入ると「錬金術」への期待が高まっていき、サイクロトロンはラジウムを人工的に作ることができる装置として期待を集めた。原子核分裂が発見されると、サイクロトロンは原子エネルギーを解放するために欠かせない装置として語られるようになった。このときサイクロトロンに寄せられた期待は、人工ラジウムの製造から原子エネルギーの解放へと変化した。そして、原子エネルギーへの期待は、第二次世界大戦中に原子爆弾への期待へ、戦後には原子力平和利用への期待へと変化していった。

何故このような変容が起こったのだろうか。いくつかの要因を指摘できる。第一に、科学者が科学研究の有用性をアピールしていったことである。大正期に「錬金術」への期待が高まった背景には、科学の有用性を訴えた理化学研究所（大河内所長）の宣伝活動があった。昭和期になり、仁科がサイクロトロン建設資金のための宣伝活動を行った土壌には、このような理研の宣伝活動の伝統があった。科学者による宣伝活動は、明治期の学術講演会などにもその萌芽を見てとることができる。宣伝活動が実を結んだ背景には、日本の科学者たちが世界に並ぶ研究成果を出し始めたことに加え、科学力を示すものとしての、大型の機械装置の登場というわかりやすい指標があった。

二〇世紀は、研究資金の獲得や大衆の支持を得るために科学者自身がイメージ戦略を行っていった時代であることが指摘されている(1)。原爆の出現以降、研究費の巨額化や、科学研究が一般社会に及ぼす影響力の大きさから、科学者が社会における科学研究の意義やそのイメージを意識せざるを得ない状況が顕著なものとなった。このような状況は、放射能の探求が始まった一九世紀末から二〇世紀初頭にはすでに生じていたこと、それがメディアの進展と、加速器という大型実験装置の登場によって加速されたことを指摘できる。科学者は、社会のなかで自らの立ち位置を確認し、その研究の意義を発信してきたのであった。

第二に、科学者の宣伝活動を可能にした、科学者と大衆との関係性の変遷があった。前提となるのは明治期から大正期にかけて拡大したメディアを通して大衆が生み出されていったことである。明治末期に起こった千里眼事件は、科学者と大衆の関心の相違を浮き彫りにした。大正期にはラジウムの効能を説明する科学者とその効能に与る大衆が関係を結んでいった。大正後期から昭和期にかけて、国民は国産の科学技術への期待を膨らませていき、科学者はメディアを通して人々が望むものが何かを学んでいった。そして昭和期には、サイクロトロンの宣伝を行う科学者と国産のサイクロトロンを誇る国民が出現した。メディアに通底してあったものは、科学技術による帝国日本の覇権、科学技術の進歩がもたらすはずの明るい未来像であった。科学者は、人々が望んでいた未来像を語り、そのような未来の実現を予感させるような科学研究の成果を見せていくようになる。科学者と大衆は、二〇世紀前半のメディアを通じて、利害の一致を見ていったのである。

戦前日本のメディアにおいても、少数の詩人や作家たちは、科学技術の進歩が恐ろしい未来を招来する可能性について言及していた。しかしそのような言説は、戦争に突入していく昭和期に入り、徐々に姿を消していった。そこにあったのは、国家のメディアへの介入と、戦局を決める科学技術力における理想と現実の乖離であった。

最後に、この理想と現実の乖離に関わる、科学と魔術の混同を指摘したい。千里眼は「超能力」であり、ラジウムは「奇効」をもたらすとして持て囃され、温泉地においては「精霊」として受容されていった。サイクロトロンは「魔術函」として報じられ、科学講演会は、マジック・ショーと見分けのつかないものとなった。科学者は千里眼事件において真偽を正すという役割を担おうとしたが、ラジウム製造の期待を担ったサイクロトロンの宣伝において、「魔術師」として振る舞うようになった。[2]このことからは、国民大衆の摩訶不思議なものへの関心と、それに応える科学者という関係性が見えてくる。このファンタスティック（幻想的）な関係——科学と魔術の混同——は、総力戦体制を支える上で都合のよいものであった。

そしてこれらの変容と共に生み出されたものを、本書は「原子力ユートピア」と名づける。ユートピアとは、「理想郷の神話」の一つの形である。[3]トマス・モアが一五一六年に「どこにもない場所」としてその概念を生み出して以来、数多のユートピアが構想されてきた。原子力ユートピアは、二〇世紀に生み出された一つのユートピアである。ユートピアは現実とかけ離れたものではなく、現実によって生み出される。それは始めのうちはファンタジーという形であらわれ、そしてより広範な諸階層の政治的意欲のうちに広く受け入れられるようになる。[4]二〇世紀の初頭にファンタジーとしてあらわれた原子力ユートピアは、二〇世紀を通じて徐々に輪郭をなしていった。それは戦時中には軍国主義と結びつき、戦後には民主主義と平和と結びついていった。

そして原子力ユートピアは、新たな原子力時代にも引き継がれていく。

引き継がれる原子力ユートピア

一九五三年一二月の国連総会でアメリカのアイゼンハワー大統領は「アトムズ・フォー・ピース」演説を行い、原子力の平和利用に関する政策を打ち出した。翌年の元旦、『讀賣新聞』は「ついに太陽をとらえた」という連載を開始、三月二日には国会で原子炉予算が計上された。この前日、ビキニ環礁で行われたアメリカの水爆実験で遠洋マグロ漁船第五福竜丸が「死の灰」を浴びていた。第五福竜丸の被災は一六日の『讀賣新聞』でスクープされ、この事件をきっかけに原水爆禁止運動が全国的に広がっていった。しかしこのとき人々が反対したのは、兵器としての核エネルギーであった。平和利用に対する憧れと信頼はほとんど揺らがなかった。

一九五五年、原子力平和利用キャンペーンが幕を開けた。ＵＳＩＳの主催した原子力平和利用博覧会は大成功を収め、日本中が原子力利用の期待に包まれた(5)。このとき原子力の宣伝に用いられたのは、医療、農業、工業等のさまざまな用途に用いることのできる「すばらしいラジオアイソトープ」や、放射性物質を取り扱う「マジック・ハンド」であった。パンフレットの裏表紙には、「原子力から平和の力をとり出すことは、もはや未来の夢ではない」というアイゼンハワーの言葉が記された(6)。

原子力ブームとともに起こったのがウランブームである。一九五五年一月三日の『讀賣新聞』には、「日本全国にウラニウム・ラッシュ」という記事が掲載された。材料となるウランがなければ、原子力を実用化することはできない。ガイガーカウンターを片手に鉱脈探しをするウラン山師たちが全国に登場した。その中の一人、〝ウラン爺さん〟と呼ばれた東善作は人形峠のウランブームの立役者となり、メディアを賑わせた(7)。ウラン採掘が始められた人形峠には、「ウラン饅頭」や「ウラン焼き」が登場した。

これらの事象には、戦前にその原型を見出すことができる。放射性物質や原子力の利用による「未来の夢」は戦前から唱えられていたことであった。ウランブームは戦前のラジウムブームが形を変えたものであり、「ウラン饅頭」は戦前の「ラヂウム煎餅」が形を変えたものであった。

原子力平和利用キャンペーンは、原子力の「夢」だけを、すなわちいくつもの側面を持った核のある側面のみを人々に見せた。戦時中に原爆という兵器の爆発力のみが注目されたように、その平和的な側面のみが注目された。この意味では、原爆待望論があらわれた戦時中のプロパガンダとそう異なるものではない。どちらも大衆操作が行われたメディアキャンペーンであった。しかしそのキャンペーンが成功したのは、人々の心を捉えたからであった。

ウラン山師たちの一攫千金の夢はかなわなかった。晩年の東善作は、陶土にラジウム鉱石を混ぜて陶器に光沢を出すという技術を開発していた陶芸家の磯見忠司と友人となる。東は磯見に、「ラジウムには、たしかに人間に作用があるんだ」と何度も強調した(8)。東はいつどのようにして、ラジウムに魅せられたのだろうか。そこには誰も知ることのない、ラジウムが媒介した歴史が確かに存在した。

それにしても放射能をめぐる言説は戦前からの命脈を保っている。原爆や核実験による放射線の悪影響が世間で心配されると、ラジウム温泉が健康によいという説がしばしば持ち出される(9)。ラジウムの放射能が身体によい影響をもたらすという言説も、今日まで存在している。このような言説は、おしなべて「科学」に依拠したものとなっている。武田徹は一九五〇年代の「放射能フィーバー」を辿りながら、核をめぐる「おかしさ」を、先端的な科学技術の担う宿命の反映として論じた(10)。しかしその「おかしさ」は、すでに一世紀以上も命脈を保っている。その意味で放射能をめぐる科学、とりわけ低線量被曝をめぐる科学は、いつまでも先端科学である。すなわち科学の世界で決着のつかない科学である。武田は先端的科学への「信頼」という共同幻想を指摘している。しかしそれは「信頼」だったのだろうか。それもあるだろう。だが、その信頼を生み出していたのは、放射能への「憧れ」や放射能の利用によって供される「実益」ではなかっただろうか。

山本昭宏は戦後日本の核をめぐる言説を分析し、原子力発電をめぐる専門知がブラックボックス化したと論じている(11)。しかし山本自身も認めているように、核エネルギーをめぐる言説は、はじめからブラックボックスに入っていた(14)。二〇世紀の大衆雑誌における科学イメージを検討した原克は、科学イメージをとりまく神話作用を指摘している(13)。ではそのブラックボックスや神話は、どのように生じたのだろうか。

本書はこのような、核をめぐる「おかしさ」や「神話」がどのように作られるかを明らかにしてきた。神話は、誰かが一方的に作るものではない。それは、科学者とメディア、そして大衆がともに作り上げるものであった。核にまつわる言説が注目される局面は決まっていた。美容や健康に関わるとき、一攫千金に関わるとき、国の威信に関わるとき、国や地域を立て直すとき……。問題は科学知識そのものではなく、人々が何を望むかであった。科学者と大衆の利害関心が一致したとき、魔術は科学として、市民権を得るようになった。

ここで本書冒頭の問いに戻りたい。『アサヒグラフ』における「嘘」とは何のことだったのか。「嘘」は誰がついたのか。「嘘」とは、戦時中の原爆がもうすぐできるという言説ではなかっただろうか。その嘘の世界は、科学者、メディア、そして大衆みなが作り上げたものであった。そしてその嘘は——いくつかの証言によれば——特攻隊員やウラン採掘に学徒動員された学生に向けても発せられていた。ある意味で、国民は嘘に駆動されていた。そして嘘から生まれた「誠」とは、原子爆弾にほかならない。幾人かの人々は、それが嘘であると感づいていたのだろう。あるいは、『アサヒグラフ』の編集者は嘘をついているという自覚があったのかもしれない。だからこそ、原子爆弾の出現を、「嘘から出た誠」と表現したのではないだろうか。しかし戦時中に嘘を嘘だと指摘できる人はいなかった。仁科芳雄は戦後、忸怩として「我々全員にあの戦争を阻止する勇気がなかったのだ」と息子の浩二郎に何度か語った[14]。仁科の脳裏には、広島・長崎で目撃した惨状が焼き付いていたのかもしれない[15]。

私たちは、あまりに多くの嘘＝神話に囲まれている。原子力がエネルギー源として実用化されてしばらくすると、原子力反対と推進の対立構造が生まれた。その中で、どちらでもなく、なんとなく原子力を享受する人々がいた。知らないうちに、その神話に取り込まれている人々がいた[16]。神話を享受していた人々が核の恐怖に直面したのが、二〇一一年の原発事故であった。

東京電力福島第一原子力発電所の事故を契機に、放射線被曝による健康影響は多くの人の深刻な関心事となった。メディアや学者たちは、被爆国日本がどのようにして原子力を受け入れたのか、その歴史を批判的に辿り直してきた。このとき中央—地方の支配と服従という構図に異議を唱えたのが開沼博であった。開沼は、福島県の原子力ムラが「原子力最中」や「回転寿しアトム」といった原子力を冠したブランドを掲げていることから、自らを肯定する文化を歴史的に作り上げてきたこと、外からの押し付けではなく原子力を「抱擁」してきたことを指摘した[17]。

本書が記述してきたのは、この抱擁の歴史でもあった。日本の人々は、ラジウムを、サイクロトロンを、原子力を抱擁した。外からの押しつけではなく、自らの意志で核を抱擁してきたのである。もちろん、核の危険を感じとったりその利用に反対したりした人々はいた。しかしその声は、核に誘惑された人々によって打ち消されてきた。原発事故が起こったのは、飯坂温泉がラジウムを掲げたちょうど一世紀後のことであった。

私たちは、それが実際に何なのかを正確に理解しないまま、核を抱擁してきた。核はその神秘的な捉えどころのなさゆえに、さまざまな可能性を秘めた魅惑的な対象だったのである。本書が示してきたのは、私たちがいかに簡単に核を抱擁してしまうのか、その一端であった。原子力安全神話が崩壊し、原発事故の収集のつかない今もなお、日本は原子炉を輸出し、全国の原子炉は再稼働しようとしている。私たちは核を手放せないでいる。

核の誘惑に打ち勝つことは簡単ではない。核は魅惑的である。うまくつきあうことができればさまざまな恩恵を与えてくれる。まるで太陽を捉えたかのような恍惚をもたらしてくれる。しかし核分裂は何万年も何億年も放射線を発し続ける放射性物質を生み出す。原子炉は何らかの要因によって制御できない暴走をすることもある。核戦争が起こり人類を破滅させる可能性もある。核の魅惑に酔うことなく、相手をよく知り見極めること。核の神話を解体すること。科学は万能ではなく、万能の神もいないことを、私たちは知っている。

注

序章

(1) 小松左京『SF魂』新潮社、二〇〇六年、一九頁。

(2) 高橋隆治『新潮社の戦争責任』第三文明社、二〇〇三年、六六頁。

(3) ステファニア・マリウチ（沢田昭二・高田愛訳）『1つの爆弾　10の人生』新日本出版社、二〇〇七年、一三八頁。

(4) ゲオルゲ・モッセは、工業化によってばらばらになったのちに成功したナチスドイツを例に「大衆の国民化」という枠組みをしめした。ゲオルゲ・L・モッセ（佐藤卓己・佐藤八寿子訳）『大衆の国民化――ナチズムに至る政治シンボルと大衆文化』柏書房、一九九四年。

(5) 永嶺重敏『雑誌と読者の近代』日本エディタースクール出版部、一九九七年、二〇三頁。雑誌『キング』については以下に詳しい。佐藤卓己『キングの時代――国民大衆雑誌の公共性』岩波書店、二〇〇二年。戦時期の文化については以下の研究がある。赤澤史朗、北河賢三編『文化とファシズム――戦時期日本における文化の光芒』日本経済評論社、一九九三年。

(6) 吉見俊哉は一九三〇年代のメディアを検討した編著書において、「三十年代を通じ、マルクス主義とモダニズム、そしてファシズムや総動員体制が共通の地平で接合されていく、そうした知と権力、言説とメディア、人々の日常生活の布置があったとは考えられないだろうか」という問いを発している。吉見俊哉編『一九三〇年代のメディアと身体』青弓社、二〇〇二年、三五頁。

(7) 成田龍一『大正デモクラシー』岩波書店、二〇〇七年。ここでいう「大正デモクラシー」は、日露戦争後の一九〇五年から満州事変がおこる一九三一年までを示している。

(8) 山本珠美「「生活の科学化」に関する歴史的考察――大正・昭和初期の科学イデオロギー」『生涯学習・社会教育学研究』第二一号（一九九七年）、四七―五五頁。

(9) 金子淳は戦時期の「生活の科学化」運動の一環としての博物館の変容を分析している。金子淳『博物館の政治学』青弓社、二〇〇一年。北林雅洋は「生活の科学化」運動の実態を検討している。北林雅洋『戦時下日本の「生活の科学化」運動の実態――国民生活科学化協会を中心に』平成二三年度―平成二五年度　科学研究費補助金（基盤研究（C））研究成果報告書、二〇一四年。

(10) Hiromi Mizuno, *Science, Ideology, Empire: A History of the 'Scientific' in Japan from the 1920s to the 1940s* (Ph. D. Dissertation, UCLA, 2001). Idem, *Science for the Empire: Scientific Nationalism in Modern Japan* (Stanford, Calif.: Stanford University Press, 2008).

(11) 井上晴樹『日本ロボット創世紀 一九二〇―一九三八』NTT出版、一九九三年。同『日本ロボット戦争記一九三九―一九四五』NTT出版、二〇〇七年。

(12) 板倉聖宣他編『理科教育史資料』第一巻―第六巻、東京法

令出版、一九八六—一九八七年。高田誠二「科学雑誌の戦前と戦後」『日本物理学会誌』第五一巻第三号（一九九六年）、一八九—一九四頁。本田一二「日本における科学ジャーナリズムの発達（上・下）」『総合ジャーナリズム研究』第九巻第四号（一九七二年）、六九—七七頁、第一〇巻第一号（一九七三年）、九〇—九七頁。御代川貴久夫『科学技術報道史——メディアは科学事件をどのように報道したか』東京電機大学出版局、二〇一三年。

(13) 東徹「明治中期の少年雑誌における科学ジャーナリストの役割　中川重麗の場合」『科学史研究　Ⅱ』第二五号（一九八六年）、二四五—二五四頁。

(14) 吉田光邦「国民と科学者」、日本科学史学会編『日本科学技術史大系　通史二』第一法規出版、一九七〇年、四六二頁。

(15) 一九四一年一一月に『科學朝日』が、四一年一二月に中央公論社の『図解科學』『科學文化』が、四二年四月には『科學日本』が創刊された。

(16) 若松征男「空前絶後の科学雑誌ブーム」、中山茂、後藤邦夫、吉岡斉編『通史　日本の科学技術　第一巻』学陽書房、一九九五年、三三八—三四七頁。

(17) 小倉金之助著、阿部博行編『われ科学者たるを恥ず』法政大学出版局、二〇〇七年、三一一頁。金子務『アインシュタイン・ショック　Ⅱ』岩波書店、二〇〇五年、三七〇頁。

(18) 戸坂潤『イデオロギーの論理学』鉄塔書院、一九三〇年。戸坂潤『科学論』三笠書房、一九三五年。戸坂はアカデミーとジャーナリズムを科学の高踏化と俗流化として、この連環を「科学的啓蒙や科学大衆性の問題、つまり科学の階級性に発する諸問題」として論じている。戸坂潤「最近日本の科学論」『戸坂潤全集　第一巻』勁草書房、一九六六年、三〇九—三一七頁。（初出：『唯物論研究』第五六号、一九三七年）

(19) George Basala, "Pop Science: The Depiction of Science in Popular Culture," G. Holton and W. A. Blanpied, eds, *Science and its Public: The Changing Relationship, Boston Studies in the Philosophy of Science*, vol. 33. (Dordrecht; Holland: Boston, 1976): 260-278.

(20) 大塚英志は、戦時中に国策に加担した漫画家に言及し、「時代の「空気」の中にサブカルチャーや大衆メディアの作り手は自らすすんで流される」ことを指摘している。大塚英志・大澤信亮『「ジャパニメーション」はなぜ敗れるか』角川書店、二〇〇五年、四六頁。

(21) 科学イメージを扱った先行研究は多くあるが、その先駆的なものとしてDoormanらの研究がある。S. J. Doorman, ed. *Images of Science: Scientific Practice and the Public* (Aldershot: Gower, 1989). 井山は、科学イメージの研究を日本の読者に紹介してきた。井山弘幸『鏡のなかのアインシュタイン——つくられる科学のイメージ』化学同人、一九九八年。二〇世紀の科学雑誌における科学イメージを検討した原克は、科学イメージを現代の神話として論じている。原克『ポピュラーサイエンスの時代——二〇世紀の暮らしと科学』柏書房、二〇〇六年。

(22) Alan Irwin, Brian Wynne, eds. *Misunderstanding Science?: The Public Reconstruction of Science and Technology* (Campridge; New York: Cambridge University

Press, 1996). 人々が科学をどのように解釈しているかについては、科学コミュニケーションやPUS（公衆の科学理解）の領域で研究がなされている。科学史の分野では、ポピュラーサイエンスと称される、社会に流布する科学知識を検討する研究領域がある。

(23) 放射能や原子核をめぐる研究は、二〇世紀初頭から物理学の主流となっていただけでなく、化学、医学、地質学といった、さまざまな領域の研究者の関心を集めていた。いわば、科学の分野を横断した、時代の最先端の科学であった。そのような科学をめぐる言説を検討することで、近代日本の科学とメディア、そして総力戦の関係について一定の見取り図を得ることができるものと考える。

(24) 両紙は政論を多く載せていた大新聞に対し、娯楽的な記事を多く載せていた小新聞に分類される。明治期から昭和期にかけて購読者数を増やしていった、すなわちこの時代の特徴を最も反映しているメディアと考えられる。小新聞については次の文献に詳しい。土屋礼子『大衆紙の源流――明治期小新聞の研究』世界思想社、二〇〇二年。小新聞を用いた言説分析の意義については次の文献に詳しい。佐藤雅浩『精神疾患言説の歴史社会学』新曜社、二〇一三年。

(25) 山崎元「科学小説「桑港けし飛ぶ」の発掘」『文化評論』第三四二号（一九八九年）、一一八―一二五頁。山崎元「「遅すぎた聖断」の理由の推理――昭和天皇と日本製原爆開発計画」『文化評論』第三七七号（一九九二年）、二五五―二六四頁。

(26) 深井佑造「「マッチ箱一個」の噂を検証する（前編）」『昭和史講座』第九号（二〇〇三年）、一五四―一六六頁。深井佑造「「マッチ箱一個」の噂を検証する（後編）」『昭和史講座』第一〇号（二〇〇三年）、九一―一〇一頁。

(27) 保阪正康『日本の原爆――その開発と挫折の道程』新潮社、二〇一二年。

(28) 明田川融「核兵器と「国民の特殊な感情」一――プロローグ」『みすず』第六一六号（二〇一三年）、一八―二七頁。明田川融「核兵器と「国民の特殊な感情」二――戦時原爆研究・開発の思想」『みすず』第六二〇号（二〇一三年）、三六―四五頁。明田川融「核兵器と「国民の特殊な感情」三――〝マッチ箱〟言説と国民感情」『みすず』第六二二号（二〇一三年）、二〇―二九頁。

(29) 畑中佳恵「メディアの「原子」――「東京朝日新聞」という言説空間の中で（上）」『敍説』第一九号（一九九九年）、八〇―一一四頁。

(30) 九州帝国大学工科大学教授で物理化学や分析化学を教えていた丸沢常哉は、一九二一年に羽鳥辰蔵なる人物の錬金術（万有還銀術）を『東京朝日新聞』に紹介して反響を呼んだ。これが誤りだったことから丸沢は辞職に追い込まれた。広田鋼蔵『万有還銀術騒動――丸沢常哉』、科学朝日編『スキャンダルの科学史』朝日新聞社、一九九七年、一四―二四頁。

(31) 横田順彌『百年前の二十世紀――明治・大正の未来予測』筑摩書房、一九九四年。同『近代日本奇想小説史』ピラールプレス、二〇一二年。長山靖生『日本SF精神史』河出書房新社、二〇〇九年。本書で扱っているSFの多くは彼らによって紹介されている。

(32) Maika Nakao, "The Image of the Atomic Bomb in Japan

before Hiroshima," *Historia Scientiarum*, Vol. 19, No.2 (2009): 119-131.

（33）加藤哲郎『日本の社会主義——原爆反対・原発推進の論理』岩波書店、二〇一三年。佐野正博「原子力発電実用化以前の原子力推進論——原子力平和に関する批判的検討のための資料紹介Part 1」『技術史』第九号（二〇一四年）、一—二五〇頁。これらの研究は戦前日本における原子力イメージの系譜をたどるという点で本研究と関心を共有しているが、原発反対・推進という二項対立に焦点があてられており、同時代の社会や文化との関わりという点からの考察には乏しい。

（34）アメリカでは、マシュー・ラヴィーンがX線の登場する一八九五年から原爆の登場する一九四五年までの科学者や大衆文化における放射線の受容を検討している。Matthew Lavine, *The First Atomic Age: Scientists, Radiations, and the American Public*, 1859-1945 (New York: Palgrave Macmillan, 2013). 日本のX線技術とその受容に関しては、シーリン・ローが研究を進めている。Loh Shi-Lin, "Instruments of Modernity: Rentogen in Pre-War Japan," paper presented at Histary of Science Society Meeting, Chicago, 8 Nov, 2014.

（35）John Canady, *The Nuclear Muse: Literature, Physics, and the First Atomic Bomb* (Madison: The University of Wisconsin Press, 2000).

（36）Spencer R. Weart, *Nuclear Fear: A History of Images* (Cambridge, Mass.: Harvard University Press, 1989).

（37）Mark S. Morrison, *Modern Alchemy: Occultism and the Emergence of Atomic Theory* (Oxford: Oxford University Press, 2007).

（38）Robert A. Jacobs, *The Dragon's Tail: Americans Face the Atomic Age* (Amherst: University of Massachusetts Press. 2010). ロバート・ジェイコブズ（高橋博子監訳・新田準訳）『ドラゴン・テール——核の安全神話とアメリカの大衆文化』凱風社、二〇一三年。

第一章

（1）陰極線とは放電が陰極から発せられていることから、一八七六年にE・ゴルトシュタインがつけた名称で、後に高速の電子の集まりだということが明らかになるものである。

（2）マリー・キュリー、ピエール・キュリー（小川和成訳）「放射性新物質とその放射線」『放射能』東海大学出版会、一九七〇年、六五—九九頁、七九頁。

（3）ラザフォードとソディの共同研究については以下に詳しい。T・J・トレン（島原健三訳）『自壊する原子——ラザフォードとソディの共同研究史』三共出版、一九八二年。

（4）O・ギンガリッチ編（梨本治男訳）『アーネスト・ラザフォード——原子の宇宙の核心へ』大月書店、二〇〇九年、四七頁。

（5）E. Rutherford and F. Soddy, "The Cause and Nature of Radioactivity. Part II," *Philosophical Magazine*, Ser. 6, 4 (1902): 569-585.

（6）E. Rutherford and F. Soddy, "Radioactive Change," *Philosophical Magazine*, Ser. 6, 5 (1903): 576-591. 萱沼和子訳「放射性変化」『放射能』東海大学出版会、一九七〇年、一二三—一四二頁、一三八—一三九頁。引用にあたって一部表記を修

正した。トレン『自壊する原子』、一三三頁。

（7） P. Curie and A. Laborde, "Sur la chaleur dégagée spontanément par les sels de radium," *Comptes Rendus de l'Académie des Sciences*, Vol. 136 (1903): 673-675. 西尾成子訳「ラジウム塩によって自然に発散される熱について」『放射能』東海大学出版会、一九七〇年、一四三—一四七頁、一四六—一四七頁。

（8） Rutherford and Soddy, "Radioactive Change".

（9） ウィリアム・トムソンを筆頭に、彼らの理論を認めない科学者もいた。原子内部にエネルギーが蓄積されているという考えは、エネルギー保存則（熱力学第一法則）と対立すると考えられていたからである。

（10） Henri Poincaré, *La Valeur de la Science* (1905).

（11） 今日ではウラン二三八からの壊変で生成したラジウム二二六の半減期は一六〇〇年とされている。

（12） しかし彼は一九〇七年までにこの検証に必要な実験的精度に到達することは問題外であるという確信に達し、一九一〇年には、まったく望みがないと述べるに至った。ブラウン他編（大槻義彦訳）『二〇世紀の物理学 I』丸善出版、一九九九年、一一七頁。

（13） Peter Broks, *Understanding Popular Science* (Maidenhead: Open University Press, 2006), p. 39.

（14） 山崎枝男、大場覚、鈴木宗治、大竹久『Wilhelm Conrad Rontgen——X線発見の軌跡』日本シエーリング株式会社、一九九六年、七七—七八頁。

（15） レントゲンは、一月一三日に皇帝ヴィルヘルム二世の前で行なった御前講義と一月二三日にビュルツブルグ大学物理医学協会で行なった講演以外に、研究について講演することはなかった。同書。

（16） エミリオ・セグレ（久保亮五、矢崎裕二訳）『X線からクォークまで——二〇世紀の物理学者たち』みすず書房、一九八二年、三三頁。

（17） X線写真はX線像（radiogram）や透視図（skiagram）とも呼ばれた。

（18） Lorraine Daston and Peter Gallison, "The Image of Objectivity," *Representations*, 40 (1992): 81-128, on p. 106.

（19） Ibid., p. 111.

（20） セグレ『X線からクォークまで』、三一頁。

（21） 最初期に伝えられたのはハーバード大学のジョン・トローブリッジ(John Trowbridge)教授による追実験である。"Trying Roentgen's Experiments: The Success Which Prof. Trowbridge Has Attained at Harvard, Interest Among the Students," *New York Times*, 3 Feb 1896, p. 9.

（22） "Edison's Experiments Succeeding: He Will Soon Photograph the Bones of the Human Head," *New York Times*, 20 Feb 1896, p. 16.

（23） "Says X Rays are Not New: Views of Dinshar Pestonjee Ghadially, the Indian Scientist. Principle an Old One, He Declairs," *New York Times*, 11 Mar 1896, p. 16.

（24） キャロリン・マーヴィン（吉見俊哉、伊藤昌亮、水越伸訳）『古いメディアが新しかった時——一九世紀末社会と電気テクノロジー』新曜社、二〇〇三年、一二八頁。

（25）ニール・ボールドウィン（椿正晴訳）『エジソン――二〇世紀を発明した男』三田出版会、一九九七年、二六九頁。

（26）マーヴィン『古いメディアが新しかった時』、二七四頁。

（27）Albert Allis Hopkins, *Magic: Stage Illusions and Scientific Diversions, Including Trick Photography*, 1898. ギィ・パラルディ他（加藤富三監訳）『図説　放射線医学史』講談社、一九九四年。浜野志保『写真のボーダーランド――X線・心霊写真・念写』青弓社、二〇一五年。

（28）“Röntgen-Ray Ghosts in Paris,” *Popular Science News* (Boston), May 1897, p. 110. マーヴィン『古いメディアが新しかった時』、一二五頁。

（29）同書、一二五頁。

（30）スペンサー・ウィアートは「すべての識字者の知るところとなった」と記している。ただしこれは欧米圏に限ったものと考えられる。Weart, *Nuclear Fear*, p. 10.

（31）“Radium,” *New York Times*, 22 Feb 1903, p. 16.「力の相関関係の法則（the law of the correltion of forces）」が具体的に何を示しているかは不明であるが、当時トムソンがラジウム内部にエネルギーが秘められているという考えを認めていなかった理由の根拠となっていた熱力学第一法則のことであると推測できる。

（32）“The Mystery of Radium,” *The Times*, 25 Mar 1903, p. 10.

（33）S. B. Sinclair, “Crookes and Radioactivity: From Inorganic Evolution to Atomic Transmutation,” *Ambix*, Vol. 32 (1985): 15-31, on p. 21.

（34）彼の業績を列挙すると、一八六一年にタリウムを発見し、一八六一年から七一年までタリウムの原子量を測るための技術を発展させた。一八七四年にクルックス管を発明し、七六年に陰極線が帯電粒子からなることを明らかにした。一八七六年に考案したラジオメーターに電圧を加えた自作の装置によって真空放電実験を行った。

（35）クルックスが『ケミカル・ニューズ』の購読者層に想定したのは医師を含むきわめて広い層であった。彼は多様な読者層の要望を一度に満たすという難事を本誌において見事にこなした。クルックスの『ケミカル・ニューズ』の編集方針については以下に詳しい。W・H・ブロック（大野誠、梅田淳、菊池好行訳）『化学の歴史　Ⅱ』朝倉書店、二〇〇六年、三五四―三六〇頁。

（36）クルックスの心霊主義については以下を参照した。ジャネット・オッペンハイム（和田芳久訳）『英国心霊主義の抬頭――ヴィクトリア・エドワード朝時代の社会精神史』工作舎、一九九二年、四二五―四四五頁。

（37）William Crookes, *Researches in the Phenomena of Spiritualism* (London: J. Burns, 1874) p. 5.

（38）エド・レジス（大貫昌子訳）『アインシュタインの部屋』工作舎、一九九〇年、二一六頁。

（39）原爆開発に関わった多くの関係者にインタビュー調査をしたリチャード・ローズは、この言葉はラザフォードが好んで使った警句であったと述べている。リチャード・ローズ（神沼二真・渋谷泰一訳）『原子爆弾の誕生（上）』紀伊国屋書店、一九九五年、五八頁。

（40）マーヴィン『古いメディアが新しかった時』、二四五頁。

（41） Weart, *Nuclear Fear*, p. 25.

（42） Linda Merricks, *The World Made New: Frederick Soddy, Science, Politics, and Environment* (Oxford: Oxford University Press, 1996), p. 36.

（43） Frederick Soddy, "Some Recent Advances in Radioactivity," *Contemporary Review*, Vol. 83 (1903): 708-720.

（44） Frederick Soddy, "Possible Future Applications of Radium," *Times Literary Supplement* (London), 17 Jul 1903, pp. 225-226.

（45） イギリスの物理化学者ハロルド・ハートレー（Harold Hartley）や核物理学者のドナルド・アーノット（Donald Arnott）らは、この記事に、ソディが原子エネルギーの未来に関して最も早く発言した人物としてのプライオリティーがあるとみている。Muriel Howorth, *Pioneer Research on the Atom: Rutherford and Soddy in a Glorious Chapter of Science; the Life Story of Frederick Soddy, M.A., LL.D., F.R.S., Nobel Laureate* (London: New World Publications, 1958), p. 122.

（46） Frederick Soddy "Radium," *Professional Papers of the Corps of Engineering*, Vol. 29 (1903): 235-251.

（47） Weart, *Nuclear Fear*, p. 25. この時期のイギリスは植民地戦争を繰り返しており、例えばこの少し前の一八九九年から一九〇二年にかけては南アフリカを舞台にした第二次ボーア戦争が行われていた。

（48） ソディの生い立ちについては、主に次の文献をを参照した。Howorth, *Pioneer Research on the Atom*; Merricks, *The World Made New*; Richard E. Sclove, "From Alchemy to Atomic War; Frederick Soddy's "Tehnology Assesment" of Atomic Energy, 1900-1915," *Science, Technology, & Human Values*, Vol. 14 (1989): 163-194; Charles Coulston Gillispie ed., "Frederick Soddy," *Dictionary of Scientific Biography* Vol. XII (New York: Scribner, 1975): 504-509.

（49） ソディはこの事によって愛情に飢えて育ち「とても自己中心的で社会環境に無関心な」人格を形成したと語っている。リンダ・メリックスは、これは大げさな言い方であるとしている。Merricks, *The World Made New*, p. 12.

（50） Sclove, "From Alchemy to Atomic War," p. 165.

（51） トレン『自壊する原子』、三三頁。

（52） Howorth, *Pioneer Research on the Atom*, pp. 56-57.

（53） ソディがこれを書いた正式な日付ははっきりしないが三月二七日以降と考えられている。Sclove, "From Alchemy to Atomic War, p. 183.

（54） Ibid., p. 168.

（55） Mark S. Morrison, *Modern Alchemy: Occultism and the Emergence of Atomic Theory* (Oxford: Oxford University Press, 2007).

（56） これはラジウムの崩壊によって生成したアルファ粒子がヘリウムの原子核であったことに起因する。

（57） ロズリン・ヘインズは文学に表れた科学者のイメージを六つにわけているが、その一つが錬金術師のイメージで、科学者に対してもっとも初期に持たれていたイメージである。Roslynn D. Haynes, *From Faust to Strangelove: Representations of the Scientist in Western Literature*

(Baltimore: Johns Hopkins University Press, 1994).

(58) Weart, *Nuclear Fear*, p. 15.

(59) B・J・T・ドッブズ（大谷隆昶訳）『錬金術師ニュートン——ヤヌス的天才の肖像』みすず書房、二〇〇〇年、二九五頁。

(60) Frederick Soddy, *Radioactivity: An Elementary Treatise, from the Standpoint of the Disintegration Theory* (London: "The Electrician" Printing and Publishing, 1904).

(61) 出版のきっかけとなったのは、この原稿を連載していた『エレクトリシャン』誌が、それをまとめて出版することを打診したことにあった。

(62) Frederick Soddy, *The Interpretation of Radium: Being the Substance of Six Popular Experimental Lectures Deliveres at the University of Glasgow*, 1908 (London: John Murray, 1909).

(63) 第三版ではトリウムについて解説した一二章を加え、一二章立てとなっているが、初版では一一章立てとなっている。Frederick Soddy, *The Interpretation of Radium*, 3rd ed. (London: Murray, 1912).

(64) Sclove, "From Alchemy to Atomic War."

(65) パラルディ他『図説　放射線医学史』、二八九頁。この頃ヨーロッパからの通信が日本に届くには、海路で三六—四二日を要した。

(66) 日本放射線技術学会技術史委員会編『日本放射線技術史』日本放射線技術学会、一九八九年、九頁。

(67) 『日本放射線医学史考』には、X線の発見を報じた掲載紙と見出しが掲載されている。それによると、三月七日『時事新報』「写真術の発見」、三月九日『大阪毎日新聞』「写真術の新発見」、三月一三日『時事新報』「新発明写真術の試験」、三月一四日『京都日出新聞』「顕秘写真術の発見」、三月一五日『大阪朝日新聞』「顕秘写真」と続く。

(68) 「レエントゲン氏光線の實驗」『東京醫事新誌』第九四一号（一八九六年）、四三頁。

(69) 日本放射線学会放射線技術史委員会編『日本放射線技術史』日本放射線技術学会、一九八九年、一〇頁。

(70) 同書、一〇頁。その後の展開も記しておくと、X線発見時に軍医としてドイツにいた芳賀栄次郎は、一八九八年の帰国時にジーメンス＝ハルスケ社のX線装置を購入して日本に持ち帰った。芳賀の副官であった植木弟三郎と山川とともにX線実験を行った水木友次郎が、この装置の運営にあたった。水木は病院にX線装置を導入する際の技術指導を行い、「日本放射線装置操作技術者の開祖」と呼ばれている。日本科学史学会編『日本科学技術史大系　第二四巻　医学I』第一法規出版、一九六五年、三九八頁。

(71) 宮武実知子「「帝大七博士事件」をめぐる輿論と世論——メディアと学者の相利共生の事例として」『マス・コミュニケーション研究』第七〇号（二〇〇七年）、一五七—一七五頁、一七二頁。

(72) 小森陽一『〈ゆらぎ〉の日本文学』日本放送出版協会、一九九八年、六四頁。

(73) 同書、六六頁。ただし漱石は、博士号の受け取りを拒否している。

(74)　宮坂広作『近代日本社会教育史の研究』法政大学出版局、一九六八年、七七頁。

(75)　読売新聞百年史編集委員会編『読売新聞百年史　資料・年表』読売新聞社、一九七六年、二一七頁。

(76)　読売新聞社『讀賣新聞八十年史』読売新聞社、一九五五年、一八七頁。

(77)　『読売新聞百年史』にも、同様の記述がなされている。読売新聞百年史編集委員会編『読売新聞百年史』、二二八頁。

(78)　金子明雄「「家庭小説」と読むことの帝国――『己が罪』という問題領域」小森陽一、高橋修、紅野謙介編『メディア・表象・イデオロギー――明治三十年代の文化研究』小沢書店、一九九七年、一三一―一五七頁、一三六頁。

(79)　小森『〈ゆらぎ〉の日本文学』、六三頁。

(80)　同書、四頁。作者の大倉桃郎はそののち『萬朝報』に入社し、新聞小説の書き手となった。

(81)　KK子「新元素」『大阪朝日新聞』一九〇七年二月三日、二月一〇日、別刷二頁（日曜附録）。この作品については横田順彌や長山靖生がその存在に言及している。横田『近代日本奇想小説史』、九三頁。長山『日本SF精神史』、一二九―一三一頁。

(82)　長山靖生によれば、この小説はアルデンの翻訳であるという。長山『日本SF精神史』、一三一頁。翻訳小説は初期の新聞小説の主要を占めていたが、この時期翻訳小説をアレンジして日本人の作家名で載せるのは珍しいことではなかった。

(83)　このように推測する理由としては、長岡はその他の記事でも匿名で登場することがあり、またこのときラジウムに関して読売新聞紙上で積極的に発言していた博士は長岡以外にいなかったからである。日本人の科学知識の貧弱さに不満を述べている内容も、長岡の他の記事での発言と一致する。

(84)　朝日新聞百年史編修委員会編『朝日新聞社史　明治篇』朝日新聞社、一九九〇年、五三二―五三四頁。

(85)　最初期の事例として挙げられるのは、明六社や共存同衆が行なった学術演説である。山本珠美「学士会通俗学術講談会に関する一考察――大正・昭和初期の科学イデオロギー」、『生涯学習・社会教育学研究』第二一号（一九九七年）、一七頁。

(86)　山本珠美は、学士会による通俗学術懇談会を、地方都市における学問普及の先駆的取り組みとして位置づけその役割を評価している。山本「学士会通俗学術講談会に関する一考察」、一七―三九頁。

(87)　宮坂広作はこの北陸巡回講演会を、新聞社を通じて大学の教授が大学以外に新知識を普及せしめた最初という点で記憶にとどめられるべきだとしているが、読売新聞社の「通俗学術講演会」はこれに先行している。宮坂広作『近代日本社会教育史の研究』法政大学出版局、一九六八年、七七―七八頁。

(88)　足助尚志、勝木渥「東京数物学会の《学術通俗講談会》と長岡半太郎」『日本物理学会講演概要集』第五二巻第一号（一九九七年）、八八九頁。

(89)　四年で終わったのは、回を重ねるにつれて実験装置がしだいに大仕掛になって費用がかさみ、世話人の苦労が大変になったためであったという。宮坂『近代日本社会教育史の研究』、七三頁。

(90)　東京数学物理学会編『學術通俗講演集』大日本図書、

一九〇七年、五頁。
(91) 友田は、金は一匁六圓位にすぎないが、ラジウムは一匁二十萬圓以上と伝えている。匁とは重さの単位で、三．七五グラムに相当する。これを計算してみると、一グラム五万三千円以上（一ミリグラム五三円以上）となる。当時の貨幣価値で換算すれば大変高価である。一九一一年の公務員初任給が五五円であった。朝日新聞社編『値段史年表　明治・大正・昭和』朝日新聞社、一九八八年。
(92) 東京数学物理学会編『學術通俗講演集』、四二―四三頁。同書は講演ごとに頁数が一から割り振られている。
(93) 山本「学士会通俗学術講演会に関する一考察」、三四頁。
(94) 長岡半太郎「レントゲン氏エキス（X）放散線」『東洋學芸雑誌』第一七四号（一八九六年）、一三一―一三三頁。
(95) 板倉聖宣、木村東作、八木江里著『長岡半太郎伝』朝日新聞社、一九七三年、三〇二―三〇三頁。
(96) 長岡とオリバー・ロッジは研究上の相性が良く、長岡自身、オリバー・ロッジの通俗講演から、原子模型のヒントを得ていたことといわれる。板倉他『長岡半太郎伝』、二五八―二五九頁。
(97) 岡本拓司「原子核・素粒子物理学と競争的科学観の帰趨」一二四頁。
(98) 日露戦争後の長岡の科学啓蒙活動については、以下にまとまった記述がある。板倉他『長岡半太郎伝』、三一三―三一六頁。
(99) 例えば『科學朝日』編集長の半沢朔一郎は「博士の有名な新聞記者嫌い」と記している。長岡半太郎『長岡半太郎――原子力時代の曙』日本図書センター、一九九九年、二一三頁。
(100) 板倉他『長岡半太郎伝』、三一六頁。長岡の書き下ろしではない口述書が、一九一二年に出版されている。長岡半太郎『現今の電氣學（通俗學芸文庫　第一編）』弘道館、一九一二年。
(101) 板倉他『長岡半太郎伝』三一六―三一七頁。
(102) 長岡半太郎『ラヂウムと電氣物質觀』大日本図書、一九〇六年、四頁。
(103) 村上陽一郎編『日本の科学者一〇一』新書館、二〇一〇年、二六頁。
(104) 一九一一年には九州帝国大学総長、一九一三年には東京帝国大学総長（再任）、京都帝国大学総長（兼任）を歴任している。
(105) 高橋宮二『千里眼事件の真相』人文書院、一九三三年。光岡明『千里眼千鶴子』文芸春秋、一九八三年。一柳廣孝『〈こっくりさん〉と〈千里眼〉日本近代と心霊術』講談社、一九九四年。寺沢龍『透視も念写も事実である――福来友吉と千里眼事件』草思社、二〇〇四年。長山靖生『千里眼事件――科学とオカルトの明治日本』平凡社、二〇〇五年。根本順吉「千里眼事件――山川健次郎」科学朝日編『スキャンダルの科学史』朝日新聞社、一九八九年、二五―三七頁。また、山川健次郎の伝記にも千里眼事件の記述がある。花見朔巳編『男爵山川先生伝――〈伝記〉山川健次郎』大空社、二〇一二年、一七九―二〇〇頁。
(106) 一柳廣孝『〈こっくりさん〉と〈千里眼〉――日本近代と心霊術』講談社、一九九四年。
(107) 近代日本において科学的立場から催眠術経由の超感覚に言及したものも、早くから存在する。たとえばスウェーデンの精神医学者ジェーンスロムツの論が挙げられる。一柳廣孝「明治末、超感覚を定位する」坪井秀人編『偏見というまなざし――

近代日本の感性』青弓社、二〇〇一年、五一―七三頁、五六頁。

(108) 高橋五郎『心霊万能論』前川文栄閣、一九一〇年、一三頁。

(109) 吉永進一は、大正期精神療法の思想上の大きな特徴は物質現象と精神現象の共通原理を追求したところにあるとして、こうした一元論希求の背景には、電磁気学や原子物理などの最新の物理学の成果もあったことを指摘している。吉永進一「解題　民間精神療法の時代」『日本人の身・心・霊――近代民間精神療法叢書八』クレス出版、二〇〇四年、一―四四頁。

(110) 一柳『〈こっくりさん〉と〈千里眼〉』、一〇一頁。

(111) サトウタツヤ『方法としての心理学史――心理学を語り直す』新曜社、二〇一一年、一五五頁。

(112) 同書、一〇三頁。

(113) 根本「千里眼事件」、二九頁。

(114) 寺沢『透視も念写も事実である』、一六八頁。この記事では山川健治郎と誤記されている。

(115) 花見編『男爵山川先生伝』、一八九頁。

(116) この講演の内容は、一九一一年五月一日に発刊された『太陽』第一七巻第六号に掲載されている。中村清二「一理學者の見たる千里眼問題」『太陽』第一七巻第六号（一九一一年）、七〇―八八頁。

(117) 「西洋の千里眼的研究熱」『太陽』第一七巻第六号（一九一一年）、八八頁。

(118) 福来友吉『透視と念写』東京宝文館、一九一三年、二―三頁。

(119) 宮武「「帝大七博士事件」をめぐる輿論と世論」、一七二頁。

第二章

(1) エーヴ・キュリー（河野万里子訳）『キュリー夫人伝』白水社、二〇〇六年、二八一頁。

(2) キュリー『キュリー夫人伝』、二八四―二八五頁。

(3) 舘野之男『放射線医学史』岩波書店、一九七三年。

(4) たとえば三cm離れた所から照射した場合に身体内の深さ一〇cmまで到達する線量は、ラジウムのγ線はX線の三倍ほどに達した。舘野『放射線治療史』、六二頁。

(5) 後藤五郎編『日本放射線医学史考　明治大正篇』日本医学放射線学会、一九六九年。

(6) 「薬剤トシテノ「ラーヂウム」」『岡山醫學會雑誌』第一六四号（一九〇三年）、二六―二七頁。「新元素「ラヂウム」ノ殺菌力」『陸軍軍醫學會雑誌』第一三八号（一九〇三年）、八三七―八三八頁。国内で放射線治療に早くから着手していたのは陸軍であったが、ラジウム治療の可能性についても早くから目をつけていたのは陸軍であったといえる。

(7) 一八五六年に陸奥国二ノ戸郡福岡町（現在の岩手県二戸市）に生まれた田中舘は、物理学教室が開設された一八七九年に東京大学理学部に入学した。理学部を卒業した一八八二年後に、準助教授に任ぜられている。一八八八年から九四年までは、グラスゴー大学とベルリン大学へ留学し、帰国後も学会参加などのため渡欧を繰り返した。一九〇三年夏にはシュトラスブルク（現在の仏国ストラスブール）での万国地震学会議創立委員会及びコペンハーゲンでの万国測地学協会第一四回総会に参加し、このとき欧州で話題の元素となっていたラジウムを手に入れ、日本に持ち帰った。これを機に、国内でのラジウム療法が開始されることになる。田中舘の伝記的記述は以下を参照した。中村清二『田中舘愛橘先生』鳳文書林、一九四三年。

(8) 三浦謹之助「らぢゅーむニ就テ」『神経學雑誌』第三巻第一号（一九〇四年）、二六―三〇頁。

(9) 岡田栄吉「筋肉と抹消神経とに及ぼすラヂウム照射の影響に就て」『神経學雑誌』第四巻第四号（一九〇五年）。

(10) 松岡道治「ラヂウム放線の皮膚に及ぼす作用に関する試験的研究」『東京醫事新誌』第一四六四号（一九〇六年）。

(11) この金額は現在の貨幣価値に換算すると一億円に近いものである。

(12) 後藤編『日本放射線医学史考 明治大正篇』、九二頁。

(13) 発行者には土肥慶蔵、田代義徳、緒方正清、編集者には肥田七郎、藤浪剛一、著者には入沢達吉、伊藤隼三、土肥章司、相馬又次郎、小林幹、佐野彪太、吉光寺錫、三浦謹之助、三輪徳寛、三宅速、平井毓太郎、眞鍋嘉一郎が名を連ねていた。彼らは日本の放射線医学の草分けということができる。

(14) 真野京子「『忘れてほしゅうない』強制不妊手術に使われたX線照射」『高木基金助成報告集』第二号（二〇〇五年）、四―八頁。

(15) 一九〇三年には大倉書店から『通俗療養法』を、一九一一年には広文堂から『神経衰弱と頭痛めまひ』、一九一二年に有明館から『最新神経衰弱自療法』、一九一三年に有倫堂から『頭脳衛生』を出版している。また、兄は社会主義運動家の佐野学、息子は社会主義の演出家として活躍した佐野碩である。

(16) 新聞紙面における精神疾患をめぐる言説を検討した佐藤雅浩は、二〇世紀初頭のマスメディアによる精神病院批判のキャンペーンは、精神病院が患者に対して残酷な処遇をしているという批判からくるだけではなく、マスメディアが精神病院という新興の医療機関を相手として優位な立場を獲得しようと画策していたこと、さらには精神病院の改善を提唱していた「エリート精神病医」らとの結託があったことを指摘している。佐藤『精神疾患言説の歴史社会学』、二五五―二五九頁。

(17) 大学青山内科とは、東京帝国大学医科大学内科学第一講座のことで、青山胤通に因んだ通称である。青山脳病院は、ドイツ留学を経験した医師の斎藤紀一が一九〇七年に開設した精神病院で、孫の北杜夫がこの病院を舞台に描いた小説『楡家の人々』（新潮社、一九六四年）には院長自慢の「ラジウム風呂」がしばしば登場している。

(18) エマナチオンはエマネーションと記されることもあり、現在ではエマネーションという表記が一般的だが、本章ではエマナチオンという言葉が、ある時期における特別な意味あいを持っていたものとして、当時に従った表記として、エマナチオンと表記する。なお、当時においてエマネーションと表記しているものについても、地の文ではエマナチオンと表記する。

(19) 伊藤克巳「再生と変身――温泉の宗教学」日本温泉文化研究会『温泉をよむ』講談社、二〇一一年、五七―八八頁。

(20) 八岩まどかによれば、だからこそ人々は温泉に守り神をおいた。温泉神を祀る温泉は大己貴命か少彦名命のどちらかあるいは両神を祀るものが多いが、それ以上に薬師如来を祀る温泉地が多いという。八岩まどか『温泉と日本人』青弓社、増補版二〇〇二年、一二五頁。

(21) 鈴木則子「「湯治」の実態をさぐる——温泉学の医学史」日本温泉文化研究会『温泉をよむ』講談社、二〇一一年、八九—一二一頁、九四頁。

(22) 同論文、八五—八六頁。

(23) 瀬戸明子『近代ツーリズムと温泉』ナカニシヤ出版、二〇〇七年、四—五頁。

(24) 同書、七—八頁。

(25) 松田忠徳『江戸の温泉学』新潮社、二〇〇七年、一九四頁。

(26) 内務省衛生局編『日本鉱泉誌』上・中・下巻、橘書院、一八八五年。

(27) J. J. Thomson, “Radio-active gas from well water (letter to the editor),” *Nature*, 67 (1903): 609. H. S. Allen, “Radio-active Gas from Bath Mineral Waters (letter to the editor),” *Nature*, 68 (1903): 343. E. R. Landa, “Early Twentieth-century Investigations of the Radioactivity of Waters in North America,” *History of Geophysics*, 3 (1987): 75-80.

(28) 眞鍋はその後、青山胤通の勧めで一九一一年からドイツ留学し、内科学、物理療法を研究した。オーストリアやアメリカでも研究し、一九一四年に帰国して東大講師となり後に教授となった。一九一七年には大学内に設けられた物理的療法研究所の主任となり、物理的療法研究所では主に水治療法や電気マッサージ療法を行なったが、ラジウム療法も行っていた。眞鍋については以下の文献がある。眞鍋先生伝記編纂会『眞鍋嘉一郎伝記』大空社、一九九八年。

(29) 石谷については、明治後期から大正初期にかけて行われた大島火山と温泉における放射能の調査に関する数編の報告以外にはその足跡を辿ることができる記録を見つけられていない。石谷は本稿で扱う温泉の放射能調査に関する論文の他、一九〇八年には、大島火山に関する論文にその名を見つけられる。中村清二、寺田寅彦、石谷傳市郎「大島火山の過去及現在」『地學雑誌』第二〇巻（一九〇八年）、六八二—六九〇頁。

(30) 眞鍋先生伝記編纂会『眞鍋嘉一郎伝記』大空社、一九九八年、一一二頁。

(31) 眞鍋嘉一郎「温泉に於けるラヂウムの研究」『東京醫事新史』第一六五六号（一九一〇年）、四九五—四九八頁。

(32) D. Ishitani and K. Manabe “Radio-activity of Hot Springs in Yugawara, Izusan, and Atami,” *Tokyo Sugaku-Butsurigakkai Kizi*, 2nd Ser. Vol. 5. No. 15. (1910): 226-251.

(33) エングラー・シーブキング泉効計とは、一九〇五年にエングラー（C. Engler）とシーブキング（H. Sieveking）によって開発されたもので、採水した試料水から気体を電離箱に追い出し、その電離度を測定するもの。泉効計による放射能測定については、以下を参照した。坂上正信「ラジウム・ラドン温泉とその放射能測定」『放射線医学物理』第一八巻第二号（一九九八年）、一八九—一九七頁。金井豊「ラジウムの地球化学——ラジウムと放射線測定器の一世紀」『地質ニュース』第五五四号（二〇〇〇年）、一七—二四頁。

(34) 石津利作は一八七七年に大阪で生まれ、一九〇〇年に東京帝国大学医科大学薬学科を卒業した後、大学で助手となり、一九〇七年には東京衛生試験所技師となった。内務省の命を受け一九一三年から一五年にかけて温泉の「ラジウムエマナチオン含有量調査」にあたった。石津利作の生涯については以下の

年表に頼った。三朝温泉誌編集委員会『三朝温泉誌』鳥取県三朝町、一九八三年、二四九―二五一頁。

(35) 吉見俊哉『博覧会の政治学――まなざしの近代』中央公論新社、一九九二年、二〇七―二一七頁。

(36) 森林太郎「日本鑛泉ラヂウムエマナシオン含有量表序」『鷗外全集　第十七巻』鷗外全集刊行会、一九二四年、七二一頁。

(37) 放射能泉の効果は、その後も様々に説明され続けてきた。一九八〇年代にはトーマス・D・ラッキーによる「ホルミシス効果」という説明が登場し、現在に至るまで支配的な説明となっている。二〇一一年の原発事故以来、放射能に注目が集まり、ラジウムの看板を降ろした温泉も存在する。一方で、定められた基準を満たしていない「ラジウム温泉」も今日なお多く存在している。

(38) 石谷傳市郎「ラヂウムの効能と我國の鑛泉」『中央公論』第二七号第七巻（一九一四年）、五一―六二頁、五一頁。

(39) 眞鍋嘉一郎「温泉に於けるラヂウムの研究」『東京醫事新誌』第一六五六号（一九一〇年）、四九五―四九八頁。

(40) 眞鍋は「エマナチオン」の性質について、「「エマナチオン」は其母体元素なる「ラヂウム」と同様の作用あるものにして、更に變ずれば依然輻射能作を有する固體となる、而して「エマナチオン」は「ラヂウム」の如く永久的ならずして四日毎に其量を半減す、故に保存は不可能にして捕集に困難なれども地中到る所に其存在を認むるを得［略］而して王音なる地水即ち温泉が「エマナチオン」を融解する量大にして、人體に醫療的作用を及ぼすものなる事は、五六年前より唱導される﹅所の説なり」などと述べている。眞鍋「温泉に於けるラヂウムの研究」、四九七頁。

(41) エマナチオンは気体であるが、ノイセルは気体を温泉水に混ぜたものと考えられる。

(42) 眞鍋「温泉に於けるラヂウムの研究」、四九八頁。

(43) 眞鍋嘉一郎、石谷傳一郎「「ラヂオアクチビテート」（輻射能作）ト其医療上應用及ビ二三ノ「プレパラート」ニ就キテ」『東京醫學会雑誌』第二四巻第六号（一九一〇年）、一一七一頁、二六―二七頁。

(44) スペンサー・ウィアートは、ラジウムが生命に神秘的な力を持つものと信じられていたことの鍵を握るものとして、ソディがラジウムを錬金術における「賢者の石」と喩えたことを指摘している。Weart, *Nuclear Fear*, p. 38. ルイス・カンポスはラジウムが半減期を持ち、半減期を持つ物質を生み出すことから、ラジウムが生命を授けるものとして捉えられたことを指摘している。Luis Campos, "The Birth of Living Radium," *Representations*, Vol. 97, No. 1 (2007): 1-27. ラジウムが発見される以前にも、物活論に見るように物質を生命とみなす考えは生じていた。第三章で言及するロバート・クローミーの『最後の審判の日』では、エーテルや原子が生きているものと見なされている。

(45) ラジウムの説明は各地の温泉案内書に記されるようになる。たとえば、一九一四年に出版された齋藤要八の『新撰熱海案内』では、熱海が世界一の温泉地であると自負しているが、その効能を伝える箇所で眞鍋と石谷の講演記録のそのまま収録している。齋藤要八『新撰熱海案内』熱海温泉場組合取締所、一九一四年。また、一九一三年に城崎温泉事務所から発行された『城崎温泉誌』の鑛泉分析の箇所には、「又ラヂユームの瓦斯が身体の健康に大なる裨益を與ふることは近來の學説動かす可からざる所にして、溫泉が普通藥劑以上の効を奏するは全くラヂユーム包含の爲めなりと云ふ、而して城崎溫泉の比較的ラヂユーム包含量の多きこと眞鍋醫學士、石谷理學士の分析証明する所なり」と記されている。城崎温泉事務所『城崎温泉誌』城崎温泉事務所、一九一三年、九八―九九頁。

(46) 菅野円蔵編『大鳥城記余録』飯坂町史跡保存会、一九七七年、六四頁。

(47) 長岡から飯坂温泉間には翌一八九六年から運賃五銭のトテ馬車が通じ、飯坂温泉を訪れる入浴客は急増していった。『福島の町と村Ⅱ（福島市史別巻Ⅵ）』四三七頁。第二節で言及している香味才助による『飯坂温泉案内』はこの直前（一八九五年）に出版されている。

(48) 福島市史編纂委員会編『福島の町と村Ⅱ（福島市史別巻Ⅵ）』、福島市教育委員会、一九八三年、四三七頁。

(49) 眞鍋が調査をしたことを裏付ける資料は確認できていないが、『飯坂温泉案内』の「はしがき」には、一九一〇年の秋に実施されたと記されている。『飯坂温泉案内』東部鐵道管理局営業課、一九一一年。

(50) 関戸明子「北関東における温泉地の近代化――温泉の利用形態と交通手段の変化」『群馬大学教育学部紀要』第五三巻（二〇〇四年）、二〇一―二二一頁、二〇二頁。

(51) 東部鐵道管理局営業課編『飯坂温泉案内』東部鐵道管理局営業課、一九一一年。

(52) 眞鍋他「ラヂオアクチビデート（輻射能作）ト其醫療上應用及ビ二三ノ「プレパラート」ニ就キテ」

(53) 同論文、六四―六七頁。温泉療法にヒントを得たラドン水の内服療法から発達したラジウムの内用療法は患者の身体を蝕み、多数の放射線障害の犠牲者を出したことが後に明らかになっている（舘野『放射線医学史』、二九二頁）。このときラジウム水を試飲していた患者がその後どうなったかについては、歴史の闇に葬られたままである。

(54) 福島市史編纂委員会編『温泉掎角論――飯坂湯野温泉史（福島市史資料叢書　第七四号）』福島市教育委員会、一九九九年、一二八頁。

(55) 橘内文七『温泉案内飯阪と湯野』川村一郎、一九一四年。

(56) 「温泉の身體諸病に効驗あるは、即ちラヂウムと名づくる、精靈なる一種元素の作用に基づく」橘内『温泉案内飯阪と湯野』、七〇―七二頁。

(57) 手塚魁三『飯坂温泉』東京俳諧書房、一九一五年。大橋五郎、堀江清『ラヂウム靈泉郷土之栞』霊土社、一九二〇年。石塚直太郎『飯坂湯野温泉遊覧案内』飯坂湯野温泉案内所、一九二七年。

(58) 佐藤貝村の「跋」よれば、同書を編纂した手塚は、日露戦争で奮闘した後、「大和民族の思想充實を遂ぐるを以て自己畢生賦の一大責任なりと確信し」、講演活動などに各地を行脚していたところ、飯坂の「ラジウム温泉の霊地」に大いに癒されたようである。手塚『飯坂温泉』、七頁。手塚『飯坂温泉』、四五―四六頁。

(59) 手塚魁三『飯坂温泉』、七頁。橘内の『温泉案内飯坂と湯野』でも、『飯坂温泉案内』を典拠にしつつ、ラジウムのおかげでこの地域に住む住民は昔からリュウマチや神経痛などの患者がなかったとしている。

(60) 福島民友新聞放江庵主人による同書序文より。石塚『飯坂湯野温泉遊覧案内』、一二頁。

(61) 眞鍋嘉一郎、石谷傳一郎「日本温泉に於けるラヂウム、エマナチオン」三澤素竹編『通俗ラヂウム実験録』東洋ラヂウム協会、一九一三年、七七―八九頁、八四頁。

(62) 眞鍋らによって飯坂温泉の「ラヂウム、エマナチオン」の存在が確認された直後に、「ラヂウム餅」や「ラヂウム煎餅」が登場したという事実は、温泉街が一丸となってラジウムを商機と捉えたことを示唆している。

(63) 実際本稿で検討してきた温泉案内書には、眞鍋嘉一郎によってラジウムが見出された後、飯坂を訪れる浴客が大幅に増加したということが記されている。

(64) 一九一八年に出版された田山花袋の『温泉めぐり』や、一九二四年に出版された森暁紅の『気軽な旅――日帰り一泊』は、いずれも飯坂温泉が東京からの客を呼び込み、歓楽地的な要素を強め発展していた様子を描写している。

(65) なお、ここで「亘智部」とされている人物は、地質学者の巨智部忠承のことと考えられる。「神保」とは、神保小虎のことであろう。

(66) 小酒井光次「放射線中心時代」『洪水以後』第一二巻第五号（一九一六年）、一九頁。小酒井光次は小酒井不木のペンネーム。

(67) 三澤編『通俗ラヂウム實驗談』。

(68) 後藤編『日本放射線医学史考 明治大正篇』、一〇〇頁。同書では、「ラヂウム協会」「東京ラヂウム協会」とそれぞれ異なる協会であるかのように記されているが、これらはどちらも「東洋ラヂウム協会」を示している。

(69) カフェー文化については次のような文献がある。初田亨『カフェーと喫茶店――モダン都市のたまり場』ＩＮＡＸ出版、一九九三年。吉見俊哉『都市のドラマトゥルギー』河出書房新社、二〇〇八年。

(70) 初田『カフェーと喫茶店』、一五頁。

(71) 南博、社会心理研究所『昭和文化――一九二五―一九四五』勁草書房、一九八七年、一六七頁。

(72) 春原昭彦「新聞広告事始め――ニュー・メディアとしての新聞と広告」『AD STUDIES』第九号（二〇〇四年）、一二―一七頁。

(73) 朝日新聞データベースで見ると、ラヂウム商会は、一九一二年から一九一九年まで三〇一回広告を出しており、一九一二年は八月から一二月まで一五回、一九一三年は五一回、一九一四年は四九回、一九一五年は五七回、一九一六年は二二回、一九一七年は四二回、一九一八年は四六回、一九一九年は一九回、となっており、一九一三年から一八年までほぼ一定の割合で広告を打っていたことがわかる。

(74) 武田薬品工業株式会社編『武田二百年史』武田薬品工業株式会社、一九八三年、三三八頁。

(75) 一五年戦争と日本の医学医療研究会『一五年戦争と日本の医学医療研究会会誌』第七巻第一号（二〇〇七年）、三頁。「罌粟栽培奨励――有利なる農家の副業」『福岡日日新聞』一九一七年一二月一〇日。内国製薬は一九二〇年に三共に合併されている。

(76) 水津嘉之一郎『ラヂウム講話』隆文館、一九一四年、一九二頁。
(77) 金凡性「紫外線と社会についての試論——大正・昭和初期の日本を中心に」『年報　科学・技術・社会』第一五巻（二〇〇六年）、七一—九〇頁。金凡性「戦間期日本における紫外線装置の開発と利用」『科学史研究』第五一巻（二〇一二年）、一—九頁。
(78) 出版社の隆文館は、一九〇四年に草村北星によって創業されたが、京橋区南鍋町一丁目を所在地としていた。この南鍋町一丁目には東洋ラヂウム協会の事務所もおかれており、両者の交流もあったのかもしれない。
(79) 水津嘉之一郎『ラヂウム講話』隆文館、一九一四年、一—二頁。
(80) 松本道別『霊學講座』八幡書店、一九九〇年（初刊、一九二六年）。松本は一九二一年に出版した別の著書でラジウム療法についてのまとまった解説をしている。松本道別『人体ラジウム療法講義　第一冊』人体ラジウム学会本部、一九二一年。人体ラジウム学会とは松本が主催していた団体である。
(81) 同書、三五四—三五五頁。
(82) レントゲンの報告が伝えられたのは一八九六年三月発行の号で、長岡もまた雑録を寄せていたが、水野の報告は論説として巻頭に掲載された。水野敏之丞「レントゲン氏ノ大発見」『東洋學芸雑誌』第一七四号（一八九六年）、九九—一〇一頁。
(83) 西尾成子『科学ジャーナリズムの先駆者——評伝石原純』岩波書店、二〇一一年、五二頁。ニュートン祭は、東京大学理学部が発足して間もない一八六九年以降、ニュートンの誕生日とされる一二月二五日に毎年開かれたお祭り（忘年会）で、教授から学生まで参加した。
(84) 北原白秋『白金之獨樂』金尾文淵堂、一九一四年、一二頁、一四—一五頁。
(85) 宮沢賢治「ラジュウムの雁」『宮澤賢治全集第六巻』筑摩書房、一九五六年、四六—四七頁。この作品は、末尾には「一九二〇。六」と記されているが、その「二〇」が鉛筆で「一九」と修正されており、執筆時期ははっきりとしていない。榊昌子は、題材となった散歩の時期が一九二〇年五月であり、一次稿が成立したのが六月、現存清書稿の成立が一九二二年頃と推定している。榊昌子「「ラジュウムの雁」の位置——二つの日付の謎をめぐって」『宮沢賢治研究』第一〇号（二〇〇〇年）、一二五—一四三頁。
(86) 榊昌子『宮沢賢治「初期短篇綴」の世界』無明舎出版、二〇〇〇年、七六頁。
(87) 岡村民夫『イーハトーブ　温泉学』みすず書房、二〇〇八年、九五頁。
(88) 野村喜和夫『萩原朔太郎』中央公論新社、二〇一一年、二三—二四頁。
(89) 彼の屈折は、一九〇六年から一九一一年までの間に、熊本の第五高等学校、岡山の第六高等学校、慶應義塾大学部予科への入退学を繰り返した学歴からも垣間見ることができる。
(90) 萩原朔太郎「センチメンタリズムの黎明」『萩原朔太郎全集　第三巻』筑摩書房、一九七七年、二五三—二五四頁。
(91) 岸田俊子『萩原朔太郎——詩的イメージの構成』、沖積舎、一九八六年、一七頁。

(92) 岸田『萩原朔太郎』、一九頁。

(93) 萩原「危険なる新光線」『萩原朔太郎全集　第三巻』、一七七―一七八頁。（初出：萩原朔太郎「危険なる新光線」『詩歌』第五巻第二号、一九一五年）

(94) 粟津則雄「詩語の問題――『月に吠える』をめぐって」『現代詩読本―萩原朔太郎』思潮社、一九八三年、七九頁。

(95) 野村『萩原朔太郎』、一五頁。

(96) 坪井秀人『萩原朔太郎論――《詩》をひらく』和泉書院、一九八九年、四九頁。

(97) 舘野之男『放射線と健康』岩波書店、二〇〇一年、七四頁。

(98) この病の原因がラドンであると初めて主張したのは医学者のルートヴィッヒで、一九二四年のことである。一九三二年にはシクルも同様の指摘を行った。一九四四年には鉱山の坑道内ラドン濃度が測定され、一立法メートル当たり七万―一二万ベクレルという高い数値を得たことで、この疑いは濃厚なものとなった。舘野『放射線と健康』、七五―七六頁。

(99) 初期のレントゲン技師が被った放射線障害については以下の文献がある。Daniel S. Goldberg, "Suffering and Death among Early American Roentgenologists: The Power of Remotely Anatomizing the Living Body in Fin de Siècle America," *Bulletin of the History of Medicine*, 85 (2011): 1-28. Vincent J. Cirillo, *Bullets and Bacilli: The Spanish-American War and Military Medicine* (New Brunswick: Rutgers University Press, 1999).

(100) 舘野之男「医療分野での放射線防護　X線の診断利用を中心に第一回皮膚と血液」『FB News』第三三八号（二〇〇四年）、五―九頁、八頁。

(101) 木村益雄「導入初期の臨床におけるX線の運用（第二報）」『日本放射線学会誌』第四八巻第一〇号（第五八六号）、三四―五一頁、四一―四二頁。

(102) 「明治三十七八年戰役廣島豫備病院業務報告」明治三十七八年戰役廣島豫備病院業務報告、一九〇七年。

(103) 一九二四年にロンドンで第一回国際放射線医学会議が開催され、放射線単位を統一するための「国際放射線単位および測定委員会ＩＣＲＵ」が設立された。一九二八年にストックホルムで開催された第二回国際放射線医学会議では、「国際X線およびラジウム防護委員会 ＩＸＲＰＣ」が設立され、空気のイオン化量を測度としてそれに基づく単位をレントゲンと定義した。国際放射線医学会議は、一九五〇年に名称を国際放射線防護学会（ＩＣＲＰ）へと変更し、今日に至るまで、放射線防護に関する勧告を続けている。このあたりの経緯については杉本良子の論文に詳しい。杉本良子「国際放射線単位と測定委員会（ＩＣＲＵ）一九二八年勧告とその背景」『科学史研究』第三二巻一八八号（一九九三年）、二〇二―二一一頁。杉本良子「初期放射線学会における物理量定義を繞る諸問題」『科学史研究』第三七巻第二〇七号（一九九八年）、一五三―一六二頁。杉本良子「一九二九年から一九三七年までのX線単位問題――米英放射線学会における検討を中心として」『科学史研究』第四〇巻第二一九号（二〇〇一年）、一四〇―一五〇頁。

(104) ニュージャージー州、コネチカット州、イリノイ州の数千人もの女性がこの作業に従事していた。

(105) Claudia Clark, *Radium Girls: Women and Industrial*

Health Reform, 1910-1935 (The University of North Caroline Press, 1997), p. 203.

(106) 医療業界においてはラジウムによる放射線障害はラジウム発見直後から報告されていた。舘野『放射線医学史』、四三頁。

(107) 河野義の活動については、次の文献に詳しい。一東瑛『大正ベンチャー——ラヂウム温灸器立志伝』岳陽舎、二〇〇五年。この書は研究書ではないが、河野の評伝のような内容となっており、ラヂウム温灸器の着想から売り出されるまでの経緯について丹念にまとめられている。

(108)『ラヂウム温灸器実験文献及び使用法』東京理学療院、一九三〇年。

(109) 舘野「医療分野での放射線防護 X線の診断利用を中心に」、八頁。肥田は一九〇九年から一九一四年まで陸軍軍医学校の「エックス放射学」を担当、一九一三年には陸軍軍医学校でラジウム治療を開始していた。

(110) 山田延男については次の文献がある。阪上正信「山田延男博士のパリでの研究とその科学史的意味」『化学史研究』第二六巻第三号（一九九九年）、一五二—一五七頁。山田光男「放射能研究に殉じた山田延男の生涯（第一報）ラジウム発見一〇〇年に因んで」『薬史学雑誌』第三三巻第二号（一九九八年）、二九—三四頁。山田光男「放射能研究に殉じた山田延男の生涯（第三報）ラジウム発見一〇〇年に因んで」『薬史学雑誌』第四三巻一号（二〇〇八年）、一一—一五頁。

(111) 川島慶子『マリー・キュリーの挑戦——科学・ジェンダー・戦争』トランスビュー、二〇一〇年、一〇九頁。

(112) 尾内能夫『ラジウム物語——放射線とがん治療』日本出版サービス、一九九八年、一六一頁。

(113) 第一次世界大戦中に戦場を「プチ・キュリー」と名付けたレントゲン車で駆けまわっていたことによる被曝が原因であろうと推測されている。尾内『ラジウム物語』、一六一頁。

(114) 湯浅年子『パリ随想』みすず書房、一九七三年、六七頁。

第三章

(1) 原爆投下以前に原爆を描いたSF作品は先行研究でさまざまに検討されてきている。本節では主にそれら先行研究で言及されている作品を扱う。Albert L. Berger, "The Triumph of Prophecy: Science Fiction and Nuclear Power in the Post-Hiroshima Period" *Science Fiction Studies*, 3 (1976), 143-150; Paul Brians, *Nuclear Holocausts: Atomic War in Fiction, 1895-1984* (Kent, Ohio: Kent State University Press, 1987). Paul S. Boyer, *By the Bomb's Early Light: American Thought and Culture at the Dawn of the Atomic Age* (New York: Pantheon, 1985). H. Bruce Franklin, *War Stars: The Superweapon and the American Imagination* (Oxford: Oxford University Press, 1988), Revised and Expanded Edition, University of Massachusetts Press, 2008. Weart, *Nuclear Fear*; Peter D. Smith, *Doomsday Men: The Real Dr Strangelove and the Dream of the Superweapon* (St. Martin's Press, 2007).

(2) アイザック・アシモフ（安田均訳）『Dr.アシモフのSFおしゃべりジャーナル』講談社、一九八三年、一四—一五頁。

(3) ロバート・スコールズ、エリック・ラブキン（伊藤典夫・

浅倉久志・山高昭訳）『SF――その歴史とヴィジョン』TBSブリタニカ、一九八〇年、二三頁。
（4） I. F. Clarke, *Voices Prophesying War: Future Wars 1763-3749* (Oxford: Oxford University Press, 1992).
（5） H・ブルース・フランクリン（上岡伸雄訳）『最終兵器の夢――「平和のための戦争」とアメリカSFの想像力』岩波書店、二〇一一年、一七六頁。
（6） Brians, *Nuclear Holocausts*.
（7） Robert Cromie, *The Crack of Doom* (London: Digby, Long & Co., 1895), p. 20.
（8） William J. Fanning, Jr., "The Historical Death Ray and Science Fiction in the 1920s and 1930s," *Science Fiction Studies*, Vol. 37, No. 2 (2010): 253-274.
（9） Duffield Osborne, "With Weird Weapons," *New York Times*, 23 Mar 1896, p. 9.
（10） A・C・フリードマン、C・C・ドンリー（沢田整訳）『アインシュタイン「神話」――大衆化する天才のイメージと芸術の反乱』地人書館、一九八九年、二八八―二八九頁。
（11） フランクリン『最終兵器の夢』、八七頁。
（12） 文学研究者のセシル・サカイは探偵小説のジャンルに作品を発表してきたものの探偵小説に括りきることができない作家たちを挙げ、「当然のことながら、夢野久作にせよ海野十三にせよ稲垣足穂にせよ、彼らを探偵小説のなかに位置づけるという選択は、かならずしも自明のものとは言えない。実際のところ、当時は幻想文学とか空想科学小説とかいった明確な定義があったわけではない」と評している。セシル・サカイ『日本の大衆文学』平凡社、一九九七年、一六七頁。
（13） 長山『日本SF精神史』、一四頁。この作品は、日本をモデルにした極東の島国でアジア侵略を進めるイギリスを成敗すべく集った武士たちの乗った西候艦隊がアジアを解放していくという物語で、武士の精神とも異なる、「儒者の聖戦」を描いたユートピア小説であった。
（14） 横田順彌『近代日本奇想小説史』、九三頁。
（15） 紀田順一郎「日本におけるジュール・ヴェルヌ」『國文学――解釈と教材の研究』第十巻第四号（一九七五年）、一四五―一四九頁。
（16） 稲生典太郎「明治以降における「戦争未来記」の流行とその消長――常に外圧危機感を増幅しつづける文献の小書誌」『国学院大学紀要』第七巻（一九六九年）、一二九―一六五頁。
（17） 横田『近代日本奇想小説史』、六〇三頁。
（18） 日露戦争中には、報道写真を載せたグラフ雑誌が多く創刊されたが、博文館は一九〇四年に『日露戦争写真画報』を発行し、戦争が終わると『寫真畫報』と改題した。一九〇八年には『寫真畫報』の後継誌として『冒險世界』を創刊した。この雑誌は押川春浪を主任として、斎木寛直を助手とした。四六二倍判本文一二八頁に加え、毎号油絵一枚と写真版口絵四頁を添え、毎月一回発行、定価は一五銭であった。坪谷善四郎編『博文館五十年史』博文館、一九三七年、二〇五頁。
（19） 押川春浪「鐵車王国」『冒險世界』第三巻第五号（一九一〇年）、一―四〇頁。この作品については、横田『百年前の二十世紀』、長山『日本SF精神史』で紹介されている。
（20） 横田順彌はこれほどスケールの大きい兵器は明治・大正時

代のSFや未来記でもほかになく、この兵器を「原子力の予測と考えて問題はあるまい」としている。横田『百年前の二十世紀』、一一八頁。

(21)『冒険世界』第三巻第五号（一九一〇年）。

(22) ここでは、次の書誌を参照した。H・G・ウェルズ（浜野輝訳）『解放された世界』岩波書店、一九九七年。H. G. Wells, Greg Bear ed., *The Last War: A World Set Free* (Bison Books, 2001). Originally Published as *The World Set Free: a Story of Mankind* (London: Macmillan and Co., 1914).

(23) ウェルズの生涯については次の文献がある。ノーマン・マッケンジー、ジーン・マッケンジー（松村仙太郎訳）『時の旅人 H・G・ウェルズの生涯』早川書房、一九七一年。

(24) ジャック・ボドゥ（新島進訳）『SF文学』白水社、二〇一一年、三〇頁。

(25) ただしその放射能の影響は、皮膚が爛れるといった、当時知られていた人体の表面への影響であり、人体内部への影響は描かれていない。

(26) マッケンジー『時の旅人』、七三頁。

(27) ジョン・ケアリ（東郷秀光訳）『知識人と大衆』大月書店、二〇〇〇年、一七二頁。

(28) 蜂谷道彦は一九四五年八月一三日付の日記に次のように記している。「あの爆弾は原子爆弾だったこと、原子爆弾の落ちた広島には七十五年間住めぬのだとの怖いニュースを得た」蜂谷道彦『ヒロシマ日記』日本ブックエース、二〇一〇年、七二頁。この噂は一九四五年八月八日付の『ワシントン・ポスト』誌に掲載されたハロルド・ジェイコブスの談話に端を発する。

(29) マッケンジーは、ウェルズにとって原子爆弾は、「もし世界の新秩序の創造という目標にむかって、人類を理性的に説得することができない場合には、人類の絶滅という脅しをかけることによって彼らをびくつかせ、その任務にたいする完璧な手段となるもの」と指摘している。マッケンジー『時の旅人』、四四一頁。

(30) Weart, *Nuclear Fear*, pp. 27-28.

(31) マッケンジー『時の旅人』、四四二頁。

(32) ウェルズ『解放された世界』、一四六頁。

(33) Arthur Train and Robert Williams Wood, *The Man Who Rocked The Earth* (Garden City: Doubleday, Page & Company, 1915).

(34) フランクリン『最終兵器の夢』、八九―九〇頁。

(35) W. Warren Wager, *Terminal Visions: The Literature of Last Things* (Bloomington: Indiana University Press, 1982), p. 27 and p. 110.

(36) カレル・チャペック（田才益夫訳）『カレル・チャペックの闘争』世界思想社、一九九六年、三二五―三二六頁。

(37) 南博、社会心理研究所『大正文化 一九〇五―一九二七』勁草書房、一九六五年、八頁。

(38) 高田誠二は、一九一八年から一九二七年までを、日本物理学史のなかで物理学が世の中に出た時代と特徴づけている。高田誠二「世の中に出た物理学（一九一八―一九二七）」、日本科学史学会編『日本科学技術史大系 第一三巻 物理科学』第一法規出版、一九七〇年、二四三―二七六頁、二四八頁。

(39) 金子務『アインシュタイン・ショック――大正日本を揺る

がせた四十三日間』岩波書店、二〇〇五年。
(40) 西尾『科学ジャーナリストの先駆者』一八二頁。
(41) 石原は東北帝国大学を一九二一年に休職、二三年に辞職した。
(42) フリードマン他『アインシュタイン神話』、二七二頁。
(43) 原田の生涯については彼の自伝に詳しい、原田三夫『思い出の七十年』誠文堂新光社、一九六六年。
(44) 板倉他著『理科教育史資料　第六巻』、一五〇頁。
(45) 原田『思い出の七十年』、二三七頁。
(46) 例えば寺田寅彦は原田の編集方針を嫌い、原田の編集する媒体に一度も登場しなかった。
(47) 金子務は、原田の科学啓蒙について、「そこでは図解にならない科学的思考の筋道は後退し、前面には科学実験工作的な実物教育が押し出されて、かえってアマチュア科学の愛好者を多く生んだ」と評している。金子『アインシュタイン・ショックⅡ』、三八二頁。
(48) 創刊当初の『新青年』の性格については、次の文献を参照した。山下武『『新青年』をめぐる作家たち』筑摩書房、一九九六年、一〇―一二頁。
(49) 新青年研究会編『新青年読本――昭和グラフィティ』作品社、一九八八年、三六頁。
(50) 岩下弧舟「世界の最大秘密」『新青年』第一巻第八号（一九二〇年）、二四―三一頁。
(51) 同記事、二八―二九頁。
(52) "Is Sir Oliver Lodge Right About Atomic Energy?" *Popular Science Monthly*, Vol. 96, No. 5, May 1920: 96. E. F. Richards, "Dare We Use This Power? Sir Oriver Logde Says Atomic Energy Will Supplant Coal," *Popular Science Monthly*, Vol. 96, No. 5, May 1920: 97-98. この記事のもととなったのは、ロッジによる英国王立芸術協会（Royal Society of Arts）での講演であった。オリバー・ロッジは一八五一年生まれのイギリス人物理学者で、一八三二生まれのクルックスより二〇歳ほど年下であった。ロッジはロンドン大学で学んだ後、一八八一年からリバプール大学で、一九〇〇年から一九一九年まではバーミンガム大学で教鞭をとっていた。ロッジはクルックス同様、心霊現象の研究に打ち込んだ物理学者として知られるが、原子エネルギーの実用可能性の言及を積極的に行っていたことでもクルックスと似ている。
(53) 石井重美『世界の終り』新光社、一九二三年。
(54) 石井の名前は、大正初期には『水産試験所講習報告』や『動物學雑誌』に見ることができる。
(55) 石井『世界の終り』、二―三頁。
(56) 原田三夫『思い出の七十年』誠文堂新光社、一九一四年、三二二頁。
(57) 世界の終わりを描いた代表的な小説として知られるカミーユ・フラマリオンの『世界の終わり（*La Fin du Monde*）』の邦訳書は、震災前の一九二三年四月に刊行されていた。カミイユ・フラマリオン（高瀬毅訳）『此世は如何にして終るか――科学小説』改造社、一九二三年。
(58) たとえば原田は震災に乗じて『科學画報』の「大震災号」を九月二五日に発行、また単行本『地震の科學』を一一月初旬に刊行した。どちらも飛ぶように売れたという。原田『思い出の七十年』、一三七頁。

(59)『科学の世界』における「世界の解放」の連載は、一九二六年一月に刊行された第四巻第五号から、同年一二月に刊行された第五巻第六号まで続いた。

(60) 木螺山人「無題」『渋柿』一九二九年一一月、一頁。（収録：寺田寅彦『柿の種』岩波書店、一九九六年、一二〇―一二一頁）

(61) すでに「世界の解放」という題名で邦訳がされていたが、寺田が「放たれた世界」と記していることは、彼がウェルズの作品を原書で読んだためだと考えられる。

(62) 海野は一八九七年に松島藩の御殿医であった佐野家に佐野昌一として生を受けた。海野の生涯については以下を参照した。長山靖生「デビューまでの海野十三」『海野十三研究一〇』、鷲田小彌太「海野十三の科学小説――大正小説の中の世界」『潮』第三六七号（一九八九年）、四〇六―四〇九頁。

(63) 妻の英によると、海野は外国からも雑誌をとりよせ、小さな記事からもヒントを得ていた。佐野英「夫・海野十三の思い出」『少年小説大系　月報四』一九八七年、二頁。

(64) 佐野昌一「科學時潮」『新青年』第九巻第四号（一九三四年）、一七六―一七九頁。

(65)『緑の汚點（*The Green Splotches*）』はT・S・ストリブリングによって書かれ、一九二〇年一月三日号の『アドベンチャー』に掲載されたものだが、一九二七年三月号の『アメージング・ストーリーズ』に再掲載された。海野は『アメージング・ストーリーズ』でこの作品を読んだと考えられる。

(66) 海野十三「遺言状放送」『海野十三全集　第一巻』三一書房、一九九〇年、八―一六頁。（初出：『無線通信』一九二七年三月）

(67) 関井光男「科学万能のロマンティシズム」『新青年読本全一巻』作品社、一九八八年、三三頁。火星文明が存在するという説は、一八九〇年にカミーユ・フラマリオンやパーシバル・ローエルが私設天文台での観測の結果提唱し、広まったものである。ローエルの火星文明論については次の文献に詳しい。横尾広光『地球外文明の思想史』恒星社厚生閣、一九九一年。

(68) 同様に、第一次世界大戦の戦場とならなかったアメリカでも、楽観的な兵器観が続いていたと考えられる。

(69) 竹村民郎『大正文化　帝国のユートピア――世界史の転換期と大衆消費社会の形成』三元社、二〇一〇年、一九六頁。

第四章

(1) ラザフォードは、弟子のハンス・ガイガーとアーネスト・マースデンが行ったアルファ粒子の散乱実験をもとに、有核原子模型を発表した。

(2)「水銀還金実験」については以下の文献を参照した。「長岡の水銀還金実験とその背景」、板倉他『長岡半太郎伝』、四七三―五〇八頁。

(3) H. Nagaoka, Y. Sugiura, and T. Mishima, "Isotopes of Mercury and Bismuth revealed in the Satellites of their Spectral Lines," *Nature*, Vol. 113 (1924): 459-460. H. Nagaoka, Y. Sugiura, and T. Mishima, "Binding of Electrons in the Nucleus of the Mercury Atom," *Nature*, Vol. 113 (1924): 567-568.

(4) 板倉他『長岡半太郎伝』四八〇―四八一頁。ミーテは一七〇ボルトの電圧を二〇時間から二〇〇時間かけ、〇・一から〇・〇一ミリグラムの金を得たとしている。Adolf Miethe, "Der Zerfall des Quicksilberatomsm," *Die Naturwissenschaften*, Vol. 12. No. 29 (1924) : 597-598.

（5）採取した物質の化学分析を行ったのは理研の安田又一であった。水銀の精製と化学分析がどのように行なわれたかについては福井の論文に詳しい。福井崇時「淺田常三郎先生と長岡半太郎先生とフリッツ・ハーバー先生」『技術文化論叢』第九号（二〇〇六年）、四一―六四頁。

（6）板倉他『長岡半太郎伝』、四八二頁。

（7）同書、四八二―四八三頁。

（8）宮田親平『「科学者の楽園」をつくった男――大河内正敏と理化学研究所』日本経済新聞社、二〇〇一年、五六頁。

（9）大河内については次の文献がある。斎藤憲『大河内正敏――科学技術に生涯をかけた男（評伝・日本経済思想）』日本経済評論社、二〇〇九年。

（10）この記事は大河内が一一月二五日に送付したものとされている。

（11）石原は一九二六年に出版した著書『物理学の基礎的諸問題』に収録されている論文「スペクトル線に於ける同位体（同位元素）の影響」において、長岡の水銀原子核構造論を批判した。板倉他『長岡半太郎伝』、二九一頁。

（12）大井六一「原子の神秘――萬有還金は可能か？」『新青年』第五巻第一三号（一九二四年）、一五四―一六〇頁。

（13）中西裕『ホームズ翻訳への道――延原謙評伝』日本古書通信社、二〇一〇年。このペンネームは延原の住所「大井町六丁目一番地」に由来する。

（14）仲瀬善太郎「『原子の神祕』に就て」『新青年』第六巻第三号（一九二五年）、三〇〇―三〇一頁。

（15）大井六一「中頼教授に」『新青年』第六巻第三号（一九二五年）、三〇一頁。

（16）竹内時男『最近の物理學』興学会、一九二五年、一一二頁。

（17）たとえば一九二四年には『科學知識』に「長岡博士の水銀還金法」という文章を書いている。竹内時男「長岡博士の水銀還金法」『科學知識』第四巻第一二号（一九二四年）。

（18）板倉他『長岡半太郎伝』、四九一頁。

（19）高田徳佐『近世科學の寶船　子供達へのプレゼント』慶文堂書店、一九二五年。この本については横田順彌が言及・紹介している。横田順彌『明治【空想小説】コレクション』ＰＨＰ研究所、一九九五年、二一四―二一九頁。

（20）同書、四〇九―四一〇頁。

（21）板倉聖宣、永田英治編著『理科教育史資料　第六巻（科学読み物・年表・人物事典）』東京法令出版、一九八七年、四三五頁。

（22）国立国会図書館の提供している「国立国会図書館サーチ」で検索すると、高田徳佐を著者とする刊行物は一五七冊を数える。

（23）大阪毎日新聞社編『五十年後の太平洋――大阪毎日新聞懸賞論文』大阪毎日新聞社、一九二七年。

（24）新聞の発行部数は一九二七年の時点で、多い順に『大阪朝日新聞』の一二六万、『大阪毎日新聞』の一一六万、『東京日日新聞』の四五万、『東京朝日新聞』の四〇万となっていた。

（25）大阪毎日新聞社編『五十年後の太平洋』、五二頁。

(26) 同書、五三頁。

(27) この懸賞の審査員は、衆議院議員（井上雅二）、英国国立地学協会会員（志賀重昂）、海軍少将（日高謹爾）、経済学博士（寺島成信）、法学博士（山本美越乃）、子爵（後藤新平）、工学博士子爵（大河内正敏）、工学博士男爵（斯波忠三郎）、理学博士（山崎直方）、大阪毎日新聞編集主幹（高石真五郎）、東京日々新聞編集主幹（城戸元亮）、の一一名から成っていた。

(28) バートランド・ラッセル（寮佐吉訳）『原子のＡＢＣ』新光社、一九二五年。

(29) バーバラ・ハミル「日本的モダニズムの思想——平林初之輔を中心として」、南博編『日本モダニズムの研究』ブレーン出版、一九八二年、八九—一一四頁、一〇三頁。

(30) 吉田司雄『妊娠するロボット——一九二〇年代の科学と幻想』春風社、二〇〇三年、二四頁。

(31) 板倉他『長岡半太郎伝』、四八二頁。

(32) 座談会「数物学会の分離と二つの科学」『日本物理学会誌』五一巻一号（一九九六年）、二六—三六頁。

(33) 同上、二八頁。

(34) 丘丘十郎「科學が臍を曲げた話」『新青年』第一五巻第一一号（一九三四年）、三〇二—三〇五頁。海野はいくつものペンネームを持っていた。丘丘十朗は海野が科学記事の執筆においてしばしば用いたペンネームであった。

(35) 丘「科學が臍を曲げた話」、三〇二頁。

(36) 土井晩翠「苦熱の囈語」『雨の降る日は天気が悪い』大雄閣、一九三四年。

(37) 同書、一三—一四頁。

(38) ヨーロッパでは、ケンブリッジ大学キャヴェンディッシュ研究所、ゲッチンゲン大学を経て、一九二三年にコペンハーゲン大学に移り、そこで一九二八年まで滞在した。一九二八年にはオスカー・クラインと共にクライン＝仁科の公式を発表した。

(39) 仁科の伝記的記述については次の文献がある。朝永振一郎、玉木英彦編『仁科芳雄——伝記と回想』みすず書房、一九五二年。玉木英彦、江沢洋『仁科芳雄——日本の原子科学の曙』みすず書房、一九九一年（新装版二〇〇五年）。中根良平、仁科雄一郎、仁科浩二郎、矢崎裕二、江沢洋編『仁科芳雄往復書簡集——現代物理学の開拓』第一巻—第三巻、補巻、みすず書房、二〇〇六—一一年。Kim Dong-Won, *Yoshio Nishina: Father of Modern Physics in Japan* (New York: Taylor & Francis, 2007).

(40) 玉木他『仁科芳雄』二〇〇五年、一九頁。

(41) 日野川静枝『サイクロトロンから原爆へ——核時代の起源を探る』績文堂出版、二〇〇九年、四六頁。日本学術振興会の研究費補助事業は一九三三年に開始したが、一九三四年に設置された委員会「宇宙線・原子核」では、四二年までに四八万四三七〇円の研究費が使用され、研究費の多さで航空燃料、無線装置につぐ第三位となった。廣重徹『科学の社会史（上戦争と科学）』、岩波書店、二〇〇二年、一六七頁。

(42) サイクロトロンの開発史については、以下を参照。M・S・リヴィングストン（山口嘉夫・山田作衛訳）『加速器の歴史』みすず書房、一九七二年。日野川『サイクロトロンから原爆へ』。

(43) 日野川『サイクロトロンから原爆へ』。Peter Galison and Bruce Hevly ed., *Big Science: the Growth of Large-Scale*

Research (Stanford, Calif.: Stanford University Press, 1992).

(44) 日野川静枝「一九三〇年代理化学研究所におけるサイクロトロンの開発史」『東京工業大学人文論叢』第六号（一九八〇年）一四一―一五六頁。廣重『科学の社会史（上）』。

(45) 日野川「一九三〇年代理化学研究所におけるサイクロトロンの開発史」、一四三頁。

(46) 同論文、一四三頁。

(47) 谷口工業奨励会四十五周年記念財団編『谷口財団七〇年の歩み――学術研究と国際シンポジウム』谷口工業奨励会四十五周年記念財団、一九九九年。

(48) 伊藤順吉「大阪大学の昔のサイクロトロン」『日本物理学会誌』第三二巻第九号（一九七七年）、七〇六―七一三頁、七〇六頁。

(49) 京大はサイクロトロンの建設資金として、一九四一年から一九四五年にかけて文部省から科学研究費一七万七八〇〇円を得ていた。一九七四年九月二日付けの清水栄によるメモ "Memorandum for Kyoto Cyclotron under construction in the War time."

(50) 日本のサイクロトロンはアメリカ以外の国で初めて稼働したサイクロトロンといわれているが、ソ連のサイクロトロンが日本に先駆けていた可能性がある。レニングラードのラジウム研究所七五周年記念誌『ヴェ・ゲー・フローピン名称ラジウム研究所――創建七五周年に向けて』によれば、ソ連のサイクロトロンは一九三七年に完成した。Под обш. ред. Е.И. Ильенко. Радиевый институт имени В.Г. Хлопина: к 75-летию со дня основания. Санкт-Петербург 1997. стр.10. ソ連の原子力行政史家ペトロシャンツの著書『原子力科学・技術の現代的諸問題』には、一九三五年に6MeV級の加速器として完成・始動、一九三七年に12Mev級に拡張された、とある。一九三五年に立ち上がった装置がサイクロトロンと呼べるか否かは不明である。А.М. Петросянц, Современные проблемы атомной науки и техники (Изд. 3-е, перераб. и доп.). М.: Атомиздат 1976. стр. 29. 市川浩氏と金山浩司氏のご教示による。

(51) 座談会「仁科先生を偲ぶ座談会」、朝永振一郎、玉木英彦編『仁科芳雄――伝記と回想』みすず書房、一九五二年、一五七―二〇四頁。（初出：『自然』一九五一年四月号）座談会の出席者は、発言順に朝永振一郎、山崎文男、竹内柾、坂田昌一、中山弘美、玉木英彦。

(52) 朝永は、仁科の宣伝活動を快く思っていなかったようである。それはときに、研究室に不穏な空気をもたらすこともあった。

(53) 筑瀬重喜「一九二〇―三〇年代のメディア戦争――新聞はラジオといかにして共生関係を見出したか」『情報化社会・メディア研究』第二号（二〇〇五年）、三五―四四頁。

(54) 中根他編『仁科芳雄往復書簡集　補巻』、五九―六〇頁。ラジウムEとは、ビスマスの同位体であるビスマス二一〇のことである。

(55) 中根他編『仁科芳雄往復書簡集　Ⅱ』、四九七頁。

(56) 中根他編『仁科芳雄往復書簡集　補巻』、一三六頁。

(57) 同書、一四二頁。
(58) モリス・ローは日本人物理学者のアイデンティティーを論じた著書で、戦時中に己の目的に合うような言説を用いた人々同様に、彼らが新しい言説を取り入れていったことを指摘している。そしてその際、科学者のサムライとしてのルーツに加え、財閥の支援によって研究が行われるということが、彼らの「公人」としてのアイデンティティーを生み出したと論じている。Morris Low, *Science and the Building of a New Japan* (Basingstoke: Palgrave Macmillan, 2005), p.15 and p.198.
(59) 中根他編『仁科芳雄往復書簡集　補巻』、一四二―一四三頁。
(60) 日野川『サイクロトロンから原爆へ』、五六頁。
(61) 同書、五八―五九頁。
(62) 岡本「原子核・素粒子物理学と競争的科学観の帰趨」、一五四頁。Kim, *Yoshio Nishina*, pp. 157-159. 岡本によれば、一九三七年夏以降は、湯川の中間子論の検証を行うということも、仁科が大サイクロトロンを建設する動機にあった。岡本拓司『科学と社会——戦時期日本における国家・学問・戦争の諸相』サイエンス社、二〇一四年、一九四頁。
(63) 日野川『サイクロトロンから原爆へ』、六四頁。
(64) 「世界の研究室　理化學研究所を覗く」『アサヒグラフ』第三四巻第一二号（一九四〇年）、一五六頁。
(65) 「紀元二千六百年記念　理研講演会」『理研彙報』第一九巻第一二号（一九四〇年）、一五二七―一五二八頁。
(66) 中川弘美「トレーサーと植物生理の研究」、玉木他『仁科芳雄』、一三五―一五三頁、一四一頁。
(67) 「仁科先生を偲ぶ座談会」、一八二頁。
(68) 「職員録」、理化学研究所記念史料室所蔵。
(69) ここでは加藤の健康状態を確かめるために、理研の職員録にあった加藤の健康診断記録を参照した。加藤のその後の足跡については調べられていない。
(70) アメリカにおいてもサイクロトロン考案者のローレンスの宣伝活動は顕著であり、彼はオッペンハイマーを「実験台」にするなどしてサイクロトロン建設の資金を獲得していた。アイリーン・ウェルサム（渡辺正訳）『プルトニウムファイル』翔泳社、二〇〇〇年、一六頁。

第五章

(1) K・ホフマン（山崎正勝・栗原岳史・小長谷大介訳）『オットー・ハーン——科学者の義務と責任とは』シュプリンガージャパン、二〇〇六年、一六二頁。
(2) "Great Accident," *The Times*, 6 Feb 1939, pp. 21-22.
(3) ホフマン『オットー・ハーン』、一六二頁。
(4) "Might-Have-Been," *Time*, 12 Feb 1940, p. 44.
(5) William L. Lawrence, "Vast Power Source in Atomic Energy Opened by Science," *New York Times*, 25 Feb 1939, p. 17.
(6) ホフマン『オットー・ハーン』、二〇一頁。
(7) "Atomic Power in Ten Years," *Time*, 27 May 1940, p. 44 and p. 46.
(8) ホフマン『オットー・ハーン』、二〇〇頁。ドイツではこれ以前、広く読まれている科学雑誌『ディー・ウムシャウ（展望）』の一九三九年三月二六日号や『ナトゥーアヴィッセンシャフテン』の一九三九年六月九日号などで、ウラン核分裂の利用についての期待が示されていた。

（9）同書、二〇〇頁。Alfred Stettbacher "Der Amerikanische Super-Sprengstoff 'U-235'," *Nitrocellulose*, Nr.11 (1940): 203-204.

（10）"The British Association Breaking Down the Atom Transformation of Elements," *The Times*, 12 Sep. 1933, p.7.

（11）この日の講演の概要は以下に掲載されている。A. F. "Atomic Transmutation," *Nature*, Vol. 132, No. 11 (1933): 432-433.

（12）ローズ『原子爆弾の誕生（上）』、三〇頁。

（13）S・R・ウィアート、G・W・シラード編（伏見康治、伏見諭訳）『シラードの証言——核開発の回想と資料 一九三〇—一九四五年』みすず書房、一九八二年、二一頁。

（14）シラード『シラードの証言』、七〇頁。

（15）Kragh, *Quantum Generation*, p. 264.

（16）この雑誌は科学知識の普及を第一の目的とし、その媒体としてSFがあるという視点にたっていた。そのため著名な科学者——ドイツ人科学者C・A・ブラントやエジソンの義理の息子T・オコーナー・スローンなど——をテクニカル・アドバイザーとしていた。荒俣宏『雑誌の黄金時代』平凡社、一九九八年、三七三頁。

（17）Berger, "The Triumph of Prophecy."

（18）Robert Heinlein, "Blowups Happen," *Astounding Science Fiction*, Sep 1940.

（19）Anson MacDonald, "Solution Unsatisfactory," *Astounding Science Fiction*, May 1941.

（20）Berger, "The Triumph of Prophecy."

（21）Theodore Sturgeon, "Artnan Process," *Astounding Science Fiction*, Jun 1941.

（22）寮佐吉「科學の驚異 原子破壊砲」『サンデー毎日』第十八巻十八号（一九三九年）、一八—一九頁。

（23）同記事、一八頁。

（24）寮佐吉の活動については孫の寮美千子がその足跡を調べ、まとめている。寮美千子「祖父の書斎／科学ライター寮佐吉」〈http://ryomichico.net/sakichi/〉アクセス：二〇一五年六月二一日。

（25）寮は一九〇六年から愛知県のいくつかの小学校と中学校の教諭を務め、一九三一年から一九四五年まで東京府立第四中学校で教諭を務めた。寮の著作書としては例えば以下のものがある。エル・ボルトン（寮佐吉訳）『通俗相対性原理講話』黎明閣、一九二二年。シヤール・ノルマン（寮佐吉訳）『アインスタインの哲学と新宇宙観』黎明閣、一九二二年。ジヨン・ミルス（寮佐吉訳）『通俗電子及び量子論講話』黎明閣、一九二二年。寮佐吉『通俗第四次元講話（通俗科学講話叢書第四編）』黎明閣、一九二二年。（以上、通俗科学講話叢書）バートランド・ラッセル（寮佐吉訳）『原子のＡＢＣ』新光社、一九二五年。アーサー・エディントン（寮佐吉訳）『物的世界の本質』岩波書店、一九二四年。

（26）ラザフォド(寮佐吉譯)『新しい錬金術——元素の爆撃變脱』共立社、一九三八年。

（27）海野十三「千年後の世界」『海野十三全集 第七巻』三一書房、一九九〇年、四四八—四五五頁。

(28) 海野十三「地球要塞」『海野十三全集　第七巻』三一書房、一九九〇年、五―八七頁。
(29) 座談会「航空新世紀座談会」『新青年』第二一巻第一号（一九四〇年）、二五〇―二六五頁。座談会の参加者は、陸軍航空兵少佐の西原勝、陸軍航空兵少佐の木下春二郎、東宝映画監督の阿部豊、作家の海野十三、小栗虫太郎、木下荘十、サトウ・ハチロー、浜本浩であった。
(30) 本田一二「科学ジャーナリズムの歴史」『総合ジャーナリズム研究』第一〇巻第一号（一九七三年）、九〇―九七頁、九四頁。
(31) 竹内時男「未來の燃料　ウラン二三五　原子爆裂のエネルギー應用」『科學知識』第二〇巻第九号（一九四〇年）、七二―七四頁。
(32) 同論文、七三頁。
(33) 竹内時男『解説・原子核の物理』科学主義工業社、一九四〇年、一二三頁。
(34) 同書、五頁。
(35) 「中性の錬金術家が非常な忍耐と驚くべき豫言射的本能とを以て求めてゐた『哲學者の石』は、斯くて科學的基礎の上にサイクロトロンとして現れて來た」。同書、四六頁。
(36) 日本科学史学会編『日本科学技術史大系　第一三巻　物理科学』、四四一頁。
(37) 原田三夫『最新の自然科学』ダイヤモンド社、一九四〇年。
(38) 座談会「夢と現実を語る鼎座放談会」『海野十三全集　別巻一』三一書房、一九九一年、四四二―四六五頁。
(39) 伏見康治「新物理學講話　ウィルソンの霧箱」『科學知識』第二〇巻第六号（一九四〇年）、六六―七一頁。
(40) 伏見らがサイクロトロンを用いて行った実験の結果は例えば、以下で報告されている。Seishi Kikuchi, Yuzuru Watase, Junkichi Itoh, Eiichi Takeda, and Seitaro Yamaguchi, "Ray Spectrum of 13N," *Proc. Phys.-Math. Soc. Japan*, Vol. 21 (1939): 52-58.
(41) 高田誠二「科学雑誌の戦前と戦後」『日本物理学会誌』第五一巻第三号（一九九六年）、一八九―一九四頁。
(42) 藤岡由夫も、一九三九年九月一二日の『東京朝日新聞』の「學界余滴」というコーナーに「原子核の分裂」について簡単な解説文を寄せているが、やはりエネルギー源となる可能性については言及していない。
(43) ＧＨＱが日本の戦時中の科学政策で最も重点的に調べたのが原子力の研究についてであった。そのため関係資料の多くが押収された。機密解除後に、日本の原子力分野について調査したＧＨＱの内部資料をまとめたものがある。安斎育郎編『ＧＨＱトップシークレット文書集成　第四期』柏書房、一九九八年。
(44) 山本洋一「日本製原爆の真相」『大法輪』第二〇巻第八号（一九五三年）、六―四〇頁。
(45) 山本洋一『日本製原爆の真相』創造陽樹社、一九七六年。
(46) 読売新聞社編『昭和史の天皇　四』読売新聞社、一九六八年。
(47) 保阪正康『戦時秘話――原子爆弾完成を急げ』朝日ソノラマ、一九八三年。保阪正康『日本の原爆――その開発と挫折の道程』新潮社、二〇一二年。
(48) 深井佑造「旧海軍委託「Ｆ研究」における臨海計算法の開

発」『技術文化論叢』第二巻（一九九九年）、二七―四四頁。深井佑造「旧軍委託「ニ号研究」における臨海計算」『技術文化論叢』第三号（二〇〇〇年）、一―二四頁。山崎正勝「理研の原子爆弾一つの幻想「完全燃焼」構想」『技術文化論叢』三号（二〇〇〇年）、二五―三二頁。山崎正勝「理研の「ウラニウム爆弾」構想――第二次世界大戦期の日本の核兵器研究」『科学史研究』第四〇巻第二一八号（二〇〇一年）、八七―九六頁。深井佑造「長岡半太郎の原爆開発構想――戦時中の日本の原子力開発のもう一つの考え」『技術文化論叢』第五号（二〇〇二年）、一―二六頁。Keiko Nagase-Reimer, Walter Grunden and Masakatsu Yamaszaki "Nuclear Research in Japan during the Second World War," *Historia Scientiarum*, 14 (2005): 221-240.

(49) 山崎正勝『日本の核開発　一九三九―一九五五――原爆から原子力へ』績文堂出版、二〇一一年。

(50) 福井崇時「萩原篤太郎が水爆原理発案第一号とされたことの検証及び昭和十六年頃の、京大荒勝研を例とした日本の原子核研究状況」『年報　科学・技術・社会』第一〇号（二〇〇一年）、七九―一一七頁。

(51) John W. Dower, "NI' and 'F': Japan's Wartime Atomic Bomb Research," *War and Peace: Selected Essays* (New York: New Press, 1993), pp. 55-100. ジョン・ダワー（明田川融監訳）「「ニ号研究」と「F研究」」『昭和――戦争と平和の日本』みすず書房、二〇一〇年、四七―七八頁。

(52) 読売新聞社編『昭和史の天皇　四』、七八頁。

(53) 同書、七九頁。

(54) 安田武雄「日本における原子爆弾製造に関する研究の回顧」『原子力工業』第一巻第四号（一九五五年）、四四―四七頁。

(55) 読売新聞社編『昭和史の天皇　四』、八二頁。

(56) この予算は、同研究室の年間予算の六〇パーセントを占めた。日野川『サイクロトロンから原爆へ』、七二―七三頁

(57) 山崎『日本の核開発』、五頁、注九。

(58) 志賀富士男編『機密兵器の全貌――わが科学技術の眞相と反省Ⅱ』興洋社、一九五二年、一六一頁。

(59) 物理懇話会については河村豊の博士論文に詳しい。河村豊「旧日本海軍の電波兵器開発過程を事例とした第二次大戦期日本の科学技術動員に関する分析」東京工業大学大学院社会理工学研究科博士論文（二〇〇一年）。

(60) 村田勉は戦後ペンシルロケット開発に関わったことで知られている。

(61) 萩原篤太郎「超爆裂性原子〝U二三五〟ニ就テ」『火廠雑報』第三三号（火研雑第六五号）。この議事録は小冊子の形で残っており、福井崇時によって復刻紹介されている。「復刻――一萩原篤太郎の第三海軍火薬廠での議事録」〈http://watanaby.files.wordpress.com/2013/01/fukui-5a.pdf〉アクセス：二〇一五年六月二一日。

(62) Tokutaro Hagiwara, "Liberation of Neutrons in the Nuclear Explosion of Uranium Irradiated by Thermal Neutrons," *Memoirs of the College of Science, Kyoto Imperial University*, Series A, Vol. 33, No. 1 (1940): 19-32. 山崎『日本の核開発』、四四頁。

(63) 読売新聞社編『昭和史の天皇』、一七三頁

(64) 一方、F研究のリーダーとなった荒勝文策はほとんどメ

ディアに登場していない。

(65) 仁科芳雄「科学と技術の振興」『改造』第二三巻第一号（一九四一年）、三五九頁。

(66) Kim, *Yoshio Nishina*, p. 149.

(67) 読売新聞社編『昭和史の天皇　四』、八一頁。

(68) 飯森とは飯森武夫のことで、彼がマサチューセッツ工科大学で粉末冶金装置を見せてもらえなかったというエピソードが連載第三回目に掲載されているが、ミネソタ大学の質量分析器については紙面では紹介されていない。

(69) 座談会の参加者は、鏑木外岐雄、矢崎為一、大獄六郎。座談会「米國の學界と學風」『科學画報』第三〇巻第二号（一九四一年）、四九―六〇頁。

(70) 「米國の學界と學風」、五二頁。

(71) 鈴木徳二「一瞬に丸ビルを吹き飛ばす　原子爆弾の話」『日の出』第一〇巻第四号（一九四一年）、三四四―三四六頁。

(72) 両雑誌は一九四四年の企業整備によって二大国民大衆雑誌に認定されている。日本出版協同株式会社『昭和一九、二〇、二一年度　日本出版年鑑』文泉堂、一九七八年。

(73) 高橋隆治『新潮社の戦争責任』第三文明社、二〇〇三年、六六頁。

(74) 科学動員体制については、以下の文献を参照した。大淀昇一『宮本武之輔と科学技術行政』東海大学出版会、一九八九年。沢井実『近代日本の研究開発体制』名古屋大学出版会、二〇一二年。河村豊「旧日本海軍の電波兵器開発過程を事例とした第二次大戦期日本の科学技術動員に関する分析」東京工業大学大学院社会理工学研究科博士論文（二〇〇一年）。鈴木淳『科学技術政策』山川出版社、二〇一〇年。水沢光「日本の戦時科学技術体制」『科学史研究』第五二巻第二六六号（二〇一三年）、六五―六九頁。

(75) 廣重『科学の社会史（上）』、二二〇頁。

(76) 鈴木淳『科学技術政策』山川出版社、二〇一〇年、六九頁。

(77) 廣重徹は「一九四〇年秋から一九四一年前半にかけては、ジャーナリズムの上でこれまでになく科学技術論議のさかんな時期であった。技術官僚、科学技術団体の人々、民間会社の技術者、それに大学の科学者たちが、『技術評論』、『工業国策』、『科学主義工業』、さらに『改造』、『中央公論』などの一般誌を舞台にさかんに発言した」と記している。廣重『科学の社会史（上）戦争と科学』、二二五頁。

(78) 廣重『科学の社会史（上）』、二二六頁。

(79) 仁科芳雄「科学と国防」『信濃教育』第六五九号（一九四一年）、二〇―三九頁。

(80) 仁科芳雄「科學と戰爭」『知性』第一二号（一九四一年）、二二―二八頁。鼎談会「科學と國策」『科學主義工業』第五巻第七号（一九四一年）、一一〇―一三一頁。

第六章

(1) 佐野昌一「科學が描く未来風景」『中央公論』第五一号（一九三六年）、一九六―二〇一頁、一九九頁。

(2) その模様は次節で検討する。

(3) 永瀬ライマー桂子、河村豊「日本における強力電波兵器開発計画の系譜――戦時下の「殺人光線」に関する検討」『Il Saggiatore』第四一号（二〇一四年）、一―一六頁、三頁。

（4）同論文、四頁。
（5）日本の殺人光線研究については、次の文献にも詳しい。Walter E. Grunden, *Secret Weapons and World War II: Japan in the Shadow of Big Science* (Lawrence, Kan.: University Press of Kansas, 2005).
（6）当時日本のメディアで「ニコラ・テスラ」はしばしば「ニコラ・テラス」と誤記されていた。
（7）"Tesla, at 78, Bares New 'Death-Beam'," New York Times, 11 Jul 1934. 'Beam to Kill Army at 200 Miles, Tesla's Claim on 78th Birthday," *New York Herald Tribune*, 11 Jul. 1934. "Death-Ray Machine Described," *New York Sun*, 11 Jul 1934.
（8）武藤貞一「これが戰爭だ!!」『新青年』第一七巻第一一号（一九三六年）、二四六―二五六頁。武藤貞一は、一八九二年生まれの評論家である。一九二三年に東京朝日新聞社に入社、一九三九年に報知新聞社主筆となり、対ソ・対米戦を主張、時局に関する著書を多数刊行した。
（9）同上、二五六頁。
（10）座談会「科學者ばかりの未来戰爭座談會」『新青年』第一八巻第一〇号（一九三七年）、一六二―一七八頁。
（11）ここでつけた肩書きは、前掲記事で紹介されているもの。林髞は木々高太郎のペンネームで作家としても活躍していた。
（12）竹内時男『新兵器と科学戦』偕成社、一九三八年。
（13）「ラヂウム・アトマイト（radium atomite）」という用語は、一九二〇年代から使われていたようである。たとえば一九二八年の『ポピュラー・サイエンス・マガジン』では、ロサンゼルス化学者H・R・ジンマーらによって開発されたラジウムを含む粉で、TNT火薬の三倍の威力を持つと記されている。"New Explosive Beat TNT," *Popular Science Magazine*, Aug 1928, p.68.
（14）竹内『新兵器と科学戦』、二三六頁。
（15）石原莞爾『世界最終戦論』立命館出版部、一九四〇年。
（16）佐橋和人「新兵器として見た殺人光線の存否」『フレッシュマン』第三巻第一二号（一九四〇年）、四二―四五頁。佐橋和人の人物像については判明していない。
（17）宮本武之輔『現代技術の課題』岩波書店、一九四〇年。
（18）高田誠二「科学雑誌の戦前と戦後」『日本物理学会誌』第五一巻第三号（一九九六年）、一八九―一九四頁。
（19）小倉真美「一編集者の見た仁科先生の横顔」、朝永他編『仁科芳雄』、一三五―一四八頁。
（20）同書、一三七頁。
（21）中根他編『仁科芳雄往復書簡集 Ⅲ』、一〇二三頁。
（22）小倉「一編集者の見た仁科先生の横顔」、一三八頁。
（23）同書、一三九頁。
（24）朝日新聞社出版局編『朝日新聞出版局史』朝日新聞社、一九六九年、三二六頁。鈴木庫三と朝日新聞社の関係については佐藤卓己が考察している。佐藤卓己『言論統制――情報官・鈴木庫三と教育の国防国家』中央公論新社、二〇〇四年、三一六―三三四頁。
（25）朝日新聞百年史編修委員会編『朝日新聞社史　大正・昭和戦前編』朝日新聞社、一九九一年、六一五頁。
（26）麻生豊「仁科博士　漫画インタビュー」『科學朝日』第二

巻第一号（一九四二年）、九九頁。

（27）山崎『日本の核開発』二七—二八頁。ただし仁科は一貫して、純粋科学の重要性も訴えていた。Kenji Ito, "Values of 'Pure Science': Nishina Yoshio's Wartime Discourse between Nationalism and Physics, 1940-1945," *Historical Studies in the Physical and Biological Sciences*, Vol. 33, Part 1 (2002): 61-86.

（28）山崎『日本の核開発』五頁、注九。

（29）同書、九二頁。

（30）読売新聞社編『昭和史の天皇』、一八〇頁。

（31）山崎『日本の核開発』。

（32）Ito, "Values of 'Pure Sciencre'."

（33）山崎『日本の核開発』、九二頁。

（34）仁科は一九四四年以降、メディアへの登場回数を極端に減らしている。

（35）井上『日本ロボット戦争記』、三二一頁。

（36）横田順彌『日本ＳＦこてん古典　二』集英社、一九八四年、三二五頁。

（37）海野の科学小説を論じたものに次の論文がある。小泉紘子「戦時下の冒険科学小説——海野十三の場合」『政治学研究』第四九号（二〇一三年）、六七—八三頁。

（38）長山『日本ＳＦ精神史』、一五一—一五三頁。

（39）森下雨村「科學小説出でよ」『衆文』第二巻第十号（一九三四年）、一〇頁。

（40）海野十三「地球盗難　作者の言葉」『海野十三全集　別巻二』三一書房、一九九一年、三九三—三九八頁、三九四頁。海野はこの書に集めた作品を「科学小説らしいもの」という。科学小説と言い切らない理由として、探偵小説として発表したものが混じっていることと、科学小説と言い切るにはまだまだ物足りないからであるとしている。

（41）佐野「科學が描く未來風景」、一九九頁。

（42）水野宏美はこの作品を、日本の軍隊とその力、日本の帝国主義を夢に描いた作品であると論じている。Mizuno, *Science for the Empire*, pp. 160-161.

（43）この点は他の作家と比べて海野に特異的であると論じられている。瀬名堯彦「海野十三の軍事科学小説」『海野十三全集　第九巻』三一書房、一九八八年、付録冊子「海野十三研究　二」、一—九頁。

（44）加藤謙一「少年倶楽部時代（抄）」、松本零士編『少年小説大系　別巻三　少年小説研究』三一書房、一九九三年、四二五—五〇五頁、四八二頁。

（45）漆原喜一郎『浅草　子どもの歳時記』晩成書房、一九九〇年。

（46）松浦総三『戦中・占領下のマスコミ』大月書店、一九八四年、二三一頁。

（47）日本の科学技術が他国のそれにくらべて遅れているということを公言することは、次節でも述べるように禁止されていなかった。

（48）海野十三「太平洋魔城」『海野十三全集　第六巻』三一書房、一九八九年、三九五—五〇五頁。

（49）同書、五〇五頁。

（50）海野十三「火星兵団」『海野十三全集　第八巻』三一書房、一九八九年、八一—四二七頁。

(51)　海野十三「怪鳥艇」『海野十三全集　第九巻』三一書房、一九八八年、一六九―二五六頁。
(52)　「怪鳥艇」は、一九四三年に『潜水飛行艇飛魚号』という題名でラジオ・ドラマ化された。
(53)　海野十三「のろのろ砲弾の驚異」『新青年』第二二巻第四号（一九四一年）、二〇四―二一五頁、二一〇頁。
(54)　海野は一九四〇年、新体制運動に乗じて結成された国防文芸連名のメンバーとなり、文芸家協会の理事に就任した。一九四二年に日本文学報国会が結成されると、七月の防諜週間にあわせて全国で実施された防諜講演会の講師（一〇人のうちの一人）となり、若松、福岡、佐世保、長崎を廻った。同年一一月には、「大東亜戦争目的完遂のための文学者としての立場から挺身協力する諸方策」を議題として開催された大東亜文学者大会に参加している。一九四三年一一月には、日本文学報国会が情報局の命令で設置された小説部会の執筆候補者となっている。一九四四年に新陣容となった日本文学報国会でも小説部会のメンバーに選出されている。櫻本富雄『日本文学報国会――大東亜戦争下の文学者たち』青木書店、一九九五年。
(55)　このあたりの事情については、江戸川乱歩が詳しく書いている。江戸川乱歩『江戸川乱歩全集　第二九巻　探偵小説四十年（下）』光文社、二〇〇六年。
(56)　たとえば海野が海軍の記者として従軍する際の船の中の模様が日記形式で書かれている『赤道南下』には、海軍への強い尊敬の念が描かれている。海野十三『赤道南下』中央公論新社、二〇〇三年。
(57)　佐野英「夫・海野十三の思い出」『少年小説大系　第九巻　海野十三集』三一書房、一九八七年、付録冊子「月報四」一頁。
(58)　海野十三「宇宙戦隊」『海野十三全集　第一〇巻』三一書房、一九九一年、三五三―四三八頁。
(59)　瀬名堯彦「解題」『海野十三全集　第一〇巻』三一書房、一九九一年、五二三―五三四頁。
(60)　海野十三「火山島要塞」『海野十三全集　第一〇巻』三一書房、一九九一年、二一五―三五二頁。
(61)　海野十三「特攻隊に寄す」『週刊毎日』第二四巻第一七号（一九四五年）、五―六頁。『週刊毎日』は『サンデー毎日』が、一九四三年から一時的に名称を変えていたもの。
(62)　秦敬一「海野十三の位置――時代を体現したSFの先駆者」『語文と教育』第二一号（二〇〇七年）、二一―三一頁。佐藤裕亮「探偵小説専門誌「シュピオ」について――海野十三を視座として」『富山大学比較文学論集』第二巻（二〇〇九年）、八〇―九五頁。
(63)　鳥越信「海野十三の少年SF小説」『ユリイカ』第二〇巻第四号（一九八七年）、一五七―一六〇頁。
(64)　ジム・バゴット（青柳伸子訳）『原子爆弾　一九三八―一九五〇年――いかに物理学者たちは、世界を恐怖へと導いていったか?』作品社、二〇一五年。
(65)　Mark Warker, *Nazi Science: Myth, Truth, and the German Atomic Bomb* (New York: Plenum Press, 1995), p.197.
(66)　明田川融は、シーグバーン論考とそれを伝える『毎日新聞』の報道、田中舘の議会での発言が、〝マッチ箱〟言説が国民に知られる端緒になったとしている。明田川融「核兵器と「国民の特殊な感情」三――〝マッチ箱〟言説と国民感情」『みすず』第六二二号（二〇一三年）二〇―二九頁。
(67) この特集の中で原子核のエネルギーについて語っている記事は以下の通り。藤岡由夫「近代物理學の発展」二九―三六頁、渡辺慧「原子核のエネルギー」三七―四二頁、座談会「戰争と新しい物理學」六二―六六頁、石原純「原子核エネルギーの利用」七〇―七五頁、『科學朝日』第四巻第一号（一九四四年）。
(68) 座談会「戰争と新しい物理學」『科學朝日』第四巻第一号（一九四四年）、六二頁。
(69) 中村左衛門太郎「（連載）科学者の或る構想 高圧物理学で原子の転換」『科學朝日』第三巻第一二号（一九四三年）、八八―八九頁。
(70) 木下正雄「太陽熱を戦力へ」『科學朝日』第三巻第一二号（一九四三年）、八九―九一頁。
(71) 「第八十四回帝国議会貴族院議事速記録第十号」官報号外一九四四年二月八日。
(72) 木村一治『核と共に五〇年』築地書館、一九九〇年。
(73) 深井「「マッチ箱一個」の噂を検証する（前編）」。同「「マッチ箱一個」の噂を検証する（後編）」。
(74) 長岡半太郎「原子核分裂を兵器に利用する批判」『軍事と技術』第二一六号（一九四四年）、一―二五頁。
(75) 一ノ瀬俊也『戦場に舞ったビラ』講談社、二〇〇七年、一六二頁。
(76) 小林信彦『一少年の観た〈聖戦〉』筑摩書房、一九九五年、二一一頁。
(77) 湯川日出男「火薬」『學生の科學』第三〇巻第四号（一九四四年）、四一―四四頁。
(78) 井上『日本ロボット戦争期』、一七四頁。
(79) 保阪正庸『日本の原爆――その開発と挫折の道程』新潮社、二〇一二年、七〇頁。
(80) 戦時中の放射性鉱物探査については次の文献がある。任正爀「朝鮮における日本の研究機関による放射線鉱物の探索および採掘について――原爆開発計画ニ号研究との関連における考察」任正爀編『朝鮮近代科学技術史開化期・植民地期の諸問題』皓星社、二〇一〇年。福島県石川町立歴史民俗資料館編『ペグマタイトの記憶――石川の希元素鉱物と『ニ号研究』のかかわり』福島県石川町教育委員会、二〇一三年。
(81) 馬場宏明・坪井正道・田隅三生編『回想の水島研究室――科学昭和史の一断面』共立出版、一九九〇年、三〇頁。
(82) 山本『日本製原爆の真相』、五三頁。
(83) 馬場他『回想の水島研究室』、三〇―三一頁。
(84) 同書、七八頁。
(85) "Young Expert Dies in Atoms Research," *Nippon Times*, 25 Aug 1944, p. 5.
(86) 竹定政一、二〇〇八年二月二二日の著者のインタビューによる。
(87) 長井維理「大段博士に続け」『蛍雪時代』第一四巻七号（一九四四年）、一〇―一二頁。
(88) 鈴木登紀男「大段博士の中学時代を偲ぶ」『蛍雪時代』第一四巻七号（一九四四年）一三―一五頁。
(89) 海野十三「原子爆弾と地球防衛」『海野十三全集 別巻一』三一書房、一九八八年、三〇三―三一〇頁、三〇五―三〇六頁。

(90) 立川賢「桑湾けし飛ぶ」『新青年』第二五巻第七号（一九四四年）、五二―六四頁。
(91) 実際には、ウラニウム二三五は、一九三五年にシカゴ大学のアーサー・ジェフリー・デンプスターによって発見された。ハロルド・ユーリーは、一九三二年に重水素を発見したアメリカの化学者（Harold Clayton Urey）で、一九三四年にノーベル賞を受賞した。マンハッタン計画に参加した三人のノーベル賞受賞者（コンプトン、ローレンス、ユーリー）の一人であり、気体拡散法の研究を進めた。
(92) 立川賢「桑湾けし飛ぶ」『新青年』第二五巻第七号（一九四四年）、五二―六四頁、五五頁。
(93) 横田順彌は、立川賢について次のように言及している。「〈新青年〉にSFを書いた作家としては、昭和十七（一九四二）年～十九年にかけて、航空SFを六作ほど書いた立川賢がいる。正確な科学技術知識に基づいた、しっかりした作風だったが、なにぶん時代が悪く、充分に活躍することができなかった。デビューした時代が異なっていれば、優れた作品を書けた人のようで、残念というほかない」。横田『近代日本奇想小説史』、一五六頁。
(94) 川口則弘「直木賞のすべて：候補作家の群像」〈http://homepage1.nifty.com/naokiaward/kogun/kogun17TAK.htm〉アクセス：二〇一五年六月二一日。
(95) 新青年研究会編『新青年読本全一巻』、一七四頁。
(96) 爆発に伴うきのこ雲のイメージは、広島・長崎のあと、原爆を表象する際の代表的なものとなったが、このときはまだ、きのこ雲のイメージは流布していなかった。核爆発によって火の玉が形成されることはロスアラモス研究所の理論部で予想されていた。山崎他『原爆はこうして開発された』、一四九―一五〇頁。
(97) 守友恒「無限爆弾」『新青年』第二五巻第九号（一九四四年）、六―二一頁。
(98) 海野十三「諜報中継局」『新青年』第二五巻第一二号（一九四四年）、二―一九頁。
(99) 新青年研究会編『新青年読本全一巻』、一六〇頁。
(100) 谷口基『戦前戦後異端文学論――奇想と反骨』新典社、二〇〇九年、一六七―一六八頁。（初出：大山敏、湯浅篤志編『聞書抄』博文館新社、一九九三年）
(101) 長岡半太郎「原子核分裂を兵器に利用する批判」『軍事と技術』第二一六号（一九四四年）、一―二五頁。
(102) 坂井卓三日記、一九四四年一二月二九日、坂井信彦所蔵。
(103) 「V三号は原子爆弾か」『科学朝日』第五巻第二号（一九四五年）、五―六頁。『タイム』の記事は以下のもの。"V-3?" *TIME*, 27 Nov 1944, p. 88.
(104) なお、二月一日号の報道と解説欄では、「V三号は冷凍弾か　人畜の生存を許さぬ威力」という記事を載せている。このことから、情報は錯綜していたことがうかがえる。さらに、『朝日新聞』も、一九四五年一月一一日に、「V三号は『冷凍爆弾』」という記事を載せている。
(105) ダワー「「二号研究」と「F研究」」、七七頁。
(106) 山本洋一『日本製原爆の真相』創造陽樹社、一九七六年。
(107) ジェフリー・ハーフ（中村幹雄・谷口健治・姫岡とし子訳）『保守革命とモダニズム――ワイマール・第三帝国のテクノロ

ジー・文化・政治』岩波書店、二〇一〇年、三七五頁。

第七章

（1）笹本征男「原爆報道とプレスコード」、中山他編『通史日本の科学技術　第一巻』、二八六―三〇七頁、二八七頁。
（2）松浦総三「原爆、空襲報道への統制」（一九七四年）、坂本義和、庄野尚美監、岩垂弘、中島竜美編『日本原爆論体系（一）なぜ日本に原爆は投下されたか』日本図書センター、一九九九年、一〇〇―一二三頁、一〇一頁。
（3）朝日新聞百年史編修委員会編『朝日新聞社史　大正・昭和戦前編』、六四三頁。
（4）笹本「原爆報道とプレスコード」。
（5）八月一〇日の『長崎新聞』は、「長崎に新型爆弾――被害は僅少の見込み」という記事を載せている。
（6）「海外情報　原子爆彈その他」『科學朝日』第五巻第一二号（一九四五年）、二―一〇頁。この号は、七月号として刊行されており、「昭和二十年六月二十五日　印刷納本／昭和二十年七月一日発行」と記されているが、刊行が遅れていたのだろう。内容から、原爆投下後に発行されたものであることは間違いない。
（7）浅田常三郎「ウラニウム原子爆彈」『科學朝日』第五巻第一二号（一九四五年）、二九―三二頁。
（8）廣重徹『戦後日本の科学運動』中央公論社、一九六〇年、一二―一三頁。
（9）日本科学史学会編『日本科学技術史大系　五』、四二頁。
（10）笹本征男『米軍占領下の原爆調査――原爆加害国になった日本』新幹社、一九九五年。
（11）仁科芳雄「原子爆彈」『世界』第一巻第三号（一九四六年）、一〇八―一二七頁。
（12）仁科芳雄から玉木英彦への八月七日付の手紙、理化学研究所記念史料室所蔵。
（13）山崎『日本の核開発』、七〇―七一頁。仁科の次男である仁科浩二郎もこのような見解を述べている。仁科浩二郎「原子力と父の思い出」『日本原子力学会誌』、第三二巻第一二号（一九九〇年）、一七―二〇頁。
（14）岡本「原子核・素粒子物理学と競争的科学観の帰趨」、一六七頁。
（15）セグレ『X線からクォークまで』、三〇九頁。
（16）仁科「原子爆彈」、一〇八―一二七頁。
（17）中根他編『仁科芳雄往復書簡集　Ⅲ』一一四三―一一四四頁。山崎『日本の核開発』、七四頁。
（18）山崎『日本の核開発』、七九頁。
（19）中川「トレーサーと植物生理の研究」、玉木他『仁科芳雄』、一五二頁。
（20）田島英三『ある原子物理学者の生涯』新人物往来社、一九九五年、八九―九〇頁。
（21）岡本拓司「研究者の人格」『みすず』第五五〇号（二〇〇七年）、一九―二一頁。
（22）海野十三『海野十三敗戦日記』中央公論新社、二〇〇五年、一二〇―一二一頁。
（23）海野十三「原子爆弾と地球防衛」『海野十三全集　別巻二』三一書房、一九九一年、三〇三―三一〇頁。

(24) 廣重『科学の社会史（下）』、二一八頁。
(25) 日本科学史学会編『日本科学技術史大系　第五巻　通史五』第一法規出版、一九六四年、三九頁。
(26) 今野圓輔「『原子爆彈』物語」『週間毎日』第二四巻三二号（一九四五年）、八―九頁。
(27) 日本科学史学会編『日本科学技術史大系　第六巻　思想』第一法規出版、一九六八年、四五四頁。
(28) 佐藤文隆『科学と幸福』岩波書店、二〇〇〇年、一三頁。例えば、次のものがある。「原子爆弾の出現！／みなさんはこれをどのようにお考えでしょうか？／原子爆彈の出現――それは近代科學の偉大なる研究のたまものなのです」。飯田幸郷『科学物語　原子爆彈』昌平社、一九四八年。
(29) 廣重『戦後日本の科学運動』、一八―二三頁。
(30) 戦後まもない一九四五年九月に誠文堂新光社から売りだされた『日米会話手帳』が三六〇万部を売り上げるベストセラーとなったのを契機に出版ブームが幕を開いた。
(31) 若松「空前絶後の科学雑誌ブーム」、中山他編『通史　日本の科学技術　第一巻』、三三八―三四七頁。
(32) 同論文。
(33) 原田『思い出の七十年』、三六六頁。
(34) 漆島次郎は長崎の爆心地にできた長崎市平和公園にまつわる言説を検討し、その呼称が「アトム公園」から「平和公園」へと変化したことを指摘している。漆島次郎「長崎市平和公園にまつわる言説の推移――プランゲ文庫の新聞記事分析」『ジャーナリズムは科学技術とどう向き合うか』日本電気大学出版局、二〇〇九年、一六六―一八〇頁。
(35) 山本陽光「アトム書房」〈http://yutakasugimoto.tumblr.com/〉アクセス：二〇一五年五月二五日。「『アトム書房』を歩く　山下陽光」『中国新聞』二〇一四年三月四日から三月一三日まで、八回連載。
(36) 加藤哲郎「「平和」な「原子力」占領下日本の情報宇宙と「原爆」「原子力」――プランゲ文庫のもうひとつの読み方」『インテリジェンス』第一二巻（二〇一二年）、一四―二七頁。
(37) 漆島「長崎市平和公園にまつわる言説の推移」。
(38) 前田文相が「原子爆弾をただ凌駕するものを考えていくというやうなことでなくもつと大きなものをきづいていき度」と語ったのと同日、一九四五年八月一八日の『讀賣報知』の「今日の知識」ではサイクロトロンの解説をしており、「原子爆弾の正体が仁科博士によつて詳かにされたが、人工ラジウムをつくるサイクロトロンとはどんなものか、人工ラジウムは高速度のイオンを多量に作れば作るほど多量に出来る」と伝えている。サイクロトロンは、日本が高い水準の科学技術を有していることを人々に思い起こさせる存在であった。
(39) 小沼道二、高田容士夫「日本の原子核研究についての第二次世界大戦後の占領軍政策」『科学史研究』第三一巻（一九九二年）、一三八―一四五頁。山崎正勝「ＧＨＱ史料から見たサイクロトロン破壊」『科学史研究』第三四巻（一九九五年）、二四一―二六頁。
(40) 外務省特別資料部編『日本占領及び管理重要文書集』東洋経済新報者、一九四九年。
(41) 森脇大五郎「仁科先生と放射性生物学」、玉木他編『仁科芳雄』一九九一年、一五四―一六四頁。

(42) サイクロトロンの破壊の経緯については次の文献に詳しい。中山茂「サイクロトロンの破壊」、中山他編『通史　日本の科学技術　第一巻』、七七―八四頁。
(43) 阪大にあったベータ線スペクトルメーターを、やってきたチンマーマン（G. B. Zimmerman）に菊池正士が冗談で小サイクロトロンだと説明したところ、サイクロトロンと間違えて破壊されたという。福井崇時「サイクロトロンを米軍が接収海中投棄した経緯と阪大には二台と記録された根拠」『技術文化論叢』第一二号（二〇〇九年）、五九―七七頁。
(44) 山崎『日本の核開発』、八八頁。
(45) 吉岡斉『原子力の社会史』朝日新聞社、一九九九年、五三頁。
(46) 中曽根康弘「原子力の神話時代」『日本原子力学会誌』第四九巻第二号（二〇〇七年）、一二二―一二六頁。
(47) 玉木英彦「科学研究所と仁科先生」、朝永振一郎他『仁科芳雄』、七七―九八頁、七八頁。
(48) 占領期の科学雑誌の調査を行った御代川喜久夫は、戦時中に活躍した科学者は一般向けの科学雑誌にあまり登場してこなかった中、例外的といえるのが仁科であると指摘している。御代川『科学技術報道史』、三五頁。
(49) 仁科「原子爆弾」。
(50) この記事ではウラン二三五に遅い中性子を衝突させることで核分裂を起こすことが原子爆弾の基本原理と書かれているが、遅い中性子では原子爆弾にはならない。戦時中の仁科研ではこの点を誤解していたが、この時点まで誤解していたことがわかる。
(51) 山本昭宏「核エネルギー言説の戦後史――原子核物理学者を中心に」『原爆文学研究』第八巻（二〇〇九年）、二―一五頁。
(52) 仁科『原子力と私』、一二一―一二六頁。斉藤「仁科芳雄とアイソトープ」。占領期のアメリカの対日核政策については、田中慎吾の博士論文に詳しい。田中慎吾「核の「平和利用」と日米関係――原子力研究協定にみる「記憶」のポリティクス」大阪大学大学院国際公共政策研究科博士論文（二〇一四年）。
(53) ＣＩＥ映画とは、アメリカの民間情報教育局（ＣＩＥ）が日本に親米民主主義を根付かせようという意図で制作し、全国で上映した映画のこと。土屋由香、吉見俊哉編『占領する眼／占領する声――ＣＩＥ／ＵＳＩＳ映画とＶＯＡラジオ』二〇一二年、東京大学出版会。
(54) 長岡半太郎『長岡半太郎――原子力時代の曙』日本図書センター、一九九九年、一七一頁。（初出：『心』一九五〇年一〇月）
(55) 被爆地における原爆と平和の結びつきは、占領軍の政策に沿うものであったことや、復興の目的があったことが指摘されている。宇吹暁『広島戦後史――被爆体験はどう受け止められてきたか』岩波書店、二〇一四年。直野章子『被ばくと補償――広島、長崎、そして福島』平凡社、二〇一一年。Yuko Kawaguchi "Newspaper Reports of the Atomic Bombing of Hiroshima in the Early Postwar Years: Local, National, and Transnational," *Pacific and American Studies*, Vol.6, (2006) pp. 227-242.
(56) 福間良明「「被爆の明るさ」のゆくえ――戦後初期の「八・六」イベントと広島復興大博覧会」福間良明、吉村和真、山口誠編『複数のヒロシマ――記憶の戦後史とメディアの力学』青弓社、二〇一二年、二七頁。

(57) 勝部は、岡山医科大学放射能泉研究所で被爆者の皮膚切片の放射能検査を行い、「切除ケロイド片の放射能は初期に切除したものに最も多く切除期日の遅るるにつれて減少し一ヵ年以上を経過して切除したものにおいてはほとんど正常値に接近せり」と結論した。勝部玄「原子爆弾被爆者における瘢痕ケロイドの成因について」、日本学術会議原子爆弾災害調査報告刊行委員会編『原子爆弾災害調査報告』日本学術振興会、一九五三年、一三一七―一三二二頁。

(58) 当初は岡山医科大学三朝温泉療養所として開設され、一九四三年に改称された。現在の岡山大学病院三朝医療センター。

(59) GHQのプレスコードについては、次の文献を参照。江藤淳『閉ざされた言論空間――占領軍の検閲と戦後日本』文藝春秋、一九九四年。山本武利『GHQの検閲・諜報・宣伝工作』岩波書店、二〇一三年。原爆報道をめぐる検閲については次の文献がある。堀場清子『禁じられた原爆体験』岩波書店、一九九五。モニカ・ブラウ（柳沢敦子訳）『新版　検閲――原爆報道はどう禁じられたのか――』時事通信社、二〇一一年。それがGHQの意向に大きく背かない範囲であれば、原爆報道は許されていた。占領期のメディアで原爆や原子力に関する言説が多く現れていたことは、プランゲ文庫のデータベースを用いた調査で明らかにされている。中川正美「原爆報道と検閲」『インテリジェンス』第3号（二〇〇三年）、四二―四七頁。御代川貴久夫「占領期における「原子力の平和利用」をめぐる言説」、山本武利編『占領期文化をひらく』早稲田大学出版部、二〇〇六年、一六三―一八六頁。加藤哲郎「「平和」な「原子力」占領下日本の情報宇宙と「原爆」「原子力」――プランゲ文庫のもうひとつの読み方」『インテリジェンス』第一二巻（二〇一二年）、一四―二七頁。

(60) 広島大学文書館編『被爆地広島の復興過程における新聞人と報道に関する調査研究（平成一九年度　財団法人三菱財団人文科学研究助成　研究成果報告書）』広島大学文書館、二〇〇九年。例えば一九四六年二月から中国新聞編集局長を務めていた糸川成辰は、「プレス・コードによる公然としての検閲はなく、私のところへは具体的には何もいってこなかった」と述べている。中国新聞社『中国新聞八十年史』中国新聞社、一九七二年、二九五頁。

(61) 著者は被爆地における原爆症の不可視化について論じている。中尾麻伊香「広島の医師による「原爆症」の解釈――復興期のローカルな文脈から」『科学史研究』第五四巻第二七二号（二〇一五年）、四四―四七頁。

(62) 永井隆『この子を残して』講談社、一九四八年。

(63) 福間良明『焦土の記憶――沖縄・広島・長崎に残る戦後』新曜社、二〇一一年、二五三頁。

(64) 土屋由香「原子力平和利用USIS映画――核ある世界へのコンセンサス形成」、土屋他編『占領する眼／占領する声』、四七―七五頁。この映画が公開される直前に、ブラジルとアメリカは研究用原子炉およびウラニウム提供にかんする二国間協定を結んだところであった。

(65) 清水勲編『戦後漫画のトップランナー横井福次郎』臨川書

店、二〇〇七年。

(66) 小野耕世「田河水泡と『少年漫画帳』をめぐって——戦後児童雑誌研究より」『インテリジェンス』第五号（二〇〇五年）、一〇六—一一二頁。小野耕世「思い出の「原子力時代」——戦後一九五〇年代までの児童文化状況のいち側面」『インテリジェンス』第一一号（二〇一一年）、一四五—一五五頁。

(67) 池田憲章「解題」『海野十三全集　第一二巻』三一書房、一九九〇年、五六一—五六八頁、五六三頁。

(68) 江戸川乱歩『江戸川乱歩全集　第二九巻』、二八五頁。

(69) 関英男「児童文学の展望——その新たな出発」『新日本文学』第一巻第三号（一九四六年）四〇—四四頁、四三頁。

(70) 瀬名堯彦「解題」『海野十三全集　第一三巻』三一書房、一九九二年、五三七—五五一頁、五四五頁。

(71) 海野十三著、橋本哲男編『海野十三敗戦日記』中央公論新社、二〇〇五年、一四五頁。

(72) 海野十三「ふしぎ国探検」『海野十三全集　第一二巻』三一書房、一九九〇年、一一三—一八一頁。

(73) 海野十三「海底都市」『海野十三全集　第一三巻』三一書房、一九九二年、五—九八頁。

(74) 海野十三「怪星ガン」『海野十三全集　第一三巻』三一書房、一九九二年、二七一—三九六頁。

(75) ガン星人の少年の名前（ハイロ）は、原子力炉の廃炉を示唆しているとも考えられるが、当時廃炉という言葉がすでに使われていたかは定かではない。"High Low"を示唆している可能性も考えられる。

(76) 海野「怪星ガン」、三六八頁。

(77) 海野十三「超人間X号」『海野十三全集　第一二巻』三一書房、一九九〇年、四五一—五六〇頁。

(78) 同書、五四六頁。

(79) 手塚治虫「わが思い出の記」『手塚治虫の描いた戦争』朝日新聞出版、二〇一〇年。

(80) 毎日新聞社学生新聞本部編『毎日小学生新聞にみる子ども世相史』ＮＴＴメディアスコープ、一九九六年、三〇二頁。

(81) 松本零士「銀河を眺めつつ読むＳＦ」『中央公論』二〇〇八年九月号、二〇八—二一一、二〇八頁。

(82) 海野十三「僕の夢、真夏の夢」『海野十三全集　別巻二』三一書房、一九九三年、一六四頁。（初出：『物語』一九四九年七月号）

(83) 中山茂は「科学技術とデモクラシーの幸福な結婚」と表現している。中山茂「総説——占領期」、中山他編『通史　日本の科学技術　第一巻』、一七—四四頁、三三頁。

(84) 廣重徹『科学の社会史（下）』岩波書店、二〇〇三年、二一八頁。

(85) ジョン・ダワー（三浦陽一、高杉忠明訳）『増補版　敗北を抱きしめて（上）——第二次大戦後の日本人』、岩波書店、二〇〇四年、二四二頁。

終章

(1) たとえば、Dorothy Nelkin "Promotional Metaphors and Their Popular Appeal," *Public Understanding of Science*, Vol. 3 (1994): 25-31.

(2) ここで魔術師という言葉が意味するものは、正しい科学知識を伝えることよりも、人々に魅せることを重視するという姿勢である。

(3) 川端香男理『ユートピアの幻想』講談社、一九九三年。

(4) カール・マンハイム（高橋徹・徳永恂訳）『イデオロギーとユートピア』中央公論新社、二〇〇六年。

(5) 田中利幸、ピーター・カズニック『原発とヒロシマ――「原子力平和利用」の真相』岩波書店、二〇一一年。吉見俊哉『夢の原子力』筑摩書房、二〇一二年。

(6) USIS編『原子力平和利用の栞』USIS、一九五七年。

(7) 武田徹『「核」論――鉄腕アトムと原発事故のあいだ』中央公論新社、二〇〇六年。佐野眞一『巨怪伝――正力松太郎と影武者たちの一世紀（下）』文藝春秋、二〇〇〇年。

(8) 鈴木明『ある日本男児とアメリカ』中央公論社、一九八二年、二五四頁。

(9) たとえば、ビキニ事件が起こった際、浅田常三郎は、放射能雨を浴びることは（ラジウム温泉として知られている）三朝温泉に入ったようなものだと発言している。武谷三男『武谷三男現代論集（1）原子力』勁草書房、一九七四年、一二八頁。

(10) 武田『「核」論』。

(11) 山本昭宏『核エネルギー言説の戦後史　一九四五―一九六〇』人文書院、二〇一二年。

(12) 山本は、一九五〇年代までに「原子力の夢」への興味関心によってブラックボックスであるがゆえの期待観が醸成されていたとして、「夢のあるブラックボックスが夢を失ったただの「箱」になったために、国民大衆の関心を引き付けなくなった」と指摘している。同書、二〇七頁。

(13) 原克『ポピュラーサイエンスの時代――二〇世紀の暮らしと科学』柏書房、二〇〇六年。

(14) 仁科浩二郎「父の日常の言動」『日本物理学会誌』第四五巻第一〇号（一九九〇年）、七二六―七二七頁。

(15) 仁科浩二郎はそのように推測している。

(16) 早川タダノリは、原子力プロパガンダという「美しいウソの結晶」を集め、「美しい国日本の幻影」を見せている。早川タダノリ『原発ユートピア日本』合同出版、二〇一四年。

(17) 開沼博『「フクシマ」論――原子力ムラはなぜ生まれたのか』青土社、二〇一一年。

あとがき

なぜ核の歴史など研究しているのか？　とこれまで幾度も尋ねられた。根底にあったものは、この世界を知りたいという欲求と、この世界への違和感であったように思う。日本と同じく第二次世界大戦の敗戦国であるドイツに生まれたこと、米軍基地の近くに育ったこと、物心ついた頃に広島平和記念資料館や知覧特攻平和会館を訪れたこと、忘れられない戦場の映像を見たこと、熱心な先生に現代史を教わったことは、みな私の違和感の醸成に関わっている。生まれながらの悪人はいないはずなのに、なぜときに最悪な事態が人為的に引き起こされるのかと考えていた。何かを糾弾すればいいというものではないことはわかっていた。何かを理解したいという思いがあった。おそらく私は、この違和感だらけの世界とつながる方法を探していた。

あるとき見つけたのが、ラスベガスにオープン間近という核実験博物館をめぐって論争が巻き起こっていることを伝える小さな記事である。修士課程の院生であった私は、戦争と科学という人類の営みのなかで生み出された「核」の語られ方は、この違和感を紐解くヒントになるのではないかと考えた。博物館における核の展示を調べはじめ、神戸から広島、東京、ラスベガスを行き来する中で、核の歴史に魅了されていった。核にまつわる物語は膨大で、語り尽くされることも知り尽くされることもなかった。調べていくうちに、核の歴史に引きこまれ、離れられなくなった。何者でもない存在の自分が、人類史に大きな爪痕を刻んだ核の歴史を調べることで、この世界とつながっていられるような感覚があった。思えば私自身、核に誘惑されていたのであった。

京都大学総合博物館でサイクロトロンと出会ったことはひとつの転機となった。それは戦時中に建設されていて、戦後ＧＨＱに破壊されたはずのものであった。「語られない核の歴史」との出会いは、違和感を形にしたドキュメンタリー映画の制作につながり、日本の原爆研究および戦前日本の原爆観をめぐる研究に私を導いた。この歴史を調べることは、被爆国と投下国という対立が前提となっていた原爆をめぐる歴史を捉え直すことになる、すなわち歴史と現在を考える上での新しい視点を与えてくれるのではないかと考えた。

二〇一一年三月を境にそれまでの生活は一変した。現実を前にあまりに無力で、やはり私は何者でもない存在であった。原爆調査の歴史を調べはじめ、福島にたびたび足を運んだ。復興への希望にあふれる『中国新聞』の記事を辿り、現在とシンクロするものを感じた。大正期の新聞に飯坂温泉の広告を見つけた。ラジウムを切り口にした過去と現在の邂逅は、私が歴史研究という方法でこの世界と少しでもつながることができることを思い出させてくれた。マーシャル諸島にも足を運んだ。なぜ私たちは過ちを繰り返してしまうのかを探りたかった。それでも結局、歴史研究は現実に対して何の力も持っていないのではないかという無力感を抱いてきた。

本書はこのような著者の迷いの中から生み出された。本書を形にしていく作業は、喩えるならタペストリーを編むようなものであった。調べた資料の断片をつなぎあわせ、糸を紡いで、そこから全体のイメージを描き、生地を織る。美しいものにならず何度も織り直した。糸は過剰であったり足りなかったりした。調べ始めてからおよそ八年、編み始めてからおよそ三年かかった。とはいえまだまだ美しいとはいいがたい仕上がりである。綻びもあるだろう。それでもいまこのような形で刊行することにしたのは、これは、たとえ踏み破られたとしても、この時代に読まれてこそ意味があるものと考えたからである。

本書は東京大学大学院総合文化研究科に提出した博士論文「放射能の探求から原子力の解放まで：戦前日本のポピュ

ラーサイエンス」を加筆修正したものである。書籍化にあたってもともと九章立ての博士論文を七章立てとして文字数を大幅に削減、戦後編を加筆した。本書のもととなっている既刊論文は次のとおりである。

"The Image of the Atomic Bomb in Japan before Hiroshima," *Historia Scientiarum*, Vol. 19, No.2 (2009): 119-131.
「近代化を抱擁する温泉――大正期のラジウム温泉ブームにおける放射線医学の役割」『科学史研究』第二六八号（二〇一三年）、一八七―一九九頁。
「科学者の自由な楽園」が国民に開かれる時――ＳＴＡＰ／千里眼／錬金術をめぐる科学と魔術のシンフォニー」『現代思想』第四二巻第一二号（二〇一四年）、一四六―一五九頁。

本書が完成するまでには多くの方にお世話になった。博士論文を審査してくださった、橋本毅彦、岡本拓司、廣野喜幸、石原孝二、鈴木晃仁の諸先生。主査の橋本先生は、未熟な草稿に幾度も目を通し、粘り強く指導してくださった。岡本先生には多くの貴重な資料を教えていただいた。廣野先生、石原先生には科学論・科学コミュニケーションの観点から貴重な示唆をいただいた。

日本学術振興会特別研究員（ＰＤ）として受け入れていただいた鈴木晃仁先生には、折々に適切なアドバイスをいただいた。著者のよいところを見つけ励まし続けてくれた先生のおかげで研究を続けることができ、博士論文を仕上げることができた。

修士課程の時からお世話になっている塚原東吾先生は、アカデミックに世界とつながる方法を教えてくれた。先生のゼミは私の研究の原点であり、ゼミの新旧メンバーからは、いまも刺激をいただき続けている。

日本の核開発史を研究されてこられた山崎正勝先生には、博士課程進学時からお世話になり、多くのことを教えていただいた。日野川静枝先生からは、サイクロトロンのことを教えていただくとともに、常に暖かい励ましをいただいた。中沢志保先生が主催されていた国際関係と科学・技術研究会は、いつも研究への情熱を取り戻させてくれる貴重な場であった。研究会のメンバーでもあった笹本征男さんの言葉は、いまもしばしば反芻している。栗原岳史さんには核関係のさまざまな情報を教えていただいた。

京大サイクロトロンとの出会いの場となったサイエンス・ライティング講座を開講してくださった林衛さん、塩瀬隆之さんには、さまざまな支援をいただき、歴史を今に問う機会を与えていただいた。伊藤憲二先生には、日本の物理学史からポピュラーカルチャーのことまで、多くを教えていただいた。金森修先生には、科学を批判的に捉える姿勢や、科学思想・科学文化の豊かさを教えていただいた。吉永進一先生には、スピリチュアルな世界の奥深さを垣間見せていただいた。

博士課程の一年目から二年目にかけてリサーチアシスタントとして在籍していた東京大学UTCP（共生のための国際哲学教育研究センター）は、多様な分野の若手研究者と交わる機会を与えてくれ、また、研究成果を国際的な場で発信することを可能にしてくれた。このような機会を与えてくださった諸先生、とりわけ小林康夫先生と信原幸弘先生に感謝している。博士課程三年目以降の二〇一〇年度から二〇一四年度までは日本学術振興会の特別研究員として研究に専念することができた。

博士論文執筆中に、国内外の多くの研究者と出会い、議論する機会に恵まれた。参加させていただいたゼミや研究会からも多くを学んだ。東京工業大学火曜ゼミ、生物学史研究会、駒場科学史研究会、ファンタジー研究会、コロンビア大学勉強会、低線量被曝勉強会、グローバルヒバクシャ研究会、名古屋アメリカ研究夏期セミナー（NASSS）、STSネットワークジャパン夏の学校、放射線・核・原子エネルギー研究会、原爆文学研究会、戦争社会学研究会、冷戦研究会、キャッスル研究会、宗教と精神療法研究会、科学文化論研究会のみなさまに感謝したい。研究会での議論は、いずれも刺激的なものであった。

博士号を取得した後、二〇一五年四月からは専門研究員として立命館大学でお世話になっている。リサーチオフィスのみなさまの手厚いサポートは、迷わず前進しなければという気にさせてくださる。受け入れの福間良明先生には博士論文に貴重なコメントをいただき、本書の刊行に際してもアドバイスをいただいた。松原洋子先生をはじめ生存学研究センターのみなさまにもお世話になっている。

これまで、たくさんの方から資料を教えていただいたり、譲っていただいたりした。一人ひとりのお名前を記すことができないが、心より感謝申し上げたい。資料の収集においては、とりわけ東京大学附属図書館、慶應義塾大学メディアセンターにお世話になった。

研究者だけではなく、アーキビスト、アーティスト、アクティビスト、ジャーナリスト、といった多様な方々と出会うことができたことは、核の歴史研究をしてきてよかったと思えることである。また、『ユリイカ』や『現代思想』といった商業誌に執筆させていただいた経験は、思考を促される貴重なものであった。

本書が形にならない段階から、断片的な草稿を幾度も読みコメントをくださった方々にお礼を申し上げたい。とりわけ東京大学科学史科学哲学研究室のみなさまにはお世話になった。金山浩司さんには、幾度もきめ細かいコメントをいただいた。住田朋久さんにはしばしば相談にのってもらい、本書の編集にもアドバイスをいただいた。最終段階では石原深予さんに丁寧なコメントをいただき、戸田聡一郎さん、佐藤彰宣さんに原稿の確認を手伝っていただいた。十年来の友人である奥村大介さんには、本書の議論に通じるヒントをたくさんいただき、校正作業にも複数回にわたってご協力いただいた。

ここに名前を挙げられなかった方々も含め、本当に多くの方に支えられてきた。自分の関心ばかりに集中してしまう性格ゆえ、お世話になったみなさまに報いることができているか心配である。もちろん本書の文責も著者にある。

これをひとつの区切りに、何かの形で恩返ししていきたいと思っている。

本書がこのような形で世にでることとなったのは勁草書房の橋本晶子さんのご尽力による。橋本さんには折々に的確なアドバイスをいただき、著者にとって初の著書刊行の不安を和らげていただいた。

最後に、これまで支え励まし続けてくれた家族と友人に感謝の気持ちを捧げたい。

二〇一五年初夏

著　者

著者略歴

2015年　東京大学大学院総合文化研究科 広域科学専攻（科学史科学哲学）修了　博士（学術）

現　在　立命館大学衣笠総合研究機構専門研究員 マックス・プランク研究所ポストドクトラルフェロー

著書・論文

「「科学者の自由な楽園」が国民に開かれる時――STAP／千里眼／錬金術をめぐる科学と魔術のシンフォニー」『現代思想』2014年８月号，146-159頁，

「近代化を抱擁する温泉――大正期のラジウム温泉ブームにおける放射線医学の役割」『科学史研究』268，187-199頁，2013年12月．

"The Image of the Atomic Bomb in Japan before Hiroshima," *Historia Scientiarum*, Vol.19 No.2 (2009): 119-131.

核の誘惑

戦前日本の科学文化と「原子力ユートピア」の出現

2015年７月26日　第１版第１刷発行

著　者　中《なか》尾《お》麻《ま》伊《い》香《か》

発行者　井　村　寿　人

発行所　株式会社　勁《けい》草《そう》書　房

112-0005 東京都文京区水道2-1-1　振替 00150-2-175253

（編集）電話 03-3815-5277／FAX 03-3814-6968

（営業）電話 03-3814-6861／FAX 03-3814-6854

堀内印刷所・牧製本

ISBN978-4-326-60280-3　Printed in Japan

事 項 索 引

欧 文

ア 行

カ 行

サ 行

タ　行

ナ　行

ハ 行

マ 行

ヤ 行

ラ 行

ワ 行

人名索引

ア　行

カ　行

サ　行

タ　行

ナ 行

ハ 行

マ 行

ヤ 行

ラ 行

ワ 行

主要参考文献

一次文献

石井重美『世界の終り』新光社、1923 年。

海野十三「太平洋魔城」『海野十三全集　第 6 巻』三一書房、1989 年、395-505 頁。

海野十三「地球要塞」『海野十三全集　第 7 巻』三一書房、1990 年、5-87 頁。

海野十三「諜報中継局」『新青年』第 25 巻第 12 号（1944 年）、2-19 頁。

海野十三「ふしぎ国探検」『海野十三全集　第 12 巻』三一書房、1990 年、113-181 頁。

海野十三「遺言状放送」『海野十三全集　第 1 巻』三一書房、1990 年、8-16 頁。

ウィアート、S･R、G･W･シラード編（伏見康治･伏見諭訳）『シラードの証言——核開発の回想と資料——1930-1945 年』みすず書房、1982 年。

ウェルズ、H・G（浜野輝訳）『解放された世界』岩波書店、1997 年。

大阪毎日新聞社編『五十年後の太平洋——大阪毎日新聞懸賞論文』大阪毎日新聞社、1927 年。

押川春浪「鐵車王国」『冒険世界』第 3 巻第 5 号（1910 年）、1-40 頁。

科学技術動員協会編『科學技術年鑑』科学技術動員協会、1942 年。

佐久川恵一『幾山河——佐久川恵一の本』裸足社、1991 年。

水津嘉之一郎『ラヂウム講話』隆文館、1914 年。

高田徳佐『近世科學の宝船　子供達へのプレゼント』慶文堂書店、1925 年。

立川賢「桑湾けし飛ぶ」『新青年』第 25 巻第 7 号（1944 年）、52-64 頁。

竹内時男『解説・原子核の物理』科学主義工業社、1940 年。

寺田寅彦『柿の種』岩波書店、1996 年。

土井晩翠『雨の降る日は天気が悪い』大雄閣、1934 年。

東京数学物理学会編『學術通俗講演集』大日本図書、1907 年。

朝永振一郎、玉木英彦編『仁科芳雄——伝記と回想』みすず書房、1952 年。

中根良平、仁科雄一郎、仁科浩二郎、矢崎裕二、江沢洋編『仁科芳雄往復書簡集——現代物理学の開拓』第 1 巻—第 3 巻、補巻、みすず書房、2006-11 年。

中谷宇吉郎『中谷宇吉郎随筆集』岩波書店、1988 年。

長岡半太郎『長岡半太郎――原子力時代の曙』日本図書センター、1999 年。

長岡半太郎『ラヂウムと電氣物質觀』大日本図書、1906 年。

日本出版協同株式会社『昭和 19、20、21 年度　日本出版年鑑』文泉堂、1978 年。

仁科芳雄『原子力と私』学風書院、1950 年。

萩原朔太郎『萩原朔太郎全集　第三巻』筑摩書房、1977 年。

原田三夫『思い出の七十年』誠文堂新光社、1966 年。

藤岡由夫、朝永振一郎、嵯峨根遼吉、小谷正雄、糸川秀夫、齋藤寅朗「戰爭と新しい物理學」『科學朝日』第 4 巻第 1 号（1944 年）、62-66 頁。

三澤素竹編『通俗ラヂウム實驗談』東洋ラヂウム協會、1913 年。

Crookes, William. “Modern Views on Matter: The Realization of a Dream,” *Science*, Vol. 17, No. 443, 26 Jun (1903): 993-1003.

Poincaré, Henri. *La Valeur de la Science* (Paris: E. Flammarion, 1905). 田辺元訳『科学の価値』岩波書店、2006 年（初版：1919 年）。

Rutherford, Ernest, and Frederick Soddy. “Radioactive Change,” *Philosophical Magazine*, Vol. 5 (1903): 576-591.

Soddy, Frederick. *Radioactivity: An Elementary Treatise, from the Standpoint of the Disintegration Theory* (London, “The Electrician” Printing and Publishing, 1904).

Soddy, Frederick. *The Interpretation of Radium: Being the Substance of Six Popular Experimental Lectures Delivers at the University of Glasgow, 1908* (London: John Murray, 1909).

二次文献

赤澤史朗編『戦時下の宣伝と文化（年報・日本現代史第 7 号）』現代史料出版、2001 年。

明田川融「核兵器と「国民の特殊な感情」1――プロローグ」『みすず』第 616 号（2013 年）、18-27 頁。

明田川融「核兵器と「国民の特殊な感情」2――戦時原爆研究・開発の思想」『みすず』第 620 号（2013 年）、36-45 頁。

明田川融「核兵器と「国民の特殊な感情」3――“マッチ箱”言説と国民感情」『みすず』第 622 号（2013 年）、20-29 頁。

麻田貞雄「原爆投下の衝撃と降伏の決定――原爆論争の新たな視座」『世界』

第616号（1995年）、232-242頁。

朝日新聞社出版局編『朝日新聞出版局史』朝日新聞社、1969年。

朝日新聞百年史編修委員会編『朝日新聞社史　明治篇』朝日新聞社、1990年。

朝日新聞百年史編修委員会編『朝日新聞社史　大正・昭和戦前編』朝日新聞社、1991年。

荒俣宏『大東亜科学綺譚』筑摩書房、1991年。

荒俣宏『雑誌の黄金時代』平凡社、1998年。

有山輝雄『近代日本ジャーナリズムの構造』東京出版株式会社、1995年。

池田憲章「解題」『海野十三全集　第12巻』三一書房、1990年、561-568頁。

板倉聖宣、永田英治編著『理科教育史資料　第6巻（科学読み物・年表・人物事典）』東京法令出版、1987年。

板倉聖宣『日本理科学教育史』仮説社、2009年。

板倉聖宣、木村東作、八木江里著『長岡半太郎伝』朝日新聞社、1973年。

一ノ瀬俊也『戦場に舞ったビラ』講談社、2007年。

一柳廣孝『〈こっくりさん〉と〈千里眼〉日本近代と心霊術』講談社、1994年。

伊藤憲二「「エフ氏」と「アトム」――ロボットの表象から見た科学技術観の戦前と戦後」『年報　科学・技術・社会』第12巻（2003年）、39-63頁。

伊東俊太郎、山田慶兒、坂本賢三、村上陽一郎編『（縮刷版）科学史技術史事典』弘文堂、1994年。

井上晴樹『日本ロボット戦争記　1939-1945』NTT出版、2007年。

任正爀「朝鮮における日本の研究機関による放射線鉱物の探索および採掘について――原爆開発計画ニ号研究との関連における考察――」、任正爀編『朝鮮近代科学技術史開化期・植民地期の諸問題』皓星社、2010年。

ウィンクラー、アラン・M（麻田貞雄・岡田良之助訳）『アメリカ人の核意識――ヒロシマからスミソニアンまで』ミネルヴァ書房、1999年。

ウェルサム、アイリーン（渡辺正訳）『プルトニウムファイル』翔泳社、2000年。

宇吹暁『広島戦後史――被爆体験はどう受け止められてきたか』岩波書店、2014年。

江沢洋「原子爆弾という言葉の歴史」『科学』第80巻（2010-11年）、1128-1133頁。

江藤淳『閉ざされた言論空間――占領軍の検閲と戦後日本』文藝春秋、1994年。

遠山茂樹編『日本近代思想体系14　科学と技術』岩波書店、1989年。

大井浩一『メディアは知識人をどう使ったか――戦後「論壇」の出発』勁草書

房、2004年。

大淀昇一『宮本武之輔と科学技術行政』東海大学出版会、1989年。

岡本拓司『科学と社会——戦時期日本における国家・学問・戦争の諸相』サイエンス社、2014年。

岡本拓司「原子核・素粒子物理学と競争的科学観の帰趨」、金森修編『昭和前期の科学思想史』勁草書房、2011年、105-183頁。

奥武則『大衆新聞と国民国家』平凡社、2000年。

奥村大介「人体、電気、放射能——明石博高と松本道別にみる不可秤量流体の概念」『近代日本研究』第29巻（2013年）、309-345頁。

尾内能夫『ラジウム物語——放射線とがん治療』日本出版サービス、1998年。

開沼博『「フクシマ」論——原子力ムラはなぜ生まれたのか』青土社、2011年。

加藤哲郎『日本の社会主義——原爆反対・原発推進の論理』岩波書店、2013年。

金子淳『博物館の政治学』青弓社、2001年。

金子務『アインシュタイン・ショック』全2巻、河出書房新社、1881年。（岩波現代文庫、全2巻、2005年）。

川島慶子『マリー・キュリーの挑戦——科学・ジェンダー・戦争』トランスビュー、2010年、109頁。

河村豊「旧日本海軍の電波兵器開発過程を事例とした第2次大戦期日本の科学技術動員に関する分析」東京工業大学大学院社会理工学研究科博士論文（2001年）。

金凡性「紫外線と社会についての試論——大正・昭和初期の日本を中心に」『年報　科学・技術・社会』第15巻（2006年）、71-90頁。

木村一治『核と共に50年』築地書館、1990年。

キュリー、エーヴ（河野万里子訳）『キュリー夫人伝』白水社、2006年。

ギンガリッチ、オーウェン編（梨本治男訳）『アーネスト・ラザフォード——原子の宇宙の核心へ』大月書店、2009年。

ケアリ、ジョン（東郷秀光訳）『知識人と大衆』大月書店、2000年。

後藤五郎編『日本放射線医学史考 明治大正篇』日本医学放射線学会、1969年。

小松左京『SF魂』新潮社、2006年。

小森陽一『〈ゆらぎ〉の日本文学』日本放送出版協会、1998年。

酒井大蔵『日本人の未来構想力——三好武二と「五十年後の太平洋」』サイマル出版会、1983年。

サカイ、セシル『日本の大衆文学』平凡社、1997 年。

阪上正信「ラジウム・ラドン温泉とその放射能測定」『放射線医学物理』第 18 巻第 2 号（1998 年）、189-197 頁。

櫻本富雄『日本文学報国会——大東亜戦争下の文学者たち』青木書店、1995 年。

笹本征男「原爆報道とプレスコード」、中山茂、後藤邦夫、吉岡斉編『通史　日本の科学技術　第 1 巻』学陽書房、1995 年、286-307 頁。

笹本征男『米軍占領下の原爆調査——原爆加害国になった日本』新幹社、1995 年。

佐藤卓己『キングの時代——国民大衆雑誌の公共性』岩波書店、2002 年。

佐藤卓己『言論統制——情報官・鈴木庫三と教育の国防国家』中央公論新社、2004 年。

佐藤雅浩『精神疾患言説の歴史社会学』新曜社、2013 年。

佐野眞一『巨怪伝——正力松太郎と影武者たちの一世紀（下）』文芸春秋、2000 年。

佐野正博「原子力発電実用化以前の原子力推進論——原子力平和に関する批判的検討のための資料紹介 Part 1」『技術史』第 9 号（2014 年）、1-250 頁。

沢井実『近代日本の研究開発体制』名古屋大学出版会、2012 年。

ジェイコブズ、ロバート（高橋博子監訳・新田準訳）『ドラゴン・テール——核の安全神話とアメリカの大衆文化』凱風社、2013 年。

新青年研究会編『新青年読本——昭和グラフィティ』作品社、1988 年。

杉田弘毅『検証　非核の選択』岩波書店、2005 年。

スコールズ、ロバート、エリック・ラブキン（伊藤典夫・浅倉久志・山高昭訳）『SF——その歴史とヴィジョン』TBS ブリタニカ、1980 年。

鈴木貞美編『大正生命主義と現代』河出書房新社、1995 年。

鈴木貞美『「近代の超克」——その戦前・戦中・戦後』作品社、2015 年。

鈴木淳『科学技術政策』山川出版社、2010 年。

セグレ、エミリオ（久保亮五・矢崎裕二訳）『X 線からクォークまで——20 世紀の物理学者たち』みすず書房、1982 年。

瀬戸明子『近代ツーリズムと温泉』ナカニシヤ出版、2007 年。

瀬名堯彦「海野十三の軍事科学小説」『海野十三全集　第 9 巻』三一書房、1988 年、付録冊子「海野十三研究　2」1-9 頁。

瀬名堯彦「解題」『海野十三全集　第 10 巻』三一書房、1991 年、523-534 頁。

瀬名堯彦「解題」『海野十三全集　第13巻』三一書房、1992年、537-551頁。

戦史研究会『原爆投下前夜』1980年、角川書店。

高田誠二「科学雑誌の戦前と戦後」『日本物理学会誌』第51巻第3号（1996年）、189-194頁。

武田徹『「核」論――鉄腕アトムと原発事故のあいだ』中央公論新社、2006年。

竹村民郎『大正文化　帝国のユートピア――世界史の転換期と大衆消費社会の形成』三元社、2010年。

舘野之男『放射線医学史』岩波書店、1973年。

田中利幸、ピーター・カズニック『原発とヒロシマ　「原子力平和利用」の真相』岩波書店、2011年。

谷口基『戦前戦後異端文学論――奇想と反骨』新典社、2009年。

玉木英彦、江沢洋『仁科芳雄――日本の原子科学の曙』みすず書房、1991年（新装版2005年）。

ダワー、ジョン（明田川融監訳）「「ニ号研究」と「F研究」」『昭和――戦争と平和の日本』みすず書房、2010年、47-78頁。

ダワー、ジョン（三浦陽一・高杉忠明・田代泰子訳）『敗北を抱きしめて 増補版――第二次大戦後の日本人』上下巻、岩波書店、2004年。

土屋礼子『大衆紙の源流――明治期小新聞の研究』世界思想社、2002年。

坪井秀人『萩原朔太郎論《詩》をひらく』和泉書院、1989年。

寺沢龍『透視も念写も事実である――福来友吉と千里眼事件』草思社、2004年。

朝永振一郎、玉木英彦編『仁科芳雄――伝記と回想』みすず書房、1952年。

永瀬ライマー桂子、河村豊「日本における強力電波兵器開発計画の系譜――戦時下の「殺人光線」に関する検討」『Il Saggiatore』第41号（2014年）、1-16頁。

長山靖生『千里眼事件――科学とオカルトの明治日本』平凡社、2005年。

長山靖生『日本SF精神史』河出書房新社、2009年。

成田龍一『大正デモクラシー』岩波書店、2007年。

西尾成子『科学ジャーナリズムの先駆者――評伝石原純』岩波書店、2011年。

日本温泉文化研究会『温泉の文化誌　論集［温泉学Ⅰ］』岩田書院、2007年。

日本科学技術ジャーナリスト会議編『科学ジャーナリズムの世界』化学同人、2004年。

日本科学史学会編『日本科学技術史大系　第5巻　通史5』第一法規出版、

1964年。

日本科学史学会編『日本科学技術史大系　第9巻　教育1』第一法規出版、1965年。

日本科学史学会編『日本科学技術史大系　第24巻　医学1』第一法規出版、1965年。

日本科学史学会編『日本科学技術史大系　第2巻　通史2』第一法規出版、1966年。

日本科学史学会編『日本科学技術史大系　第6巻　思想』第一法規出版、1968年。

日本科学史学会編『日本科学技術史大系　第13巻　物理科学』第一法規出版、1970年。

日本物理学会編『日本の物理学史（上）歴史・回想編』東海大学出版会、1978年。

日本物理学会編『日本の物理学史（下）資料編』東海大学出版会、1978年。

日本放射線技術学会技術史委員会編『日本放射線技術史』日本放射線技術学会、1989年。

根本順吉「千里眼事件――山川健次郎」、科学朝日編『スキャンダルの科学史』朝日新聞社、1989年、25-37頁。

ハーフ、ジェフリー（中村幹雄・谷口健治・姫岡とし子訳）『保守革命とモダニズム――ワイマール・第三帝国のテクノロジー・文化・政治』岩波書店、2010年。

畑中佳恵「メディアの「原子」――「東京朝日新聞」という言説空間の中で（上）」『敍説』第19号（1999年）、80-114頁。

パラルディ、ギィ、マリー‐ジョゼ・パラルディ、オーギュスト・ワケナン（加藤富三監訳）『図説　放射線医学史』講談社、1994年。

春原昭彦『日本新聞通史』新泉社、2003年。

日野川静枝『サイクロトロンから原爆へ――核時代の起源を探る』績文堂出版、2009年。

廣重徹『科学の社会史――近代日本の科学体制』上下巻、中央公論新社、1972年（岩波書店、2002年）。

廣重徹『戦後日本の科学運動』中央公論社、1960年。

深井佑造「長岡半太郎の原爆開発構想――戦時中の日本の原子力開発のもう一つの考え」『東京工業大学技術構造分析講座　技術文化論叢』第5号（2002年）、1-25頁。

深井佑造「「マッチ箱1個」の噂を検証する（前編）」『昭和史講座』第9号（2003年）、154-166頁。

深井佑造「「マッチ箱1個」の噂を検証する（後編）」『昭和史講座』第10号（2003年）、91-101頁。

福井崇時「萩原篤太郎が水爆原理発案第一号とされたことの検証及び昭和十六年頃の、京大荒勝研を例とした日本の原子核研究状況」『年報　科学・技術・社会』第10号（2001年）、79-117頁。

福島県石川町立歴史民俗資料館編『ペグマタイトの記憶――石川の希元素鉱物と『ニ号研究』のかかわり』福島県石川町教育委員会、2013年。

福島市史編纂委員会編『福島市史　別巻6』福島市教育委員会、1983年。

福島市史編纂委員会編『温泉掎角論；飯坂湯野温泉史（福島市史資料叢書　第74号）』福島市教育委員会、1999年。

福間良明、山口誠、吉村和真編『複数の「ヒロシマ」――記憶の戦後史とメディアの力学』青弓社、2012年。

福間良明『焦土の記憶――沖縄・広島・長崎に残る戦後』新曜社、2011年。

ブラウン、ローリー、アブラハム・パイス、ブライアン・ピパート編（大槻義彦訳）『20世紀の物理学　I』丸善出版、1999年。

フランクリン、H・ブルース（上岡伸雄訳）『最終兵器の夢――「平和のための戦争」とアメリカSFの想像力』岩波書店、2011年。

フリードマン、A・C、C・C・ドンリー（沢田整訳）『アインシュタイン「神話」――大衆化する天才のイメージと芸術の反乱』地人書館、1989年。

ブロック、W・H（大野誠・梅田淳・菊池好行訳）『化学の歴史　I』朝倉書店、2003年。

ブロック、W・H（大野誠・梅田淳・菊池好行訳）『化学の歴史　II』朝倉書店、2006年。

ホフマン、K（山崎正勝・栗原岳史・小長谷大介訳）『オットー・ハーン――科学者の義務と責任とは』シュプリンガージャパン、2006年。

保阪正康『戦時秘話――原子爆弾完成を急げ』朝日ソノラマ、1983年。

保阪正康『日本の原爆――その開発と挫折の道程』新潮社、2012年。

本田一二「日本における科学ジャーナリズムの発達（上・下）」『総合ジャーナリズム研究』第9巻第4号（1972年）、69-77頁、第10巻第1号（1973年）、90-97頁。

マーヴィン、キャロリン（吉見俊哉・伊藤昌亮・水越伸訳）『古いメディアが新しかった時――19世紀末社会と電気テクノロジー』新曜社、2003年。

マッケンジー、ノーマン、ジーン・マッケンジー（松村仙太郎訳）『時の旅人――H・G・ウェルズの生涯』早川書房、1971年。

松浦総三「原爆、空襲報道への統制」、坂本義和・庄野尚美監修、岩垂弘・中島竜美編『日本原爆論体系（1）なぜ日本に原爆は投下されたか』日本図書センター、1999年、369–393頁。

南博編『日本モダニズムの研究』ブレーン出版、1982年。

南博、社会心理研究所『大正文化――1905-1927』勁草書房、1965年。

南博、社会心理研究所『昭和文化――1925-1945』勁草書房、1987年。

宮坂広作『近代日本社会教育史の研究』法政大学出版局、1968年。

宮田親平『「科学者の楽園」をつくった男――大河内正敏と理化学研究所』日本経済新聞社、2001年。

御代川貴久夫『科学技術報道史――メディアは科学事件をどのように報道したか』東京電機大学出版局、2013年。

モッセ、ゲオルゲ・L（佐藤卓己・佐藤八寿子訳）『大衆の国民化――ナチズムに至る政治シンボルと大衆文化』柏書房、1994年。

山崎元「科学小説「桑港けし飛ぶ」の発掘」『文化評論』第343号（1989年）、118-125頁。

山崎元「「遅すぎた聖断」の理由の推理――昭和天皇と日本製原爆開発計画」『文化評論』第377号（1992年）、255-264頁。

山崎正勝、日野川静枝編『増補　原爆はこうして開発された』青木書店、1997年。

山崎正勝『日本の核開発　1939-1955――原爆から原子力へ』績文堂、2011年。

山下武『「新青年」をめぐる作家たち』筑摩書房、1996年。

山本昭宏『核エネルギー言説の戦後史　1945-1960』人文書院、2012年。

山本昭宏『核と日本人――ヒロシマ・ゴジラ・フクシマ』中央公論新社、2015年。

山本武利『近代日本の新聞読者層』法政大学出版局、1981年。

山本珠美「「生活の科学化」に関する歴史的考察――大正・昭和初期の科学イデオロギー」『生涯学習・社会教育学研究』第21号（1997年）、47-55頁。

山本文雄『日本新聞発達史』伊藤書店、1944年。

山本洋一『日本製原爆の真相』創造陽樹社、1976年。

USIS編『原子力平和利用の栞』USIS、1957年。

読売新聞社編『昭和史の天皇　4』読売新聞社編、1968年。

横田順彌『日本SFこてん古典　2』集英社、1984年。

横田順彌『百年前の二十世紀――明治・大正の未来予測』筑摩書房、1994年。

横田順彌『明治【空想小説】コレクション』PHP研究所、1995年。

横田順彌『近代日本奇想小説史』ピラールプレス、2012年。

横山尊「明治後期-大正期における科学ジャーナリズムの生成――雑誌『科学世界』の基礎的研究を通して――」『メディア史研究』第26号（2009年）、81-106頁。

吉岡斉『原子力の社会史』朝日新聞社、1999年。

吉田司雄編『妊娠するロボット――1920年代の科学と幻想』春風社、2003年。

吉見俊哉編『一九三〇年代のメディアと身体』青弓社、2002年。

吉見俊哉『夢の原子力』筑摩書房、2012年。

読売新聞社編『讀賣新聞八十年史』読売新聞社、1955年。

読売新聞百年史編集委員会編『読売新聞百年史　資料・年表』読売新聞社、1976年。

リヴィングストン、M・S（山口嘉夫・山田作衛訳）『加速器の歴史』みすず書房、1972年。

レジス、エド（大貫昌子訳）『アインシュタインの部屋』工作舎、1990年。

ローズ、リチャード（神沼二真・渋谷泰一訳）『原子爆弾の誕生』上下巻、紀伊国屋書店、1995年。

ワインワーグ、スティーブン（本間三郎訳）『電子と原子核の発見』日本経済新聞社、1986年。

Berger, Albert L. “The Triumph of Prophecy: Science Fiction and Nuclear Power in the Post-Hiroshima Period,” *Science Fiction Studies*, 3 (1976): 143-150.

Bowler, Peter J. *Science for All: The Popularization of Science in Early Twentieth-Century Britain* (Chicago, Ill.: University of Chicago Press, 2009).

Boyer, Paul S. *By the Bomb's Early Light: American Thought and Culture at the Damn of the Atomic Age* (New York: Pantheon Books, 1985).

Brians, Paul. *Nuclear Holocausts: Atomic War in Fiction, 1895-1984* (Kent, Ohio: Kent State University Press, 1987).

Brock, William Hodson. *William Crookes (1832-1919) and the Commercialization of Science* (Aldershot : Ashgate Publishing, Ltd., 2008).

Broks, Peter. *Understanding Popular Science* (Maidenhead: Open University Press, 2006).

Broderick, Mick, ed. *Hibakusha Cinema: Hiroshima, Nagasaki and the Nuclear Image in Japanese Film* (New York: Columbia University Press, 1996).

Canady, John. *The Nuclear Muse: Literature, Physics, and the First Atomic Bomb* (Madison: The University of Wisconsin Press, 2000).

Clark, Claudia. *Radium Girls: Women and Industrial Health Reform, 1910-1935* (Chapel Hill, N.C.: The University of North Carolina Press, 1997).

Doorman, S. J. ed. *Images of Science: Scientific Practice and the Public* (Aldershot: Gower, 1989).

Dong-Won, Kim. *Yoshio Nishina: Father of Modern Physics in Japan* (New York: Taylor & Francis, 2007).

Franklin, H. Bruce. *War Stars: The Superweapon in the American Imagination* (Oxford: Oxford University Press, 1988). Revised and Expanded Edition, University of Massachusetts Press, 2008.

Grunden, Walter E. *Secret Weapons and World War II: Japan in the Shadow of Big Science* (Lawrence, Kan.: University Press of Kansas, 2005).

Haynes, Roslynn D. *From Faust to Strangelove: Representations of the Scientist in Western Literature* (Baltimore: Johns Hopkins University Press, 1994).

Hirosige, Tetsu. "Social Conditions for Prewar Japanese Research in Nuclear Physics," *Science and Society in Modern Japan* (Tokyo: University of Tokyo Press, 1974).

Howorth, Muriel. *Pioneer Research on the Atom: Rutherford and Soddy in a Glorious Chapter of Science; the Life Story of Frederick Soddy, M.A., LL.D., F.R.S., Nobel Laureate* (London: New World Publications, 1958).

Ito, Kenji. "Values of 'Pure Science': Nishina Yoshio's Wartime Discourse between Nationalism and Physics, 1940-1945," *Historical Studies in the Physical and Biological Sciences*, 33 (2002): 61-86.

Kragh, Helge. *Quantum Generations: A History of Physics in the Twentieth*

Century (Princeton, N.J.: Princeton Uniersity Press, 1999). (reprint edition, 2002).

Lavine, Matthew. *The First Atomic Age: Scientists, Radiations, and the American Public, 1895-1945* (New York: Palgrave Macmillan, 2014).

Low, Morris. *Science and the Building of a New Japan* (Basingstoke: Palgrave Macmillan, 2005).

Merricks, Linda. *The World Made New: Frederick Soddy, Science, Politics, and Environment* (Oxford: Oxford University Press, 1996).

Mizuno, Hiromi. *Science for the Empire: Scientific Nationalism in Modern Japan* (Stanford, Calif.: Stanford University Press, 2008).

Morrison, Mark S. *Modern Alchemy: Occultism and the Emergence of Atomic Theory* (Oxford: Oxford University Press, 2007).

Nagase-Reimer, Keiko, Walter Grunden, and Masakatsu Yamaszaki. "Nuclear Research in Japan during the Second World War," *Historia Scientiarum*, 14 (2005): 221-240.

Nakao, Maika. "The Image of the Atomic Bomb in Japan before Hiroshima," *Historia Scientiarum*, Vol. 19, No. 2 (2009): 119-131.

Sclove, Richard E. "From Alchemy to Atomic War: Frederick Soddy' s "Technology Assesment" of Atomic Energy, 1900-1915," *Science, Technology, and Human Values*, Vol. 14, (1989): 163-194.

Sinclair, S. B. "Crookes and Radioactivity: From Inorganic Evolution to Atomic Transmutation," *Ambix*, Vol. 32, No. 1 (1985): 15-31.

Smith, P. D. *Doomsday Men: The Real Dr. Strangelove and the Dream of the Superweapon* (London: Allen Lane, 2007).

Weart, Spencer R. *Nuclear Fear: A History of Images* (Cambridge, Mass.: Harvard University Press, 1989).

Wager, W. Warren. *Terminal Visions: The Literature of Last Things* (Bloomington: Indiana University Press, 1982).

Warker, Mark, *Nazi Science: Myth, Truth, and the German Atomic Bomb* (New York: Plenum Pres, 1995).

Winkler, Allan M. *Life Under a Cloud: American Anxiety about the Atom* (New York: Oxford University Press, 1993).